本专著由国家自然科学基金重大研究计划重点支持项目（91125015）资助

黑河流域中游地区
生态水文过程及其分布式模拟

徐宗学　胡立堂　彭定志　张淑荣　等　著

科学出版社

北　京

内 容 简 介

本书针对黑河中游地区水循环与生态系统关系及耦合机理,重点开展气候变化和人类活动影响下黑河流域中游地区水文过程演变规律及其生态效应、黑河流域中游地区生态系统演变规律及其对水循环的影响,以及生态-水文过程耦合模拟相关研究。作者系统搜集和整理黑河中游流域生态-水文过程多源数据,开展研究区典型植被土壤样带野外调查,厘清上中游水文过程演变的主要驱动力,辨识流域 NDVI 时空变化特征及其驱动因素,分析土地利用和景观格局变化规律,探索利用高光谱遥感反演土壤植被信息的方法,建立中游地区基于物理机制的生态水文模型。

本书既可以作为研究干旱区生态水文过程及其耦合模拟问题的参考资料,也可以作为水文学及水资源、地理学、资源科学、环境科学、生态科学等相关领域的专家、学者和研究生以及高年级本科生的参考用书。

图书在版编目(CIP)数据

黑河流域中游地区生态水文过程及其分布式模拟/徐宗学等著. —北京:科学出版社,2020.6
 ISBN 978-7-03-065387-1

Ⅰ.①黑⋯ Ⅱ.①徐⋯ Ⅲ.①黑河–流域–区域水文学–流域模型 Ⅳ.①P344.24

中国版本图书馆 CIP 数据核字(2020)第 094201 号

责任编辑:杨帅英 李 静 / 责任校对:樊雅琼
责任印制:吴兆东 / 封面设计:图阅社

科学出版社 出版

北京东黄城根北街 16 号
邮政编码:100717
http://www.sciencep.com

北京九州迅驰传媒文化有限公司 印刷
科学出版社发行 各地新华书店经销

*

2020 年 6 月第 一 版 开本:787×1092 1/16
2020 年 6 月第一次印刷 印张:22 1/4
字数:528 000

定价:**200.00** 元
(如有印装质量问题,我社负责调换)

本书编委会

主　任：徐宗学

副主任：胡立堂

委　员：彭定志　张淑荣　庞　博　孙文超

　　　　王国强　岳卫峰　赵　捷　王子丰

　　　　程春晓　邱玲花　赵珂珂

序

生态水文学是 20 世纪 90 年代兴起，重点研究生态格局和生态过程变化的水文学机制的一门交叉学科。不同时空尺度和不同环境条件下生态水文过程及其耦合模拟是其中的一个重要研究方向，也是全球范围内生态水文学研究的热点问题之一。

干旱区内陆河流域具有气候干燥、降水稀少、蒸发强烈、水资源短缺和生态环境脆弱等特征。黑河流域是我国第二大内陆河，也是我国典型的干旱区内陆河流域，水资源承载力低，地表水和地下水相互转化规律复杂，人类活动影响剧烈。20 世纪 80 年代以来，随着黑河中游经济社会的快速发展，水资源需求量急剧增加，黑河中游正义峡下泄水量显著减少，黑河下游的天然绿洲逐年退化。为了遏制黑河下游生态退化的趋势，国务院在 1997 年批准了黑河流域不同来水年水量中下游分配方案（"97"分水方案），希望通过中下游水资源合理配置，使下游绿洲恢复到 80 年代中期的水平。2000 年，黑河流域管理局通过开展水量统一调度实施黑河分水方案，使黑河下游生态状况有所改善。由于黑河流域生态水文过程的复杂性，国内相关科研院所从水量调度方法、节水型社会建设、生态植被变化、气候变化和社会经济发展等方面展开了大量研究，将观测-试验、数据-模拟结合，以认识内陆河流域生态系统与水文相互作用的过程和机理，从而提高流域水-生态-经济系统演变的综合分析和预测预报能力，促进黑河流域水安全、生态安全及经济可持续发展。

徐宗学教授一直致力于水文学相关问题的研究，其团队在国家自然科学基金重大研究计划"黑河流域生态-水文过程集成研究"的资助下，于 2012～2015 年开展了"黑河流域中游地区生态-水文过程演变规律及其耦合机理"（91125015）项目研究。项目通过生态水文历史数据统计分析、野外生态样带调查和生态水文数值模拟，定量识别了黑河流域中游地区水文过程和生态系统演变规律，探讨了区域水文过程和生态系统的相互作用，模拟了现状条件下黑河中游地表水与地下水动态转化规律及其未来的变化趋势，构建了流域地表水-地下水-生态耦合模型，模拟分析了不同气候变化情景和不同水资源利用模式下陆地生态系统的演化规律。该项目是对黑河流域中游地区大气水、地表水、地下水、土壤水和生态系统之间的相互作用关系，以及定量评估的探索性研究，《黑河流域中游地区生态水文过程及其分布式模拟》是该项目研究成果的总结和凝练，该书的研究内容和方法体现了生态水文学的相关前沿理论，对水文学及水资源、地下水科学与工程、环境科学、生态科学等相关专业的科研和教学人员具有重要的参考价值。

　　是为序。

中国科学院院士

2019 年 8 月

前　言

　　水是生命之源，生产之要，生态之基。然而，在我国干旱内陆河流域，生态系统极其脆弱且对水资源依赖性极强，地表水地下水转化十分频繁，转化规律较为复杂，由于水资源的不合理利用，加之气候变化和人类活动的影响，已经出现了诸如水资源枯竭、地下水位下降、水质恶化、土壤沙化和盐渍化、植被退化等诸多生态与环境问题，严重影响了当地经济社会的可持续发展。因此，如何通过建立耦合观测、实验、模拟、情景分析等环节的地表-地下水、生态-水文过程耦合模型，揭示地表-地下水相互作用机理及其生态水文效应，了解地表水与地下水的循环规律和交换过程，认识水文水资源、水环境水生态的基本特征和演化规律，以及对区域生态过程的影响，已成为水文水资源领域学科前沿，以及区域经济社会可持续发展中的水安全、生态安全和水资源可持续利用迫切需要研究解决的难题。

　　黑河流域是我国西北地区典型的内陆河流域，气候干旱，生态环境脆弱。中游地区人口聚集，水资源开发利用程度高，由于过度垦荒种田，发展绿洲，过量开采地下水，导致地下水位大幅度下降，人类活动对生态系统和水文过程产生了重要影响。这些问题已严重制约当地经济社会的可持续发展，影响着人们的生存环境。认识气候变化和人类活动下干旱内陆河生态-水文过程演变规律及其耦合机理，寻求人与生态和谐共存的对策，一直是干旱区研究者关注的核心问题，2001年国务院批准并实施黑河流域黑河调水及流域治理规划。自2000年以来，以黑河流域为研究基地，开展了多项重大和重点研究项目，同时设立了众多定位观测站点，建立了中国西部环境与生态科学数据中心平台，这些工作为本书相关的研究工作开展奠定了良好的基础，但对于黑河流域中游地区的研究更多侧重水文、地下水和生态等单一和两重因素研究，需要进一步开展从地形地貌特征、水文地质条件到地表水与地下水相互转换，从气候变化与人类活动到陆地生态系统演变、水循环变化的全过程研究，建立气候变化和人类活动影响下，地表水-地下水-生态系统之间的耦合关系，从而为水文学及水资源、地下水科学与工程、生态科学等学科的发展，为黑河流域中游地区的经济社会发展提供理论依据和科技支撑。

　　作者在国家自然科学基金重大研究计划"黑河流域生态-水文过程集成研究"重点支持项目"黑河流域中游地区生态-水文过程演变规律及其耦合机理"的支持下，聚焦于黑河中游地区水循环和生态系统关系及耦合机理问题，采用遥感和GIS、观测和实验、数值模拟等技术，重点研究气候变化和人类活动影响下黑河流域中游地区水文过程演变规律及其生态效应、黑河流域中游地区生态系统演变规律及其对水循环的影响，以及生态-水文过程耦合模拟三大内容。在收集和整理生态-水文模型多源数据的基础上，对研究区典型植被土壤样带展开了多次调查，厘清上中游水文过程演变与人类活动和气候变化的驱动力，辨识流域NDVI时空变化特征及其驱动因素，分析土地利用和景观格局变化规律，探索利用高光谱遥感反演土壤植被信息的方法，建立中游地区基于物理机制的生态水文模型。研究成果将为黑河流域水资源管理和生态系统建设，以及经济社会可持续发展提供重要理论依据和科技支撑，也将促进水文学及水资源、地下水科学与工程、生态科学等学科的发展，具有重要的现实意义与较为广泛的推广应用前景。

　　本书是在黑河重大研究计划项目相关研究成果的基础上完成的，专著总体设计与大纲由徐宗学教授负责，胡立堂教授负责统稿。第 1 章由徐宗学、胡立堂编写；第 2 章由胡立堂、庞博、王子丰编写；第 3、4 章由彭定志、庞博、邱玲花、赵珂珂编写；第 5 章由张淑荣、程春晓和岳卫峰编写；第 6 章由徐宗学、王子丰编写；第 7 章由徐宗学、彭定志、王子丰、邱玲花、赵珂珂编写；第 8 章由张淑荣、王子丰、赵捷编写；第 9 章由王国强编写；第 10～12 章由胡立堂、孙文超编写；第 13 章由徐宗学、胡立堂编写。第 1 章主要介绍了研究背景和意义、国内外研究进展、研究中存在的问题和研究思路。第 2 章主要介绍了黑河流域中游地区自然地理、水文气象、生态系统、社会经济、水资源开发利用的特点和存在的主要问题。第 3 章阐述和分析了黑河上游山区径流变化及其对中游地区径流及水资源消耗量的影响。第 4 章分析了黑河中上游流域径流变化规律，并进而对中上游流域、上游流域、中游流域及四个子流域的径流变异驱动力进行了分析评估。第 5 章讨论了黑河流域中游地区典型生态系统（主要包括农田、河岸带、荒漠和绿洲-荒漠过渡带）植被土壤样带/样地生态特征，以及不同典型生态系统的生态水文过程。第 6 章利用涡动相关和自动气象观测，基于能量平衡双源模型，识别能量平衡组成项的比例。第 7 章应用基于下垫面指数的弹性系数法评估流域下垫面变化对流域水文过程的影响。第 8 章通过研究黑河中游地区植被 NDVI、土地利用和景观格局时空变化特征，分析了黑河中游植被 20 多年的变化特征。第 9 章采用生物量作为关键参数，剖析了土壤物理化学性质及生物量对土壤水蚀过程的影响，开展了土壤理化属性与生物量的高光谱反演试验研究。第 10 章介绍了基于物理基础的生态水文模型的原理和框架及模型验证。第 11 章主要介绍研究区生态水文模型的数据支撑、模型率定和验证。第 12 章介绍了生态水文模型的模型预测和应用。第 13 章为结论与建议。本书是一部具有很强实践性的专著，可为干旱区流域水资源合理开发与生态环境问题分析提供很好的借鉴和参考。

　　本书主要内容是在黑河重大研究计划重点支持项目的研究基础上提炼完成的，上述作者也是本项目的主要承担者。作为项目的主要负责人，希望借此机会对所有参加人员和本书的所有作者表示由衷的感谢。本书初稿完成后，胡立堂、彭定志、张淑荣分别进行了检查和修改，最后，徐宗学教授对全书进行了进一步修改和完善。在项目执行过程中，得到了甘肃省水文水资源勘测局、甘肃省张掖市水文水资源勘测局和中国地质环境监测院相关人员的大力支持和配合，在此表示衷心的感谢。同时感谢"黑河计划数据管理中心"提供的部分数据。本书的出版得到了黑河重大研究计划重点支持项目的经费支持。最后，对科研助理廖如婷为本书的顺利出版所付出的辛勤劳动表示衷心的感谢！

　　限于时间和水平有限，本书难免存在不妥之处，敬请读者批评指正。

作　者
2018 年 10 月

目 录

第1章 绪 论

1.1 研究背景及意义

水是生命之源，生产之要，生态之基。然而，在我国干旱内陆河流域，由于水资源的不合理利用，加之变化环境和人类活动的影响，已经出现了诸如水资源枯竭、地下水位下降、水质恶化、土壤沙化和盐渍化、植被退化等诸多生态与环境问题，严重影响了地区经济社会的可持续发展。多年来，干旱区水资源的形成与转化，以及生态系统的演变规律一直是国内外科学界，尤其是水文水资源、生态学领域学科关注的焦点问题之一。在以往的多数研究中，对地表水和地下水、水质和水量、水资源与生态环境多是独立考虑，并未充分认识到各要素之间的相互作用及相互依存关系，运用跨学科知识进行交叉和综合研究的工作尚不多见。

在干旱内陆河流域，生态系统极其脆弱且对水资源依赖性极强，此外地表水地下水转化十分频繁，转化规律较为复杂。因此，如何通过建立耦合观测、实验、模拟、情景分析等环节的地表-地下水、生态-水文过程耦合模型，揭示地表-地下水相互作用机理及其生态水文效应，了解地表水与地下水的循环规律、交换过程和水质演化过程，认识水文和水资源、水环境的基本特征，以及对区域生态过程的影响，已成为水文水资源领域学科前沿，以及区域经济社会可持续发展中的水安全、生态安全和水资源可持续利用迫切需要研究解决的难题。

近年来国内外开展的一些重大研究课题，如国际水文计划（international hydrological programme，IHP）、国际地圈生物圈计划（international geosphere biosphere programme，IGBP）中关于生物圈层中的水文循环研究（biospheric aspects of hydrological cycle，BAHC）、全球能量与水循环试验（global energy and water cycle experiment，GEWEX），以及我国的国家重点基础研究计划（973 计划）项目，国家自然科学基金重大计划等，都将重点集中在地表水与地下水转换过程及生态效应的研究工作上。尤其对干旱内陆河流域地表水地下水转换关系的探索一直是干旱地区水文学研究的重要内容，定量识别该区域不同形式的水分转换规律、水质演化过程及其在人类活动影响下的变化特征，认识干旱区生态环境脆弱性和生态环境演变机制，回答干旱区水资源潜力和可持续利用地下水资源量等相关科学问题，对于流域水资源统一调配与科学管理、流域生态环境建设等都具有十分重要的现实意义。

黑河流域是我国西北地区典型的内陆河流域，气候干旱，生态环境脆弱。中游地区人口聚集，水资源开发利用程度高，由于过度垦荒种田，发展绿洲，过量开采地下水，导致地下水水位大幅度下降，人类活动对生态系统和水文过程产生了重要的影响（Zhang et al.，2003a；Ji et al.，2006；Qi and Luo，2006；Feng et al.，2007）。这些问题已严重制约地区经济的可持续发展，影响着人们的生存环境。认识气候变化和人类活动下干旱内陆河生态-水文过程演变规律及其耦合机理，寻求人与生态和谐的对策，一直是干旱区研究者关注的核心问题。

在干旱内陆区的"四水"（即大气水、土壤水、地表水和地下水）转化研究中，地表水和地下水的转化量所占比例较大，对其研究显得尤为重要。随着干旱内陆河区水市场的逐步建立与规范、节水型社会的建设，水资源的合理利用研究对于实现干旱内陆区经济、社会、人口、资源、环境的均衡协调发展有着积极的意义，而地表水与地下水转化规律及生态水文过程的研究将为水资源规划及水市场经济中合理水资源配置方案的建立提供必要的技术支持，也将为生态环境及干旱地区水资源的评价及合理利用、规划提供依据，特别是正确评价和分析人类活动影响下的水资源数量及其时空分布规律，是内陆河流域经济发展的重大需求。

黑河流域具有独特的以水为纽带的"冰雪/冻土-河流-湖泊-绿洲-沙漠"多元自然景观，一般从河流的源头到尾闾顺次分布着高山冰雪带、草原森林带、平原绿洲带和戈壁荒漠带等自然地理单元。因此，黑河流域的生态水文过程研究涉及水文水资源、生态环境、土地利用、陆面过程、地表水和地下水相互转化及水质演变过程等多学科领域。近年来，针对日益严峻的流域生态环境恶化和突出的水事矛盾，我国政府针对黑河流域水资源问题开展了一系列研究，从最初以基础性调查和观测为主的研究阶段到各类研究逐渐走向整合再到集成研究阶段，开展了很多科学研究工作，取得了很大进展。但关注较多的问题主要集中在流域水资源配置、流域水循环、流域生态安全和水资源承载力等方面，对流域水文-生态过程耦合缺乏定量描述和研究。另外，水文模型建模能力不强，缺乏利用现代计算机技术以及容易获取的卫星遥感数据和其他空间数据从整体上模拟流域过程和行为的能力。

针对黑河流域中游地区持续干旱、人类活动影响剧烈、地表水地下水转化频繁、生态退化日趋严峻等问题，以黑河中游流域为典型研究区，对我国干旱内陆河地表水地下水相互转化数值模拟、不同时空尺度水文-生态过程相互作用等难点问题，在水文过程演变规律及其生态效应、生态系统演变规律及其对水循环的影响、水文过程和生态-水文耦合模拟等方面开展研究。利用 GIS、遥感、数值模拟等技术，结合野外定位观测与室内实验，定量识别研究区不同形式、不同尺度的地表水地下水转化规律及其在人类活动影响下的变化特征，探讨干旱区生态环境演变规律及其对水循环的影响，估算研究区地表水地下水可持续利用量及水资源承载能力。研究成果对促进水文学与水资源、地下水科学与工程及生态科学学科发展具有重要推动作用，可为国家内陆河流域水安全、生态安全及经济社会的可持续发展提供理论基础和科技支撑。

1.2 主要研究内容

重点针对地表水地下水相互转化及其生态效应，对以下三个方面的研究内容进行了探索。

1.2.1 黑河流域上中游地区水文过程演变规律及其生态效应

研究气候变化和人类活动影响下的黑河流域上中游地区水文过程演变规律，包括气候变化条件下上游山区水文过程变化对中游地区来水影响、中游地区地表水和地下水变化趋势、地表水地下水时空转化规律和中游地区水资源，以及地表水地下水转化对中游地区植被生态系统的影响机理。

1. 上游山区径流变化及其对中游地区水资源的影响

气温升高将促使上游山区积雪和冰川融化，短期内增加地表径流量。研究气候变化对黑河干流莺落峡水文站径流量影响，以及中游地区地下水水位变化、水资源消耗量变化对其的响应关系，为中游地区地表水和地下水转化规律及生态系统影响分析奠定基础。

2. 上中游地区降水径流变化与水循环演变规律实证分析

通过历史资料收集，采用趋势分析、变点分析等统计学方法，分析区域降水、径流等水文要素的变化周期、突变、趋势，在此基础上研究黑河上中游地区降水径流关系的变化规律，对影响降水径流关系变化的主要驱动力进行甄别。

在前人研究的基础上，选定典型断面测定黑河水位、地下水位、非饱和土相关参数（土壤水势、含水量）和河床表层沉积物的渗透性，同时利用同位素水文地质学技术，分析河水与含水层关系转化演变模式，特别关注河流由“注水式”补给形式（含水层与河流接触）转化为“渗水式”补给形式（含水层与河流脱节）的演变过程，分析转化关系和转化数量的时空变化规律。

3. 中游地区水循环演变对生态系统的影响

针对黑河流域中游地区，沿干流自上而下，应用野外样地实验方法分析区域尺度及典型样带植被格局土壤含水量变化规律，在此基础上结合中游水循环演变，分析中游地区土壤含水量对水循环演变的响应关系。选取黑河流域典型斑块状植被格局，包括人工灌溉绿洲和荒漠天然绿洲（荒漠河岸林），分析干旱区生态系统对流域水循环的响应关系。通过选取典型样带，研究植被生长发育的依赖条件、植被群落组成种类、格局对浅层地下水位和土壤水分的生理生态响应，以及地下水和泉、河排泄量对于植被生态的影响，提出植物物种和群落的生态水位要求，尤其是考虑植被群落生态水位（合理地下水位、胁迫地下水位和临界地下水位）的季节性变异规律；分析黑河流域实施分水方案前后，植被种类和格局的演变特征、地下水位和土壤水分的演变，以及生态水文响应关系及其对流域地表水地下水转化量和水资源高效利用与配置的指导作用。同时应用遥感技术和景观格局指数方法分析流域和区域尺度上植被格局与生态水文过程的响应关系。

1.2.2 黑河中游地区生态系统演变规律及其对水循环的影响

基于黑河流域中游地区典型生态系统野外调查资料和多源遥感影像数据，研究气候变化和人类活动影响下黑河流域中游地区不同尺度生态系统演变规律及驱动机制，甄别气候变化和人类活动对生态系统的影响过程和机理，并分析生态系统演变对不同水文循环要素的影响机理。

1. 不同尺度生态系统演变规律和驱动机制

以野外典型生态系统调查、遥感和 GIS 为技术支撑，开展黑河流域中游地区不同尺度生态系统演变规律及其驱动机制的研究。选取典型研究区，基于生态观测资料，研究植被群落、物种演替规律，分析其与人类活动和各种生态系统影响因子变化的相关性，识别主要的驱动因子，分析其驱动机制。在流域和区域尺度，通过对多源多时相遥感影像解译，分析生态系统的时空演变规律。并结合流域自然环境资料和社会经济数据，在定性分析生态系统演变驱动机制的基础上，采用统计学方法识别生态系统演变的驱动因子及其与生态系统演变特征的空间相关性，揭示生态系统演变的机制，甄别气候变化和人类活动对生态系统的影响过程和机理。

2. 不同尺度生态系统演变对水循环的影响

以野外调查和遥感技术为支撑，开展黑河流域中游地区不同尺度生态系统演变对水循环要素的影响研究。在斑块尺度上，选取典型景观开展野外试验，比较不同景观格局、不同土地覆被条件下水循环要素的变化规律，分析水循环要素对生态系统演变的响应关系。在流域或区域尺度上，利用多源多时相遥感影像反演植被信息和水文循环要素信息，采用归一化植被指数年内差值法分析多年植被变化与各水文要素变化的关系，揭示区域尺度上生态系统对水循环的影响。

1.2.3　水文过程和生态-水文耦合模拟研究

基于对水文过程与陆地生态系统相互依存关系的分析，综合利用 GIS、RS 技术和生态水文模型刻画影响流域水文过程、与生态紧密相关的环节，如植被截留、蒸发、河道内外水分交换、地表地下水交换、农田生态系统水文过程等。建立流域水文过程与动态植被过程的耦合模型，分析气候变化背景下黑河流域中游地区不同水资源利用模式下陆地生态系统的演化规律，为水资源的合理利用与配置提供理论依据。

1. 基于遥感技术和 GIS 平台的水文参数反演与提取

遥感反演水文环境参数是目前获取面状连续信息的最佳手段，同样也存在着尺度和精度问题，作为重要的数据来源，对其尺度和精度的研究必不可少。研究将针对水平非均质和不同尺度问题开展相关的研究工作。GIS 是实现数据与模型对接的重要平台，也是生态水文模型构建的基础工作。将代表站气象数据、水文数据、植被数据、土壤数据和地下水数据等汇总到空间信息平台。采用空间分析和统计功能，通过分析各生态水文要素之间的相关关系，进行误差校正和数据优化。在多源数据集成的基础上，提取研究区水文因子和生态因子，得到满足生态水文模型需求的数据格式。

2. 中游地区地表水与地下水转换规律数值模拟研究

针对黑河流域中游地区,在分析人类大规模开采地下水和农田灌溉的现实基础和开展黑河河床渗透性实验研究的基础上,研究地下水灌溉对河流流量的影响规律。基于冲洪积扇上部地下水埋深大的问题,建立一维非饱和水流和三维饱和地下水流模型;针对传统内陆河平原区地下水数值模型中山区侧向边界的不确定性问题,融合上游山区水文模型的边界条件,建立集成上游山区侧向流出量的侧向边界、中游研究区内地表水与地下水垂向边界的三维地下水流耦合模式,分析不同时间步长内地表水和地下水转化关系和水量,提出小尺度模拟地表水与地下水转化演变的数学描述方法,以及适合流域级数值模型的经验描述方法,并以实际调查和监测资料验证已有的模型。

3. 流域水文过程与陆地生态系统的耦合模拟

选择典型研究区域,结合典型区域试验数据或观测累积资料,在分析比较不同模型对流域水文过程及生态过程模拟结果的基础上,开发适合黑河流域上中游地区的模型。基于 GIS 数据平台的支持,利用历史观测资料,考虑流域关键生态影响因子,改进模型生态模拟模块,构建流域生态水文模型,模拟分析流域不同气候变化情景和不同水资源利用模式下陆地生态系统的演化规律及生态水文过程状况,为水资源的合理利用与配置提供科技支撑。

1.3　国内外研究现状

1.3.1　流域水文过程模拟研究

流域水循环过程在大气-土壤-植被相互作用过程中的作用及其对气候的影响一直是全球变化研究中的一个重要研究领域和热点问题,涉及水文学、气象学、生态学、GIS 与 RS、系统科学和计算机科学等领域。传统的研究大多局限在对这些地-气-植被系统间的单点耦合关系的描述或“集总式”的模拟,如 Deardorff 大叶模式 BATS,以及 SiB、IBIS、SVATS 等气候模式,在这些模式中参数化的水文过程在垂直结构上有较好的分辨率,但水平方向假设均一,各因素的输入参数通常取平均值,无法表达网格单元之内(又称次单元、亚单元)气象条件、土壤和植被的变化性,尽管计算效率高,但这种“集总”模型因为没有考虑流域内部各地理要素的空间变化,因而无法精确模拟或描述系统间各种过程或耦合关系的空间变化(Zhang et al.,2003b)。

随着计算机技术,尤其是 GIS 和 RS 技术的飞速发展,利用 GIS 和 RS 技术手段结合传统的集总式模拟方法发展起来的分布式水文陆面过程模型研究在国际学术界取得了长足进展,弥补了传统“集总式”模型的不足(Jiang et al.,2003;Liu et al.,2003),它强调运用空间信息获取与处理海量数据等现代化技术手段,理解并模拟不同时空尺度下的流体地球系统和生物地球系统过程,以及系统之间相互作用机制,揭示在全球变化背景下的水循环变化规律(刘三超和张万昌,2003;王书功等,2004)。分布式参数模型在流域尺度上的模拟通常将流域分成一些小的地域单元,这些地域单元可以是格网也可以是子流域,通常假设这些单元内部属性均一,各地理要素具有相应的模型输入参数,地域单元之间有一定的拓扑关系,通过这种拓扑关系能够说明物质的传输方向、通量的大小,以及系统间物质能量的转换关系。随着计算机技术的不断进步,真正意义上的分布式流域模型已经初步实现。分布式参数模型在每个地域单元上运行,最后通过汇流计算把结果输出到流域出口。目前国际上比较著名的这类模型有 SWAT(Arnold et al.,1998)、VIC(Liang,1994)、DHSVM(Wigmosta et al.,1994)、BTOPMC 和 SHE(Abbott et al.,1986)等,分布式参数模型由于具有更高的空间分辨率、更精确的过程表达和更丰富的空间信息而成为目前陆面水文过程模型发展的主流。分布式参数模型的研究在我国起步较晚,为数不多的一些研究也仅限于半分布式参数模型的尝试,而利用遥感信息作为模型输入的研究则更少。目前,国内仍缺少以栅格为单元,充分结合 GIS 与 RS 技术,综合研究流域内部多种地理过程的耦合,以及利用数字模型模拟多种管理措施对流域土壤、水资源影响的研究(Zhang et al.,2002)。目前国际上较为流行的几种分布式水文模型都存在地域性强的特点,模型对参数的要求通常是建立在国外流域观测数据之上,削弱了模型在中国应用的理论基础。

应对水资源短缺、水质恶化和生物多样性减少等全球环境问题的挑战,适应现代科学研究过程中实现跨学科集成、综合研究这一发展趋势的需要,使得研究生态系统结构变化对水文系统中水量、水质、水文要素的平衡与转化过程的影响,以及水文水资源空间变异与生态系统响应关系等变得尤为重要(Zalewski,2000)。生态水文研究是从复杂的生态水文结构到生态水文功能的机理性探讨,目的是提高对陆地生态水文过程和生态系统之间动态关系的认知,更好地评价和利用其管理和预测生态水文过程的变化,生态水文学的关键是研究水文过程与生态系统之间的动力学关系,但还未形成系统、完整的理论体系。目前生态水文耦合模型主要有用于研究森林生态水文过程、植被对水文影响的数据统计模型,如 Rutter、Philip 等;用于模拟土壤-植被-大气间物质能量传输过程的物理机理模型,如 Penman-Monteith、SVAT、SPAC(soil plant atmosphere continuum)等;还有用于水文与生态过程随机性模拟、要素与参数生成的统计理论模型,如马尔可夫模型等。随着生态模型研究的深入,对植物与水分的作用机理认识不断提高,通过尺度转化实现水文模型和生态模型耦合是生态水文学重要的发展方向之一。加强土壤水文、土壤性质等与植被生长之间的作用与反馈模拟,以及土地利用变化等生态环境变化与水文响应的模拟,耦合植被生长和水文过程,建立物理机制上参数传递和尺度匹配耦合关系,是亟待研究的热点问题之一。

针对内陆河流域水循环问题,刘兆飞和徐宗学(2007)以我国最大的内陆河塔里木河流域为研究对象,从水文模型到气候变化对水循环的影响各个方面进行了比较深入系统的探讨。以非参数 Mann-Kendall 检验方法为主要工具,研究了塔里木河流域降水、平均气温、日照时数,以及径流等水文气象要素的长期变化趋势及其之间的相互关系,并分析了引起这些水文气象要素变化的主要影响因素(刘兆飞和徐宗学,2007;Liu et al.,2010)。采用统计降尺度模型 SDSM 和 NHMM,在塔里木河流域建立大气环流因子与站点气候要素数据序列之间的统计关系,将 GCM 输出的未来气候情景降尺度到流域的各气象站点，生成各站点未来日最高气温、最低气温和降水量序列，分析了塔里木河流域未来气候的长期变化趋势，同时为流域水文模型提供未来气候情景输入（刘兆飞等，2007；2008）。利用研究区不同时间序列的积雪分类图和地形数据进行空间特征分析，探讨了和田河流域积雪分布的时空变化特征，对 2001 年春夏季融雪季节 4～8 月融雪径流进行了模拟（徐宗学等，2008）。在石羊河流域，选用 Mann-Kendall 非参数统计检验法和 Spearman's Rho 检验法分析了径流序列的变化趋势（Li et al.，2008；李占玲和徐宗学，2009；Shao et al.，2010）。在干旱区平原绿洲区，胡和平等（2004）建立了耗散型水文模型，并应用至西北内陆的阿克苏河平原绿洲区（汤秋鸿等，2004）。

针对黑河流域，近年来关注的问题包括流域水资源配置（肖洪浪等，2004；曾国熙等，2006）、流域水循环（张光辉等，2004；贾仰文等，2006a；肖生春和肖洪浪，2008）、流域生态安全（陈东景和徐中民，2002；沈渭寿等，2007）、水资源承载力（苏志勇等，2002；王录仓和王航，2006）等；对于流域上游山区而言，更多的焦点则放在径流变化规律及其变化特征（Feng et al.，2007；张学真等，2007；王钧和蒙吉军，2008；康尔泗等，2008）、径流预报、模拟及预测（张东等，2005；楚永伟等，2005；周剑等，2008）、气候变化和人类活动及其对径流的影响（Zhang et al.，2003a；蓝永超等，2005；Qi and Luo，2006；李林等，2006；Feng et al.，2007；张凯等，2007；柳景峰和张勃，2007；金明和于静洁，2008）等方面。例如，Chen 等（2008）将其构建的内陆河高寒区流域分布式水热耦合模型（DWHC）应用于黑河上游山区流域径流模拟；Konovalov 和 Nakawo（2005）选用吉尔吉斯斯坦纳伦河作为对比流域，采用对比流域方法对黑河上游山区流域的径流进行了模拟；Kang 等（1999）采用改进后的 HBV 模型探讨了黑河上游山区流域径流对气候变化的响应；Wang 和 Li（2006）研究了黑河上游气候变化对融雪径流的影响，研究表明，在升温 4℃ 的情景下，融雪季节将会前移，融雪季节的早期水量会增加，而融雪季节后期水量会减少。Chen 等（2003）应用其构建的适用于山区的分布式月尺度径流模型对黑河上游山区流域径流进行模拟，结果表明，未来升温情景下，永久性积雪和冰川面积减少，雪线上升；流域径流略有增加，融雪、冰川融水及蒸散发有所增加；在植被覆盖方面，在分别全部是森林、草地、裸地情景下，全部是森林的植被覆盖模式将导致流域实际蒸散发减少，土壤含水量增加，从而导致洪峰过程和径流过程的改变。

韩杰等（2004）、陈仁升等（2003）使用 TOPMODEL 对黑河上游山区流域的径流量进行了逐日模拟。Wang 和 Li（2006）使用 SRM（snowmelt runoff model）模型研究了黑河上游气候变化对融雪径流的影响。Zhao 和 Zhang（2005）验证了 VIC-3L 模型在黑河上游山区流域的适用性。王中根等（2003）在探讨分布式水文模型 SWAT 的水文学原理和模型结构与运行方式的基础上，将该模型应用在黑河上游山区流域，并取得了较好的模拟效果。黄清华和张万昌（2004）、张东等（2005）在改进 SWAT 模型基础上，将其应用到黑河上游，对出山径流进行了模拟。康尔泗等（1999）将上游山区划分为高山冰雪冻土带和山区植被带两个基本景观带，应用半分布式 HBV 模型对山区产汇流过程进行模拟计算，建立黑河出山口月径流概念性模型并进行了径流预报研究。周剑等（2008）利用改进的 PRMS 模型，预测分析了黑河上游未来气候和土地覆盖变化情景下流域出山径流变化趋势，为黑河流域水资源合理利用和管理提供了科学依据。夏军等

（2003）根据流域降水-径流非线性系统理论与概念性模拟方法，提出了分布式时变增益模型（DTVGM）并应用到黑河上游流域。贾仰文等（2006a）从水循环的物理机制着手，在考虑人工侧支循环的基础上，以现代地理信息技术为数据处理平台，开发了黑河流域水循环系统的分布式模拟模型 WEP-HeiHe，并将其应用于黑河上游山区流域径流预报，以及未来下垫面变化条件下的流域水量收支预测。陈仁升等（2003）应用常规的气象水文数据并结合 GIS 技术，建立了一个适合西北干旱区内陆河山区流域的以日为步长的分布式径流模型，并对黑河干流山区出山口径流进行了模拟计算和讨论，研究发现，区域日降水的随机性和观测站点的稀少性，极大地影响了模型的模拟效果。Chen 等（2008）利用土壤水热耦合模型将流域产流、入渗和蒸散发过程融合成一个整体，弥补了分布式水文模型中缺乏冻土水文过程的不足，构建了一个内陆河高寒区流域分布式水热耦合模型（DWHC），从而能够全面定量描述整个寒区水文过程。

　　由此可见，现有水文模型侧重于黑河流域上游山区的适用性研究、模型改进，以及水文模型的构建等方面，水文模型模拟和预测的不确定性方面研究得较少；对于中下游以耗散为主的水文过程研究较少。国外现有模型的改进和应用较多，我国开发的具有自主产权的模型较少。

1.3.2　地表水和地下水转化规律研究

　　黑河流域属我国典型的干旱内陆河区域，由于其独特的气候、地形、地貌特征，水资源具有明显的特点。降水少蒸发大、地表水和地下水的多次转化、相互依存和相互制约关系是黑河流域水资源的典型特点。降水少蒸发大是导致黑河流域水资源短缺的重要因素，由于近期人类活动的加剧，持续不断的开采地表水和地下水资源加剧了水资源的紧缺。流域内地表水和地下水转换过程复杂，这种转换关系随着季节变化、地形地貌变化而发生不同方向的转换。天然状态下，河流出山口后，在戈壁带河床内大量补给地下水，小型河流基本消失殆尽，这一地带成为地下水的主要补给区，地表水转化为地下水，地下水径流至冲洪积扇前缘受阻溢出地表，并汇成泉集河。一般情况下泉集河向下游汇流，途中不断蒸发，并与冲洪平原区地下潜水相互转化，最终汇集到盆地的最低地带或湖泊区，小型的泉集河常常消失在汇流途中。在人类经济活动干扰下，河道渠网化、渠道高标准衬砌，地表水通过高标准衬砌渠道从山区直接输送到绿洲。各种节水措施大规模推广应用，引水量增大，引起地表水与地下水的转化量、转化特征明显变化，极大地改变了原来的天然状况（赵建忠等，2010）。任建民和忤彦卿（2007）通过分析人类活动对内陆河石羊河流域水资源转化的影响，指出由于该流域中、上游人口数量增加，灌溉农业的发展，以及引水、蓄水工程的相继投入运行改变了石羊河地表水地下水转化关系，进而导致进入民勤绿洲的地表水资源逐年大幅度减少。付金花和熊黑钢（2007）通过野外调查和分析，了解了奇台县地下水资源变化的基本情况，对其地下水的变化特征和人类活动对地下水的影响作了重点分析。并指出，人类在过度开发利用地表水的同时，大量开采引用地下水，两水之间互相补给的平衡关系遭到了破坏，使得地下水和地表水的转化条件、潜水水位，以及泉水出露等产生了明显的变化。

　　对于地表水和地下水交换水量和水质定量的分析，经常用到的方法包括解析法、数值法、水文地质调查、地球物理及统计分析和同位素水文地球化学法等。水文地质调查是常用的地表水地下水转化量调查方法，但调查成本高，适用于典型地段调查。同位素水文地球化学法是近几年兴起的估算地表水地下水转化量的方法之一。仵彦卿等（2010）运用放射性 ^{222}Rn 同位素和稳定性 ^{18}O 同位素分析地下水转化到河流中的位置和转化量。几种方法中，数值模型法是基于物理基础建立的数值模型，虽然它对支撑的数据和测量的参数精度要求较高，但能模拟和分析各种复杂条件下的地表水和地下水作用规律，因此应用较广。

地表水和地下水相互作用的集成模型（综合考虑水文模型和地下水流水质模型）是融合地表水和地下水的模型，考虑了地表水和地下水模型耦合中的各个细节问题。地表水模型是利用经验公式、明渠圣维南原理的连续性和动力波方程来建立，经常是小的时间步长和小、中、大的空间尺度，地下水模型则是根据达西定律和水量平衡原理建立，经常为大的时间步长和中、大的空间尺度，因此当耦合两者时，需要在时空尺度上进行数据整合，然而包气带作为联系地表水和饱和地下水的纽带，虽然其厚度在不同地理位置或厚或薄，但它具有的储存和运输作用不容忽视，因此，当集成模型考虑包气带的运动规律时，模型的物理机理将更趋完善。国内外已出现很多集成地表水和地下水的模型。就国内来说，已出现很多流域水文模型，其中很多是基于山坡水文学的概念或者简化的地下水含水层建立的，因此其应用范围受到限制，如何将这些模型应用于平原区是一个很大的挑战。平原区域有关地表水和地下水集成模型的相关报道较少，武强等利用河流一维明渠非恒定流与地下水拟三维非稳定流运动方程建立了集成模型，并将其应用到黑河流域下游水资源开发利用评价上；而国外有关地表水和地下水的集成模型较多，主要包括 MODFLOW-DAFLOW、MODBRAHCH、SWATMOD、IGSM（Labolle et al.，2003）、MODHMS（Panday and Huyakorn，2004）、InHM（Abel et al.，2008）、MIKE-SHE（Refsgaard，1997）、HYDROGEOSPHERE（Therrien et al.，2007）等。

国内外已有的集成模型是在现实特定条件概化的基础上建立起来的，综合分析已有的地表水和地下水集成模型软件，具有开发周期长、开发费用高的特点，模型需要收集地表水径流数据和降水、蒸发及地下水位、水质等长期且系统的监测数据。针对地表水和地下水相互作用的内容，相比已有的地表水和地下水集成模型来说，MIKE SHE 系列软件、MODHMS 模型和 HYDROGEOSPHERE 软件功能较为完善。但它们需要大量的参数和数据支撑，其中一些数据还是时变的，因此，建立和率定模型非常耗时。集成模型理论上的严格和操作上的困难之间的差距成为集成模型应用的一道障碍，需要提出一种适宜干旱内陆区水资源分析的工具。

宋郁东等（2000）提出了大气水、地表水、土壤水和地下水的四水转化模型，它是一个基于水量平衡的集总式的概念性模型，主要分析自然和人类活动情况下四水的分布、转化、消耗过程与规律，该模型已在塔里木盆地中应用。武选民等（2004）在大量实测资料的基础上，建立了额济纳盆地地下水流系统饱和-非饱和三维数值模型，对上中游向额济纳盆地 4 种不同输水量情况下盆地内区域地下水位的变化趋势进行了预测，提出了合理的输水方案。Hu 等（2007）完善了干旱内陆河区地下水、河水与泉水转化演变的仿真模拟方法，对黑河干流中游地区地表水和地下水定量转化进行了实例分析，对该地区地表水和地下水转化量和转化关系取得了新的认识。胡立堂等（2007）在系统总结干旱内陆区地表水地下水集成模型的基础上，于黑河干流中游区建立了基于物理基础的地表水和地下水集成模型，地表水模型采用 Schaffranek 修正的圣维南连续性方程和动力波方程，地下水模型则基于多边形有限差分方法开发了饱和非饱和地下水三维流模型。针对地表水交替迅速、地下水交替缓慢的特点，该模型对地表水和地下水模型的时间尺度耦合提出了解决办法，即变时间步长的数值模拟方法，地表水以一个小的时间尺度，地下水以一个大的时间尺度（胡立堂，2008）。周剑等（2009）以地下水/河流（FEFLOW/MIKE11）相互作用耦合模拟为基础，研究干旱区黑河流域中游盆地地表水与地下水转化机制及其对土地利用响应的数值模拟模型。然而，地表水地下水集成模型需要真实模拟各种水文现象和水文地质要素，既包括对水量时空变化的刻画，又包括水体点源和非点源污染、地下水溶质运移的描述；既能反应瞬时发生的暴雨径流过程，又能描述区域性长期的水文和水文地质变化过程等，而对于黑河流域中游地区，地下水与地表水由饱和带接触，如何在天然和人类活动影响下转为非饱和带接触，以及对植被生态产生多大影响仍缺乏综合考虑，需要进一步研究。干旱内陆区地表水、地下水和生态作为一个有机整体已被众多学者达成共识（Becker，1995；Newman et al.，2006），一个合理的水资源利用模式，必须根据水资源的承载能力，协调好水资源开发利用产生的经济效益与生态环境之间的关系。在干旱内陆荒漠区，植被对地下水埋深在个体、种群，以及斑块尺度上具有明显响应，植被随着地下水位、水质变化而变化（Guo et al.，2009）。地表水地下水相互转化关系研究及其与生态响应关系，已经成为国内外近来研究的热点问题，研究方法有定性、统计分析、3S 技术和模拟方法。定性分析多侧重于实际监测资料，如生态输水前后植被群落的变化。一般而言，土壤结构、地下水位埋深和土壤盐分是决定植被生长状况的三个主要因素，而地下水是极端干旱区植被生长状况的决定性因素。统计分析则从统计学角度分析地下水位、水质与植被群落之间的关系。3S 技术方法，即 RS、GIS 和 GPS，一般基于 RS 和 GIS 对绿洲植被与荒漠化动态进行研究，得出归一化植被指数（NDVI），它也是干旱荒漠绿洲区植被变化度量的首选植被指数。模拟方法功能强大，可以用于模拟人类活动影响下的各种复杂条件下地下水与植被之间关系的演变。

对于黑河流域而言，生态极其脆弱，水资源利用直接影响着生态，综合考虑流域内已有的地下水和地表水转化关系的研究，多侧重于采用实际调查和中游地区的地下水模型分析手段，而如何确定上游入流量和山前侧向流入量是黑河流域平原区地下水模型的难点，综合集成上中游的地表水地下水模型则可解决这一难点问题。另外，干旱内陆平原区潜水蒸发占相当大的比例，而地下水模型依赖的地面标高精度难以准确估计潜水蒸发量，利用遥感等技术和生态响应等视角侧面反映潜水蒸发量变化规律，验证中游地区地下水数值模型的可靠性，从而为地表水地下水转化规律分析和生态环境问题的改善提供服务。

1.3.3　生态-水文过程耦合研究

在淡水资源短缺逐渐成为全球问题时，生态水文学应时而生。生态水文学是 20 世纪 90 年代以来兴起的一门新兴边缘学科，是水文学和生态学之间的交叉学科，是描述生态格局和生态过程水文学机制的一门科学,属于生态学的水文方面(Zalewski,2000)。生态水文学关心的是植物和水的相互作用关系,包括两类:一是强调生态系统(生态系统中植被类型、格局、配置等)变化对水文循环的影响;二是强调水文过程对生态系统配置、结构和动态的影响。生态水文过程是生态水文学的一个重要研究方向,和传统水文过程研究相比,具有两个明显特点:一是重视生态过程和水文过程关系的研究,重视不同的生物(特别是植被)与水文过程之间相互影响、耦合关系的探讨(Hui et al.,2005);二是考虑时空尺度(黄奕龙等,2003)。从水分行为的角度来讲,生态水文过程可以分为生态水文物理过程、化学过程及其生态效应三个方面来研究(黄奕龙等,2003)。生态水文物理过程主要是指植被覆盖和土地利用对降水、径流、蒸发等水循环要素的影响,生态水文化学过程是指水质模拟研究,而水分生态效应主要指水循环对植被生长和分布的影响。

生态系统对水文循环的影响主要表现为植被覆盖和土地利用对降水、径流、蒸发等水循环要素的影响。不合理的土地利用/覆盖除直接造成植被数量和质量下降从而影响生物多样性外,还会由于下垫面的改变而引发气候、水文和地质灾害等问题(魏建兵等,2006)。Zhou等(2001)指出植被覆盖能够有效地影响地表反射率、地表温度、下垫面的粗糙度和土壤-植被-大气连续体间的水分交换。森林的蒸散量与降水量比值要高于灌丛和草地,它是森林影响土壤水、地表水和地下水水位的重要因素。森林砍伐将影响反射率和树冠截留,从而显著地减少当地的降水量,增加下游洪水泛滥的频率与强度。Uhl和Kauffman(1990)指出土地利用类型的改变,如森林向牧场的转变将增加地表反射率和地表覆盖度,在小范围内使温度增加,湿度下降。植被的破坏还将导致土壤侵蚀和地表水的减少。Henderson-Sellers和Gornitz(1984)首次利用全球环流模式(GCM)研究植被退化的气候响应。亚马孙河流域的森林被砍伐变成草原后,地表温度将升高2.5℃,年蒸散量下降 30%,降水减少 25%,干季尤其明显;撒哈拉沙漠扩展时,降水将减少13%,蒸发、云量亦将减少;沙漠消失时,降水将增加25%,蒸发亦将明显增加。范广州和程国栋(2002)指出中国西北地区的大面积绿化将导致中国及中南半岛地区的降水量增加,印度降水减少,而内蒙古草原的沙漠化将对年代际尺度的中国气候异常产生显著影响。Kleidon和Heimann(2000)以及Hageman和Kleidon(1999)在南非Sambesi集水区的研究表明,随着地下生物量的增加,径流量、产沙量和养分流失减少。王根绪等(2005)利用 1960 年以来的三期遥感数据和 1980 年以来的地下水长期观测数据,分析了近 30 年来甘肃省黑河流域中游地区土地利用与覆被变化对地下水系统的影响。结果表明,自 1970 年以来的近 30 年中,前 15 年土地利用变化较大,对地下水影响较大(主要是河道和渠系利用面积变化所致),后 15 年土地利用变化幅度较小,对地下水影响也较小。

Braud 等(2001)在 Andes 研究了植被对径流的影响,通过两个集水小区 1983~1994年的研究表明地质条件相同时,径流对植被覆盖不敏感。原苏联西北部和上伏尔加流域等集水区,以及我国海南等地的集水区研究也表明,小流域年径流量和植被覆盖率没有明显的比例关系。王永明等(2007)则认为不同的景观都有一些相似的水文过程,而从独特的水文过程可以分析出景观的某些独特性质。主要是因为景观中的植被可以在多个层次上影响降水、径流和蒸发从而对水资源进行重新分配,并由此影响水文循环的全过程。景观生态学的发展促进了一系列尺度上，尤其是景观和区域尺度上的空间格局和生态水文过程关系的研究（Turner and Gardner，2001）。景观格局与生态过程的关系是景观生态学中的一个重要研究内容。景观格局与生态水文过程关系的研究则随着人类活动对陆地系统和水文过程的干扰而成为研究的热点，如土地利用结构与生态水文过程，包括土地利用结构与土壤水分动态、土壤养分变化，以及与土壤侵蚀的研究、景观空间格局对河流水质的影响；农业景观中的篱笆、沟渠网络与水分、养分运动关系的研究；岸边植被缓冲带与水分、养分流动之间关系的研究；湿地景观格局与水文生态过程的研究。傅伯杰等（1999）在黄土高原的研究表明坡耕地-草地-林地格局（由坡面下部到上部顺序）对减少水土流失最为有利。土壤水分的变异为：草地-坡耕地-林地为 U 形，坡耕地-草地-林地为 W 形，坡耕地-林地-草地为 V 形。

随着地理信息系统、遥感、数学模型和计算机技术的发展，景观格局的静态和动态研究更多的借助各种景观指数的设计和分析来实现。大量景观格局指数，甚至包括一些景观格局动态的度量指标的提出，以及以 Fragstats 为代表的景观格局指数计算软件的涌现，大大推进了景观格局研究的快速发展。然而由于对景观格局指数的生态学意义或内涵的研究尚不充分，极容易出现景观格局指数的误用和滥用，这使得在实际应用中慎重选取具有明确生态学意义的景观格局指数尤为重要（陈利顶等，2006）。研究景观格局与生态水文过程耦合的基本途径包括基于直接观测的耦合和基于系统分析和模拟的耦合（吕一河等，2007）。前者通常在较小空间尺度上开展，如样地、坡面和小流域尺度。这一耦合过程中关于生态过程的信息是通过观测和试验方法准确得到的。后者耦合是在较大尺度上开展，需要运用系统分析和模拟的方法去实现，这就涉及模型和模拟系统的建立。以系统分析和模拟为主要手段的研究需要一定的直接观测和实验作为基础。

近年来，生态与水文相互作用过程的数学模拟和专门模型研发成为生态水文学重要的发展趋势，同时也面临着很多急需解决和有重要科学意义的问题：不同时空尺度生态水文过程的耦合；典型区域的生态水文模型耦合研究；生态水文过程机理基础上的紧密耦合研究等（杨舒媛等，2009）。其中如何通过机理研究发现模型中的共同参数，并将其作为耦合点，如何通过物理机制的数学描述，最终将水文模型和生态模型进行紧密的、双向的真正意义上的耦合是未来生态水文学的重要研究方向。作为建立生态水文紧密双向耦合模型的关键，生态水文过程和机理的观测与分析将是未来的重要任务。李新等（2010）提出在黑河流域，虽然地表-地下水模型的耦合、分布式水文模型和陆面过程模型的耦合，已经进入研究者的视野，但真正意义上的生态-水文集成模型尚未完成。

目前我国在生态水文学的系统科学研究方面还比较薄弱，尚缺乏系统的研究理论框架和方法体系，但在部分领域开展的试验研究较多，如森林、干旱/半干旱地区，以及湿地等区域的研究构成了我国生态水文学的重要内容。近年来干旱区生态格局和过程的水文学机制研究已成为生态环境研究的前沿和需求热点（王爱娟等，2006）。我国干旱区生态水文研究主要集中在黑河、塔里木河等内陆河流域，开展的研究工作包括以下两个方面。

（1）生态需水研究。在水分限制的干旱荒漠生态系统中，水分是制约植物生长和繁殖的主要生态因子，决定着干旱区绿洲化进程与荒漠化进程这两类对立的生态环境演化过程。在干旱区内陆河流域，生态需水问题是水资源管理方面的一个重要问题。水资源的短缺引导人们走进了水资源利用的误区，夺取了本属于植被生态和其他生命的水，人为地改变水资源的时空配置，实施不合理的再分配。通过对生态需水量的研究，能够分析人类活动对生态需水的挤占程度，从而为生态恢复与水资源合理配置提供科学依据。赵文智和程国栋（2001）提出了临界生态需水量、最适生态需水量和饱和水生态需水量的概念，讨论了相应的确定方法。干旱半干旱地区的植被生态需水的计算方法包括：面积定额法、潜水蒸发法、植物蒸散发量法、水量平衡法、生物量法和基于遥感技术的计算法。基于遥感技术的植被生态需水量计算方法是一种新兴的计算方法，能够方便地提供大范围的地表特征信息，为大尺度非均匀区域的腾发（耗水）研究提供新途径。国内外已有不少应用遥感信息估算区域腾发量的模型和方法。其中植被指数-地表温度法较为直观和方便应用，但更需要根据不同研究区域、不同植物类型、不同生态运行机制开展从微观角度出发研究植被生理、生态耗水规律的工作，为建立合理的植被生态需水理论和方法提供依据。

（2）典型生态系统类型生态-水文过程与需水量的研究。这方面的研究尚处于初始阶段，主要包括对内陆河流域荒漠河岸林生态系统和山区斑块森林的水文效应研究。开展干旱区内陆河流域荒漠河岸林生态系统对维持下游绿色走廊和抑制荒漠化具有重要的作用。然而由于水分和盐分对植物生长的限制，荒漠河岸林群落极易受损，发生退化。因此，研究荒漠河岸林群落生态-水文过程对于受损生态系统的保育恢复和干旱区水资源高效利用与配置具有重要的理论和现实意义。我国关于干旱区内陆河流域荒漠河岸林生态过程与水文机制的研究开展较多的是塔里木河流域，在关于主要植物种类对浅层地下水位变化的生理生态响应方面取得了重要的成果，但在植被群落生态水位、生态过程与土壤水分、盐分的关系等研究方面还很缺乏，亟待开展系统深入的研究（李卫红等，2008）。山区斑块森林的水文功能也是研究的一个重要方面。不同类型的斑块具有不同的水源涵养功能。在林地水分平衡中，蒸散发是一项很重要的支出。根据何志斌（2007）的研究，山区斑块森林是水分的主要耗散区，其斑块面积的增加会减小流域径流量。金博文等（2003）、宋克超等（2003）、张济世等（2004）等也研究了黑河流域山区水源涵养林在水文过程中的作用。

虽然我国干旱区生态水文过程的研究已经有了一些积累，但在植被分布格局对土壤水分和径流的影响，植物群落生态系统演替对浅层地下水水位和水质的响应，尤其是植物生态水位季节性变异规律及生态水文模型模拟等方面亟待开展更深入细致的工作。

1.3.4　黑河流域研究现状概述

黑河流域地处甘肃内陆腹地，气候干燥，自然环境条件欠佳，水资源贫乏，生态环境脆弱，由于20世纪90年代水资源的不合理开发利用，生态环境逐步恶化（Feng et al.，2001）。近年来，随着人类活动的加剧，持续过量开采地下水，地下水位大幅度下降，使地表水与地下水的相互转化时空关系更加复杂，溢出带泉水流量急剧减少。地质、水利、环保、矿产等部门围绕黑河流域水-土-生态环境相关问题进行了大量研究。针对黑河流域水文水资源的研究，关注的问题主要包括流域水资源配置（肖洪浪等，2004；曾国熙等，2006）、流域水循环（张光辉等，2004；贾仰文等，2006a；肖生春和肖洪浪，2008）、流域生态安全（陈东景和徐中民，2002；沈渭寿等，2007）、水资源承载力（苏志勇等，2002；王录仓和王航，2006）等方面；对于流域上游山区而言，更多的焦点则集中在径流变化规律及变化特征（Feng et al.，2007；张学真等，2007；王钧和蒙吉军，2008；康尔泗等，2008）、径流预报、模拟及预测（张东等，2005；楚永伟等，2005；周剑等，2008）、气候变化和人类活动及其对径流的影响（Zhang et al.，2003a；蓝永超等，2005；Qi and Luo，2006；李林等，2006；Feng et al.，2007；张凯等，2007；柳景峰和张勃，2007；金明和于静洁，2008）等方面。应用于黑河流域的水文模型较多（康尔泗等，1999；陈仁升等，2003；王中根等，2003；夏军等，2003；韩杰等，2004；黄清华和张万昌，2004；Zhao and Zhang，2005；张东等，2005；Wang and Li，2006；贾仰文等，2006b；Chen et al.，2008；周剑等，2008），主要侧重于黑河流域上游山区的适用性研究、模型改进，以及水文模型的构建等方面，水文模型模拟和预测的不确定性方面研究得较少（Li et al.，2009）。

　　黑河流域地下水开发利用历史较早，1956 年随着大规模地下水资源的勘察和开发利用，水文地质部门就开始进入了基础研究工作，包括第一轮水文地质普查和地下水动态监测工作。第一轮水文地质工作包括 20 世纪 60 年代以前的平原区 1∶20 万区域水文地质综合普查和重点地区的水文地质勘查；60 年代后期的黑河 1∶20 万水文地质普查；70 年代完成北山地区和祁连山中东段 1∶20 万水文地质综合普查；80 年代主要进行了地下水资源合理开发利用等多项专题勘察研究；90 年代，完成了农业开发区水文地质勘查，重点城市、工矿企业供水勘察。黑河流域地下水动态监测始于 1958 年，以张掖为监测中心控制面积为 8200km^2 的监测站，研究区内地下水动态已记录了 40 多年系统连续的地下水监测资料，为城市和流域水资源评价、开发利用，水资源管理、地下水情预测分析，研究区域地质环境演变，工农业规划与科学管理提供了重要的科学依据。特别地，1983 年完成了《河西走廊地下水分布规律与合理开发利用研究》。1990 年完成了《黑河干流中游地下水资源合理开发利用研究勘探》和《黑河中下游两水转化及水资源管理模型研究》。

　　"九五"期间国家开展的一系列研究工作也紧密围绕西北大开发展开。国家重点科技攻关项目"西北地区水资源合理开发利用与生态环境保护研究"分析了黑河流域社会经济发展与环境作用的历史过程、绿洲的形成和演变规律，采用生态恢复和多目标层次分析法，定量计算了生态环境的需水量和价值损失量，进行了水资源承载能力的分析和优化配置研究，该成果提出了黑河流域水资源合理利用与生态环境保护的对策和建议。国土资源部 2000 年开始开展的"河西走廊地下水勘查"项目较全面系统地整理了黑河流域近 50 年来的水文地质勘查资料，对第四纪地质、地下水补径排条件、含水层水量、水质进行了系统归纳和分析，并预测了黑河流域节水工程实施后地下水资源量的变化趋势，其中首次建立的河西走廊水文地质空间数据库，为河西走廊水文地质及环境地质的综合研究提供了数据平台。

　　中国科学院寒区旱区环境与工程研究所依托"河西走廊水土资源利用与生态环境现状调查"、国家"九五"攻关项目"黑河流域水资源合理利用与经济社会和生态环境协调发展研究"与"冰雪水资源和出山口径流量变化及其趋势预测研究",以及自然科学基金重点项目"西北干旱区内陆河流域水资源形成与变化的基础研究",深入开展了黑河流域水文水资源研究,力求把流域内的"经济-水-生态"作为整体进行研究。自2000年以来,以黑河流域为研究基地,开展了多项重大和重点研究项目,同时设立了众多定位台站,已在黑河流域布置了临泽综合观测站、山区涵养林综合观测站、额济纳旗生态站等野外定位台站。在数据方面,初步建立了数字黑河平台(http://heihe.westgis.ac.cn),积累了近1000GB的各类空间数据、遥感数据和定位观测数据(程国栋等,2008)。

黑河流域中游地区人口高度聚集,水资源开发利用程度高,人类活动对生态系统和水循环影响剧烈。目前对于黑河流域中游地区的研究更多侧重于水文、地下水和生态等单一和两重因素研究,需要进一步开展从地形地貌特征、水文地质条件到地表水与地下水相互转换,从气候变化与人类活动到陆地生态系统演变、水循环变化的全过程研究,建立气候变化和人类活动影响下,地表水-地下水-生态之间的耦合关系,从而为水文学及水资源、地下水科学与工程、生态科学等学科的发展,为黑河流域中游地区的经济社会发展提供理论依据和科技支撑。

1.4 主要技术路线

(1)在系统查阅国内外已有研究成果的基础上,基于干旱内陆区水文过程的研究基础,开展野外试验,进一步研究干旱内陆区水循环与陆地生态系统的依存和制约关系。选取不同的典型流域,通过观测和实验相结合的方式,分析不同植被覆盖下的作物生长、植被截留、土壤表层水文过程、植被与地下水的交换关系。在典型流域分析不同植被水文响应关系的基础上,结合遥感反演和地面订正,从整个流域尺度上分析不同植被覆盖下的作物生长、植被截留、土壤表层水文过程、植被与地下水等的交换关系。分析不同尺度下黑河流域植被覆盖及其生态水文响应特征和规律;分析植被的分布格局对水分和径流的影响;分析土壤水、地下水含水介质岩性,并根据介质特性和水文地质参数进行综合分区;进行水文地质调查和同位素水文地质研究,深入研究大气水-地表水-土壤水-地下水相互转化关系,系统分析水分在各个环节的转化规律及水质变化的时空分布特征;分析不同土地利用类型的植被生长状态与土壤含水量的关系、土壤含水量与地下水埋深关系,以及植被生长状态与地下水埋深关系,并在此基础上探讨不同植被群落类型适宜的地下水生态埋深及其季节性变异规律。

(2)通过对 NOAA-AVHRR、中巴资源卫星及日本资源卫星所获得的遥感图片的解译与判读,解析流域多年土地利用的变化,根据研究区降水与云系的特点,分析不同时段降水与云反照率、云亮温及云斜率参数间的相关性,建立研究流域不同时段的降水反演模型;连续动态分析植被指数(VI)、叶面积指数(LAI)、地表反照率、地表温度(LST)、土壤含水量等地表参数反演。植被指数包括比值植被指数(RVI)、NDVI、环境植被指数(EVI)、绿被植被指数(GVI)和垂直植被指数(PVI)等;运用年蒸散量对植被变化的响应模型模拟年潜在蒸散量与年实际蒸散量之间的关系,利用气象资料及遥感图像估算流域蒸散发量。

（3）系统总结干旱内陆区地下水与地表水转化及演变规律，丰富地表水和地下水仿真模型的理论。以 GIS 软件为工具，在天然和人类活动影响下，分析植被生态种类和范围的变化；在中游山区，对地表水以节点水量平衡原理建立方程，而对地下水建立三维有限元或有限差分的水量模型。针对黑河流域中游水资源特征，选择典型区，进行同位素试验，并对土壤水分、土壤盐分、地下水位和地下水质进行重点监测。根据典型区试验数据，研究土壤水分、土壤盐分、地下水位和地下水质之间的相关关系。

（4）评价与筛选流域生态因子，分析黑河流域生态因子与地表水水量、地下水埋深、土壤含水量等的关系，确定影响流域生态状况的关键因素，分析不同情景下流域生态状况及演变趋势。构建不同情景，如不同的土地利用方式、不同的灌溉方式、不同的气候变化情景等，在各类情景的组合方式下进行实证分析，对流域地表水、地下水时空分布及趋势进行分析和预测，将结果同实际调查资料及遥感分析结果对比分析，为未来流域水资源统一调配与管理、流域生态环境建设及土壤盐渍化防治提供依据。

技术路线如图 1-1 所示。

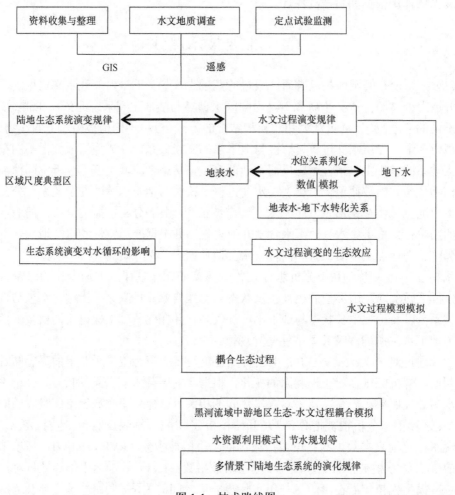

图 1-1　技术路线图

参 考 文 献

陈东景, 徐中民. 2002. 西北内陆河流域生态安全评价研究——以黑河流域中游张掖地区为例. 干旱区地理, 25(3): 219-224.

陈利顶, 傅伯杰, 赵文武. 2006. "源""汇"景观理论及其生态学意义. 生态学报, 26(5): 1444-1449.

陈仁升, 康尔泗, 杨建平, 等. 2003. 内陆河流域分布式日出山径流模型——以黑河干流山区流域为例. 地球科学进展, 18(2): 198-206.

程国栋, 李新, 康尔泗, 等. 2008. 黑河流域交叉集成研究的模型开发和模拟环境建设结题报告. 兰州: 中国科学院寒区旱区环境与工程研究所. 中国科学院寒区旱区环境与工程研究所创新项目专题报告.

楚永伟, 蓝永超, 李向阳, 等. 2005. 黑河莺落峡站年径流长期预报模型研究. 中国沙漠, 25(6): 869-873.

范广州, 程国栋. 2002. 影响青藏高原植被生理过程与大气 CO_2 浓度及气候变化的相互作用. 大气科学, 26(4): 509-518.

付金花, 熊黑钢. 2007. 人类活动对奇台县地下水变化的影响. 水资源与水工程学报, 18(2): 12-15.

傅伯杰, 陈利顶, 马克明. 1999. 黄土丘陵区小流域土地变化对生态环境的影响: 以延安市羊圈沟流域为例. 地理学报, 54(3): 1241-1246.

韩杰, 张万昌, 赵登忠. 2004. 基于 TOPMODEL 径流模拟的黑河水资源探讨. 农村生态环境, 20(2): 16-20.

何志斌. 2007. 干旱内陆河流域斑块植被格局动态及其功能研究——以黑河流域为例. 兰州: 中国科学院寒区旱区环境与工程研究所博士学位论文.

胡和平, 汤秋鸿, 雷志栋, 等. 2004. 干旱区平原绿洲散耗型水文模型: I 模型结构. 水科学进展, 15(2): 140-145.

胡立堂. 2008. 干旱内陆河区地表水和地下水集成模型及应用. 水利学报, 39(4): 410-418.

胡立堂, 王忠静, 赵建世, 等. 2007. 地表水和地下水相互作用及集成模型研究进展. 水利学报, 38(1): 54-59.

黄清华, 张万昌. 2004. SWAT 分布式水文模型在黑河干流山区流域的改进及应用. 南京林业大学学报(自然科学版), 28: 22-26.

黄奕龙, 傅伯杰, 陈利顶. 2003. 生态水文过程研究进展. 生态学报, 23(3): 580-587.

贾仰文, 王浩, 严登华. 2006a. 黑河流域水循环系统的分布式模拟(I)——模型开发与验证. 水利学报, 37(5): 534-542.

贾仰文, 王浩, 严登华. 2006b. 黑河流域水循环系统的分布式模拟(II)——模型应用. 水利学报, 37(6): 655-661.

金博文, 康尔泗, 宋克超, 等. 2003. 黑河流域山区植被生态水文功能的研究. 冰川冻土, 25(5): 580-584.

金明, 于静洁. 2008. 生态保护和植树造林对黑河流域河川径流的影响. 地理科学进展, 27(3): 47-54.

康尔泗, 陈仁升, 张智慧, 等. 2008. 内陆河流域山区水文与生态研究. 地球科学进展, 23(7): 675-681.

康尔泗, 程国栋, 蓝永超, 等. 1999. 西北干旱区内陆河流域出山径流变化趋势对气候变化响应模型. 中国科学 D 辑, 29 (S1): 47-54.

蓝永超, 丁永建, 刘进琪, 等. 2005. 全球气候变暖情景下黑河山区流域水资源的变化. 中国沙漠, 25(6): 863-868.

李林, 王振宇, 汪青春. 2006. 黑河上游地区气候变化对径流量的影响研究. 地理科学, 26(1): 40-46.

李卫红, 郝兴明, 覃新闻, 等. 2008. 干旱区内陆河流域荒漠河岸林群落生态过程与水文机制研究. 中国沙漠, 28(6): 1113-1117.

李新, 程国栋, 康尔泗, 等. 2010. 数字黑河的思考与实践 3: 模型集成. 地球科学进展, 25(8): 851-865.

李占玲, 徐宗学. 2009. 甘肃省 40 年来气温和降水时空变化. 应用气象学报, 20(1): 102-106.

刘三超, 张万昌. 2003. 分布式水文模型和 GIS 及遥感集成研究. 第 14 届全国遥感技术学术交流会摘要集.

刘兆飞, 徐宗学. 2007. 塔里木河流域水文气象要素时空变化特征及其影响因素分析. 水文, 27(5): 69-73.

刘兆飞, 徐宗学, 刘绿柳, 等. 2008. 塔里木河流域未来气温变化趋势分析, 干旱区地理, 31(6): 822-829.

刘兆飞, 徐宗学, 刘绿柳. 2007. 统计降尺度模型在塔里木河流域的应用. 地球科学进展, 22: 194-199.

柳景峰, 张勃. 2007. 西北干旱区近50年气候变化对出山径流的影响分析——以黑河流域为例. 干旱区资源与环境, 21(8): 58-63.

吕一河, 陈利顶, 傅伯杰. 2007. 景观格局与生态过程的耦合途径分析. 地理科学进展, 26(3): 1-10.

任建民, 忤彦卿, 贡力. 2007. 人类活动对内陆河石羊河流域水资源转化的影响. 干旱区资源与环境, 21(8): 7-11.

沈渭寿, 邹长新, 张慧. 2007. 基于RS和GIS的黑河流域生态安全评价. 中国科技成果, 9: 12-14.

宋克超, 康尔泗, 蓝永超, 等. 2003. 黑河流域典型景观植被带陆面过程同步观测研究. 冰川冻土, 25(5): 552-557.

宋郁东, 樊自立, 雷志栋. 2000. 中国塔里木河水资源与生态问题研究. 乌鲁木齐: 新疆人民出版社.

苏志勇, 徐中民, 张志强, 等. 2002. 黑河流域水资源承载力的生态经济研究. 冰川冻土, 4: 335-340.

汤秋鸿, 田富强, 胡和平. 2004. 干旱区平原绿洲散耗型水文模型: II模型应用. 水科学进展, 15(2): 146-150.

王爱娟, 张平仓, 丁文峰, 等. 2006. 中国生态水文学研究进展综述. 中国水运(理论版), 4(3): 202-204.

王根绪, 杨玲媛, 陈玲, 等. 2005. 黑河流域土地利用变化对地下水资源的影响. 地理学报, 60(3): 456-466.

王钧, 蒙吉军. 2008. 黑河流域近60年来径流量变化及影响因素. 地理科学, 28(1): 83-88.

王录仓, 王航. 2006. 基于水资源承载力的内陆河流域城镇发展及其生态效应研究框架——以黑河流域为例. 干旱区资源与环境, 20(5): 32-37.

王书功, 康尔泗, 李新. 2004. 分布式水文模型的进展及展望. 冰川冻土, 26(1): 61-65.

王永明, 韩国栋, 赵萌莉, 等. 2007. 草地生态水文过程研究若干进展. 中国草地学报, 29(3): 98-103.

王中根, 刘昌明, 黄友波. 2003. SWAT模型的原理、结构及应用研究. 地理科学进展, 22(1): 79-86.

魏建兵, 肖笃宁, 解伏菊. 2006. 人类活动对生态环境的影响评价与调控原则. 地理科学进展, 25(2): 36-45.

忤彦卿, 张应华, 温小虎, 等. 2010. 中国西北黑河流域水文循环与水资源模拟. 北京: 科学出版社.

武选民, 史生胜, 黎志恒, 等. 2004. 西北黑河额济纳盆地地下水利用与生态环境保护研究. 内蒙古: 人民出版社.

夏军, 王纲胜, 吕爱锋, 等. 2003. 分布式时变增益流域水循环模拟. 地理学报, 58(5): 789-796.

肖洪浪, 赵文智, 冯起, 等. 2004. 中国内陆河流域尺度的水资源利用率提高研究——黑河流域水生态经济管理试验示范. 中国沙漠, 24(4): 381-384.

肖生春, 肖洪浪. 2008. 黑河流域水环境演变及其驱动机制研究进展. 地球科学进展, 23(7): 748-755.

徐宗学, 米艳娇, 李占玲, 等. 2008. 和田河流域气温与降水量长期变化趋势及其持续性分析. 资源科学, 30(12): 1833-1838.

杨舒媛, 严登华, 李扬, 等. 2009. 生态水文耦合研究进展. 水利水电技术, 40(2): 1-8.

曾国熙, 裴源生, 梁川. 2006. 流域水资源合理配置评价理论及评价指标体系研究. 海河水利, 4: 35-40.

张东, 张万昌, 朱利, 等. 2005. SWAT分布式流域水文物理模型的改进及应用研究. 地理科学, 25(4): 434-440.

张光辉, 刘少玉, 张翠云, 等. 2004. 黑河流域水循环演化与可持续利用对策. 地理与地理信息科学, 20(1): 63-66.

张济世, 康尔泗, 姚进忠, 等. 2004. 黑河流域水资源生态环境安全问题研究. 中国沙漠, 24(4): 425-430.

张济世, 康尔泗, 赵爱芬, 等. 2003. 黑河中游水土资源开发利用现状及水资源生态环境安全分析. 地球科学进展, 18(2): 207-213.

张凯, 王润元, 韩海涛, 等. 2007. 黑河流域气候变化的水文水资源效应. 资源科学, 29(1): 77-83.

张学真, 梁俊峰, 胡安焱. 2007. 人类活动对黑河水文过程的影响分析. 干旱区资源与环境, 21(10): 98-103.

赵建忠, 魏莉莉, 赵玉苹, 等. 2010. 黑河流域地下水与地表水转化研究进展. 西北地质, 43(3): 120-126.

赵文智, 陈国栋. 2001. 干旱区生态水文过程研究若干问题评述. 科学通报, 44(22): 1851-1857.

周剑, 程国栋, 王根绪, 等. 2009. 综合遥感和地下水数值模拟分析黑河中游三水转化及其对土地利用的响应. 自然科学进展, 19(12): 1343-1354.

周剑, 李新, 王根绪, 等. 2008. 一种基于MMS的改进降水径流模型在中国西北地区黑河上游流域的应用. 自然资源学报, 23(4): 724-736.

周晓峰. 2001. 正确评价森林水文效应. 自然资源学报, 16(5): 420-426.

Abbott M B, Bathurst J C, Cunge J A, et al. 1986. An introduction to the European Hydrological System-Système Hydrologique Européen, SHE, 1. History and philosophy of a physically based distributed modeling system. Journal of Hydrology, 87: 45-59.

Abel B A, Loague K, Montgomery D R, et al. 2008. Physics-based continuous simulation of long-term near-surface hydrologic response for the CossBay experimental catchment. Water Resources Research, 44(W07417): 1-23.

Arnold J G, Srinivasan R, Muttiah R S, et al. 1998. Large area hydrologic modeling and assessment part I: model development. Journal of the American Water Resources Association, 34(1): 73-89.

Bathurst J C. 1986. Physically-based distributed modelling of an upland catchment using the Systeme Hydrologique Europeen. Journal of Hydrology, 87(1): 79-102.

Becker N. 1995. Value of moving from central planning to a market system: Lessons from the Israeli water sector. Agricultural Economics, 12(1): 11-21.

Braud I, Vich A I J, Zuluaga J, et al. 2001. Vegetation influence on runoff and sediment yield in the Andes region: Observation and modelling. Journal of Hydrology, 254(1-4): 124-144.

Chen R S, Kang E S, Lu S H, et al. 2008. A distributed water–heat coupled model for mountainous watershed of an inland river basin in Northwest China (II) using meteorological and hydrological data. Environmental Geology, 55: 17-28.

Chen R S, Kang E S, Yang J P, et al. 2003. A distributed runoff model for inland mountainous river basin of Northwest China. Journal of Geographical Sciences, 13(3): 363-372.

Chen R S, Lu S H, Kang E S, et al. 2008. A distributed water-heat coupled model for mountainous watershed of an inland river basin of Northwest China (I) model structure and equations. Environmental Geology, 53: 1299-1309.

Feng J Y, Wang J S, Zhao Y D, et al. 2007. The variations characteristics and respond to climate change of runoff of Main Rivers in Gansu. Geoscience and Remote Sensing Symposium, 4554-4557.

Feng Q, Cheng G D, Endo K N. 2001. Towards sustainable development of the environmentally degraded Heihe River basin. China. Hydrological Sciences Journal, 46(5): 647-658.

Guo Q L, Feng Q, Li J L. 2009. Environmental changes after ecological water conveyance in the lower reaches of Heihe River northwest China. Environmental Geology, 58: 1387-1396.

Hagemann S, Kleidon A. 1999. The influence of rooting depth on the simulated hydrological cycle of a GCM. Physics and Chemistry of the Earth, Part B: Hydrology, Oceans and Atmosphere, 24(7): 775-779.

Henderson-Sellers A, Gornitz V. 1984. Possible climate impacts of land cover transformations, with particular emphasis on tropical deforestation. Climatic Change, 6: 231-258.

Hu L T, Chen C X, Jiao J J, et al. 2007. Simulated groundwater interaction with rivers and springs in the Heihe river basin. Hydrological Processes, 21(20): 2794-2806.

Hui F M, Yin Y Y, Qi J G, et al. 2005. Land degradation in the Heihe River Basin in relation to plant growth conditions. Geographic Information Sciences, 11(2): 147-154.

Ji X B, Kang E S, Chen R S, et al. 2006. The impact of the development of water resources on environment in arid inland river basins of Hexi region, Northwestern China. Environmental Geology, 50: 793-801.

Jiang J J, Zhang W C, Mao R Z. 2003. Land use/cover change dynamics of the Heihe River Basin revealed by knowledge-based classification with Landsat TM, DEM and other information. Proceedings of International Conference on Nature and Environment Research, 54-62.

Kang E S, Cheng G D, Lan Y C, et al. 1999. A model for simulating the response of runoff from the mountainous watersheds of inland river basins in the arid area of northwest China to climatic changes. Science in China (Series D), 42: 52-63.

Kauffman C U B . 1990. Deforestation, fire susceptibility, and potential tree responses to fire in the Eastern Amazon. Ecology, 71(2): 437-449.

Kleidon A, Heimann M. 2000. Assessing the role of deep rooted vegetation in the climate system with model simulations: mechanism, comparison to observations and implications for Amazonian deforestation. Climate Dynamics, 16(2-3): 183-199.

Konovalov V, Nakawo M. 2005. Analogous simulation of the annual runoff of HeiheRiver (China, Qilianshan). Bulletin of Glaciological Research, 22: 19-29.

Labolle E M, Ahmed A A, Fogg G E. 2003. Review of the integrated groundwater and surface-water model(IGSM). Ground Water, 41(2): 238-246.

Li Z L, Xu Z X, Li J Y, et al. 2008. Shift trend and step changes for runoff time series in the Shiyang River basin, Northwest China. Hydrol Process, 22: 4639-4646.

Li Z L, Xu Z X, Shao Q X, et al. 2009. Parameter estimation and uncertainty analysis of SWAT model for upper reaches of the Heihe River basin. Hydrol Process, 23: 2744-2753.

Liang X. 1994. A simple hydrologically based model of land surface water and energy fluxes for general circulation models. Journal of Geophysical Research, 34(1): 73-89.

Liu S C, Zhang W C, Zhao D Z. 2003. Application of remotely sensed data integration with DEM for deriving surface reflectance and global albedo in Heihe river basin, Northwestern China. Proceedings of International Conference on Nature and Environment Research, 44-53.

Liu Z F, Xu Z X, Huang J X, et al. 2010. Impacts of climate change on hydrological processes in the headwater catchment of the Tarim River basin, China. Hydrological Process, 24: 196-208.

Newman B D, Vivoni E R, Groffman A R. 2006. Surface water-groundwater interactions in semiarid drainages of the American southwest. Hydrological Processes, 20(15): 3371-3394.

Panday S, Huyakorn P S. 2004. A fully coupled physically-based spatially-distributed model for evaluating surface/subsurface flow. Advances in Water Resources, 27: 361-382.

Qi S Z, Luo F. 2006. Land-use change and its environmental impact in the Heihe River Basin, arid northwestern China. Environmental Geology, 50: 535-540.

Refsgaard J C. 1997. Parameterization, calibration and validation of distributed hydrological models. Journal of Hydrology, 198(1-4): 69-97.

Shao Q X, Li Z L, Xu Z X. 2010. Trend detection in hydrological time series by segment regression with application to Shiyang River Basin. Stochastic Environmental Research and Risk Assessment, 24: 221-233.

Therrien R, McLaren R G, Sudicky E A. 2007. HydroGeoSphere: A three dimensional numerical model describing fully-integrated subsurface and surface flow and solute transport (Draft). Groundwater Simulations Group, University of Waterloo.

Turner M G, Gardner R H. 2001. Landscape Ecology in Theory and Practice. New York: Springer Verlag, 4-5.

Uhl C, Kauffman J B. 1990. Deforestation, fire susceptibility, and potential tree responses to fire in the Eastern Amazon. Ecology, 71(2): 437-449.

Wang J, Li S. 2006. Effect of climatic change on snowmelt runoffs in mountainous regions of inland rivers in Northwestern China. Science in China: Series D Earth Sciences, 49(8): 881-888.

Wigmosta M S, Vail L W, Lettenmaier D P. 1994. A distributed hydrology-vegetation model for complex terrain. Water Resources Research, 30(6): 1665-1679.

Zalewski M. 2000. Ecohydrology the scientific background to use eco system properties as management tools toward sustainability of water resources. Ecological Engineering, 16(1): 1-8.

Zhang J S, Kang E S, Lan Y C, et al. 2003a. Impact of climate change and variability on water resources in Heihe River Basin. Journal of Geographical Sciences, 13(3): 286-292.

Zhang W C, Jiang J J, Liu S C, et al. 2003b. Meteo-hydrological biophysical data integration for water circulation and water resource simulation from water to basin scales in the distributed schemes. Proceedings of International Conference on Nature and Environment Research, 32-43.

Zhang W C, Li X, Cheng G D, et al. 2002. Distributed hydrological prediction on the Binggou Catchment, Heihe River Basin, Northwest China using generalized TOPMODEL concepts. Asia Research, 3(2): 45-55.

Zhao D Z, Zhang W C. 2005. Rainfall-runoff simulation using the VIC-3L model over the Heihe River mountainous basin, China. Geoscience and Remote Sensing Symposium, 6(25-29): 4391- 4394.

Zhou X F, Zhao H X, Sun H Z. 2001. Proper assessment for forest hydrological effect. Journal of Natural Resources, 16(5): 420-426.

第 2 章　研究区概况

2.1　自然地理概况

　　黑河是我国西北地区第二大内陆河，发源于祁连山北麓，干流全长约 928km。流域东与石羊河流域相邻，西与疏勒河流域相接，北至内蒙古自治区额济纳旗境内的居延海，与蒙古人民共和国接壤，流域范围介于 98°～102°E，37°50′～42°40′N 之间，涉及青海、甘肃、内蒙古三省（区），流域面积 14.29 万 km²，其中甘肃省 6.18 万 km²，青海省 1.04 万 km²，内蒙古约 7.07 万 km²（图 2-1）。流域有 35 条支流。随着用水的不断增加，部分支流逐步与干流失去地表水力联系，形成东、中、西三个独立的子水系。其中西部子水系包括讨赖河、洪水河等，归宿于金塔盆地，面积 2.10 万 km²；中部子水系包括马营河、丰乐河等，归宿于高台盐池-明花盆地，面积 0.60 万 km²；东部子水系即黑河干流水系，包括黑河干流、梨园河及 20 多条沿山小支流，面积 11.60 万 km²。出山口莺落峡以上为上游，河道长 303km，面积 1.0 万 km²，河道两岸山高谷深，河床陡峻，气候阴湿寒冷，植被较好，多年平均气温不足 2℃，年降水量 350mm，是黑河流域的产流区。莺落峡至正义峡为中游，河道长 185km，面积 2.56 万 km²，两岸地势平坦，光热资源充足，但干旱严重，年降水量仅有 140mm，多年平均温度 6～8℃，年日照时数长达 3000～4000 小时，年蒸发能力达 1410mm，人工绿洲面积较大，部分地区土地盐碱化严重。正义峡以下

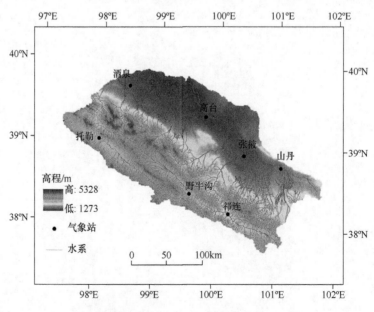

图 2-1　黑河流域上中游地区地理位置及高程

为下游，河道长约 333km，面积 8.04 万 km^2，除河流沿岸和居延三角洲外，大部为沙漠戈壁，年降水量仅 47mm，多年平均气温在 8～10℃，极端最低气温小于–30℃，极端最高气温超过 40℃，年日照时数 3446 小时，年蒸发能力高达 2250mm，气候非常干燥，干旱指数达 47.5，属极端干旱区，风沙危害十分严重，为我国北方沙尘暴的主要来源区之一。

根据黑河流域水系分布及地形地貌特征划分出上中游流域(图 2-1)，面积约 6 万 km^2。研究的区域为黑河干流中游地区，包括张掖市的民乐县、山丹县、甘州区、临泽县和高台县，该区域是流域内人口最密集、绿洲面积分布最广、工农业经济最发达的地区，也是自然环境受人类活动影响最显著的区域。

2.2 气 象 水 文

黑河中游位于欧亚大陆腹地，远离海洋，属于典型的温带大陆性气候。受中高纬度区的西风环流控制及极地冷气团的影响，流域气候干燥，降水稀少且时空分布不均匀，日照时间充足，太阳辐射强度大，蒸发强烈，流域内多大风、扬沙、霜冻等自然灾害。黑河流域属于我国太阳辐射高值区，流域内光热资源丰富。流域内气温年、日较差大（表 2-1），年平均气温为 3.9～8.2℃，气温年较差为 27～33℃，日较差为 13～16℃，极端最低气温为–18～33℃，极端最高气温为 32～39℃。流域内降水少且利用率低，年平均降水量为 110～350mm，各地分布不均，由东南向西北逐渐减少。降水年内分配也不均匀，主要集中在 7～9 月，占全年的 60%左右。流域内蒸发强烈，最大蒸发量达 2197.9mm。

表 2-1 黑河中游各地气候要素概况

县（区）	年平均气温/℃	年降水量/mm	年蒸发量/mm	气温年较差/℃	大风日数	沙尘暴日数
山丹	6.9	203.7	2197.9	33.24	17.4	9.1
民乐	3.9	353.6	1632.1	27.43	11.2	3.5
甘州	7.7	131.6	1883.2	31.24	14.9	20.3
临泽	8.2	111.9	2014.7	28.2	21.7	13.1
高台	8.0	102.6	1654.4	29.69	9.1	16.1

黑河流域地表水系水文时空分布规律，主要取决于祁连山大气降水和冰雪融水的时空分布，以及祁连山区水文气象垂直分带性、下垫面条件等。黑河流域的水文循环过程可分为河川径流的形成、利用和消散 3 个阶段：第一阶段由发源于上游祁连山的河流进入张掖、酒泉盆地，在山前冲积扇、洪积扇补给地下水，在扇缘和细土平原，地下水以泉水形式出露地表，转换成地表水；第二阶段为径流通过走廊北山进入金塔和鼎新盆地；第三阶段为径流从甘肃流入内蒙古额济纳旗盆地，流向东西居延海。

黑河上游山区流域河川径流以降水补给为主，地表径流量与降水量年内分配一致，均集中于汛期，因此，夏秋季以降水补给为主，春季以冰雪融水和地下水补给为主。径流年内分配不均匀，具有春汛、夏洪、秋平、冬枯之特点。黑河出山口多年平均天然径流量 24.75 亿 m^3，其中黑河干流莺落峡站 15.80 亿 m^3，梨园河梨园堡站 2.37 亿 m^3，其他沿山支流 6.58 亿 m^3。黑河流域地下水资源主要由河川径流补给。地下水资源与河川径流不重复量约为 3.33 亿 m³, 天然水资源总量为 28.08 亿 m³。

黑河中游是径流利用区, 水资源来源于降水、地表水和地下水 3 部分。由于中游地区降水量少且集中, 且盆地内部地势平坦、包气带渗透率高, 因此, 降水基本上不产生径流, 盆地内的地表径流主要靠上游祁连山区出山流量维持。可供利用的地表水资源包括黑河及其支流梨园河、山丹河、洪水河、马营河和大都麻河等 26 条水系, 这些河流主要发源于祁连山的高中山纵深地带, 属于降水、地下水和冰川融水混合补给型水系。由于黑河流域的特殊地质构造, 研究区形成了地表水—地下水—地表水循环转换的水资源利用形式。

中游走廊平原由于人为因素的作用强烈, 至正义峡断面, 径流年内分配明显发生变化。春季的 3~5 月, 中游地区进入春灌高峰期, 下泄水量很少, 甚至出现河床断流现象, 因而正义峡以下地表径流量处于年内最低值时期; 6 月径流量开始增加, 7~9 月出现夏汛, 10 月河川径流量再度减少, 至 11 月达到最低值, 12 月至次年 3 月中游用水量减少, 受地下水（泉）稳定补给, 河川径流量平稳。

由于黑河流域河川径流受到冰雪融水补给的影响, 径流年际变化不大, 上游莺落峡站和中游正义峡站的年径流最大最小比分别为 2.10 和 3.06, 年径流变差系数 Cv 值分别为 0.16 和 0.25, 黑河流域干支流年径流 Cv 值为 0.16~0.30。

2.3　地　质　构　造

2.3.1　前第四系地质

1. 地层

研究区内地层出露较全。前第四系主要出露（分布）于祁连山和北山地区。祁连山区主要出露（分布）有新近系（N）、古近系（E）、白垩系（K）、侏罗系（J）、三叠系（T）、二叠系（P）、石炭系（C）、泥盆系（D）、志留系（S）、奥陶系（O）、震旦系（Z）、前震旦系（AnZ）, 以及华力西期和加里东期火成岩类。北山地区主要出露（分布）有新近系（N）、古近系（E）、白垩系（K）、侏罗系（J）、石炭系（C）、震旦系（Z）, 以及华力西期和加里东期花岗岩类。

2. 构造

南部祁连山区属于北祁连向斜褶皱带中的北祁连西部中间隆起; 北部北山区属阿拉善台隆。中生代以前, 许多大的构造运动已形成基本构造骨架, 中新生代以来, 研究区明显进入以强烈的差异性断块为主的构造运动发展时期, 主要表现为地壳上升和相对沉降, 在上升和沉降过渡带多形成一系列的褶皱与断裂。这种断块的差异性升降, 形成了祁连山及众多小型山间盆地、走廊南北串珠状盆地及北部山区。

南部祁连山区属强烈上升带, 升幅达千余米, 在一些河谷的两岸形成了 V~VI 级阶地, 相对高差达 10 余米。北山地区上升缓慢, 升幅达百米。走廊平原区属于沉降过程, 其内沉积了巨厚的第四系, 厚度 100~1000m。由于晚更新世以来新构造运动上升和下降的不均匀性,相邻盆地间多以隆起而分割,如张掖盆地与山丹盆地间的永固隆起,张掖盆地与酒泉东盆地间的榆木山-高台隆起。张掖、酒泉东盆地地质构造剖面图如图2-2所示。

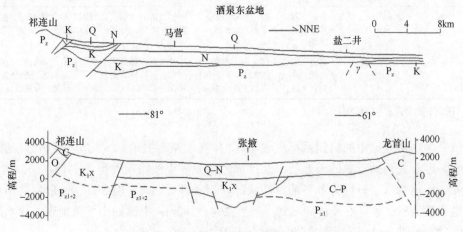

图 2-2　张掖、酒泉东盆地地质构造剖面
据甘肃水文地质工程地质勘察设计院报告,以下简称甘肃二水报告[①]

2.3.2　第四系地质

研究区内广泛分布着第四系地层,依其时代和成因分为下更新统冲洪积物(Q_1^{pl})、冰水沉积物(Q_1^{fgl});中更新统冰水沉积物、冲洪积物(Q_2^{fgl-pl});上更新统冲洪积物;全新统冲洪积物、湖积-化学沉积物、风积物等(Q_4^{al-pl}、Q_4^{l-h}、Q_4^{eol}),据甘肃二水研究报告[①],第四系地层表如表2-2所示。

表 2-2　第四系地层表

统	符号	成因	分布	岩性
全新统	Q_4^{1al-pl}	冲积、洪积	河流一级阶地及河漫滩	砾卵石,表层有亚砂土覆盖
	Q_4^{2pl}	洪积	山前洪积扇群带的河床及黑河、都麻河、马营河近期堆积	含亚砂土的碎石和块石
	Q_4^{eol} Q_4^{h} Q_4^{ch}	风积、化学沉积、沼泽沉积	高台、明海、盐池、黑河沿岸	砂土及沼泽,化学沉积物
	Q_4^{1al-pl}	冲积、洪积	河流二级阶地	上部亚砂土夹砂,下部为砂砾石和砂
上更新统	Q_3^{3eol}	风积	细土平原	黄色亚砂土,砂和亚黏土
	Q_3^{3al-pl}	冲积、洪积	南部山前、洪积扇及北部山前戈壁、细土平原等	砾卵石为主,粒径6~20cm,山前漂砾可达100cm
	Q_3^{2eol}	风积	五、六级阶地顶部	黄土状土
	Q_3^{2al-pl}	冲积、洪积	平原区及山前五、六级阶地顶部,山前洪积扇,北部山前戈壁、细土平原	砂卵石,松散,粒径5~20cm,最大50cm,砂和亚砂土充填,分选、磨圆性均差
中更新统	Q_2^{fgl-pl}	冰水沉积、洪积	山前台地出露、盆地内埋深30~250m	微胶结的砾卵石,含亚黏土、亚砂土和砂,粒径5~10cm,磨圆、分选性均好

① 周兴智,赵剑东,王志广. 1990. 甘肃省黑河干流中游地区地下水资源及其合理开发利用勘察研究. 张掖: 甘肃省地勘局第二水文地质工程地质队.

续表

统	符号	成因	分布	岩性
下更新统	Q_1^{fgl-pl}	冰水沉积、洪积	出露于祁连山前,呈丘陵或台地基座,盆地南半部埋深196～280m	厚层状砾石,偶夹砂砾石、砂岩及泥砾、泥钙质胶结,粒径5～10cm,最大20cm,次棱角至次圆状
	Q^{al-l}	冲积、湖积	出露于北部合黎山前,呈残丘或台地,盆地,中部北部伏于中上更新统之下,埋深100～300m	上部灰黄色砂质泥岩夹粗砂岩,具交错层理,中部灰黄色砂砾岩夹砂岩,下部灰蓝色砂质泥岩,粒径2～5cm,最大10cm,磨圆,分选性均佳

资料来源:据甘肃二水研究报告[①]。

研究区内两盆地中的第四系厚度很不均匀。在酒泉东盆地,含水层岩性为砂砾卵石、砂砾石,逐渐变为砂及亚砂土互层,北部以砂及亚砂土细颗粒地层为主。在张掖盆地,南部祁连山前含水层岩性为单一的厚层状砾卵石及砂砾石,厚度500～800m;北山山前含水层岩性为砂、砂砾石及砂碎石等,厚度200～300m;中部细土平原地带,含水层岩性为细砂、粉砂、砂砾石等,厚度一般小于100m。

2.4　水文地质条件

2.4.1　地下水的埋藏与分布

据前人研究报告,研究区内南部洪积扇上部及边缘为单层均匀的含水层,在扇的中下部转变为多层含水系统。受构造-地貌的制约,研究区由张掖盆地与酒泉盆地形成了第四系统一的水文地质单元,地下水的埋藏条件不尽相同,总的规律是:自山前至盆地内部,地下水埋藏深度逐渐变浅,在北部泉水出露。

扇群带的地下水,受构造、地貌的控制,水位埋深变化剧烈。扇顶地带,地下水埋深大于200m,最大500m有余,局部受断层抬升作用,近山侧地下水埋深也只有100～300m,如民乐六坝东南侧的隐伏断层,就使头墩农场的地下水位抬升至浅于100m;高台新坝北侧的隐伏断层,也使新坝乡地下水位抬升至270m;扇中地带,地下水埋深在张掖盆地为50～100m,在酒泉东盆地则达100～250m;扇缘地带,张掖盆地地下水埋深仅10～20m;酒泉东盆地则达80～200m。

细土平原地带的地下水埋深,张掖盆地多小于5m,而酒泉东盆地南半部达10～50m,北半部1～5m,且1～3m面积广大;细土平原的沟壑和洼地,有呈片泉水出露;剖面上受地质条件的制约而呈多层性质,上部为潜水,下部为承压水,并随着顶板埋深的增加而压头增高,由甘肃二水1990年调查在局部洼地存在自流水[②]。扇缘地带黑河河床附近在140m深度以内黏性土层缺失,为单一均匀的含水层,切断了细土平原北半部承压水区而使张掖与临泽形成两个各自独立的承压水地段。

① 周兴智,赵剑东,王志广. 1990. 甘肃省黑河干流中游地区地下水资源及其合理开发利用勘察研究. 张掖:甘肃省地勘局第二水文地质工程地质队.
② 甘肃省第二水文地质队. 1996. 甘肃省黑河干流中游平原区包气带水分运移及均衡要素研究(1986.1-1995.12)油印稿.

2.4.2　含水岩层（组）的划分

潜水含水层广泛分布于全区。南部山前倾斜平原和北部山前地带，为单一的潜水分布，中间细土平原地带上部为潜水，下部为承压水。随着地貌、地质条件和含水层结构所形成的差异性，致使区内潜水含水层厚度、水位埋深、导水性等具有差异性。

承压含水层在两盆地均有分布，据甘肃二水 1990 年调查在局部地带形成自流水区。承压水的分布范围东部以党寨、古城、乌江为边界；向西以靖安、沙井子、临泽、高台至明海、盐池和双井子一带，基本为南东—北西向的长形条带。承压水含水层岩性基本以砂、砂砾石为主，局部地段以砂为主。酒泉东盆地的明海、盐池，南华和张掖盆地的临泽、张掖一带呈多层结构，最多层数可达 8 层。

2.4.3　含水层的导水性

受构造和地貌的制约，第四系含水岩层的纵横变化很大，总的规律是自山前至盆地内部含水系统的总厚度变大，颗粒渐细；由岩性比较均匀且粒度较粗的含水层逐渐变为砂层、黏性土层相间的潜水-多层承压水含水系统。

含水系统的厚度以盆地中部为最大，可达 500～800m；向南北两侧渐薄，递变为 100～200m；东部和北部边缘，以及黑河北部厚度小于 50m。

第四系各统含水岩层的分布，大抵在水位埋深超过 200m 的扇顶地段，下更新统为主要含水层；水位埋深 70～200m 的扇中地段，中更新统为主要含水层；小于 70m 的扇缘和细土平原，上更新统为主要含水层。

据甘肃二水研究，上更新统含水层，盆地中部为松散的砾卵石，北部为砂砾石夹砂层，酒泉东盆地为砾砂，单位涌水量在张掖盆地为 10～100L/(s·m)，在酒泉东盆地仅 2～5L/(s·m)；中更新统含水层在盆地中南部为结构紧密的砾卵石，北部为结构紧密的砂砾石和砂，酒泉东盆地为含砾砂和砂层，单位涌水量为 3～9L/(s·m)，酒泉东盆地大于 10L/(s·m)；下更新统含水层在盆地南半部为砾岩，向北递变为砂砾岩和砂岩，北端单位涌水量多小于 4L/(s·m)。据甘肃二水勘探研究，研究区含水层的导水性以黑河-梨园河洪积扇中下部为最大，导水系数大于 5000m²/d；其次是毗邻扇缘的盆地中部和黑河沿岸地带，3000～5000m²/d，南北山前最差，小于 1000m²/d。比较含水层的厚度、导水性的分布规律，不难看出，均以盆地中部和黑泉以南沿河地带最大，尤以黑河-梨园河洪积扇中下部为最，而南北山前都是最差的。

2.4.4　地下水的补给、径流与排泄条件

研究区南部的祁连山地，地下水接受降水的入渗补给，其中大部分排入山区深切河流，并以地表径流形式流出山区，少量直接以沟谷潜流形式流入盆地；另一部分从边山侧向直接流入盆地。

河流出山口进入盆地流经洪积扇地带，大量渗漏补给地下水。据前人研究，这个地

带河流、雨洪和渠系水的渗漏补给量占地下水总补给量的 74.6%，基岩裂隙水和沟谷潜流补给量占 10.6%；至细土平原，渠系、田间灌溉水的渗入补给量也占较大比例，为12.3%，降水凝结水的渗入补给量仅占 2.5%。

洪积扇群带的河流是以垂直入渗的形式补给地下水，根据河流出山口和洪积扇中部大埋深的潜水位和大导水性的含水层的基本特点，该处地下水是"渗水式"（形成地下水丘-非饱和）入渗补给；到洪积扇前缘及细土平原交界地区，地下水以"注水式"（形成反漏斗-饱和）入渗补给。两种补给形式将随着河水的补给强度、延续时间，以及地下水的开发利用等要素的变化而转化。地下水的"渗水式"和"注水式"入渗补给必须严格区分，它们不管是在抽水试验求取水文地质参数，地表水与地下水的转化，还是地下水资源评价上，都具有不同的作用。

研究区地下水的排泄途径有 4 个：一是泉水溢出；二是潜水蒸发；三是黑河河床的排泄；四是人类对地下水的开采。

泉水溢出带分布于洪积扇缘和与之毗邻的细土平原，也即含水层导水性剧烈变化带。主要溢出带有张掖乌江和临泽小屯，泉沟流量为 1000～3000L/s。据前人估算，泉水溢出量约占地下水排泄总量的 36.0%。据甘新公路黑河大桥附近同位素混合比估算，在泉水排泄量中，当年渗入的水占 20.5%。

潜水蒸发分布在盆地北半部，强烈蒸发带主要发生在水位埋深小于 3m 的地段，地渗仪观测表明，包气带为亚砂土、亚黏土夹砂层，水位埋深 0.5～3m 蒸发量每平方千米每年为 13.6 万 m^3，据前人估算，潜水蒸发约占地下水排泄总量的 20.7%。

由于黑河中游出口（正义峡）处基岩裸露，故区内第四系孔隙水除上述排泄形式外，其余部分全部排入细土平原区的黑河，据 1986 年测流资料，黑河河床每年排泄地下水的量达 6.49 亿 m^3/a，约占地下水排泄总量的 37.1%。

20 世纪 70 年代以来，机井开采也是本区地下水的排泄途径之一。主要集中在张掖县，临泽县少有分布，高台县仅集中在骆驼城移民区。据 1984 年、1986 年调查，区内地下水开采量占其排泄总量的 6.2%。

洪积扇群带的地下水沿着地形坡降向扇缘和细土平原运动，随着含水系统的均一粗粒相变为多层的细粒相（导水性变弱），径流强度逐渐减弱。

受构造、地貌的制约，张掖盆地的地下水自南东向北西运动，酒泉东盆地的地下水自南西向北东运动，皆排泄于黑河而流出区外。水力坡度受岩性和排泄作用的制约，在分选性良好的黑河-梨园河洪积扇，水力坡度小于 3‰；在分选性较差的童子坝河-野口河洪积扇，水力坡度达 6‰～8‰；在细土平原地带，水力坡度 4‰～5‰；在泉水排泄区和强烈蒸发的高台盐池附近，水力坡度达 6‰（水力坡度指的是潜水）。

2.4.5　地表水和地下水的相互转化

冲洪积扇群带地表水沿地形坡降向细土平原运动中，渗漏转化为地下水，至扇缘和与之相毗邻的细土平原，由于含水层渗透系数的变化，地下水沿沟壑呈泉水大量溢出地表，汇集成泉沟，排泄于河道而转化为河水；这期间田间灌溉用水一部分回归地下，补给地下水。黑河中游细土带河床，是地下水与河水转化场所，河流浅切割含水层——非完整河，且河水位低于地下水位而成为地下水排泄的天然通道。

1. 山区地下水与河水

祁连山是挽近地质构造的上升区，上升幅度达数千米，地势高，降水也比较丰富。强烈的构造侵蚀作用使这里的河网极为发育，这些河网是山区侵蚀基准面以上地下水的主要排泄通道，山巅地下水在向山缘运动中，绝大部分都就近排泄于沟谷而转化为河水。山缘阻水带是祁连山区地下径流在流出山体以前绝大部分转化为河水的另一重要因素调查表明，祁连山与盆地接壤地带，有两种构造-地貌形式阻隔山区地下径流向平原流入。

（1）山区基岩裂隙含水层与平原第四系含水层之间，断续分布中新生界阻水地层。这套地层受构造作用形成褶皱，地貌上为丘陵地。丘陵与山体接触部位为一巨大压性断裂，断裂的迎水盘可见到山区地下径流受阻现象——地下水位抬高和泉水溢出。丘陵地带河流与地下水的联系仅限于河谷冲积层，而古近系、新近系、白垩系层间水常有较高的矿化度，丘陵地与平原接触带为压性隐伏断裂，地下水在此形成数百米落差。此种山缘阻水形式以梨园河为典型。

（2）山区裂隙含水层与平原区第四系含水层之间直接以大型冲断层接触。山区地下径流被糜棱岩化的断层破碎带所阻，使断层两侧的地下水位产生很大落差。此种山缘阻水形式以黑河为典型。

尽管祁连山内部地下水与河水的转化过程相当复杂，但就总的特征而言，山区地下径流在流出山体之前，已绝大部分排泄于河流，以地表径流形式流出山体之外。即使山麓地质构造有利于山区向外排水，一般也只能沿河谷冲积层、断裂和裂隙以潜流和泉形式流出山体，而这部分水量据调查统计只有 0.90 亿 m^3/a，占山区地下水排泄总量的 11.44%。若以河水基流量作为山区地下水转化的河水量，则依据出山河水流量过程曲线分割的基流量统计，山区地下水每年转化为河水的量达 7.84 亿 m^3/a，占出山河水量的 36.9%，其中地下水每年转化给黑河的量约为 6.277 亿 m^3/a。

2. 平原区河水与地下水

1）扇群带河水与地下水

据前人研究，河流出山口进入盆地，流经透水性极强的山前洪积扇群带，大量渗漏转化为地下水，使得流量小于 0.5 亿 m^3/a 的河流渗失殆尽，较大的河流也将渗失 32.8%~33.7%。河水在山前洪积扇群带的渗漏，取决于河床的地质地貌条件。当河床为巨厚的砾卵石层而河床又不固定时，河水的渗漏量最大，当河床深切、河水被围于狭窄的河槽时，则渗漏率显著降低。据甘肃二水在 1967 年、1985 年对黑河流量的实测资料，对莺落峡-草滩庄深切而固定的河床，参考酒泉北大河冰沟-龙王庙河段的数据，每千米渗漏率取 0.32%~1.52%。据甘肃二水计算的洪积扇群带 1986 年河水（含雨洪）通过河床转化为地下水的量为 5.27 亿 m^3，占出山河水量的 26.1%，其中张掖灌区 2.96 亿 m^3，临泽灌区 0.9 亿 m^3，高台灌区 1.41 亿 m^3。

2）扇缘带地下水与河水

扇群带地下水沿地形坡降向细土平原运动，至扇缘和与之毗邻的细土平原，由于含水层导水性的变化，地下水沿沟壑呈泉大量溢出地表，汇集成泉沟，排泄于黑河而转化为河水。一般在泉脑为涓涓细流，流量 3～8L/s，并随着流程的增加而流量增大，泉沟流量达 1000～3000L/s。受河水渗水补给的制约，泉水的分布与河流关系密切。因此，平面上可将泉水归属于该河流，谓之某某河流泉域。泉域规模的大小和水量的丰枯，取决于河流规模的大小及河水流量的多寡。1984 年 4～6 月，甘肃二水对扇缘带（含细土带）泉水进行了全面测量，经动态观测资料校正，该带泉水量为 6.28 亿 m³/a，其中童子坝河泉域 0.72 亿 m³/a，黑河泉域 4.55 亿 m³/a，梨园河泉域 0.88 亿 m³/a，山水河泉域 0.13 亿 m³/a。也即扇缘带地下水每年有 6.29 亿 m³ 转化为地表水，而每年地下水向黑河干流排泄的量约为 6.49 亿 m³。

3）细土带引灌河水与地下水

研究区属农业发达区，除局部井灌地段外，皆引河水及泉水作为灌溉水源，引灌水量达 22.35 亿 m³/a，其中河水占 65.8%，泉水占 34.2%。引灌河水通过渠系进入田间，部分为作物生长所消耗，部分蒸发和渗入而转化为地下水。

研究区现有干渠除黑河沿岸外，一般均已衬砌。1985～1986 年，甘肃二水选择典型渠道做了渗漏率测定，利用所测数据并搜集水利部门的有关资料，扣除包气带及蒸发消耗（10%）后，计算的 1986 年引灌河水通过渠系转化为地下水的量为 7.51 亿 m³，其中张掖灌区 3.55 亿 m³，临泽灌区 3.33 亿 m³，高台灌区 0.63 亿 m³。

对于田间灌溉水的入渗率，据甘肃二水在张掖梁家墩乡、高台正远乡参数研究典型地段，利用地下水二维流模型反求了灌溉水的入渗率。利用这些参数计算的 1986 年引灌河水通过田间转化为地下水的量为 1.33 亿 m³，其中张掖灌区 0.89 亿 m³，临泽灌区 0.89 亿 m³，高台灌区 0.78 亿 m³，细土带引灌河水每年总计有 8.84 亿 m³ 转化为地下水。

4）细土带河床地下水与河水

研究区细土带的河床是地下水与河水转化的场所。河流切割含水层，且河水位低于地下水位而成为地下水排泄的天然通道；在河流出口（正义峡）处基岩裸露，致使盆地第四系孔隙水至此全部溢出而转化为河水。据甘肃二水 1986 年 4～5 月枯水期对该段河床所进行的测流资料，转化量最大的河段发生在高崖-平川，每千米转化量达 497.2L/s；高台附近河段转化量最小，仅 14.6L/s；高台-正义峡河段转化量虽较高台附近有所增加，但远逊于高崖-平川河段。河床地下水与河水单长转化量的上述变化表明，张掖盆地地下水资源远较酒泉东盆地丰富，两个盆地的分界为高台县城。据甘肃二水 1986 年计算，细土带河床地下水每年有 6.49 亿 m³ 转化为河水。在流出中游的河川径流中，中游地下水转化量占 58.8%。

2.5　水利工程概况

黑河流域的产流区在上游的祁连山区，人烟稀少，无大的引水工程，水资源利用程度低，人类活动对河川径流的数量及时程分配影响甚微。但近些年来，在黑河流域上游地区也出现了超载放牧，草场严重退化，鼠害严重和水源涵养能力大幅度下降等一系列问题（蓝永超等，2004）。

由于在出山口的有利地段修筑了水库或塘坝，因此发源于祁连山区的各河流及部分小河沟产生的出山径流在进入中游河西走廊平原后，即被水库拦蓄或纳入渠系，用以灌溉农田，只有在汛期才会有部分河水流入平原地带（丁宏伟和张举，2002）。据统计，1998～2002年，黑河干流的中游段平均引水量为 12.69 亿 m^3/a，占黑河干流出山口径流量（多年平均径流量为 15.8 亿 m^3/a）的 80%。近几十年来，随着中游地区人口不断增加，大规模水土资源的开发，以及经济、社会的发展，用水量急剧增多，地下水开采量也呈逐年增加的趋势，人们对水资源的承载能力，特别是基于流域上中下游统筹考虑的水资源承载能力考虑得较少，中游各地区之间用水矛盾仍然存在。黑河干流中游地区的地下水开采量由 1980 年的 0.84 亿 m^3 增加到 1999 年的 2.29 亿 m^3（丁宏伟和张举，2001）。中游用水量的增加减少了下游来水，致使下游地区生态环境恶化，东、西居延海相继干涸。2000 年国家在黑河流域实施水资源统一调度以后，黑河流域内的生活、生产、生态环境和用水结构发生了重大变化。

黑河流域以利用地表水为主，地下水为辅；在用水结构上表现为，以农业用水为主，占到总用水量的 95%，其次是工业。

2.6　水生态环境状况

黑河流域地处欧亚大陆的腹地，属于典型的大陆干旱半干旱气候，水资源十分短缺，生态环境极为脆弱。"有水则绿洲，无水则荒漠"，水资源已成为西北地区可持续发展的瓶颈问题。近几十年来，由于气候和人类活动的影响，黑河流域上、中、下游都不同程度地出现了生态环境恶化问题。

上游的生态环境问题主要表现为冰川溶解、雪线上升、草地资源超载、过度放牧、森林被过度砍伐而造成的森林带退缩、天然林草退化、水源含氧能力降低和生物多样性减少等。

中游地区由于水土资源的不适度开发，其生态环境问题主要表现为水系变迁、内陆湖终端退缩干涸；过度开采地下水导致地下水位下降、水质性缺水；部分地区由于不合理的灌排方式引起的土地盐碱化严重；局部河段水质污染较严重等。

黑河流域下游的生态环境问题最为突出，主要表现为河道断流，湖泊干涸，东、西居延海先后干涸，多处泉眼和沼泽地消失，下游三角洲下段的地下水位下降；大量生态用水被挤占，天然林面积大幅度减少、草地严重退化；土地沙漠化和沙尘暴危害加剧。

黑河流域的自然地理位置导致的水资源总量不足且时空分布不均的问题，随着社会经济尤其是灌溉农业的快速发展日益突出。为了缓解黑河下游生态环境不断退化的趋势及中下游内蒙古自治区和甘肃省的用水矛盾，国家计划经济委员会于 1992 年批复了"黑河干流分水方案"，国务院于 1997 年批准了"黑河干流水量分配方案"（表 2-3）并成立了"黑河流域管理局"来执行该方案。从 2000 年开始，黑河流域管理局以黑河分水方案为依据，实施黑河干流水量的统一调度和管理，协调中下游的生产、生活和生态环境用水。

表 2-3　黑河干流水量分配方案　　　　　　　　　　（单位：亿 m³）

保证率	莺落峡来水量				正义峡分配水量			
	全年	春灌至夏灌期	夏灌至冬储期	非灌溉引水期	全年	春灌至夏灌期	夏灌至冬储期	非灌溉引水期
P=10%	19.0	5.6	13.6	13.6	13.2	2.35	8.0	4.5
P=25%	17.1	5.0	10.9	10.9	10.9	1.9	5.2	4.05
P=75%	14.2	3.5	8.6	8.6	7.6	0.75	2.7	3.65
P=90%	12.9	2.9	7.6	7.6	6.3	0.78	1.6	3.45
多年平均	15.8	4.25	10.0	10.0	9.5	1.35	4.2	3.95

注：春灌至夏灌期为 3 月 11 日~6 月 30 日，夏灌至冬储期为 7 月 1 日~11 月 10 日，非灌溉引水期为 11 月 11 日至次年 3 月 10 日。

2.7　经济社会概况

黑河流域自上游至下游居延海，分别流经青海省的祁连县，甘肃省的肃南、山丹、民乐、张掖、临泽、高台、金塔县（市）和内蒙古自治区的额济纳旗，共 10 个县（市）。流域上游包括青海省祁连县大部分地区和甘肃省肃南县的部分地区，以牧业为主，人口为 5.98 万人，耕地面积 7.69 万亩（1 亩≈666.7m²），农田灌溉面积 6.06 万亩，林草灌溉面积 2.70 万亩，牲畜 86.45 万头（只），粮食总产量 1.04 万 t，人均粮食 172kg，国内生产总值 3.53 亿元，人均 5883 元。

黑河干流中游行政区划包括甘肃省张掖市的山丹县、民乐县、甘州区、临泽县和高台县，共 64 个乡镇。截至 2009 年，研究区人口和经济情况如表 2-4 所示。总人口 125.15 万人，其中农业人口 90.53 万人，占总人口的 72.3%；非农业人口 34.62 万人，占总人口的 27.7%；中部绿洲农业区的人口较为集中，人口密度超过 100 人/km²。

表 2-4　2009 年黑河中游人口和经济情况

地区	总人口/万人	农业人口		总产值/亿元	一产		二产		三产	
		人数/万人	比例/%		产值/亿元	比例/%	产值/亿元	比例/%	产值/亿元	比例/%
山丹	19.73	12.78	64.77	25.22	5.47	21.69	10.55	41.83	9.2	36.48
民乐	23.91	20.39	85.28	21.42	7.72	36.04	7.05	32.91	6.65	31.05
甘州	50.53	31.42	62.18	84.57	21.22	25.09	29.22	34.55	34.13	40.36
临泽	14.91	12.53	84.04	24.62	7.68	31.19	9.8	39.81	7.14	29.00
高台	16.07	13.41	83.45	24.05	9.55	39.71	8.76	36.42	5.74	23.87
合计	125.15	90.53	72.34	179.88	51.64	28.71	65.38	36.35	62.86	34.95

下游地区包括甘肃省金塔县部分地区和内蒙古自治区额济纳旗，人口 6.63 万人，耕地面积 14.37 万亩，农田灌溉面积和林草灌溉面积分别为 11.10 万亩和 37.90 万亩，牲畜 23.85 万头（只），粮食总产量 3.61 万 t，国内生产总值 3.61 亿元。其中金塔县鼎新片为灌溉农业经济区，额济纳旗以荒漠牧业为主，国家重要的国防科研基地东风场区（酒泉卫星发射中心）即位于流域下游地区。

参 考 文 献

程国栋, 李新, 康尔泗, 等. 2008. 黑河流域交叉集成研究的模型开发和模拟环境建设结题报告. 兰州: 中国科学院寒区旱区环境与工程研究所.

丁宏伟, 张举. 2002. 干旱区内陆平原地下水持续下降及引起的环境问题——以河西走廊黑河流域中游地区为例. 水文地质工程地质, (3): 71-73.

胡立堂. 2004. 地下水三维流多边形有限差分模拟软件开发研究及实例应用. 武汉: 中国地质大学(武汉)博士学位论文.

蓝永超, 孙保沐, 丁永建, 等. 2004. 黑河流域生态环境变化及其影响因素分析. 干旱区资源与环境, 18(2): 32-39.

第 3 章 上游山区径流变化及其对中游地区水资源的影响

3.1 中上游流域划分及数据资料

以莺落峡、冰沟水文站分别为黑河上游流域东部、西部水系出口划分了黑河上游流域边界，以正义峡、鸳鸯池水库水文站分别为黑河中游流域东部、西部水系出口，并依据流域水系分布与地形特征划分了黑河中上游流域，其中上游流域面积为 16289km^2，中游流域面积为 30397km^2。依据各个水文站分别划分了上游的莺落峡子流域和冰沟子流域，中游的高崖子流域、正义峡子流域和鸳鸯池子流域，如图 3-1 所示。各子流域多年平均降水、潜在蒸散发及相应水文站多年平均径流深见表 3-1（房晶等，2016；Qiu et al.，2016；2018）。

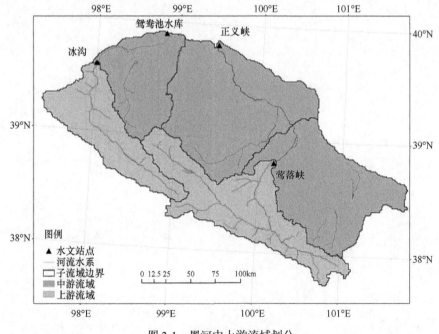

图 3-1 黑河中上游流域划分

数据来自甘肃省水文局和西部数据中心（http://westdc.westgis.ac.cn），采用了黑河中上游流域 9 个气象站（托勒、野牛沟、祁连、山丹、高台、张掖、鼎新、金塔和酒泉）资料，潜在蒸散发采用 FAO56 中的 Penman-Monteith 法计算得到。使用反距离权重法将各站降水和潜在蒸散发插值到研究区域得到流域及各子流域的面数据。考虑到序列长度及数据有效性，径流数据只采用莺落峡、冰沟、鸳鸯池水库及正义峡水文站数据。数据序列为 1964～2006 年的年序列。

表 3-1　黑河中上游各子流域水文特征

各流域	流域面积/km²	多年平均降水量/mm	多年平均潜在蒸散发/mm	多年平均径流量/mm
莺落峡子流域	9629	336	803	160
高崖子流域	10794	296	912	96
正义峡子流域	13340	187	922	76
冰沟子流域	6660	252	886	96
鸳鸯池子流域	6263	143	1015	51
全流域	46686	226	924	88

3.2　上游山区径流过程模拟与不确定性分析

3.2.1　研究方法

1. VIC 模型

气候要素和下垫面因子是影响径流形成的主要因素，且在时空分布上是不均匀的。分布式模型借助遥感和 GIS 技术，不仅能解决气候因素、下垫面因子的空间不均匀性，而且可以自动地提取模型中所需的地形等数据（傅春和张强，2008）。应用 VIC 模型对黑河中上游降水径流过程进行模拟，并分析气候变化及人类活动对径流量变化的贡献。模型将土壤分为 3 层，并将地表设置 1 个地表覆盖层，对其垂直及水平特性进行概化，如图 3-2 所示（徐宗学，2009）。

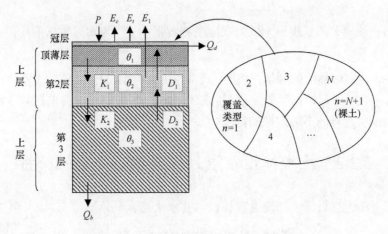

图 3-2　VIC 模型地表覆盖与土壤分层示意图

VIC 模型基于简化 SVATS 植被、覆盖分类，将地表划为 $N+1$ 种类型，图中 $n=1,2,\cdots$，N 代表 N 种不同的植被种类。对于那些有植被对其覆盖的土壤，需考虑植被的冠层所截留的蒸发，以及植被的蒸腾；而对于那些无植被对其覆盖的裸土，则需考虑裸地蒸发。

根据空气动力学阻抗、地表蒸发阻抗、叶面气孔阻抗和潜在蒸散发来计算每一种植被的蒸散发量。每一种陆面覆盖种类关联起来形成了单层植被层、上层土壤和下层土壤。土壤对降水过程动态的响应是用上层的土壤来进行反映的,土壤对降水作用的缓慢变化则用下层土壤表示。仅仅在上层的土壤处于完全饱和的状态下,下层的土壤才会对降水过程产生响应。由于每种覆盖类型在各个时段会有不一样的土壤水分分配,因此模型会对每种覆盖类型进行入渗、上层和下层土壤间的水分传输、地表径流及基流计算。最后将所有地表的覆盖类型进行求和,就能得到该网格向大气中传输的总潜热通量、总感热通量、总地表热通量、总地表的温度、总地表径流,以及次地表径流(刘谦,2004)。

VIC 模型主要考虑土壤-植被-大气间的物理的交换过程,反映这三者之间的水热变化及传输。它不仅考虑了蓄满产流还考虑了超渗产流,模型包含一个积雪-融雪模型,可以模拟流域积雪动态的变化特征。此外还可以对水量平衡及陆-气间能量平衡同时进行模拟,也可以只对水量平衡进行计算,这对之前热量过程描述并不充足的传统水文模型进行了弥补(Liang et al.,1994;1996)。

2. GLUE 不确定性分析方法

GLUE 方法的主要步骤如下(王纲胜等,2010):

第一步,在模型参数的取值区间里,利用蒙特卡罗法生成 10000 组参数。

第二步,用降水、径流等资料对各组参数的似然值进行计算。模拟结果和实际数据越相近的参数组被认为有越高的似然度及可信度。

第三步,选择 Nash 效率系数 E_{ns} 作为似然函数,来衡量模拟结果与实际测量数据的近似程度,其公式如下:

$$E_{ns}=1-\frac{\sum_{t=1}^{N}(y_t^{obs}-y_t^{sim})^2}{\sum_{t=1}^{N}(y_t^{obs}-y_{avg}^{obs})^2} \tag{3-1}$$

式中,N 为径流序列的长度;y_t^{obs} 为实际观测数据;y_{avg}^{obs} 为实际数据的均值;y_t^{sim} 为模拟的结果。

第四步,选定似然值的阈值,按照大于此值的参数组的似然值的大小,从高至低排序并进行标准化,而后根据其似然值对其赋予对应的权重,进而得出在某一特定置信度下的模型预报所具有的不确定性的范围。

3.2.2 上游降雨径流过程模拟不确定性分析

对黑河上游进行日降水径流过程模拟,其水文站、气象站如表 3-2、图 3-3 所示。

表 3-2 黑河上游主要水文站、气象站

测站类型		站名	经度	纬度
水文站	上游	莺落峡	100.18°E	38.82°N
气象站	上游	祁连	100.24°E	38.19°N
		野牛沟	99.58°E	38.42°N

续表

测站类型		站名	经度	纬度
		托勒	98.01°E	39.03°N
气象站	周边	山丹	101.08°E	38.77°N
		张掖	100.46°E	38.91°N

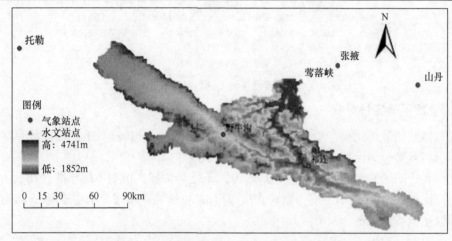

图 3-3　黑河上游位置图

1. 模型率定及其最优参数结果

VIC 模型在黑河上游的日模拟数据的最优参数结果如表 3-3 所示。

表 3-3　VIC 模型的参数及模拟黑河上游的最优参数值

序号	参数名	单位	物理意义	参数范围	优化值
1	B	—	可变下渗率曲线指数	[0, 0.4]	0.250
2	D_s	—	最大基流量的比例系数	[0, 1]	0.478
3	D_{max}	mm/h	最大基流量	[0, 30]	18.723
4	W_s	—	下层土壤最大含水量的比例系数	[0, 1]	0.402
5	d_1	m	第一层土壤含水层厚度	[0.1, 1.5]	0.171
6	d_2	m	第二层土壤含水层厚度	[0.1, 1.5]	0.805
7	d_3	m	第三层土壤含水层厚度	[0.1, 1.5]	0.429

莺落峡模拟结果和实测数据对比如图 3-4 所示。率定期为 2003~2005 年，验证期为 2006~2008 年，E_{ns} 在率定期及验证期分别为 0.62 和 0.64。

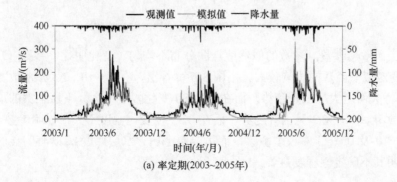

(a) 率定期(2003~2005年)

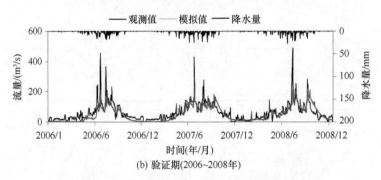

(b) 验证期(2006~2008年)

图 3-4　VIC 模型黑河上游日过程模拟结果

2. 参数不确定性分析

根据似然函数的结果，绘制模型参数似然散点图，并分析参数敏感性。按照参数的分布，可将参数分为两类：不敏感参数和敏感参数。

第一类：不敏感参数。参数点分布均匀，无趋势特征。可变下渗率曲线指数 B、最大基流量比例系数 D_s、第二层土壤含水层厚度 d_2 和第三层土壤含水层厚度 d_3 即为该类参数，似然散点图如图 3-5 所示。

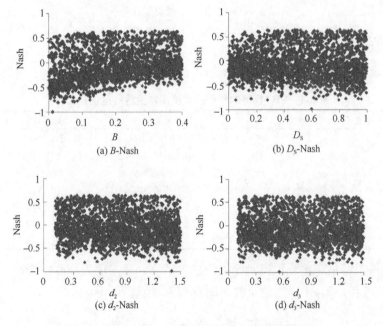

图 3-5　黑河上游 VIC 模型不敏感参数似然散点图

第二类：敏感参数。参数的似然散点图分布不均匀，变化明显。参数（D_{max}、W_s、d_1）的改变对似然函数的影响较大。由图 3-6 可看出，在 0~10，Nash 系数随最大基流量 D_{max} 的增大而增大呈上升趋势，而在 10~30 变化幅度不大。下层土壤的最大含水量的比例系数 W_s 在 0~0.3 呈上升趋势，而在 0.3~1 变化幅度不大，说明参数 D_{max} 和 W_s 分别在 0~10 及 0~0.3 对模型敏感，而第一层土壤含水层厚度 d_1 既有明显的高峰也有低谷，说明其不确定性程度显著。

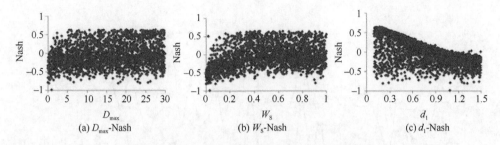

(a) $D_{\max}$-Nash　　　　(b) W_s-Nash　　　　(c) d_1-Nash

图 3-6　黑河上游 VIC 模型敏感参数似然散点图

3. 预测结果的不确定性分析

设似然函数的阈值为 0.4，按照似然值的大小，将其从高到低排序，而后求出置信度 95%下的模型预测的不确定性范围，如图 3-7 所示。

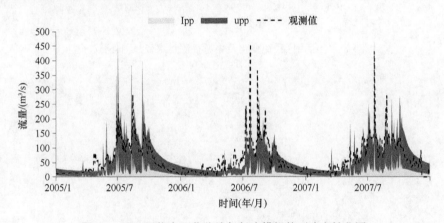

图 3-7　95%置信度下莺落峡年径流模拟的不确定性范围

以 2005～2007 年为例。可看出模型的不确定性范围随着流量的大小而改变，在较大流量时，范围较大；在较小流量时，不确定性范围则较小，即流量峰值处模型预测具有最大的不确定性。从图 3-7 中还可看出，实测流量几乎均在置信度 95%下的预测范围。

3.3　上游山区径流变化及其对中游径流变化的影响

3.3.1　上游和中游径流双累积曲线及相关关系

以莺落峡径流代表上游径流，以正义峡径流代表中游径流。由图 3-8 可知，上游径流在近 40 年来呈现增长趋势，而中游径流出现明显的下降趋势；且上游径流的增长强度大于下游减少强度。上游与中游径流双累积曲线于 1980 年出现偏离，20 世纪 80 年代前的变化率约为 0.76，80 年代后的变化率约为 0.56，如图 3-9 所示。由二者的相关关系图（图 3-10）可知，80 年代以前及 80～90 年代二者的相关系数 R^2 分别约为 0.80 和 0.88，呈现显著的正相关，而 2000 年以来二者的 R^2 约为 0.33。由以上分析可知，上游山区径流的增加并未增加中游径流，其主要原因为中游人类活动的干扰（邱玲花等，2015；Qiu et al.，2016）。

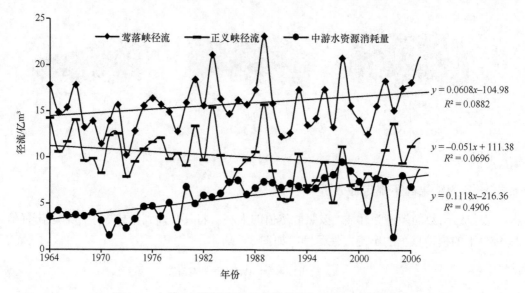

图 3-8　上游山区径流变化及中游径流与水资源消耗量变化

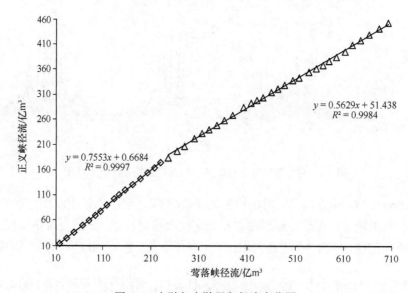

图 3-9　上游与中游累积径流变化图

3.3.2　水文变异诊断

1. 研究方法

除了将各种方法相互联结、耦合，运用数理统计方法之外，还利用了物理成因分析方法，力求使水文序列变异分析结果更可靠，具体流程如图 3-11 所示。

水文变异诊断包括三个过程：初步诊断、详细诊断和综合诊断。

（1）初步诊断。运用图 3-11 所示的 3 个方法诊断水文序列是否存在变异，初步确定序列变异性。

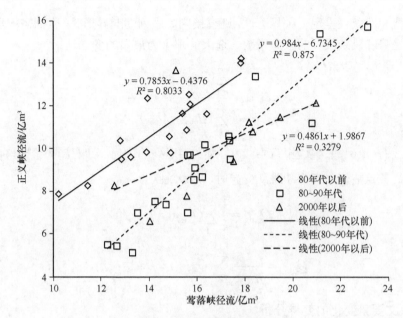

图 3-10 上游与中游径流相关关系

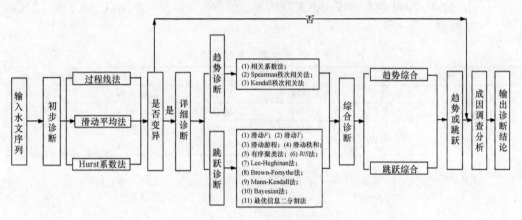

图 3-11 水文变异诊断流程

（2）详细诊断。若存在变异，则运用 11 种检验方法详细诊断该水文序列（表 3-4）。

（3）综合诊断。若检验方法判断趋势结果为显著，则其显著性记为 1，否则记为 –1；将显著性结果求和，即可得综合显著性。若综合显著性的结果大于或等于 1，则认为序列的趋势变异显著，反之则不显著。通过统计实验和向量相似度法确定各方法的权重值进行跳跃变异的权重综合，认为权重之和最大的那一点是最为可能的突变跳跃点。

表 3-4 水文变异诊断各方法的权重

检验方法	权重	检验方法	权重	检验方法	权重
滑动 F 检验	0.0564	极差/标准差 R/S 法	0.0064	最优信息二分割法	0.0142
滑动 T 检验	0.1158	Brown-Forsythe 法	0.1235	Mann-Kendall 法	0.0337
Lee-Heghinan 法	0.0825	滑动游程检验	0.1971	Bayesian 法	0.1152
有序聚类法	0.1142	滑动秩和检验	0.1412		

若趋势和跳跃仅呈现一种显著性,则直接判断序列的变异形式,否则需根据式(3-2)分别计算趋势和跳跃成分的效率系数,选大的那个为最后的变异结果。

$$E = 1 - \frac{\sum_{j=1}^{n}(Q_{\mathrm{obs},i} - Q_{\mathrm{sim},i})^2}{\sum_{i=1}^{n}(Q_{\mathrm{obs},i} - \overline{Q_{\mathrm{obs}}})^2} \tag{3-2}$$

式中,$Q_{\mathrm{obs},i}\,(i=1,\cdots,n)$ 为实测序列;$\overline{Q_{\mathrm{obs}}}$ 为实测序列的均值;针对趋势诊断,$Q_{\mathrm{sim},i}$ 为拟合的趋势线各点数值;当判断跳跃变异时,k 为跳跃点,故:

$$Q_{\mathrm{sim},i} = \frac{1}{k}\sum_{i=1}^{k}Q_{\mathrm{obs},i}\,(i=1,\cdots,k) \tag{3-3}$$

$$Q_{\mathrm{sim},i} = \frac{1}{n-k}\sum_{i=k+1}^{n}Q_{\mathrm{obs},i}\,(i=k+1,\cdots,n) \tag{3-4}$$

2. 水文要素变化的变异分析

采用 1960～2008 年莺落峡和正义峡的年径流数据,以及气象站点(表 3-5)的年降水、气温数据。

表 3-5　水文和气象站点概况

测站类型		站名	经度	纬度	集水面积/km²
水文站	上游	莺落峡	100°11′E	38°48′N	2452
	中游	正义峡	100°09′E	40°40′N	35634
气象站	上游	祁连	100.24°E	38.19°N	
		野牛沟	99.58°E	38.42°N	
	中游	托勒	98.01°E	39.03°N	
		酒泉	98.50°E	39.70°N	
		山丹	101.08°E	38.77°N	
		张掖	100.46°E	38.91°N	
		山丹	101.08°E	38.77°N	

1)初步诊断

点绘正义峡和莺落峡的年径流过程线,以及 3 年、5 年、10 年滑动平均线(图 3-12)。可看出:1980 年前莺落峡的年径流序列大多位于平均线下方,1980 年后序列则多位于线的上方,滑动平均曲线均呈现一定的上升趋势;正义峡年径流序列在 1990 年前在平均线的上方上下波动,而在 1990 年后,基本位于平均线的下方,滑动平均曲线呈现了下降的趋势。初步判定正义峡和莺落峡的年径流序列存在趋势或跳跃变异。分别计算两序列的 Hurst 系数,得正义峡和莺落峡的 h 值分别为 0.734 和 0.707,呈现强变异。

2)详细诊断

取显著性 α 为 0.05,计算结果见表 3-6。莺落峡年径流趋势诊断均呈现显著,正义峡则全部呈现不显著。不同跳跃检验法得到的结果不同,故需进一步综合诊断确定变异点。

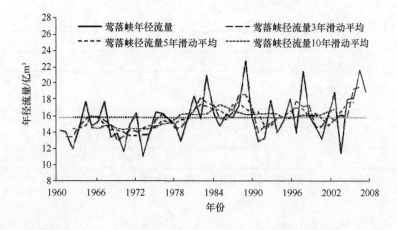

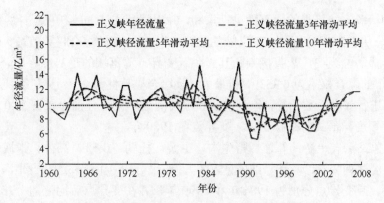

图 3-12 莺落峡、正义峡逐年径流滑动平均图

表 3-6 正义峡和莺落峡年径流序列变异诊断

项目	诊断方法	莺落峡	正义峡
初步诊断	Hurst 系数	0.71	0.73
	变异程度	强变异	强变异
趋势诊断	相关系数检验	趋势显著（1）	趋势不显著（-1）
	Spearman 秩次相关检验	趋势显著（1）	趋势不显著（-1）
	Kendall 秩次相关检验	趋势显著（1）	趋势不显著（-1）
详细诊断	滑动 F 检验	1990 年（-1）	2002 年（1）
	滑动 T 检验	1967 年（-1）	1990 年（1）
	Lee-Heghinan 法	1980 年（0）	1990 年（0）
	有序聚类法	1980 年（0）	1990 年（0）
	极差/标准差 R/S 法	1994 年（0）	1981 年（0）
	跳跃诊断 Brown-Forsythe 法	1980 年（1）	1990 年（1）
	滑动游程检验	1986 年（1）	1966 年（1）
	滑动秩和检验	2004 年（1）	1989 年（1）
	最优信息二分割	1998 年（0）	1983 年（0）
	Mann-Kendall 法	1980 年（1）	1982 年（-1）
	Bayesian 法	1995 年（1）	1993 年（1）

续表

项目		诊断方法	莺落峡	正义峡
综合诊断	趋势	综合显著性	3	−3
	跳跃	综合权重	0.3539	0.4360
		综合显著性	2	2
选择	效率系数	跳跃	0.15	0.15
		趋势	0.13	0.04
诊断结论			1980 年跳跃变异	1990 年跳跃变异

注：+1 代表检验结果显著；−1 代表检验结果不显著；0 代表不能对检验结果进行显著性检验。

3）综合诊断

对各种检验方法算得的显著性进行求和，并根据各方法的跳跃权重计算各检测变点的综合权重。从表3-6可以看出：正义峡的跳跃点以1990年的综合权重值最大，为0.4360，其趋势综合显著性为−3，故直接判断其为跳跃变异。莺落峡的趋势综合显著性为3，跳跃点1980年的综合权重为0.3539，值最大，且综合显著性为2，趋势和跳跃均呈现显著性，故对其进行效率系数计算，得到跳跃和趋势的效率系数分别为0.15和0.13，故确定莺落峡的主要变异形式为跳跃变异，变异点在1980年。

7个气象站点（上游：祁连、野牛沟；中游：托勒、山丹、高台、张掖、酒泉）的年降水、气温序列变异诊断计算结果见表3-7。结果可知，上游祁连和野牛沟降水序列均为跳跃变异，且变异点分别为1984年和1999年，并在变异点后均值都上升，气温均发生跳跃变异，且变异点均为1997年，均值都在变异点后上升。综上，上游山区年降水和气温总体上均呈上升趋势。

表 3-7　气象站年序列变异诊断

	站点/项目	诊断结论	站点/项目	诊断结论
上游	祁连降水	1984 年（0）	祁连气温	1997 年（1）
	野牛沟降水	1999 年（0）	野牛沟气温	1997 年（3）
中游	托勒降水	1969 年（2）	托勒气温	趋势变异
	山丹降水	1966 年（2）	山丹气温	趋势变异
	高台降水	1965 年（2）	高台气温	1997 年（0）
	张掖降水	1969 年（1）	张掖气温	趋势变异
	酒泉降水	1965 年（3）	酒泉气温	1996 年（2）

注：括号中为跳跃变异的综合显著性。

中游站点的年降水序列均为跳跃变异，且高台和酒泉的变异点为1965年，山丹的为1966年，张掖和托勒的为1969年，在变异点后各站降水序列均值都有所上升。综上，中游地区降水序列在1969年后整体有一定的上升趋势。对于气温序列，托勒、山丹和张掖为趋势变异，且为上升趋势；高台、酒泉为跳跃变异，变异点分别为1997年和1996年，均值在变异点后增大。所有站点的气温序列Hurst指数均大于0.84，表现为强变异，其中山丹达到0.95，可见，该区的年均气温序列表现为十分显著的上升趋势。

正义峡年径流序列在 1990 年出现跳跃变异，并在变异点后均值下降（表 3-6），其变异点位置与中游各站点的气温和降水均有较大差异，且和各站点的降水、气温总体变化趋势相反。所以，气温和降水的变化不是年径流发生变异的主要原因。在中游降水和上游来水增加的情况下，年径流在 1990 年后却呈现减小的趋势，这可能与中游人口增多、地下水补给量减少、工农业用水量增大，导致用水量急剧增加有关。

黑河流域 91%的人口、95%的耕地在中游，中游取用水量达黑河全流域总用水量的83%。由诊断可知，上游径流在 20 世纪 80 年代呈现增加趋势，对中游耗水量的增加有一定的缓解作用，从而使该段时期莺落峡和正义峡年径流趋势表现一致。到了 90 年代，耗水量进一步加大，上游来水尽管也有所增加，但完全跟不上耗水量增加速度，从而导致正义峡年径流逐年减少。由图 3-9 可知，80 年代后，中游水资源消耗量呈现稳步的增长状态，直至 2000 以后才出现波动状态，中游水资源消耗量在近 40 年的增长趋势均大于上游或中游径流的变化。

3.4　小　　结

本章划分了黑河上游和中游流域及其各子流域。黑河上游径流呈现显著的增长趋势，中游径流则为减少趋势，相应地，水资源消耗量亦呈现明显的增加趋势。上游径流变化与中游径流及水资源消耗量的变化关系可能主要受人类活动影响。

VIC 模型可较好地模拟黑河上游流域的降水径流过程。7 个模型参数里，D_{max}、W_s和 d_1 对模型敏感、而 B、D_s、d_2 和 d_3 对模型不敏感；与较小流量相比，模型预测的不确定性范围在较大流量时更大。

参 考 文 献

房晶, 彭定志, 杨卓, 等. 2016. 黑河中上游流域水文区划分析比较. 北京师范大学(自然科学版), 52(3): 376-379.

傅春, 张强. 2008. 流域水文模型综述. 江西科学, 26(4): 588-592.

刘谦. 2004. VIC 大尺度陆面水文模型在中国区域的应用. 长沙: 湖南大学硕士学位论文.

邱玲花, 彭定志, 徐宗学, 等. 2015. 气候变化和人类活动对黑河中游流域径流的影响分析. 中国农村水利水电, 9: 17-21.

王纲胜, 夏军, 陈军锋. 2010. 模型多参数灵敏度与不确定性分析. 地理研究, 29(2): 263-270.

徐宗学. 2009. 水文模型. 北京: 科学出版社.

Liang X, Lettenmaier P D, Wood E F, et al. 1994. A simple hydrological based model of land surface water and energy fluxes for general circulation models. Journal of Geophysical Research-Atmospheres, 99(D7): 14415-14428.

Liang X, Wood E F, Lettenmaier D P. 1996. Surface soil moisture parameterization of the VIC-2L model: Evaluation and modification. Global and Planetary Change, 13(1-4): 195-206.

Qiu L H, Peng D Z, Chen J. 2018. Diagnosis of evapotranspiration controlling factors in the Heihe River basin, Northwest China. Hydrology Research, 49(4): 1292-1303.

Qiu L H, Peng D Z, Xu Z X, Liu W F. 2016. Identification of the impacts of climate changes and human activities on runoff in the upper and middle reaches of the Heihe River basin, China. Journal of Water and Climate Change, 7(1): 251-262.

第4章 中上游降水径流变化与水循环演变规律实证分析

4.1 降水径流变化趋势与变点

除鸳鸯池流域，黑河中上游降水均为增长趋势（图4-1），其中上游莺落峡流域和冰沟流域的增长分别为4.8mm/10a和3.8mm/10a，显著大于中游正义峡流域的增长（1.9mm/10a）；中游鸳鸯池流域则呈现略微的下降趋势，为–1.0mm/10a。上游莺落峡流域和冰沟流域的径流均呈现增大趋势（图4-2），增速分别为0.4mm/10a和0.04mm/10a；中游正义峡和鸳鸯池流域则为下降趋势，分别为–0.7mm/10a和–0.3mm/10a（房晶等，2016；Qiu et al.，2016）。

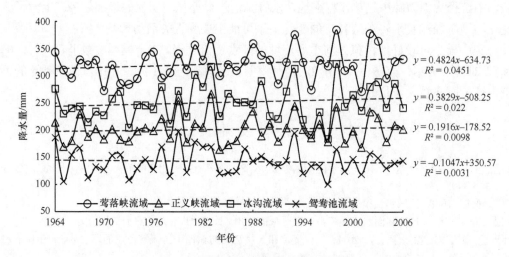

图4-1 黑河中上游流域降水变化曲线

应用Mann-Kendall（M-K）、Pettitt及累积距平曲线对黑河中上游各子流域的面降水及径流序列进行变点检测。结果显示各子流域的面降水序列均在1978年发生突变（图4-3）。各子流域的径流序列变点检测发现其变点均不同，其中莺落峡流域径流突变点为1979年，冰沟流域为1997年，鸳鸯池流域为1985年，正义峡流域为1989年（图4-4）。

为定量评估气候变率与人类活动对黑河中上游流域水文过程演变的影响，选择最早出现径流突变的1979年作为研究序列基准期和变化期的分界点，即基准期为1964～1979年，变化期为1980～2006年。

如图4-5所示，分别得到黑河中上游流域径流序列的5～10年的滑动平均曲线，可

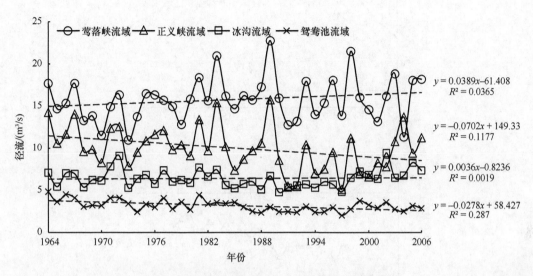

图 4-2　黑河中上游流域各水文站径流变化曲线

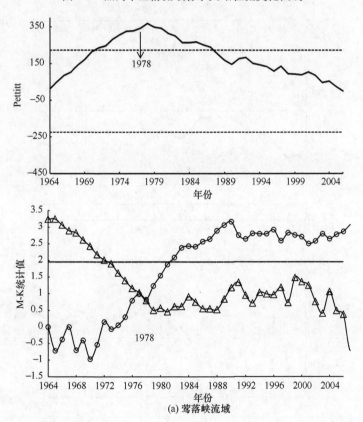

(a) 莺落峡流域

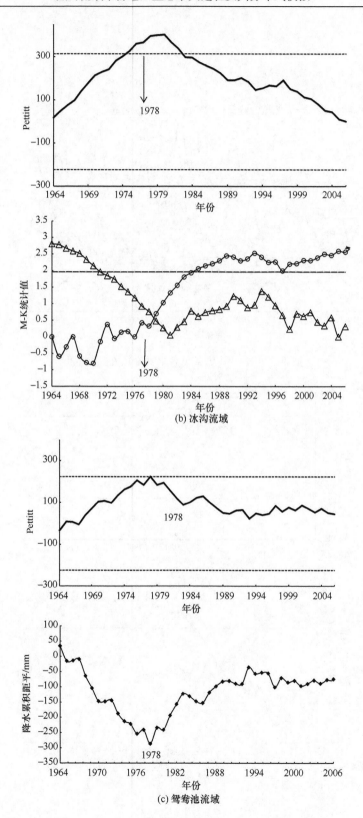

(b) 冰沟流域

(c) 鸳鸯池流域

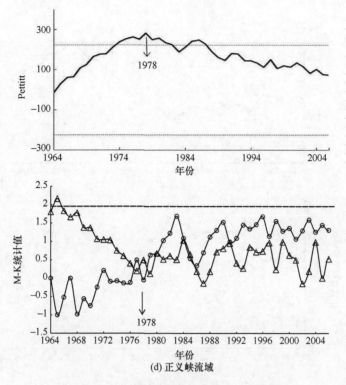

(d) 正义峡流域

图 4-3　黑河中上游各流域降水变点检测

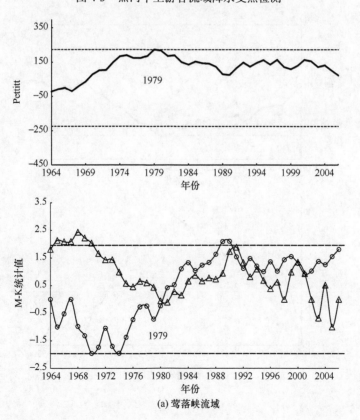

(a) 莺落峡流域

(b) 冰沟流域

(c) 鸳鸯池流域

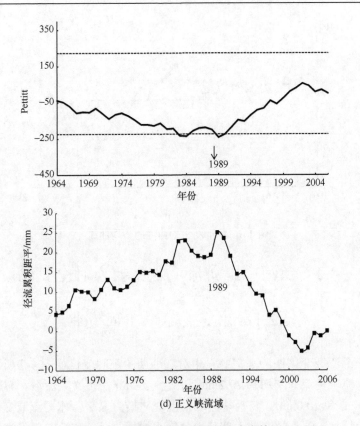

(d) 正义峡流域

图 4-4　黑河中上游各流域径流变点检测

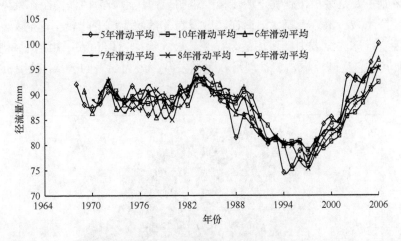

图 4-5　黑河中上游流域径流各滑动平均曲线

知，1980 年之前的各滑动平均值变化幅度很小，而 1980 年之后幅度较大。如图 4-6 所示，由各滑动平均值得到其平均曲线，1980 年以前滑动平均曲线在其平均值上下波动很小，而 1980 年以后剧烈变化。由以上分析可确定 1964～1979 年作为基准期相对可靠。

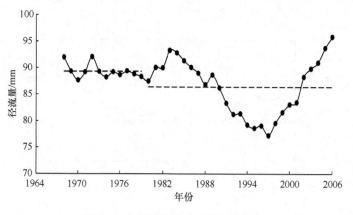

图 4-6　各滑动平均曲线的平均曲线

4.2　黑河中上游流域水文要素时空变化

4.2.1　水文要素的空间变化

　　黑河中上游流域变化期各水文要素相对基准期的空间变化如图 4-7 所示。其中莺落峡流域、冰沟流域径流分别增加 20.2mm 和减少 3.8mm，正义峡流域和鸳鸯池流域径流分别减少 6.3mm 和 10.0mm。莺落峡流域径流变化最为显著，冰沟流域变化最小。降水在上游显示为增加，莺落峡流域大部分地区降水增加显著，冰沟中部降水增加亦较为明显；在下游则主要是减少，越往下游，减少越明显；其趋势为由西南至东北降水增加量逐渐减少至降水减少量逐渐增大。潜在蒸散发在莺落峡流域变化较小，呈现略微增加趋势；相较而言，冰沟流域中部增加最为显著，最大增加 21.8mm；中游流域则均呈现减少趋势，尤其在正义峡流域出口呈现潜在蒸散发减少最为显著的区域，减少范围为 50～104.5mm。

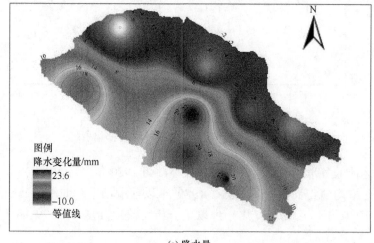

(a) 降水量

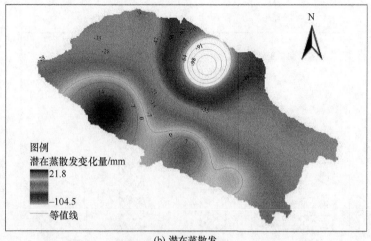

(b) 潜在蒸散发

(c) 径流

图 4-7　黑河中上游流域（a）降水量、（b）潜在蒸散发和（c）径流空间变化图

4.2.2　水文要素的时间变化

黑河中上游降水、潜在蒸散发及径流变化都较小，其中潜在蒸散发和径流分别减少 1.2% 和 2.3%，降水增加 2.9%（图 4-8）。上游流域各水文要素都呈现增长变化，径流增加最多为 8.3%，其次为降水增加 5.2%，潜在蒸散发增加为 0.7%；中游流域径流减少最显著为 14.7%，潜在蒸散发亦减少 2.8%，而降水及实际蒸散发分别增加 1.3% 和 6.7%（图 4-8）。黑河中上游各子流域水文要素变化中（图 4-9），径流变化最为显著，莺落峡流域增加 13.9%，正义峡流域和鸳鸯池流域均减少 17.5%，冰沟流域减少 3.8%；实际蒸散发除莺落峡流域减少 2.7%，其他子流域均增加近 11%；各潜在蒸散发变化最小，且几乎都是减少；对于降水，上游子流域均增加近 5%，中游均减少 0.3%。

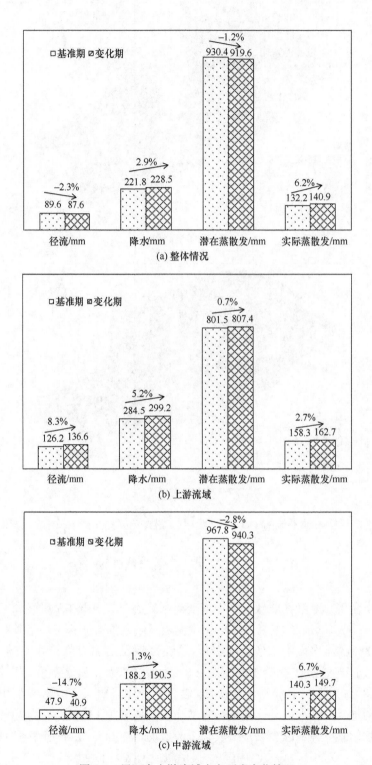

图 4-8 黑河中上游流域水文要素变化情况

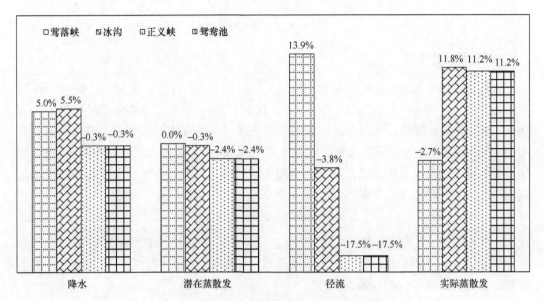

图 4-9　黑河中上游各子流域水文要素变化情况

4.3　黑河中上游流域水文演变驱动力评估

　　以黑河中上游流域、上游流域、中游流域及 4 个子流域分别作为研究对象，应用双累积曲线法和敏感系数法对其径流变化的驱动力进行分析与定量甄别。这里仅将气候变率和人类活动作为两类驱动力。区域尺度上的气候变率作用在 40 年的短时间内受人类干扰可能较小，因而可假设近几十年内气候变率与人类活动对水文过程的作用相互独立。双累积曲线法为统计分析法，在统计分析基准期气候变率规律的基础上得到人类活动对径流变化的影响；敏感系数法基于水量平衡法分析径流变化受气候变率的影响。两种方法的评估结果相互验证，若二者误差在 10%以内，则认为结果相对可信。

4.3.1　评　估　方　法

　　在流域尺度上，径流变化由气候变化与人类活动双重作用导致，则有（邱玲花等，2015；Qiu et al.，2016；2018）：

$$\Delta Q^{\text{tot}} = \Delta Q^{\text{human}} + \Delta Q^{\text{clim}} \tag{4-1}$$

式中，ΔQ^{clim} 和 ΔQ^{human} 分别为气候变化与人类活动导致的径流变化量；ΔQ^{tot} 为径流变化总量：

$$\Delta Q^{\text{tot}} = \overline{Q_2} - \overline{Q_1} \tag{4-2}$$

式中，$\overline{Q_1}$ 和 $\overline{Q_2}$ 分别为基准期和变化期的平均径流。则气候变化与人类活动对径流变化的贡献率 c^{clim} 和 c^{human} 分别为

$$c^{\text{clim}} = \Delta Q^{\text{clim}} / \Delta Q^{\text{tot}} \tag{4-3}$$

$$c^{\text{human}} = \Delta Q^{\text{human}} / \Delta Q^{\text{tot}} \tag{4-4}$$

1. 双累积曲线法

双累积曲线（double mass curve，DMC）法可用于验证水文气象要素之间的一致性及其趋势分析（邱玲花等，2015；Qiu et al.，2016；2018）。如果两要素是呈比例的，则 DMC 描绘的两关联要素在同一时间段的累积曲线是一条直线。如果双累积曲线出现偏离，则表示该点出现了变异。以变异点为分界点，将水文序列分为基准期和变异期两段。这里使用径流、降水及潜在蒸散发来构建双累积曲线。首先，构建基准期的累积径流与累积降水、累积潜在蒸散发的线性关系：

$$\sum Q = k_1 \sum P + k_2 \sum E_0 + b \tag{4-5}$$

式中，Q 为径流；P 为降水量；E_0 为潜在蒸散发；k_1、k_2、b 为参数。然后使用该线性方程计算变异期的累积径流，得到变异期的模拟径流序列。变化期实测径流与模拟径流的差值即为人类活动导致的径流变化量：

$$\Delta Q^{\text{human}} = \overline{Q_2'} - \overline{Q_2} \tag{4-6}$$

式中，$\overline{Q_2'}$ 为变化期的模拟径流均值。

2. 敏感系数法

敏感系数法是基于水量平衡评估气候变化对径流的影响（邱玲花等，2015；Qiu et al.，2016；2018）。流域水量平衡方程为

$$P = E + Q + \Delta S \tag{4-7}$$

式中，E 为蒸散发；ΔS 为流域水储量。长时间内（大于 5 年），ΔS 可设为 0。

长期的平均蒸散发遵循如下公式：

$$\frac{E}{P} = \frac{1 + w(E_0 / P)}{1 + w(E_0 / P) + (E_0 / P)^{-1}} \tag{4-8}$$

式中，w 为参数，通过 E_0/P 与 E/P 相关关系确定。径流、降水与潜在蒸散发的关系为

$$\Delta Q^{\text{clim}} = \beta \Delta P + \gamma \Delta E_0 \tag{4-9}$$

式中，ΔQ^{clim} 为气候变化导致的径流变化；ΔP 和 ΔE_0 分别为降水和潜在蒸散发的变化量；β 和 γ 分别为径流相对降水和潜在蒸散发的敏感系数：

$$\beta = \frac{1 + 2z + 3wz}{(1 + z + wz^2)^2} \tag{4-10}$$

$$\gamma = -\frac{1 + 2wz}{(1 + z + wz^2)^2} \tag{4-11}$$

式中，z 为干旱系数（E_0/P）。

3. 累积量斜率变化比较法

该方法选取年份为自变量，累积径流量、累积降水量及累积蒸散发量为因变量。累

积量在一定程度上减小了实际观测资料随年际上下波动的影响（王随继等，2012）。设累积径流量-年份、累积降水量-年份、累积蒸发量-年份这三个线性关系的斜率在突变点前后两时期分别为 S_{Rb} 和 S_{Ra}（单位：亿 m^3/a）、S_{Pb} 和 S_{Pa}（单位：mm/a）、S_{Ea} 和 S_{Eb}（单位：mm/a），则在拐点前后累积径流斜率的变化率为

$$R_{SR} = 100 \times (S_{Ra} - S_{Rb})/S_{Rb} = 100 \times (S_{Ra}/S_{Rb} - 1) \tag{4-12}$$

累积降水在拐点前后斜率的变化率为

$$R_{SP} = 100 \times (S_{Pa} - S_{Pb})/S_{Pb} = 100 \times (S_{Pa}/S_{Pb} - 1) \tag{4-13}$$

累积蒸发在拐点前后斜率的变化率为

$$R_{SE} = 100 \times (S_{Ea} - S_{Eb})/S_{Eb} = 100 \times (S_{Ea}/S_{Eb} - 1) \tag{4-14}$$

式中，R_{SR}、R_{SP}、R_{SE} 为正数时，表示各累积量在突变点后的斜率增大，为负数时表示斜率减小。

降水变化引起的径流变化的贡献度为

$$C_P = 100 \times R_{SP}/R_{SR} = 100 \times (S_{Pa}/S_{Pb} - 1)/(S_{Ra}/S_{Rb} - 1) \tag{4-15}$$

气温变化会引起蒸散发变化，从而导致径流量变化，故气温变化引起的径流变化的贡献度为

$$C_{ET} = 100 \times R_{SE}/R_{SR} = 100 \times (S_{Ea}/S_{Eb} - 1)/(S_{Ra}/S_{Rb} - 1) \tag{4-16}$$

气候变化主要包括降水和气温影响因素，故气候变化引起的径流变化的贡献度为

$$C_M = C_P + C_{ET} \tag{4-17}$$

人类活动对流域径流变化的贡献度为

$$C_H = 100 - C_P - C_{ET} \tag{4-18}$$

4. 水文模拟法

运用水文模拟法分析人类活动和气候变化对流域径流影响，首先由实测水文序列划分天然和人类活动影响阶段，一般通过寻找序列突变点的方式来划分，将突变点之前的阶段作为基准期，其实测值为基准值。人类活动影响阶段的实测值与天然阶段的差由环境变化引起，这一差值包括两部分：气候变化和人类活动引起的。对所选水文模型参数进行率定，即将天然时期的水文数据输入模型并调参。保持模型最优参数不变，将基准期后的水文资料输入模型，其输出的径流与天然阶段的径流之差则为气候变化导致的径流变化量，与人类活动影响阶段实测值的差是人类活动导致径流的变化量。人类活动和气候变化对径流变化贡献率为（张建云和王国庆，2007）：

$$\Delta W_T = W_{HR} - W_B \tag{4-19}$$

$$\Delta W_H = W_{HR} - W_{HN} \tag{4-20}$$

$$\Delta W_C = W_{HN} - W_B \tag{4-21}$$

$$\eta_H = \frac{\Delta W_H}{\Delta W_T} \times 100\% \tag{4-22}$$

$$\eta_C = \frac{\Delta W_C}{\Delta W_T} \times 100\% \tag{4-23}$$

式中，ΔW_T 为径流变化总量；ΔW_H 为人类活动引起径流的变化量；ΔW_C 为气候变化引起径流的变化量；W_B 为天然时期径流；W_{HR} 为人类活动影响阶段实测径流；W_{HN} 为人类活动影响阶段还原后的天然径流；η_H、η_C 分别为人类活动和气候变化对径流变化的贡献率。

4.3.2　水文模拟法可信度分析

由前述分析可知，莺落峡、正义峡年径流分别在 1980 年、1990 年发生跳跃变异。利用 1960～2008 年数据，对于上游，以 1960～1970 年数据率定 VIC 模型；而对于中游，以 1960～1975 年数据率定 VIC 模型。分别利用 1971～1980 年、1976～1990 年数据验证模型。选用 Nash 系数 E_{ns}、线性回归系数 R^2、相对误差 RE 和平均精度 RE_{ave} 判定。

$$RE = \frac{Q_{SIM} - Q_{OBS}}{Q_{OBS}} \times 100\% \qquad (4\text{-}24)$$

$$RE_{ave} = 1 - \frac{\sum_{i=1}^{i=n} RE_i}{n} \qquad (4\text{-}25)$$

RE 为正值时，说明模拟结果偏大；若为负值，说明模拟结果偏小；若为 0，则表示模型的模拟结果与实测值完全吻合。RE_{ave} 越接近 1，表示模拟结果和实测值越吻合。R^2 越接近于 1，表示实测值与模拟结果之间的吻合度越高。

图 4-10、表 4-1 给出了上游率定期（1960～1970 年）和验证期（1971～1980 年）年径流实测值与模拟值的对比结果。结果表明：上游率定期 RE_{ave} 为 95%，R^2 为 0.91，E_{ns} 为 0.74；验证期 RE_{ave} 为 95%，R^2 为 0.83，E_{ns} 为 0.72，模型效果较好。图 4-11、表 4-2 给出了中游率定期（1960～1975 年）和验证期（1976～1990 年）年径流实测值与模拟值的对比结果。结果表明，中游率定期 RE_{ave} 为 88%，线性相关系数 R^2 为 0.63，E_{ns} 为 0.52；验证期 RE_{ave} 为 85%，R^2 为 0.44，E_{ns} 为 0.42。

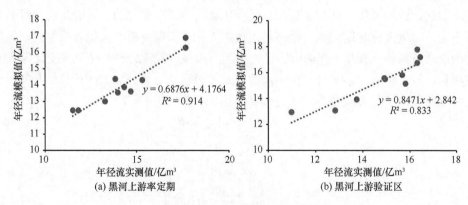

图 4-10　黑河上游实测与模拟年径流的相关关系图

表 4-1　黑河上游模拟结果

率定期				验证期			
年份	实测值/亿 m³	模拟值/亿 m³	相对误差/%	年份	实测值/亿 m³	模拟值/亿 m³	相对误差/%
1961	13.97	13.55	−3	1971	14.91	15.57	4
1962	11.85	11.45	−3	1972	16.31	16.76	3
1963	14.33	13.88	−3	1973	10.98	12.95	18
1964	17.67	16.30	−8	1974	13.74	13.93	1
1965	14.69	13.62	−7	1975	16.44	17.21	5
1966	15.32	14.32	−7	1976	16.31	17.79	9
1967	17.67	16.91	−4	1977	15.67	15.82	1
1968	13.29	13.01	−2	1978	14.95	15.49	4
1969	13.83	14.38	4	1979	12.83	13.08	2
1970	11.53	12.46	8	1980	15.81	15.15	−4
RE_{ave}/%		95		RE_{ave}/%		95	
R^2		0.91		R^2		0.83	
E_{ns}		0.74		E_{ns}		0.72	

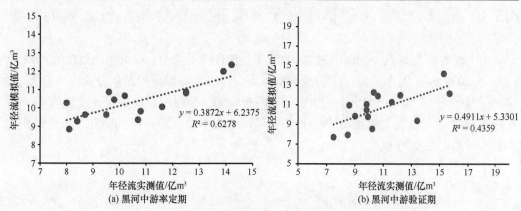

图 4-11　黑河中游实测与模拟年径流的相关关系图

表 4-2　黑河中游模拟结果

率定期				验证期			
年份	实测值/亿 m³	模拟值/亿 m³	相对误差/%	年份	实测值/亿 m³	模拟值/亿 m³	相对误差/%
1960	8.7	9.63	−11	1976	11.6	11.30	3
1962	8.1	8.84	−9	1977	12.2	12.01	2
1963	10.2	10.67	−5	1978	9.9	9.79	1
1964	14.2	12.36	13	1979	10.3	12.29	−19
1965	10.7	9.36	13	1980	9	9.86	−10
1966	11.6	10.06	13	1981	13.4	9.40	30
1967	13.9	12.00	14	1982	9.8	11.06	−13
1968	9.5	9.63	−1	1983	15.3	14.20	7
1969	9.8	10.45	−7	1984	10.2	8.56	16
1970	8.4	9.27	−10	1985	7.5	7.72	−3

续表

率定期			验证期		
年份	实测值/亿 m³	模拟值/亿 m³	相对误差/%	年份	实测值/亿 m³	模拟值/亿 m³	相对误差/%
1971	12.5	10.89	13	1986	8.5	7.95	7
1972	12.5	10.82	1	1987	9.8	10.49	−7
1973	8	10.27	−28	1988	10.6	11.93	−13
1974	9.6	10.87	−13	1989	15.7	12.18	22
1975	10.8	9.82	9	1990	8.6	10.97	−28
RE_{ave}/%		88		RE_{ave}/%		85	
R^2		0.63		R^2		0.44	
E_{ns}		0.52		E_{ns}		0.42	

结果可看出，VIC 模型对于黑河上游径流模拟具有较高可信度，中游则存在一定误差。这里应用水文模拟法定量分析气候变化和人类活动对中游径流变化影响，并与其他3 种方法进行对比，以求得到更准确的结果。

4.3.3 累积径流量、累积降水量与累积蒸发量和年份之间的关系

由上游径流变异点 1980 年将黑河上游年径流序列分为 $A1$（1960～1980 年）和 $B1$（1981～2008 年）两个时期；中游径流变异点 1990 年将黑河中游年径流序列分为 $A2$（1960～1990 年）和 $B2$（1991～2008 年）两个时期。分别拟合出累积径流量-年份、累积降水量-年份，以及累积蒸发量-年份的关系。由图 4-12～图 4-14 可看出，拟合的相关系数均很高，在 0.99 以上。

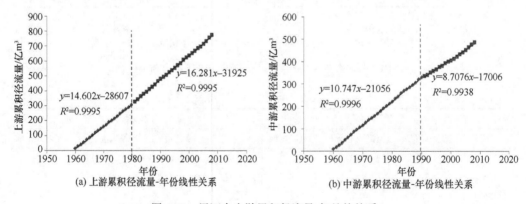

图 4-12　黑河中上游累积径流量-年份的关系

黑河上游累积径流量-年份的线性关系：

$$Y_{A_{R1}} = 14.602x - 28607, R^2 = 0.9995 \qquad （1960～1980 年） \qquad （4-26）$$

$$Y_{B_{R1}} = 16.281x - 31925, R^2 = 0.9995 \qquad （1981～2008 年） \qquad （4-27）$$

黑河中游累积径流量-年份的线性关系：

$$Y_{A_{R2}} = 10.747x - 21056, R^2 = 0.9996 \qquad （1960\sim1990 \text{ 年}） \qquad （4\text{-}28）$$

$$Y_{B_{R2}} = 8.7076x - 17006, R^2 = 0.9938 \qquad （1991\sim2008 \text{ 年}） \qquad （4\text{-}29）$$

式中，Y 为累积径流量（亿 m^3）；x 为年份；A、B 为不同时期；1、2 分别为上游和下游。

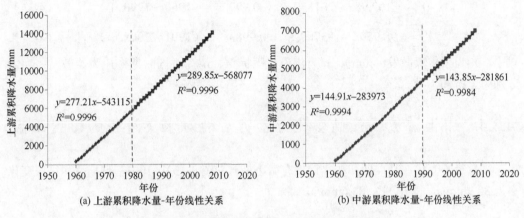

(a) 上游累积降水量-年份线性关系　　　(b) 中游累积降水量-年份线性关系

图 4-13　黑河中上游累积降水量-年份的关系

黑河上游累积降水-年份的线性关系：

$$Y_{A_{P1}} = 277.21x - 543115, R^2 = 0.9996 \qquad （1960\sim1980 \text{ 年}） \qquad （4\text{-}30）$$

$$Y_{B_{P1}} = 289.85x - 568077, R^2 = 0.9996 \qquad （1981\sim2008 \text{ 年}） \qquad （4\text{-}31）$$

黑河中游累积降水-年份的线性关系：

$$Y_{A_{P2}} = 144.91x - 283973, R^2 = 0.9994 \qquad （1960\sim1990 \text{ 年}） \qquad （4\text{-}32）$$

$$Y_{B_{P2}} = 143.85x - 281861, R^2 = 0.9984 \qquad （1991\sim2008 \text{ 年}） \qquad （4\text{-}33）$$

式中，Y 为累积降水量（mm）；x 为年份；A、B 为不同时期；P 为降水；1、2 分别为上游和下游。

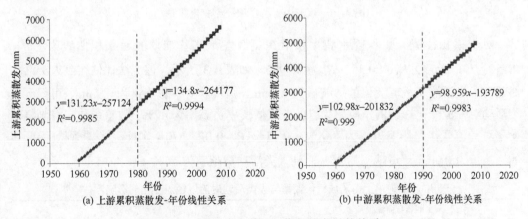

(a) 上游累积蒸散发-年份线性关系　　　(b) 中游累积蒸散发-年份线性关系

图 4-14　黑河中上游累积蒸发量-年份的关系

黑河上游的累积蒸散发-年份的线性关系：

$$Y_{A_{E1}} = 131.23x - 257124, R^2 = 0.9985 \qquad （1960～1980 年） \qquad (4-34)$$

$$Y_{B_{E1}} = 134.80x - 264177, R^2 = 0.9994 \qquad （1981～2008 年） \qquad (4-35)$$

黑河中游的累积蒸散发-年份的线性关系：

$$Y_{A_{E2}} = 102.98x - 201832, R^2 = 0.999 \qquad （1960～1990 年） \qquad (4-36)$$

$$Y_{B_{E2}} = 98.959x - 193789, R^2 = 0.9983 \qquad （1991～2008 年） \qquad (4-37)$$

式中，Y 为累积蒸散发（mm）；x 为年份；下标 A、B 为不同时期；E 为蒸散发；1、2 分别为上游和下游。

4.3.4　中上游流域气候变化与人类活动对水文过程的影响评估

累积径流变化在基准期和变化期仅有微小差异（图 4-15），其中基准期累积径流变化率为 88.9mm/a，变化期为 84.6mm/a。

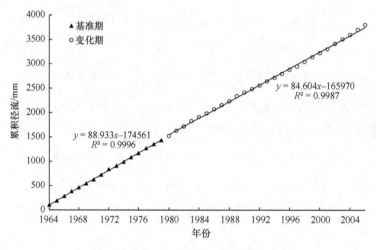

图 4-15　黑河中上游累积径流变化曲线

对于累积径流、累积降水和累积潜在蒸散发，在基准期的双累积曲线为 $\sum Q = 0.15 * \sum P + 0.06 * \sum E_0 + 20.35$，$R^2$ 为 0.9996。如表 4-3 所示，该方法评估得到人类活动对黑河中上游流域径流变化的影响量为 1.0mm，则气候变率影响量为 0.9mm，可得到人类活动对径流变化影响的贡献率为 53%，气候变率贡献率为 47%。敏感系数法得到气候变率对径流变化的影响方程为 $\Delta Q_{clim} = 0.11 * \Delta P - 0.02 * \Delta E_0$，则该方法得到气候变率的影响量为 0.9mm，贡献率为 45%，则人类活动贡献率为 55%（表 4-3）。

表 4-3　黑河中上游流域气候变率与人类活动对流域径流变化的影响评估

双累积曲线法				敏感系数法			
人类活动影响量/mm	人类活动贡献率/%	气候变率影响量/mm	气候变率贡献率/%	人类活动影响量/mm	人类活动贡献率/%	气候变率影响量/mm	气候变率贡献率/%
1.0	53	0.9	47	1.1	55	0.9	45

双累积曲线法与敏感系数法评估黑河中上游流域水文过程演变驱动力分析得到评估误差为 2%，可相互验证两种方法的评估有效性。因此，气候变率和人类活动对黑河中上游流域径流变化的贡献率分别为 45%~47% 和 53%~55%，以人类活动为主。

4.3.5　上游和中游流域气候变化与人类活动对水文过程的影响评估

1. 双累积曲线法和敏感系数法

如图 4-16 所示，上游流域变化期累积径流相对基准期呈现明显的增长趋势，由 124.1 mm/a 增长到 133.7mm/a；而中游流域的累积径流则显示为显著的降低趋势，由 46.5mm/a 降低到 38.8mm/a。

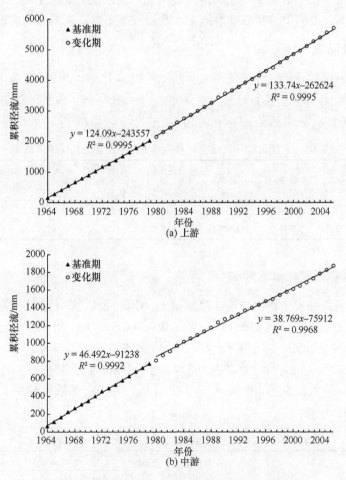

图 4-16　黑河上游及中游流域累积径流变化曲线

上游流域的双累积曲线法评估结果显示气候变率和人类活动对流域径流变化的影响量分别为 7.4mm 和 3.0mm，相应的贡献率分别为 71% 和 29%；敏感系数法评估得到两种驱动力的影响量分别为 6.6mm 和 3.8mm，相应的贡献率分别为 63% 和 37%(表 4-4)。

表 4-4　黑河上游及中游流域气候变率与人类活动对流域径流变化的影响评估

项目	上游流域				中游流域			
	人类活动影响量/mm	人类活动贡献率/%	气候变率影响量/mm	气候变率贡献率/%	人类活动影响量/mm	人类活动贡献率/%	气候变率影响量/mm	气候变率贡献率/%
双累积曲线法	3.0	29	7.4	71	5.8	83	1.2	17
敏感系数法	3.8	37	6.6	63	6.3	89	0.8	11

因此，气候变率和人类活动对上游流域径流变化的贡献率分别为 63%~71% 和 29%~37%。上游大部分为山区，植被较好，人类活动相对较小。

双累积曲线法和敏感系数法评估中游流域得到气候变率的影响量分别为 1.2mm 和 0.8mm，贡献率分别为 17% 和 11%；而人类活动的影响量分别为 5.8mm 和 6.3mm，贡献率分别为 83% 和 89%（表 4-4）。则黑河中游流域，气候变率贡献 11%~17%，人类活动贡献 83%~89%。黑河中游受农业灌溉、水利工程等影响，人类活动剧烈。

2. 水文模拟法

运用水文模型法分析气候变化和人类活动对黑河上、中游流域径流变化的贡献度，结果如表 4-5 所示。可以看出：对于上游，气候变化贡献 61%，人类活动 39%；对于中游，气候变化贡献 36%，人类活动 64%，即黑河上游气候变化影响大，而中游人类活动大。

表 4-5　人类活动和气候变化对黑河上、中游径流变化的贡献率

项目	影响时期观测量 W_{HR}/亿 m³	影响时期天然量 W_{HN}/亿 m³	天然时期径流量 W_B/亿 m³	径流变化总量 ΔW_T/亿 m³	人类活动影响量 ΔW_H/亿 m³	气候变化影响量 ΔW_C/亿 m³	气候变化贡献率 η_C/%	人类活动贡献率 η_H/%
上游	16.68	15.87	14.61	2.08	0.81	1.27	61	39
中游	8.72	9.91	10.60	−1.88	−1.20	−0.69	36	64

3. 累积量斜率变化率比较法

运用累积量斜率变化率比较法计算黑河上、中游径流、降水和蒸散发与年份之间线性关系斜率及突变点前后斜率变化率，结果如表 4-6~表 4-8 所示。可看出：对于上游，径流增加了 1.68 亿 m³/a，变化率 R_{SR} 为 12%；降水增加了 12.64mm/a，变化率 R_{SP} 为 5%；蒸散发增加了 3.57mm/a，变化率 R_{SE} 为 3%。对于中游，径流减少了 2.04 亿 m³/a，变化率 R_{SR} 为 19%；降水减少了 1.06mm/a，变化率 R_{SP} 为 1%；蒸散发减少了 4.02mm/a，变化率 R_{SE} 为 4%。

表 4-6　流域累积年径流-年份线性关系斜率及其变化率

项目	时期	累积径流-年份线性关系斜率/（亿 m³/a）	斜率与时段 A 对比	
			变化量/（亿 m³/a）	变化率 R_{SR}/%
上游	A_1: 1960~1980 年	14.60	—	—
	B_1: 1981~2008 年	16.28	1.68	12
中游	A_2: 1960~1990 年	10.75	—	—
	B_2: 1991~2008 年	8.71	−2.04	−19

表 4-7　流域累积年降水-年份线性关系斜率及其变化率

项目	时期	累积降水-年份线性关系斜率/（mm/a）	斜率与时段 A 对比	
			变化量/（mm/a）	变化率 R_{SP}/%
上游	A_1: 1960～1980 年	277.21	—	—
	B_1: 1981～2008 年	289.85	12.64	5
中游	A_2: 1960～1990 年	144.91	—	—
	B_2: 1991～2008 年	143.85	−1.06	−1

表 4-8　流域累积年蒸散发-年份线性关系斜率及其变化率

项目	时期	累积蒸散发-年份线性关系斜率/（mm/a）	斜率与时段 A 对比	
			变化量/（mm/a）	变化率 R_{SE}/%
上游	A_1: 1960～1980 年	131.23	—	—
	B_1: 1981～2008 年	134.80	3.57	3
中游	A_2: 1960～1990 年	102.98	—	—
	B_2: 1991～2008 年	98.96	−4.02	−4

分别计算降水变化、气温变化、气候变化及人类活动对流域径流变化的贡献度，结果见表 4-9。对于上游，降水和蒸散发对流域径流变化的贡献度分别为 40%和 24%，若不考虑其他气候要素，则气候变化对径流量变化贡献度为 64%，故人类活动贡献度为35%。对于中游，降水和蒸散发对流域径流变化的贡献度分别为 4%和 21%，则气候变化贡献度为 25%，人类活动为 75%。

表 4-9　累积量斜率变化率法计算人类活动及气象变率对径流变化贡献率结果

项目	贡献率/% $C_P=100*R_{SP}/R_{SR}$	贡献率/% $C_{ET}=100*R_{SE}/R_{SR}$	气候变化贡献率/% $C_M=C_P+C_{ET}$	人类活动贡献率/% $C_H=100-C_P-C_{ET}$
上游	40	24	64	35
中游	4	21	25	75

4.3.6　各子流域气候变化与人类活动对水文过程的影响评估

如图 4-17 所示，冰沟子流域变化期的累积径流相对基准期变化最小，99.7mm/a 减少至 91.2mm/a；莺落峡子流域的累积径流增长最大，140.9mm/a 升高至 163.1mm/a；正义峡子流域和鸳鸯池子流域的累积径流变化均较大，分别从 44.2mm/a 减少至 37.0mm/a和从 55.5mm/a 减少至 45.7mm/a。

各子流域双累积曲线法方程如表 4-10 所示，其中莺落峡子流域的累积降水系数最大且其累积潜在蒸散系数最小。对于敏感系数法，气候变率影响径流变化与降水及潜在蒸散发变化的关系，如表 4-10 所示，其中莺落峡子流域的降水对径流的敏感系数最大，鸳鸯池子流域的系数最小；潜在蒸散发对径流敏感系数在鸳鸯池子流域最小，而在中游两个子流域最大，可能是中游蒸发潜力大而实际可蒸发水量较少导致敏感系数绝对值小。

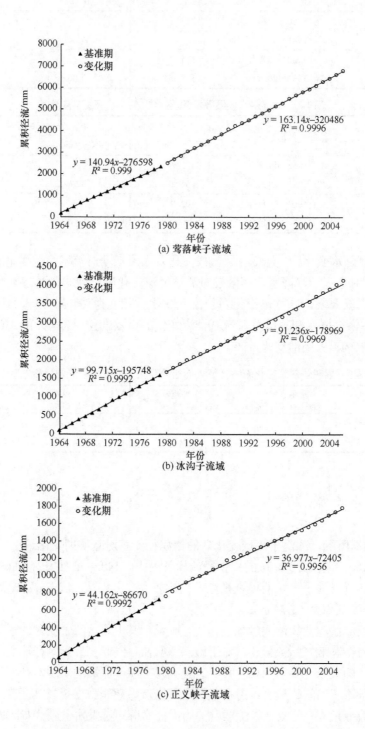

(a) 莺落峡子流域

(b) 冰沟子流域

(c) 正义峡子流域

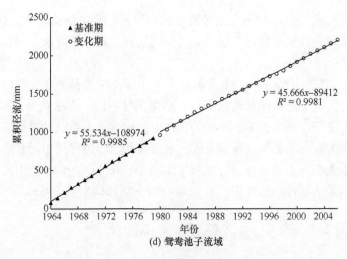

$$y = 45.666x - 89412$$
$$R^2 = 0.9981$$

$$y = 55.534x - 108974$$
$$R^2 = 0.9985$$

(d) 鸳鸯池子流域

图 4-17　各子流域累积径流变化

表 4-10　各子流域双累积曲线法和敏感系数法方程

项目	双累积曲线法方程	敏感系数法方程
莺落峡子流域	$\sum Q = 0.72 * \sum P - 0.10 * \sum E_0 + 22.19$	$\Delta Q^{clim} = 0.67 * \Delta P - 0.09 * \Delta E_0$
冰沟子流域	$\sum Q = -0.07 * \sum P + 0.13 * \sum E_0 + 15.83$	$\Delta Q^{clim} = 0.15 * \Delta P - 0.03 * \Delta E_0$
正义峡子流域	$\sum Q = 0.15 * \sum P + 0.01 * \sum E_0 + 24.41$	$\Delta Q^{clim} = 0.14 * \Delta P - 0.02 * \Delta E_0$
鸳鸯池子流域	$\sum Q = 0.25 * \sum P + 0.02 * \sum E_0 + 33.74$	$\Delta Q^{clim} = 0.08 * \Delta P - 0.02 * \Delta E_0$

可得莺落峡子流域、冰沟子流域、正义峡子流域和鸳鸯池子流域气候变率对径流变化贡献率分别为 52%～54%、55%～61%、12%～14% 和 4%～13%，人类活动分别为 46%～48%、39%～45%、86%～88% 和 87%～96%，即黑河上游以气候变率影响为主，中游以人类活动为主，尤其是鸳鸯池子流域。

4.4　小　　结

黑河中上游莺落峡子流域、冰沟子流域及正义峡子流域降水均呈现增长趋势，鸳鸯池子流域则呈现减少变化；莺落峡子流域径流呈显著增长趋势，冰沟子流域及中游各子流域均为减少趋势。4 个子流域降水均在 1978 年发生突变；莺落峡子流域、冰沟子流域、正义峡子流域及鸳鸯池子流域径流分别在 1979 年、1997 年、1989 年和 1985 年发生突变。最早的突变点 1979 年被选为分界点，将序列分为基准期（1964～1979 年）和变化期（1980～2006 年）。黑河中上游径流序列的多年滑动平均曲线及其平均曲线表明，基准期径流变化小，而变化期径流波动剧烈，可说明基准期和变化期划分相对可靠。

莺落峡子流域变化期径流相对基准期增加 20.2mm，冰沟子流域、正义峡子流域和鸳鸯池子流域径流分别减少 3.8mm、6.3mm 和 10.0mm；降水空间变化显示上游和下游分别为增加和减少，并由西南至东北降水变化由增加逐渐变为减少；潜在蒸散发的空间变化分布则表明上游略微增加，而中游尤其是正义峡流域出口区域显著减少。黑河中上游流域的各水文要素变化率较小，上游流域和中游流域径流变化显著，分别为 8.3%和 –14.7%；各子流域的径流变化最为显著，其次为实际蒸散发，降水和潜在蒸散发变化均较小。

　　黑河中上游流域、上游流域、中游流域及 4 个子流域的径流变异驱动力分析评估显示，人类活动对黑河中上游流域径流减少有略微主导作用，贡献率为 53%～55%；上游流域，气候变率主导，贡献率为 61%～71%；中游流域，人类活动对径流减少起了显著的作用，贡献率为 65%～89%。各子流域的水文过程驱动力评估中，莺落峡子流域和冰沟子流域，气候变率占主导作用，分别为 52%～54%和 55%～61%。正义峡子流域和鸳鸯池子流域，人类活动占主导作用，分别为 86%～88%和 87%～96%。

参 考 文 献

房晶, 彭定志, 杨卓, 等. 2016. 黑河中上游流域水文区划分析比较. 北京师范大学(自然科学版), 52(3): 376-379.

邱玲花, 彭定志, 徐宗学, 等. 2015. 气候变化和人类活动对黑河中游流域径流的影响分析. 中国农村水利水电, 9: 17-21.

王随继, 闫云霞, 颜明, 等. 2012. 皇甫川流域降水和人类活动对径流量变化的贡献率分析——累积量斜率变化率比较方法的提出及应用. 地理学报, 67(3): 388-397.

张建云, 王国庆. 2007. 气候变化对水文水资源影响研究. 北京: 科学出版社.

Qiu L H, Peng D Z, Chen J. 2018. Diagnosis of evapotranspiration controlling factors in the Heihe River basin, Northwest China. Hydrology Research, 49(4): 1292-1303.

Qiu L H, Peng D Z, Xu Z X, Liu W F. 2016. Identification of the impacts of climate changes and human activities on runoff in the upper and middle reaches of the Heihe River basin, China. Journal of Water and Climate Change, 7(1): 251-262.

第 5 章　黑河中游典型生态系统生态水文调查研究

5.1　河岸带植被土壤特征空间变异

5.1.1　研　究　方　法

1. 数据采样与样品分析

河岸带土壤植被调查于 2013 年 6～7 月，在黑河中游莺落峡和正义峡之间进行，涉及张掖甘州区、临泽、高台等地。在黑河中游河岸带垂直于河道方向选取不同间距的样带 8 条，样带覆盖了河岸带-农田过渡区、河岸带-荒漠过渡区等中游典型的生态景观格局，每条样带中包含了乔木、灌木、草本等不同植被类型组成的生态系统。在每条样带中根据与河道距离的不同、植被的分布差异及土壤条件的变化设置不等间距的调查样地（图 5-1、表 5-1），每个样地随机选取三个样方的平均值作为样地土壤植被的调查结果，乔木设置 10m×10m 的调查样方，灌木设置 5m×5m 的调查样方，草本设置 1m×1m 的调查样方，最终完成 8 条样带 75 个样地 189 个样方的土壤植被调查。

植被调查的内容包括：记录乔木层、灌木层和草本层的主要植物物种名，各层盖度和每种植物的盖度，草本层主要记录草本株高、株数，灌木层主要记录灌木高度、灌木冠幅及地径，乔木层主要记录乔木高度、胸径、地径及冠幅。

土壤调查的内容包括：利用土钻法进行土壤样品收集，在每个样方沿对角线取 3 个土钻，以 3 个样品土壤参数的混合或平均值作为样方土壤调查的结果。每个土钻在 3m 以内尽可能深的钻取土样，遇到土钻无法深入或接近浅层地下水土壤呈流体回填土钻时，取土深度停止。在 0～10cm 土壤深度取 0～5cm 和 5～10cm 两个土层，10～40cm 土层相隔 10cm 深度等间距取土，40cm 至底层相隔 20cm 深度等间距取土。采用烘干法测定土壤水分。土壤粒径的测定采用 Mastersizer 2000 激光粒度分析仪，采用美国土壤质地分类制，当土壤粒级<2μm 时为黏粒，2μm≤粒级<50μm 时为粉粒，≥50μm 的土壤为砂粒。

2. 植被特征指数计算

优势种是指对于群落中其他种有很大影响，而本身受其他种的影响最小的种，需要通过群落内全部或至少大部分种的个体生态学研究，才能确定优势种。由于该研究区域乔木和灌木的种类较少，因此只确定草本植物的优势种及优势度。本节采用张金屯（2011）提出的优势度计算公式，计算每种植物的优势度 Y_i，将优势度 $Y_i \geqslant 0.04$ 的种作为研究区域的优势种。

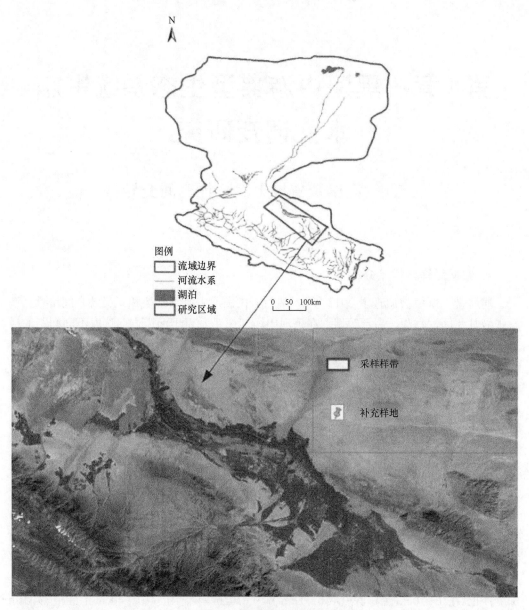

图 5-1　样带分布示意图

表 5-1　样带基本情况

名称	群落类型	描述
样带 1	乔木林、乔木草本混合林	黑河干流河岸带，相邻农田
样带 2	稀疏乔灌混合样地及稀疏草本样地	黑河干流河岸带，相邻农田
样带 3	乔木、乔灌混合、乔草混合样地及草本样地	黑河支流梨园河河岸带，相邻农田
样带 4	灌草混合样地、乔草混合样地、乔木样地及草本样地	黑河支流梨园河河岸带，相邻农田
样带 5	灌草混合样地及草本样地	黑河干流河岸带，相邻城镇居民地
样带 6	灌草混合样地及草本样地	黑河干流河岸带，相邻农田
样带 7	灌草混合样地和草本样地	黑河干流河岸带，与荒漠相邻
样带 8	乔草混合样地、灌草混合样地和草本样地	黑河干流河岸带，与荒漠相邻

$$Y_i = \frac{A_i / \sum_{i=1}^n A_i + C_i / \sum_{i=1}^n C_i + F_i / \sum_{i=1}^n F_i + H_i / \sum_{i=1}^n H_i}{4} \tag{5-1}$$

式中，A_i 为第 i 种草本类型的多度（abundance）；C_i 为第 i 种草本类型的盖度（coverage）；F_i 为第 i 种草本类型的频度（frequency）；H_i 为第 i 种草本类型的平均高度（hight）。

植被多样性指数的计算包括以下几种：

（1）Margalef 的种类丰富度指数（D）：

$$D = (S-1)\log_2 N \tag{5-2}$$

式中，S 为样方草本植物总种数；N 为样方草本植物总个体数。

（2）Shannon-Wiener 多样性指数（H'）：

$$H' = -\sum_{i=1}^n P_i \ln P_i \tag{5-3}$$

式中，P_i 为第 i 种草本植物的多度比例，即 $P_i = \dfrac{n_i}{N}$，n_i 为样方第 i 种植物的株数，N 为样方所有草本植物总株数。

（3）Pielou 均匀度指数（J'）：

$$J' = \frac{H'}{\ln(S)} \tag{5-4}$$

式中，H' 为样方 Shannon-Wiener 多样性指数；S 为样方草本植物总种数。

3. 数据处理方法

采用 SPSS 19.0 统计分析软件对所得数据进行处理，得到样地植被的优势度、Shannon-Wiener 多样性指数、Pielou 均匀度指数和 Simpson 优势度指数，并对样地土壤含水量的均值、变差系数等指标进行计算，利用相关分析和线性回归分析对土壤含水量和植被因子之间的关系进行分析。

5.1.2　植被的空间分布

1. 植被种类

对黑河中游莺落峡至正义峡间 189 个样方植被种类统计结果表明，研究区域乔木种类较少，只发现白杨、沙枣及河柳三种乔木种类。灌木以柽柳为绝对优势种，部分荒漠区分布有沙拐枣、梭梭等抗干旱、抗盐碱类灌木。草本植物种类较多，共鉴定出草本植物 55 种（包括亚种和变形），全部属于被子植物门，隶属于 2 纲 16 目 20 科 47 属。为了减少偶然物种对分析结果的干扰，将出现频度小于 5%，或者密度小于 1% 的物种剔除。剩余 20 种草本植物分类情况列于表 5-2。黑河中游双子叶植物种类较多，占到全区域植物种类数的 76.2%，但单子叶植物中禾本目禾本科植物出现的频率最高，其中芦苇属和赖草属在 189 个样方中出现的次数分别为 97 次和 81 次，频度达到 51.3% 和 42.9%。

表 5-2 黑河中游草本植物种类表

门	纲	目	科	属	出现次数
被子植物	单子叶植物	粉状胚乳目	鸭跖草科	鸭跖草属	26
		禾本目	禾本科	狗尾草属	10
				赖草属	81
				芦苇属	97
				早熟禾属	23
		报春花目	报春花科	海乳草属	21
		桔梗目	菊科	蓟属	20
				苦苣菜属	15
				蒲公英属	27
				乳苣属	29
				旋覆花属	21
	双子叶植物	捩花目	萝藦科	鹅绒藤属	9
		毛茛目	毛茛科	碱毛茛属	18
		蔷薇目	豆科	棘豆属	18
				骆驼刺属	17
		石竹目	藜科	滨藜属	27
				碱蓬属	14
				藜属	14
				盐生草属	11
				猪毛菜属	34

2. 优势种及优势度

根据优势种优势度计算公式，对黑河中游 21 种草本植物计算优势度，最终以 $Y_i \geqslant 0.04$ 的物种作为区域优势种。该区域共有 9 个优势种（表 5-3），其中芦苇和赖草以适应性强、耐旱耐盐的特性广泛分布于河道两旁的盐碱区域和荒漠绿洲交界区域，对样方中其他物种的影响较大。骆驼刺作为该区域的第三优势种，分布区域较为广泛，主要分布于高台县境内的河岸带绿洲-荒漠过渡区和荒漠区内。早熟禾和长叶碱毛茛为黑河中游第四、五优势种，主要分布于黑河干流距离河道 300m 以内的河岸缓冲区内，出现样地植被类型基本为草本。从图 5-2 可以看出，黑河中游草本植被主要分布于距离河道较近的区域内，远离河道超过 500m 的范围则很少有自然状态的草本植被。

表 5-3 黑河中游草本植被优势种

序号	名称	平均盖度/%	平均高度/cm	平均多度/株	频度/%	优势度
1	芦苇	41.792	14.012	39.443	51.323	0.119
2	赖草	24.135	20.173	88.253	42.857	0.107
3	骆驼刺	20.553	30.850	14.235	8.995	0.071
4	早熟禾	19.090	22.677	46.130	12.169	0.068
5	长叶碱毛茛	16.311	3.081	184.222	9.524	0.064

序号	名称	平均盖度/%	平均高度/cm	平均多度/株	频度/%	优势度
6	乳苣	6.480	2.690	223.769	6.878	0.057
7	大刺儿菜	8.502	22.884	15.100	10.582	0.049
8	苣荬菜	10.347	5.261	108.867	7.937	0.044
9	节节草	7.786	9.833	53.640	13.757	0.043

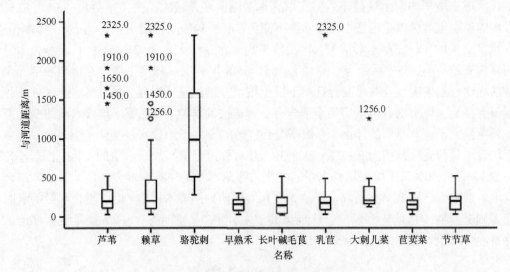

图 5-2　黑河中游草本优势种分布情况

3. 植被多样性计算结果

总体来说，采样区域植被覆盖度和多样性指数变化范围较大，变差系数 CV<1 说明四个指数均呈中等性变异，变差系数 CV 值大小依次为 $D>C>H>J$。四个指数的峰态系数 Kurtosis<3，说明频率分布曲线均呈扁平分布，分布较为离散，但均值和中位数较为接近，说明极端值对样本分布的影响不大。采样区植被覆盖度和 Pielou 均匀度指数频率分布曲线为负偏，即小于均值的样地比大于均值的样地出现的频率低，而 Shannon-Wiener 多样性指数和 Margalef 丰富度指数频率分布曲线恰好相反为正偏（表 5-4）。

表 5-4　研究区植被多样性指数计算结果

项目	最小值	最大值	平均值	中位数	标准差	偏态系数	峰态系数	变差系数
植被覆盖度（C）	0.500	100.000	49.129	52.000	30.783	-0.092	-1.370	0.627
多样性指数（H）	0.150	1.667	0.793	0.750	0.376	0.280	-0.657	0.474
丰富度指数（D）	3.271	56.500	22.124	18.011	13.930	0.732	-0.380	0.630
均匀度指数（J）	0.137	0.971	0.619	0.867	0.215	-0.536	-0.710	0.347

5.1.3　土壤含水量的空间变异

1. 土壤含水量的垂向变化

不同深度土壤含水量的垂向变化是水分在土壤水势差的作用下垂直运动和横向补

给共同作用的结果，一方面受到水分条件、土壤物理性质等局地微环境的影响，另一方面也受到植被根系对土壤水分吸收和释放作用的影响。本节选取黑河中游典型自然植被群落，分析不同群落类型土壤-根系界面土壤水分的垂向变化情况（图5-3）。总体来说，不同群落类型土壤含水量的纵向变化基本为从上到下波动增加，0～5cm 土壤含水量较下层 5～10cm 土壤含水量小，不同的群落类型适宜的土壤含水量范围不同，纯乔木群落生长区域土壤平均含水量最小，但土壤含水量纵向变差最大，变差系数为 0.95，40cm以内的表层土壤含水量较低，且基本没有变化，40～140cm 深度土壤在地下水的影响下含水量逐步增加。纯草本群落生长区土壤平均含水量最大，为 21.45%，且土壤含水量的纵向变差最小，变差系数为 0.08。乔草混合群落 0～40cm 深度土壤含水量与灌草混合群落相比普遍偏大，且乔草混合群落下层土壤水分增加最不明显。纯乔木、纯灌木及乔灌混合样地土壤平均含水量明显小于含有草本植被的样地，但土壤平均含水量的变化范围要明显大于含有草本的样地。乔灌草混合样地的土壤平均含水量变化范围最大，土壤平均含水量的变化范围为 9.12%～28.87%，灌木样地土壤平均含水量的变化范围最小，为 2.13%～7.50%。土壤平均含水量的变化为纯草本样地＞乔草混合样地＞乔灌草混合样地＞灌草混合样地＞乔灌混合样地＞纯乔木样地＞纯灌木样地，而土壤含水量的纵向变差则是纯乔木样地＞乔灌混合样地＞纯灌木样地＞乔灌草混合样＞灌草混合样地＞乔草混合样地＞纯草本样地（表5-5）。

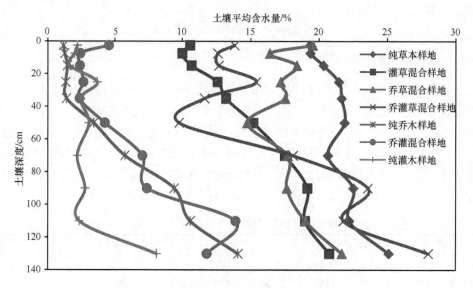

图 5-3　不同植被群落土壤含水量的纵向变化

表 5-5　不同群落土壤含水量的描述性统计参数

样地类型	平均值/%	最大值/%	最小值/%	变差系数	偏态系数	峰态系数
纯草本样地	21.45	25.11	19.33	0.08	0.86	1.48
灌草混合样地	14.86	20.77	10.00	0.27	0.19	−1.70
乔草混合样地	17.99	21.69	14.74	0.10	0.36	1.26
乔灌草混合样地	16.74	28.00	9.77	0.36	0.82	−0.43

样地类型	平均值/%	最大值/%	最小值/%	变差系数	偏态系数	峰态系数
纯乔木样地	4.99	14.09	1.17	0.95	0.98	−0.46
乔灌混合样地	5.90	13.91	2.39	0.70	1.11	0.09
纯灌木样地	3.08	8.10	1.66	0.60	2.63	7.45

2. 垂直于河道方向土壤含水量的变化

研究区域 100cm 深度内土壤平均含水量与河岸距离呈显著负相关（R^2=0.2915，通过 α=0.05 的显著性检验，图 5-4），河道 500m 范围以内的河岸绿洲土壤平均含水量明显高于绿洲-荒漠过渡带和荒漠地区的土壤平均含水量，同时表现出从绿洲到绿洲-荒漠过渡带再到荒漠带逐渐减少的趋势，距离河道 500～1000m 的河岸绿洲-荒漠过渡带土壤含水量下降速度最快。距离河道 500m 范围内土壤含水量小于 10% 的区域主要集中于临泽县境内黑河支流梨园河河岸带，采样期梨园河水量较小，对河岸带土壤含水量的补给有限，该区域虽然有猪毛菜、赖草等少量草本覆盖，但部分草本植被因缺水枯死，地表植被覆盖度仅为 3%，明显低于其他河岸绿洲区。植被覆盖的减少使土壤理化性质发生了明显改变，该区域土壤紧实甚至板结，团粒结构被破坏，渗透性和持水能力降低。距离河道 500～1000m 的范围基本为绿洲-荒漠过渡带，土壤水分在水势差的作用下向荒漠区运动补给，随着与绿洲距离的增加，土壤水势梯度逐渐减小，水分补给强度降低，同时在土壤质地、土壤结构、土壤有机质含量等因素的综合影响下，土壤持水保水能力降低，因此土壤平均含水量随河道距离的增加逐渐下降。

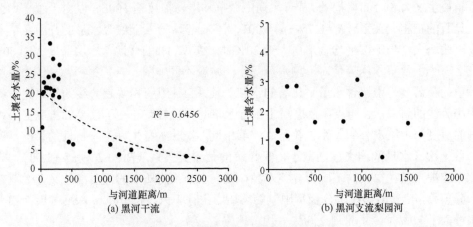

图 5-4　土壤含水量与河道距离的关系

3. 沿河道方向土壤含水量的变化

为了分析土壤含水量沿河流方向的变化，距离河道 500m 范围设置缓冲区，以张掖市西北部张掖新区附近黑河河道为起点，沿河流方向相隔 20km 左右选择一条断面，分析河道 500m 缓冲区范围内不同深度的土壤含水量沿河流方向的变化。图 5-5 显示，100cm 深度以内土壤平均含水量沿河流方向呈上下波动，变差系数为 0.21，其中 30～60cm 深度土壤含水量沿河道方向变化最大，变差系数达到0.36。断面4的位置存在一个明显的"土壤含水量低谷"，该断面位于样带4、5之间，属于梨园河下游冲积扇尾部，该区域由于南部山区与盆地之间存在隔水断陷构造，形成了大面积的地下水下降漏斗，年地下水位降深在10m左右，除河道侧向补给土壤水之外，缺乏其他的水分补给有效通道，因此形成了土壤含水量变化的"裂谷"。

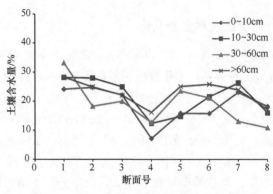

图5-5　沿黑河干流方向土壤含水量的变化

5.1.4　植被土壤相关关系分析

1. 植被盖度与土壤含水量的关系

土壤水分含量在一定程度上代表了根土界面主要的生态和水文过程，其空间变化决定了植被生产力和分布格局的差异。黑河中游草本层覆盖度与100cm以内土壤平均含水量呈显著的正相关关系（R^2=0.75，α=0.001，图5-6），随着土壤含水量的升高，草本层盖度直线增大，当土壤平均含水量大于20%时，有67.3%的样地草本层盖度大于80%。研究区三个主要草本优势种对土壤水分变化的响应不同（图5-7），第一、二优势种芦苇和赖草的覆盖度与土壤含水量呈显著的正相关关系，且芦苇相关趋势线的斜率大于赖草相关趋势线的斜率，表明芦苇盖度对土壤含水量的变化较赖草更为敏感。第三优势种骆驼刺的盖度与土壤水分的关系与赖草、芦苇相反，受其本身生理生态特性的影响，覆盖度随着土壤含水量的增大逐渐减小，呈显著的负相关关系（R^2=0.76，p=-1.90）。骆驼刺庞大的根系能在很大的范围内寻找水源，吸收水分；而矮小的地面部分又有效地减少了水分蒸腾，使其能够在水分极端限制的环境中生存下来。当100cm深度各层土壤平均含水量大于20%时，骆驼刺逐渐失去优势地位。

2. 植被多样性与土壤含水量的关系

干旱区植被多样性指数与土壤含水量的关系较为复杂，黑河中游统计结果显示，Shannon-Wiener多样性指数与土壤含水量呈非显著的二次抛物线关系，Margalef丰富度指数与土壤含水量呈显著的正相关关系，而Pielou均匀度指数与土壤含水量呈显著的二次抛物线关系，不同层次上植被群落多样性指数与土壤含水量关系的差异反映了干旱区植被多样性的维持特点。如图5-8所示，当土壤含水量较小时，Shannon-Wiener多样性

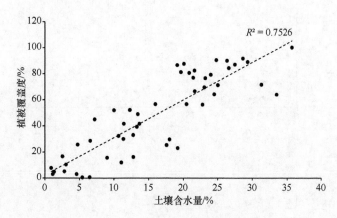

图 5-6　土壤含水量和植被覆盖度的关系

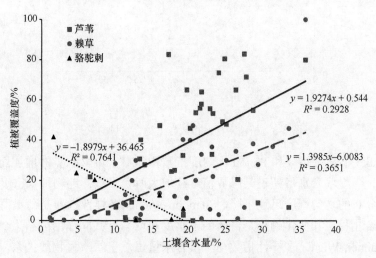

图 5-7　优势种植被土壤含水量和植被覆盖度的关系

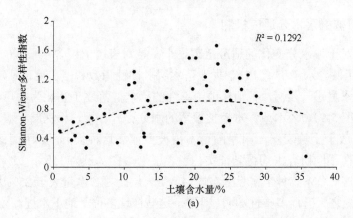

(a)

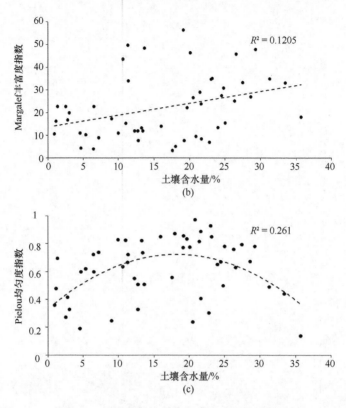

图 5-8　植被多样性指数与土壤含水量的关系

指数、Margalef 丰富度指数和 Pielou 均匀度指数均随着土壤含水量的增加而增加，且增幅逐渐减小，当土壤含水量超过某临界值继续增大时，虽然样地物种丰富度指数继续上升，但物种分布的均匀程度迅速下降，Shannon-Wiener 多样性指数是衡量群落丰富度和均匀度的综合指标，其变化趋势是群落的丰富度和均匀度共同作用的结果，就该研究区域而言，Shannon-Wiener 多样性指数与土壤含水量虽然呈二次抛物线关系，但相关性并不明显。

3. 典型植被群落水分适应机制

草本植物对土壤水分变化的适应范围最小，且对表层土壤含水量（0~60cm）最为敏感，当表层土壤含水量小于 15%，样地草本层多样性指数和覆盖度迅速减小（图 5-9），若表层土壤含水量进一步减小，则样地由单纯的草本群落逐步演化为乔草混合样地或灌草混合样地（图 5-9），灌木或乔木植被根茎的水分提升作用，将深层土壤水分吸收并在一定条件下释放于土壤表层，耐旱的草本植被多依靠这种提升的深层土壤水分进行生长，这种现象在不同研究中均得到证实。当表层土壤含水量为 15%~25%时，草本层植被生长最为旺盛，草本物种丰富且分布均匀。当表层土壤含水量大于 25%进一步上升时，草本层覆盖度随之上升而多样性却明显下降，这些样地多位于地下水埋深较浅区域，土壤盐碱性较大，基本只有耐盐碱草本能生存繁殖，从而影响草本层的植被多样性。与表层土壤含水量相比，大于 60cm 深度的土壤含水量与草本群落多样性指数的相关关系并不明显。

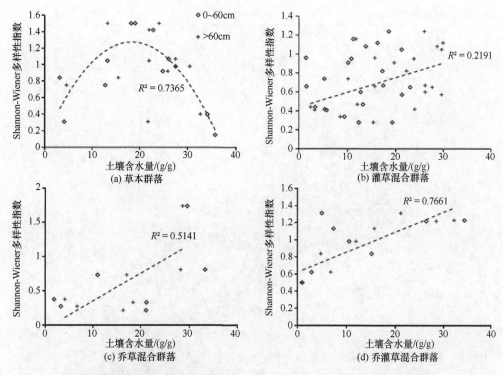

图 5-9 典型植被群落土壤水分和 Shannon-Wiener 多样性指数的关系

灌草混合样地、乔草混合样地及乔灌草混合样地的植被多样性指数和土壤平均含水量的关系与单纯草本样地有较大的区别,表层土壤含水量和植被多样性指数的相关关系并不显著,但深层土壤含水量和植被的多样性指数均存在显著的正相关关系,说明乔灌草混合样地的植被生理活动很大程度上受到深层土壤含水量的影响,而表层土壤水分由于受到土壤蒸腾、降水下渗等多种水文过程的影响,与植被的生理活动没有显著的相关关系。

5.2 荒漠、绿洲-荒漠过渡带植被土壤特征空间变异

5.2.1 研 究 方 法

2014 年 7 月开展了山前荒漠土壤采样和植被调查。根据黑河流域中游山前荒漠分布特征,沿着远离绿洲-荒漠边缘的方向,总共设置了 5 条样带(图 5-10),包括南部祁连山前荒漠样带 2 条,北部北山前荒漠样带 2 条,北山绿洲-荒漠过渡带 1 条,共完成 114 个样方的土壤植被采样调查。每个样地随机取三个样方的平均值作为样地土壤植被的调查结果,灌木设置 10m×10m 的调查样方。调查灌木高度、冠幅、地径和覆盖度。土壤采样使用环刀法分层采集样品,土壤粒径采用 Mastersizer 2000 激光粒度仪测量,按照美国土壤质地分类制,根据土壤粒级判定质地。土壤水分采用烘干法测定,因此本节中土壤含水量均指重量含水量。土壤水溶性盐分及 pH 使用 DDS-307W 电导率仪和 PH-3B 型酸度计测量。

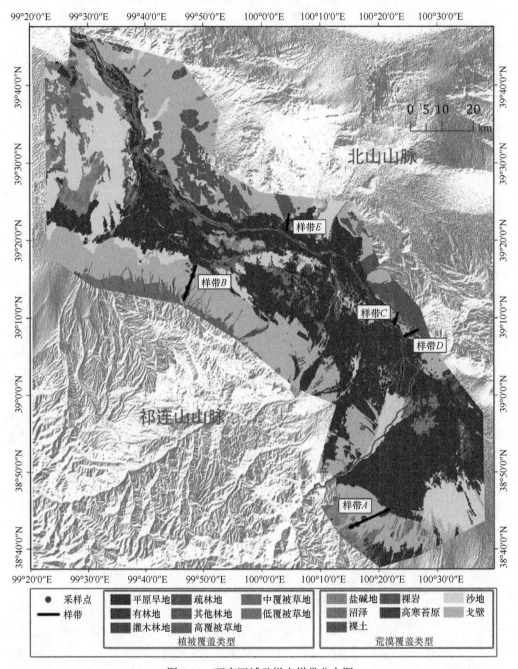

图 5-10　研究区域及样点样带分布图

5.2.2　土壤属性空间分布特征

1. 样带土壤属性基本特征

表 5-6 为 5 条样带的土壤属性表，表 5-7 为不同植被类型样地的土壤粒度参数度。从表中可以看出，位于黑河中游南部祁连山北麓的山前荒漠样带和位于北部北山山前荒

表 5-6　不同样带基本土壤物理化学属性

样带号	pH	含水量/wt%	机械组成/%（美国制）					质地分类	全盐/(g/kg)	无机离子/(g/kg)							有机质/(g/kg)
			粗砾 2~3mm	砂粒 0.05~2.0mm	粉砂粒 0.002~0.05mm	黏粒 <0.002mm				CO_3^{2-}	HCO_3^-	Cl^-	SO_4^{2-}	Ca^{2+}	Mg^{2+}	K^++Na^+	
A	7.92	5.57	0.13	22.32	66.93	10.82		粉壤土	8.58	0.00	0.23	2.41	3.10	0.83	0.20	1.80	0.47
B	7.85	2.97	25.71	35.05	33.30	5.94		砾质壤土	7.04	0.00	0.24	1.59	2.94	0.84	0.15	1.28	0.35
C	7.87	1.49	38.46	61.18	0.38	0.00		砾石土	0.87	0.00	0.23	0.11	0.28	0.09	0.04	0.12	0.15
D	7.75	2.85	37.28	56.65	6.03	0.00		砾石土	6.40	0.00	0.18	1.11	3.06	0.49	0.16	1.40	0.12
E	7.80	1.79	0.75	98.06	1.04	0.15		砂土	0.80	0.00	0.20	0.08	0.29	0.08	0.03	0.12	0.21

表 5-7　不同植被土壤的粒度参数

样地植被类型	样品数	中值粒径	平均粒径		粒径标准偏差（对数单位）	有效粒径	不均一性
		d_{50}/μm	d_a/μm	lgd_a/mm		d_e/μm	$K=d_a/d_e$
灌木	22	120	597	−0.224	0.746	6.49	92.0
农田	22	113	271	−0.566	0.421	8.59	31.6
草地	1	320	388	−0.410	—	65.8	5.90
乔木	2	226	278	−0.555	0.0449	58.3	4.78

漠样带的各种土壤物理化学属性都具有很显著的差异。样带的平均土壤含水量在 1.49%～5.57%范围内，位于黑河中游南部祁连山北麓的山前荒漠样带 A 的土壤含水量最高，位于北部北山山前荒漠样带的土壤含水量普遍较低。土壤的机械组成也在南部山前荒漠和北部山前荒漠表现出明显的差异，比较而言，位于黑河中游南部祁连山北麓的山前荒漠样带 A 和样带 B 的粗砾及砂粒含量百分比较低，而粉砂粒和黏粒含量百分比较高，位于北部北山山前荒漠样带 C 和 D，以及荒漠过渡带样带 E 的粗砾及砂粒含量百分比较高而粉砂粒和黏粒含量百分比极低。土壤的质地分类为：样带 A 为粉壤土，样带 B 为砾质壤土，样带 C 和样带 D 为砾石土，样带 E 为砂土。土壤的全盐含量和无机离子及有机质也表现出黑河中游南部荒漠高于北部荒漠，全盐含量超过 0.3%的样带包括南部荒漠样带 A 和样带 B，以及北部荒漠样带 D，表明这些区域地下水位较高，发生了土壤盐渍化。无机离子中 Cl^-、SO_4^{2-}、Ca^{2+} 和 $K^+ + Na^+$ 为主要部分，占总盐含量的 70%以上，在发生盐渍化的区域其比例达到 95%。

2. 样带土壤属性垂直分布特征

祁连山北麓荒漠样带（样带 A 和样带 B）和北山荒漠样带（样带 C 和样带 D）表现出不同的土壤水分垂直分布特征（图 5-11）。样带 A 和样带 B 土壤剖面从上到下土壤水分逐渐增加，表现出地下水补给的特征，而样带 C 和样带 D 则表现出从上到下土壤水分逐渐降低的趋势。北山绿洲-荒漠过渡带也表现为从上到下土壤水分逐渐增加。

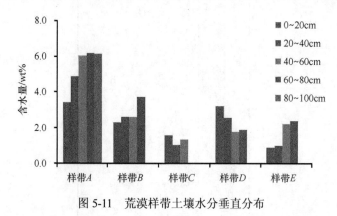

图 5-11　荒漠样带土壤水分垂直分布

土壤机械组成的垂直分布在各条样带之间并没有表现出一致的变化规律（图 5-12）。粉砂粒和黏粒百分含量较高的祁连山北麓山前样带 A 和样带 B 在垂直分布上也有所差

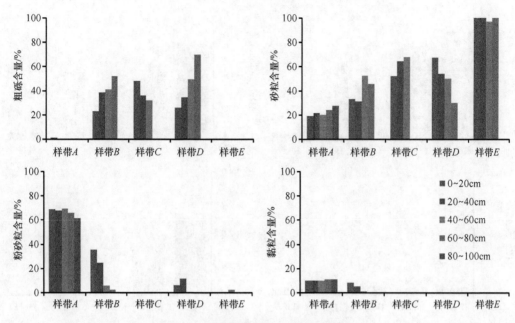

图 5-12　荒漠样带土壤机械组成垂直分布

异，从土壤表层到深层，样带 A 的砂粒含量有所增加，而粉砂粒含量降低，黏粒含量变化不大，样带 B 的垂直差异比较显著，从表层到底层粗砾和砂粒含量增加，粉砂粒和黏粒含量均呈显著降低变化的特征。粗砾和砂粒含量较高的北山山前样带 C、D、E 的粗砾和砂粒含量总和垂直差异不显著，但三条样带粗砾和砂粒含量各自的垂直变化特征也不一样，具体表现为从土壤表层到深层，样带 C 粗砾含量减小而砂粒含量增加，而样带 D 粗砾含量增加而砂粒含量减少，样带 E 以砂粒为主垂直变化微小。

　　土壤盐分在各条样带之间表现出的垂直分布特征存在差异（图 5-13）。样带 A 土壤表层全盐含量较高，全盐含量从 20～40cm 层逐渐增加，至 90～100cm 层达到最大，深层土壤盐分含量高于表层土壤盐分含量。样带 B 土壤全盐含量随深度变化较为明显，表层的小于次表层的，次表层以下全盐含量逐渐减小。各样带电导率的垂向变化规律与全盐含量的变化趋势一致，土壤全盐含量与电导率有着很好的相关性。黑河北岸荒漠、荒漠-绿洲过渡带各样带土壤盐分垂直变化亦差异明显。荒漠样带 C 土壤盐分几乎不随深度变化。荒漠样带 D 土壤盐分含量随深度快速降低，盐分下降梯度达 $2.28g/(kg \cdot 10cm)$。荒漠-绿洲过渡带样带 E 的土壤盐分在表层土壤含量较高，在其他深度含量较低且变化微小。

　　各条样带 4 种主要离子（Cl^-、SO_4^{2-}、Ca^{2+} 和 $Na^+ + K^+$）在表层土壤中含量特异，与其他层垂直变化规律不一致，这也反映在全盐含量的垂直变化特征中（图 5-13）。祁连山山前荒漠样带 A 和样带 B 之间、北山山前荒漠样带 C 和样带 D 之间的土壤盐分垂直特征也不一致。样带 A 次表层（20～40cm）至深层（80～100cm）土壤中，Cl^-、SO_4^{2-} 和 $Na^+ + K^+$ 含量随深度增加而增加，Ca^{2+} 含量变化微小。样带 B 中 Cl^- 含量随深度增加而震荡式小幅降低；SO_4^{2-} 含量总体随深度降低，但在表层土壤中偏低；Ca^{2+} 在表层

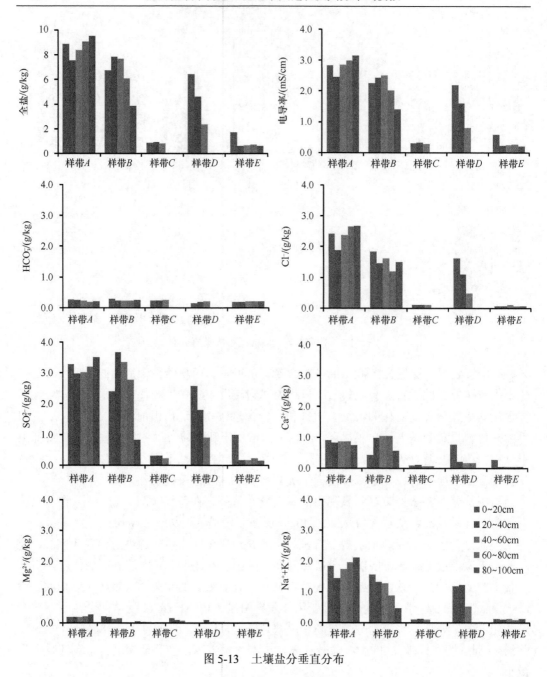

图 5-13　土壤盐分垂直分布

和深层土壤中含量较低，而在 20～80cm 深度含量相对较高；$Na^+ + K^+$ 含量随深度增加而减小。样带 D 土壤中的 Cl^-、SO_4^{2-}、Ca^{2+} 和 $Na^+ + K^+$ 含量随着深度下降出现明显的递减。样带 C 和样带 E 土壤各离子含量偏低，其中样带 C 各层深度土壤离子含量变化幅度小，样带 E 表层土壤中的 SO_4^{2-} 和 Ca^{2+} 含量明显高于其他各层土壤中的离子含量。

　　土壤有机质在各条样带的垂直分布特征（图 5-14）主要表现如下：①各条样带表层土壤有机质含量较高，样带 A、B、D、E 土壤表层的有机质含量最高，样带 C 土壤表层的有机质含量与有机质含量最高的 40～60cm 层较为接近；②除表层以外，其他深度土壤有机质含量，在荒漠样带（样带 A、B、C、D）变化幅度明显小于荒漠-绿洲过渡样带（样带 E）；③各样带之间的有机质含量值呈现明显的空间分布，祁连山北麓荒漠样地（样带 A 和 B）的有机质高于北山荒漠-绿洲过渡带（样带 E），北山荒漠带（样带 C 和 D）的有机质含量明显低于祁连山北麓荒漠样地和北山荒漠-绿洲过渡带。

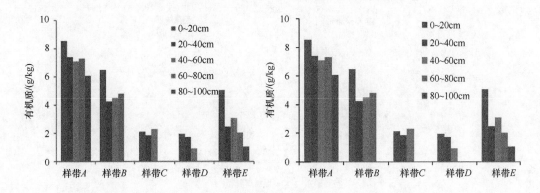

图 5-14　土壤有机质垂直分布

3. 样带土壤属性水平空间分布特征

样带 A 的土壤含水量随着距离绿洲增大而升高，表现出良好的从荒漠到绿洲之间的水分变异。样带 B 的土壤含水量先减小后升高，在距离绿洲 1000m 处达到最低（图 5-15）。样带 C 的土壤含水量先增大再减小，在距离绿洲 500m 处达到最大值。样带 D 和样带 E 的土壤含水量与距离绿洲之间呈现波动性变化。

土壤颗粒组成随距离绿洲的空间分布在各条样带中表现出不同的特征（图 5-16）。以粉砂粒为主的样带 A 中土壤颗粒组成随距离绿洲变化微小，以砂粒为主的样带 E 中土壤颗粒组成同样较为稳定。样带 B 中土壤颗粒组成变化较为复杂，距离绿洲由近及远，粉砂粒占比由主导下降到接近于 0，而后再上升，砂粒含量升高，黏粒含量先减小后增大，粗砾含量由 0 上升至最大占比，又下降至接近于 0。北山山前样带 C 和样带 D 空间分布特征较为一致，其颗粒组成绝大部分为砂粒和粗砾，随距离绿洲变远，砂粒含量下降，粗砾含量升高，在距离绿洲 1000m 处，粗砾和砂粒占比都接近于 50%，两者含量相当。

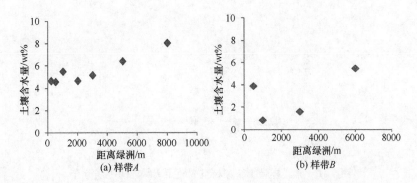

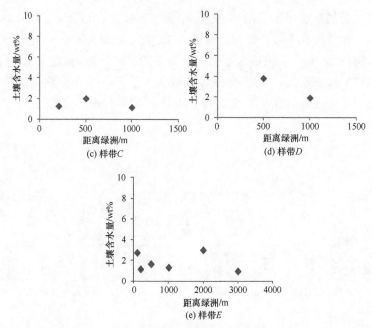

图 5-15　荒漠样带土壤水分随距离绿洲的空间分布

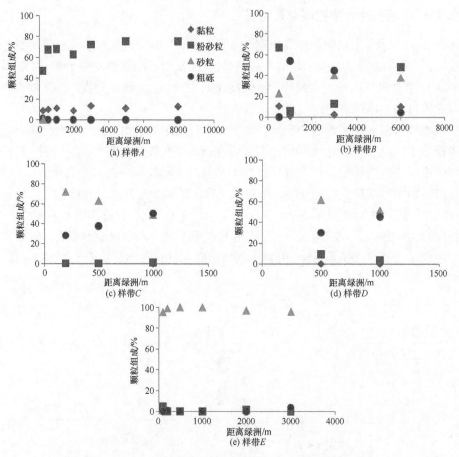

图 5-16　荒漠样带土壤颗粒组成随距离绿洲的空间分布

　　土壤盐分含量随距离绿洲出现波动变化的空间分布特征（图 5-17）。总体来看，由于变化作用的累积，以及阴阳离子变化的一致性，全盐含量的变化幅度远大于单一离子，单一离子中以含量最高的 SO_4^{2-} 变幅最大，且其变化趋势与全盐含量完全一致。祁连山山前样带 A 和样带 B 中，土壤盐分含量在个别位置出现了明显偏大的值，样带 A、样带 B 和样带 E 的盐分含量最大值分别出现在距离绿洲 2000m、6000m 处，3 条样带其余位置的土壤盐分含量随距离绿洲远近波动不大。北山山前荒漠样带 C 和样带 D 土壤盐分含量空间分布特征表现为，随距离绿洲变远而土壤盐分含量呈现出下降趋势。荒漠-绿洲过渡带样带 E 距离绿洲 200m 处，土壤盐分含量陡然上升，而后又迅速下降，其余位置土壤盐分含量变化不大。

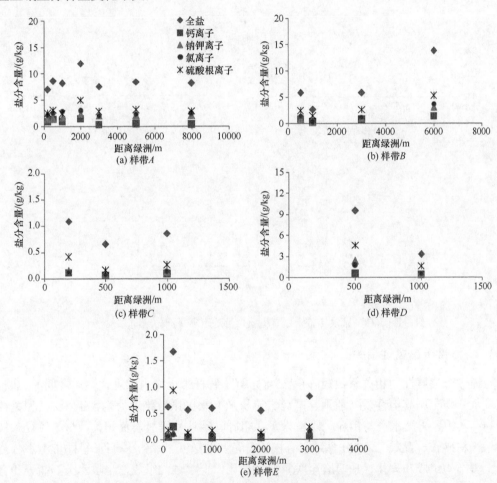

图 5-17　荒漠样带土壤盐分含量随距离绿洲的空间分布

　　土壤有机质在祁连山山前荒漠样带 A 和样带 B 表现出不同的空间分布特征（图 5-18）。随着距离绿洲由近及远，样带 A 土壤有机质含量逐渐升高，样带 B 土壤有机质含量下降至距离绿洲 1000m 处之后变化微小。北山山前荒漠样带 C 和 D 的土壤有机质含量变化不大。在远离绿洲方向，绿洲-荒漠过渡带样带 E 土壤有机质先迅速下降，而后逐渐升高，变化的"拐点"在距离绿洲 500m 处。

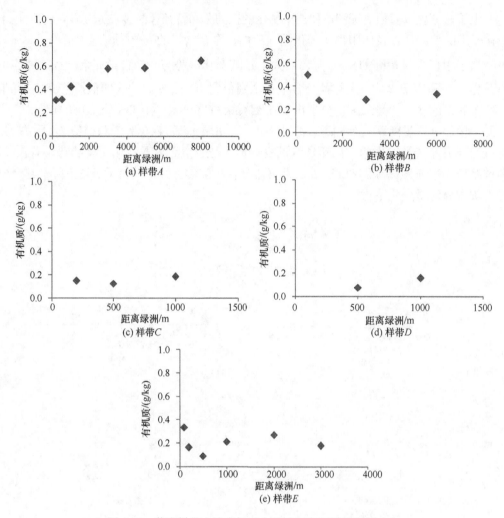

图 5-18　荒漠样带土壤有机质含量随距离绿洲的空间分布

4. 样带土壤属性相关关系

　　通过土壤属性的相关系数矩阵（表 5-8），可了解样带土壤内部理化性质之间的关联。土壤水分与土壤其他性质（质地、盐分、有机质）相关系数绝对值均大于 0.7，相关性较高；其中，土壤水分与粗粒径颗粒含量（粗砾、砂粒）呈显著负相关，与细粒径颗粒含量（粉砂粒、黏粒）、盐分含量和有机质含量呈显著正相关，说明干旱样带上水分对于土壤结构组成和理化性质具有至关重要的作用。土壤颗粒组成与土壤水分、盐分和有机质含量之间的关系表现为：粗粒径含量与其他属性呈负相关关系，细粒径含量与其他属性呈正相关关系，粉砂粒含量和黏粒含量与土壤属性的相关程度差异不大，粗砾含量和砂粒含量相比，与水分、盐分相关性更高，与有机质相关性更低，这表明，荒漠样带上细粒土壤具有更好的持水、保盐、固碳性能。土壤盐分含量与其他土壤属性之间的相关性低于土壤水分、质地和有机质与其他属性的相关性，说明土壤盐分对于土壤其他属性影响相对较小，可能更多受到外部盐分输送等因素的影响。土壤有机质与盐分之间是土壤属性对中唯一的不显著相关关系,说明荒漠样带上的有机和无机过程相互影响较弱,彼此相对独立。

表 5-8　土壤水分、质地、盐分、有机质属性的相关系数矩阵

	含水量	粗砾	砂粒	粉砂粒	黏粒	全盐	有机质
含水量	1						
粗砾	−0.873	1					
砂粒	−0.733	0.682	1				
粉砂粒	0.885	−0.928	−0.905	1			
黏粒	0.870	−0.919	−0.887	0.981	1		
全盐	0.749	−0.709	−0.534	0.683	0.671	1	
有机质	0.774	−0.722	−0.927	0.891	0.892	0.473	1

注:所有相关系数均经过了双侧显著性检验,除全盐-有机质相关性检验 $p\text{-value}=0.064>0.05$,其余各对相关关系 $p\text{-value}$ 均小于 0.05,相关关系统计显著。

5.2.3　荒漠植被空间分布特征

1. 样带植被基本特征

根据表 5-9,黑河流域中游荒漠植被的物种相对贫乏,主要由耐旱和超耐旱的小半灌木组成,调查的样带中物种包括珍珠猪毛菜、合头草、霸王、泡泡刺、红砂和芨芨草,而且不同物种出现的空间特征显著。珍珠猪毛菜出现在位于流域南部的祁连山山前荒漠样带 A 和样带 B,霸王和泡泡刺主要出现在位于流域北部的北山山前荒漠样带 C 和样带 D,而红砂和细叶骆驼蓬主要出现在位于流域北部的北山山前荒漠样带 E,合头草分布比较广泛,除样带 A 外均有分布,芨芨草只出现在祁连山山前荒漠样带 A 海拔较高的区域。不同样带的植被覆盖度差异显著,祁连山山前荒漠样带植被分布密集,植被覆盖度较高,样带 A 靠近祁连山山脉的样地植被覆盖度大于 80%,而北山山前荒漠样带植被较稀疏,覆盖度低,平均覆盖度<20%。

表 5-9　样带植被主要物种及平均总覆盖度特征　　　　　　　　（单位:%）

样带	总覆盖度	覆盖度						
		珍珠猪毛菜	霸王	泡泡刺	合头草	芨芨草	红砂	细叶骆驼蓬
样带 A	50.3	48.3	0.0	0.0	0.0	2.0	0.0	0.0
样带 B	29.5	15.4	0.0	0.0	18.2	0.0	0.0	0.0
样带 C	9.6	0.0	8.3	4.0	1.3	0.0	0.0	0.0
样带 D	9.8	0.0	6.1	5.2	2.3	0.0	0.0	0.0
样带 E	19.0	0.0	0.0	0.0	0.0	0.0	18.0	2.0

2. 样带植被距离绿洲分布特征

如图 5-19 所示,样带 A、B、D 灌木层覆盖度随距离绿洲变远而升高,样带 C 覆盖度先降低再升高。

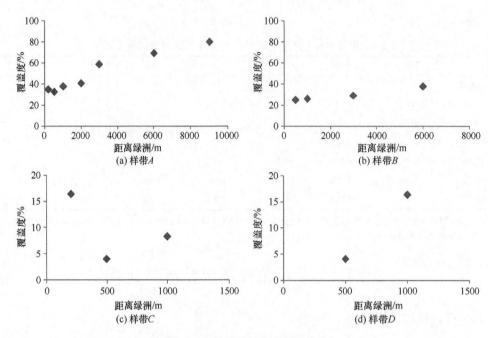

图 5-19　样带植被距离绿洲分布

如图 5-20 所示，祁连山山前荒漠样带 A 灌木层高度在距离绿洲 0～3000m 范围内呈现下降趋势，在距离绿洲 3000～10000m 范围内呈现上升趋势；样带 B 随绿洲的空间分布特征与样带 A 完全相反，即以距离绿洲 3000m 为"拐点"，近处灌木层高度呈上升趋势而远处呈下降趋势。

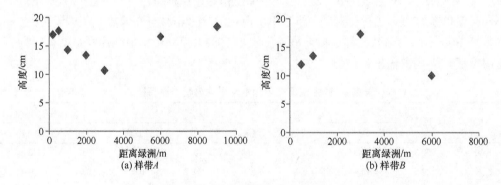

图 5-20　样带植被距离绿洲分布

如图 5-21 所示，灌木层冠幅随距离绿洲的空间分布特征与灌木层高度的空间分布特征表现一致。在距离绿洲 0～3000m 范围内，样带 A 灌木层冠幅呈现下降趋势，样带 B 灌木层冠幅呈现上升趋势；在距离绿洲 3000～10000m 范围内，样带 A 冠幅增加，样带 B 冠幅减小。

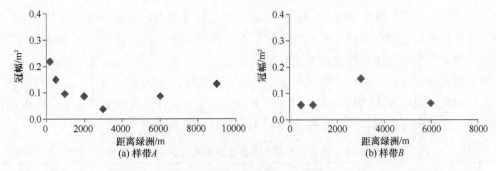

图 5-21　样带植被距离绿洲分布

5.2.4　荒漠植被与土壤属性关系

1. 植被覆盖度与土壤属性的关系

　　根据祁连山前、北山前荒漠土壤属性的测定结果，荒漠植被覆盖度与土壤理化属性的关系如图 5-22 所示：①荒漠植被覆盖度与土壤水分呈正相关关系，植被覆盖度较低区域的土壤含水量变化差异较大，覆盖度较高区域与土壤水分的正相关关系更为单一、确定；②荒漠植被覆盖度与大粒径土壤颗粒组成显著负相关，与小粒径土壤颗粒组成显著正相关，结合土壤水分与土壤颗粒组成的相关分析表明持水能力强的土壤更有利于植物的生长；③荒漠植被覆盖度与土壤盐分呈现显著的二次抛物线关系，即植被覆盖率随着盐度的增大呈先增加后减小的规律，表明即使是干旱荒漠区耐盐植物也存在盐分限度，当全

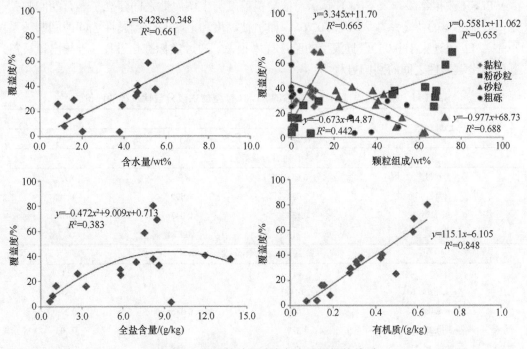

图 5-22　荒漠植被覆盖度与土壤属性的关系

盐含量超过一定范围时（大约 10g/kg），植被的生长会受到抑制，植被覆盖度下降；④荒漠植被覆盖度与土壤有机质之间呈现出显著的正相关关系，其相关系数 $R^2=0.848$，表明荒漠植被覆盖度与土壤有机质存在密切的定量关系。

偏相关分析（表 5-10）表明，在消除其他土壤属性因子影响的条件下，植被覆盖度与土壤的颗粒组成及土壤盐分含量相关性不显著，与土壤有机质和土壤含水量存在正相关关系。植被覆盖度偏相关分析结果与相关分析结果整体一致。

表 5-10 被覆盖度与土壤属性的相关、偏相关关系

覆盖度	含水量	粗砾	砂粒	粉砂粒	黏粒	全盐	有机质
相关系数	0.813	−0.665	−0.829	0.809	0.816	0.512	0.921
偏相关系数	0.494	−0.183	−0.187	−0.200	−0.167	0.031	0.671
偏相关系数（去除砂粒和粉砂粒）	0.527	0.239			−0.091	0.041	0.667
偏相关系数（控制水分）	NaN	0.158	−0.588	0.332	0.377	−0.252	0.792
偏相关系数（控制质地）	0.586	NaN	−0.189	0.240	NaN	0.041	0.689
偏相关系数（控制盐分）	0.755	−0.498	−0.765	0.733	0.742	NaN	0.897
偏相关系数（控制有机质）	0.408	0.001	0.166	−0.064	−0.034	0.222	NaN

偏最小二乘回归（PLS 回归，简称 PLSR）模型结合了主成分分析法（PCA）和多元线性回归方法（MLR），可有效应对多变量多重共线性问题。研究将土壤属性作为自变量，植被特性作为因变量，使用 PLSR 模型对植被和土壤属性进行回归分析。首先，选取植被和土壤属性对应的样点为训练样本训练得到 PLSR 模型；再利用"leave-one-out"方法训练出的模型进行交叉检验；最后，使用 F-test 对回归模型模拟的值进行显著性检验。

PLSR 模拟结果（表 5-11）显示，植被覆盖度与土壤属性之间建立了显著的回归关系，验证样本的决定系数 R^2 达到 0.765，而植被高度和冠幅与土壤属性之间的回归关系不显著（p 值远大于 0.05），且模型的验证样本很差。通过逆标准化过程，推导出植被覆盖度和土壤属性之间的回归方程为

表 5-11 植被覆盖度与土壤属性的 PLSR 模型的主成分载荷及模型评价

土壤属性	植被		
	覆盖度	高度	冠幅
主成分载荷			
含水量	0.634	−0.366	0.351
砂粒	0.024	0.099	−0.108
全盐	0.134	0.037	0.102
有机质	0.218	−0.178	−0.178
PLSR 模型评价			
n	16	11	11
F statistic	29.148	3.328	1.575
p-value	0.000	0.086	0.279
训练 R^2	0.879	0.588	0.403
验证 R^2	0.765	0.058	0.020

$$C = 2.786W + 0.232P - 0.058S + 112.444\text{SOM} \qquad (5\text{-}5)$$

式中，C 为植被覆盖度；W 为土壤含水量；P 为砂粒组分；S 为全盐含量；SOM 为有机质（soil organic matter）含量。

2. 植被高度与土壤属性的关系

荒漠样带中占主导的珍珠猪毛菜为典型的荒漠自然植被，其高度在 10～20cm，与土壤各个属性之间关系的分析结果差异较大。如图 5-23 所示，珍珠猪毛菜高度与土壤含水量及土壤颗粒组成之间呈散乱分布关系，与土壤盐分和土壤有机质之间呈现二次相关关系。从珍珠猪毛菜与土壤属性的偏相关矩阵（表 5-12）可以看出：①土壤水分与珍珠猪毛菜高度偏相关系数为 0.472，呈现较强的正相关关系，说明水分对于珍珠猪毛菜生长具有较强的控制作用；②土壤颗粒组成与珍珠猪毛菜高度相关程度较低，高度与粗砾、砂粒和粉砂粒含量弱正相关，与黏粒含量弱负相关；③土壤盐分与珍珠猪毛菜高度表现出较强的负相关关系，虽然荒漠植被有着良好的盐生性能，但荒漠地区土壤的高含盐量仍是珍珠猪毛菜生长的阻抗因素。

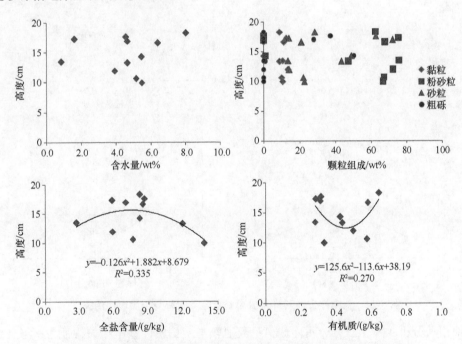

图 5-23　荒漠样带 A 和样带 B 珍珠猪毛菜高度与土壤属性的关系

表 5-12　珍珠猪毛菜高度与土壤属性的相关、偏相关系数

冠幅	含水量	粗砾	砂粒	粉砂粒	黏粒	全盐	有机质
相关系数	0.046	−0.028	0.356	−0.119	−0.138	−0.076	−0.340
偏相关系数	0.472	0.174	0.213	0.201	0.034	−0.644	−0.486
偏相关系数（去除砂粒和粉砂粒）	0.706	−0.455			−0.502	−0.665	−0.605
偏相关系数（控制水分）	NaN	0.018	0.520	−0.315	−0.367	−0.126	−0.550
偏相关系数（控制质地）	0.345	NaN	0.200	−0.167	NaN	−0.293	−0.143

冠幅	含水量	粗砾	砂粒	粉砂粒	黏粒	全盐	有机质
偏相关系数（控制盐分）	0.110	−0.095	0.351	−0.095	−0.115	NaN	−0.334
偏相关系数（控制有机质）	0.462	−0.277	0.129	0.224	0.170	−0.034	NaN

注：NaN 是计算机科学中数值数据类型的一类值，表示未定义或不可表示的值。

3. 植被冠幅与土壤属性的关系

如图 5-24 所示，祁连山山前荒漠样带 A 和样带 B 珍珠猪毛菜冠幅与土壤属性关系为：与土壤含水量之间呈散乱分布关系，与砂粒占比之间呈线性正相关，与土壤盐分和土壤有机质之间呈二次相关关系。

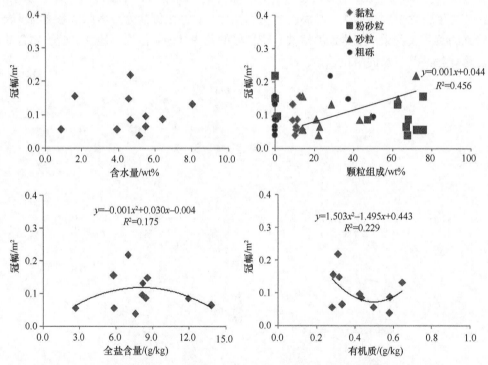

图 5-24　荒漠样带 A 和样带 B 珍珠猪毛菜冠幅与土壤属性的关系

偏相关分析（表 5-13）表明珍珠猪毛菜冠幅与土壤属性基本相关特征为：与土壤水分含量正相关，与土壤颗粒组成弱相关，与土壤盐分、有机质含量负相关。结合相关分析结果可认为，珍珠猪毛菜在长期的自然选择下，对于荒漠有着极强的适应性，具体体现为盐生和超旱生，但对土壤盐分仍然有一定的适应范围，当全盐含量超过 10g/kg 时，植被的生长会受到抑制，植被覆盖度、高度和冠幅都表现出下降趋势。

表 5-13　珍珠猪毛菜冠幅与土壤属性的相关、偏相关系数

高度	含水量	粗砾	砂粒	粉砂粒	黏粒	全盐	有机质
相关系数	0.131	0.075	−0.053	−0.004	−0.147	−0.268	−0.013
偏相关系数	0.622	0.208	0.208	0.242	−0.112	−0.700	−0.542

续表

高度	含水量	粗砾	砂粒	粉砂粒	黏粒	全盐	有机质
偏相关系数（去除砂粒和粉砂粒）	0.755	−0.440			−0.628	−0.708	−0.243
偏相关系数（控制水分）	NaN	0.338	0.047	−0.235	−0.545	−0.425	−0.163
偏相关系数（控制质地）	0.537	NaN	−0.400	0.440	NaN	−0.365	0.286
偏相关系数（控制盐分）	0.364	−0.116	−0.087	0.143	−0.017	NaN	0.022
偏相关系数（控制有机质）	0.207	0.081	−0.132	0.009	−0.200	−0.268	NaN

5.3　农田生态系统土壤特征空间变异

5.3.1　引　　言

绿洲是干旱区独特的自然景观，是干旱区特殊的气候条件、水文条件、地质条件和人文因素等综合作用的产物，其存在的形态、形成过程、发展状况受到自然环境因素和人为因素的影响，是干旱区人类生产生活的主要场所，而土壤作为作物和自然植被生长的重要因素，其发生和形成是气候、母质、生物、地形和时间五大自然因素和人为影响的共同作用结果，尤其是农田土壤，受人类活动的影响更为明显。在这些因素共同作用下，必然导致土壤的物理、化学和生物性质表现出不同程度的空间变异性，从而影响着土壤水分和盐分在空间上的分布。

土壤水分和盐分是影响干旱和半干旱区灌溉农业生产和土地资源可持续利用的关键因素。土壤水分是气候、植被、地形及土壤因素等自然条件的综合反映。在干旱、半干旱地区，作物和自然植被的生长和土壤含水量息息相关，是干旱、半干旱地区生态系统和植被建设的基础。土壤盐分是土壤性质的重要方面，在长期地球化学过程中，土壤母质、气候、地形、地下水、生物等影响着盐分的形成和运移。土壤易溶盐类随土壤水分的运动迁移而积累，导致盐分在土壤表层积聚并形成盐渍化。在干旱、半干旱地区，土壤盐渍化是制约作物生长发育的一个重要因素。因此分析绿洲农田土壤特性的空间分布特征对于科学管理土地，以及农业生态系统的稳定性具有重要的意义。

作为国家主要的商品粮生产基地之一，黑河中游地区集中了全流域 94.7% 的农业耕地面积，大约消耗了全流域 86% 的水资源，其中 96% 的耗水量是用于灌溉农业（Chen et al.，2003），农业灌溉水主要服务于绿洲农田和防护林体系。在黑河中游地区，传统的大水漫灌导致大量灌溉水通过无效蒸发和深层渗漏损失掉，不仅造成水资源的严重浪费，而且抬升了地下水位，并在强烈的蒸发蒸腾作用下，造成土壤次生盐渍化。为了深入分析黑河流域中游地区农田土壤特性的空间分布特征，2014 年 6 月在研究区布设了 23 个点位，并进行了分层采样。采样点分布如图 5-25 所示。

5.3.2　土壤质地变化特征

土壤是地球表面可以支持植物生长的疏松矿物质或有机质，是人类赖以生存的最基

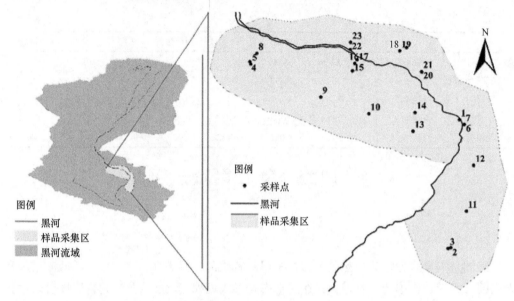

图 5-25　黑河流域中游农田土壤采样点分布

本的资源条件。土壤颗粒粒径组成在一定程度上决定了水分和养分在土壤的迁移特性，其空间分布特征是区域土壤物理属性特征分析及水文模型下垫面研究的基础（毛丽丽等，2014）。土壤粒径分布是由各种因素相互作用的结果，它可反映土壤母质来源、成土过程，影响着土壤结构、土壤肥力状况和养分的转化（王洪杰等，2003；Miranda et al.，2006；王德等，2007）。

1. 土壤质地垂直空间分布特征

在采集到的样品中，出现了包括砾石土、砂壤土、壤土、粉壤土、壤砂土、细砂、中砂、粉土等多种土壤类型，由此可以看出，尽管都为农田土壤，但由于成土时间、开垦方式及时间的不同，土壤颗粒结构在空间上差异显著，甚至同一点位不同深度也有明显差异。平均而言，各粒级土粒中，细砂粒含量较高，为31.7%，其次是极细砂粒和粉粒含量，分别为20.9%和20.0%，而中砂、黏粒和粗砂含量则分别占12.0%、6.1%和5.8%。为便于分析，对测试结果进行重新分类，分为黏土（粒径<0.002mm）、壤土（0.002～0.05mm）、砂土（0.05～2mm）和含砾石土（>2mm）四种类型。选择有代表性的采样点并绘制不同深度粒径组成图，如图5-26所示。

由图5-26可知，研究区农田土壤主要以砂粒为主，其中以细砂和极细砂为主，这和河流冲积关系密切。个别样点含有砾石成分，与山前洪水冲积相关，但这部分数量只有15个，仅占总样品数量的12%，且粒径在2～3mm范围内。也就是说，黑河流域中游地区的农田土壤的形成主要与河流相冲洪积相关，同时也会受山前洪水冲积的影响。就平均而言，粒径在2～3mm的粗砾石在垂向上的分布特征是先变大再变小，最大含量4.9%位于40～60cm深度；0.5～2mm的粗砂在垂向的变化趋势亦是如此，最大含量7.4%位于40～60cm深度；0.25～0.5mm的中砂最大含量为14.8%，位于20～40cm深处；粒径0.1～0.25mm的细砂变化规律和中砂一致，最大含量35.3%，位于20～40cm处；极

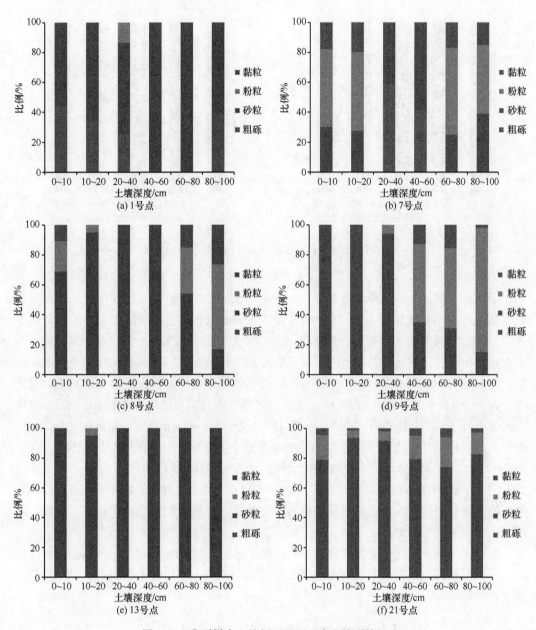

图 5-26　典型样点土壤剖面不同深度土壤颗粒组成

细砂（0.05～0.1mm）呈现先变小、再变大、再变小的变化趋势，最大含量为 22.3%位于 0～10cm 的土壤表层；粉砂粒（0.002～0.05mm）正好与极细砂相反，其变化趋势为先变大再变小再变大，最大含量 25.6%位于 80～100cm 深处；黏粒（<0.002mm）含量在垂向上的分布特征为上下两层大，中间层小，最大含量 7.8%位于 80～100cm 深处。

　　为对比新开垦农田与开垦多年农田间土壤质地的差异，选择位置相近的新老农田（新农田：3 号点、5 号点、6 号点、20 号点；老农田：2 号点、4 号点、7 号点、21 号点）分别求平均后进行对比分析，绘制不同深度粒径组成图，如图 5-27 所示。

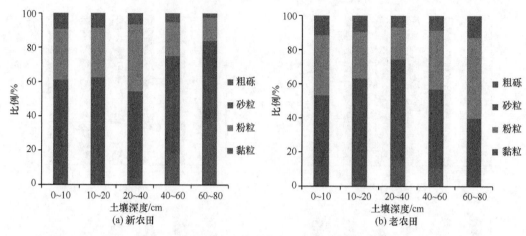

图 5-27　新老农田土壤颗粒组分在垂向上平均分布

由图 5-27 可知，从总体上看新老农田均以粒径在 0.05～2mm 的砂粒含量最高，且随土层深度的增加砂粒含量逐渐减小，但逐层对比可知，研究区新老农田土层中各种粒径土壤所占比例差异显著。新农田中粒径在 2～3mm 的粗砾石在表层土壤中的含量几乎为零，随土层深度的增加粗砾含量逐渐增大，最大含量 36.7%位于 60～80cm 深度；而老农田中粗砾石在垂向上的分布特征是先变大再变小，最大含量 14.7%位于 20～40cm 深度。粉砂粒（0.002～0.05mm）含量在新农田中呈现为先变大再变小的变化趋势，最大含量为 39.2%位于 20～40cm 深度；而其在老农田中的分布规律与新农田刚好相反，呈现为先变小再变大的变化趋势，最大含量为 47.4%位于 60～80cm 深度。黏粒（<0.002mm）含量在新农田中呈现为随土层深度的增加逐渐减小的变化趋势，最大含量 9.4%位于 0～10 cm 的表层土壤中；而老农田中黏粒含量呈现为先减小后增大的变化趋势，最大含量 12.9%位于 60～80cm 深度。总体而言，表层（0～10mm）土壤新老农田颗粒组成基本一致，随土壤埋深的增大，土壤颗粒组成差异逐渐增大，这种差异是由于耕作、灌溉、施肥等多种因素共同造成的。

农田土壤颗粒平均含量在垂向上的变化特征如图 5-28 所示，可知，黑河流域中游地区农田土壤颗粒在垂向上的变异不显著，尽管部分点位中间层会夹杂粗砾石颗粒，但总体上质地较均匀。

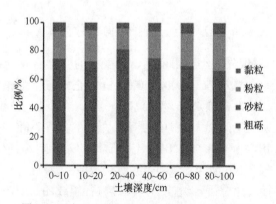

图 5-28　农田土壤颗粒组分在垂向上平均分布

2. 土壤质地水平空间分布特征

利用 ArcGIS 软件的空间分析功能对黑河流域农田土壤不同深度的颗粒组分在空间的分布与变化进行了分析，空间分布如图 5-29 所示。

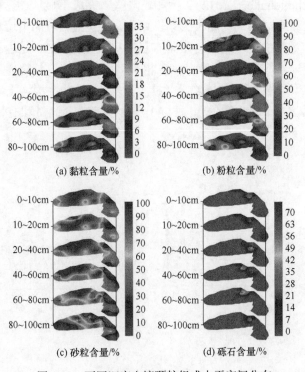

图 5-29　不同深度土壤颗粒组成水平空间分布

在所分析农田土壤样品中，黏粒含量最高为 33.5%，主要分布在黑河流域中游的上段，而且不同深度在水平空间上的分布比较一致，60cm 内的空间分布尤其一致，而 80～100cm 土壤层的黏粒在水平空间上的分布出现了一些差异，即在中游下段的黏粒含量变大。粉粒含量也主要分布在中游上段，其分布特征和黏粒比较一致。其含量最高为 98.0%，在垂向上位于 10～20cm 土壤层，在水平上位于中游下段靠近黑河。80～100cm 土壤层的粉粒含量同样在水平空间的分布与其他层不一致，也是在下段含量变大。就整体水平空间分布而言，黑河中游的农田土壤以砂粒为主，主要分布在中下段，且含量较高，最高为 100%。同样，60cm 以上的土壤砂粒在水平空间上的分布比较一致，随着深度的增加，砂粒含量也呈减小趋势。粗砾石颗粒的分布仅在个别点有出现，且主要分布在上中段交界处，最高含量为 73.3%，位于 60～80cm 深土壤层中。总之，土壤颗粒在水平空间上的变异性和空间结构非常相关，并与成土原因、成土时间和人类活动关系密切。在土壤类型上，以砂土、壤土和砂壤土为主，这类土壤在保水、保肥、透水、透气方面比其他类型土壤具有优势，适合耕作。或者说人类的长期耕作改变了土壤颗粒结构，但这是一个长期的过程，部分点位出现差异，主要是由于耕作历史较短，如新开垦的农田，其土壤颗粒的空间结构与长期耕作下的土壤颗粒有所差异。

3. 土壤颗粒与其他因素的关系

已有成果表明，土壤颗粒组成的不同是造成水分、盐分和养分空间差异最主要的内在原因，影响其在土壤层的迁移与分布（黄绍文等，2002；赵斌等，2003；王洪杰等，2003；Heil and Schmidhalter，2012）。例如，一些研究成果显示，黏粒、粉粒、砂粒含量与土壤有机质含量呈现不同的相关关系，黏粒、粉粒细颗粒的土壤粒径含量与有机质呈正相关，砂粒粗颗粒的土壤粒径含量与有机质呈负相关（Christensen，1986；赵明松等，2013）。土壤含盐量与砂粒含量存在负相关，而与粉粒、黏粒含量呈正相关，但相关系数的大小及其显著性存在明显差异（杜金龙等，2008）。根据土壤样品分析结果，对黑河流域中游地区农田土壤颗粒组成与土壤含水率、含盐量和有机质的关系进行分析，相关关系如图 5-30～图 5-32 所示。

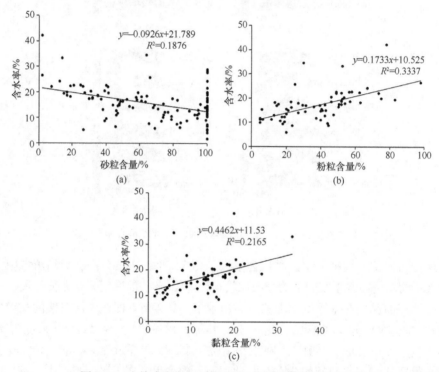

图 5-30　土壤含水率与土壤砂粒、粉粒和黏粒相关关系

由图 5-30 可知，土壤含水率与土壤砂粒含量呈负相关关系，而与土壤粉粒和黏土含量呈正相关关系，尤其与粉粒含量关系较为显著，说明土壤粉粒含量对土壤含水率的影响更为明显。土壤含盐量与土壤砂粒和黏粒含量均呈负相关关系，而与土壤粉粒含量呈正相关关系。土壤有机质则与土壤砂粒含量呈负相关关系，与土壤粉粒和黏粒含量呈正相关关系，尤以黏粒显著。综上所述，土壤含水率、含盐量和有机质均与土壤砂粒含量呈负相关关系，与土壤粉粒含量呈正相关关系，这也说明砂粒含量较多的土壤保水、保肥性较差，不利于植物的生长，而黑河流域中游的农田土壤又以砂粒为主，因此，在干旱气候条件下，若无灌溉则无农业，而另一方面也说明以黏粒含量为主的壤土是作物生长最有利的条件。

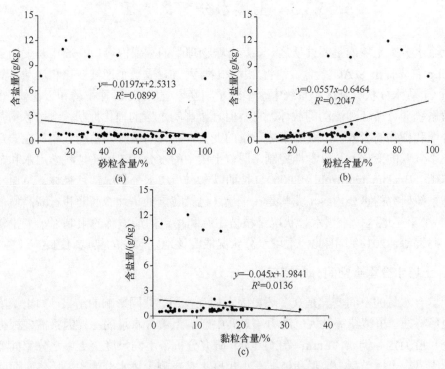

图 5-31 土壤含盐量与土壤砂粒、粉粒和黏黏粒相关关系

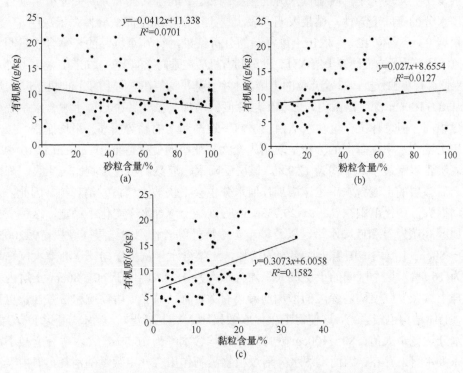

图 5-32 土壤有机质与土壤砂粒、粉粒和黏粒相关关系

5.3.3　土壤水分变化特征

土壤水分是土壤的重要性质之一，是土壤物理学的重要内容。1966 年澳大利亚学者 J.R.Philip 首先提出 SPAC 概念，他将土壤-植物-大气看成一个连续变化和运动着的水流系统，而土壤水分状况是这个系统中众多因子相互影响的结果（徐祝龄和于德娇，1995），是土壤系统养分循环和流动的载体。它不但直接影响土壤的理化性状，土壤矿物营养物质的分配和植物的吸收，以及土壤热通量的变化，而且间接影响植物分布和在一定程度上影响小气候的变化，是科学地控制、调节土壤中的水分状况，实现科学用水和节水灌溉的基础（Ersahin and Brohi，2006）。长期以来，土壤水分状况都是森林、草原和农田等生态系统研究的重要内容，尤其是在干旱（包括我国的华北、西北和青藏高原的绝大部分）、半干旱地区，土壤水分状况是植被生存和稳定的最敏感的限制因子（张勃等，2007；赵琛等，2014）。因此，土壤水分状况成为该地区研究的热点问题之一。

1. 土壤水分垂直空间分布特征

土壤含水量的空间变异是众多环境因素相互作用、共同影响的结果，如土壤物理性质、地形特征、植被特征及大气动力等。其中影响土壤含水量的主控因素需要根据研究的时空尺度而定。例如，Entin 等（2000）研究分析了不同尺度上土壤水分空间变异性的影响因素，土壤类型、地形和植被在小尺度上是影响土壤水分的主要因素，而降水和地表蒸发在大尺度上是影响土壤水分的主要因素。Pan 等（2008）研究分析了垂直方向上土壤水分的空间变异性，结果表明，表土层土壤水分的空间变异性强于深层。

根据 23 个点位 127 个农田土壤样品的分析结果，有 6 个样品的土壤含盐量明显高于其他样品，为了方便绘制土壤水分、盐分和有机质在垂向空间上的分布图，将对 6 个样品所在点位进行单独分析。23 个点位的土壤含水率及其平均值在垂向上的分布如图 5-33 所示。

从 0～100cm 深度范围内，随着土层深度的增加，虽然各个点位土壤含水率变化曲线不尽相同，但总体上土壤含水率由表层向下逐渐递增的趋势明显。平均而言，黑河流域农田土壤含水率在垂向的分布呈现出先变大再变小的变化特征。0～10cm 和 10～20cm 土壤表层含水率最小，平均为 12.9%。该层受降水、灌溉和蒸发影响比较明显，降水或灌溉之后该层的土壤含水率迅速增加，但水分也会很快被大气蒸发消耗掉。因此，含水率变动很大，变化范围在 5.1%～25.7%，说明该层土壤含水率变化不稳定，这种变化是干旱地区高蒸发量和低降水量，以及砂土土壤特性综合作用的结果（豪树奇，2005）。在 20～80cm 土层内，随着土层深度的增加，土壤含水量从上层向下逐渐增大，平均含水率为 16.5%，这个区间的土层最大平均含水率为 18.4%，位于 60～80cm 土层内。这不仅与土壤蒸发强度随着深度的增加而减小有关，而且深层土壤黏粒和粉粒含量也有所增加，土体结构也较紧密，这使得土壤保水效果比上层土壤要好，当水分下渗到该层时，土壤水分达到最大值。80～100cm 农田土壤平均含水率为 16.5%，含水率有所减小，该层根系吸水普遍存在，因而土壤水分通过植物蒸腾作用有一定数量的消耗，但由于没有明显受降水的影响，故土壤含水量变化很小。

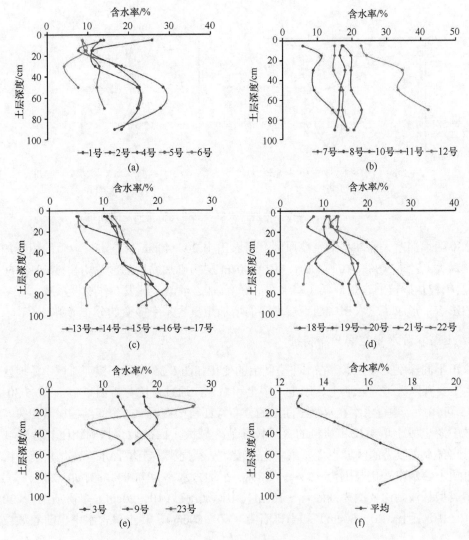

图 5-33　各点位土壤含水率及其平均值垂向空间分布

　　为进一步对比新老农田土壤含水率的差异,单独绘制位置相近的新老农田点位(新农田:3 号、5 号、6 号、20 号点;老农田:2 号、4 号、7 号、21 号点)土壤含水率垂直分布图,见图 5-34。

　　总体而言,耕作多年的老农田土壤含水率较新农田高。对比新老农田土壤含水率平均值可知,随土层埋深的增加新农田土壤含水率呈现为逐渐减小的变化趋势,其中 0~40cm 土壤含水率变化较小,含水率最大值 12.5%位于 10~20cm 层,含水率最小值 9.6%位于 60~80cm 层;老农田表层土壤含水率较高,随土层埋深的增加,含水率呈现为减小、增大、再减小的变化趋势,含水率最大值 20.7%位于 60~80cm 层,含水率最小值 12.9%位于 10~20cm 层。新老农田土壤含水率的这种差异性分布趋势与各自不同的土壤颗粒组成结构密切相关:由上文可知,随土层埋深的增加新开垦农田土壤中持水性较差的粗砾石含量逐渐增多,而持水性较好的粉粒和黏粒含量逐渐减少,这是导致新农田土

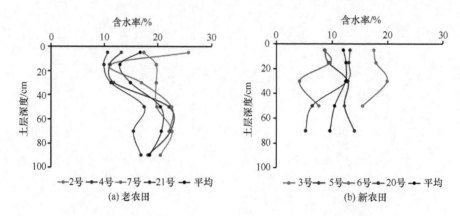

图 5-34　新老农田各点位土壤含水率及其平均值垂向空间分布

壤含水率随埋深增大而减小的主要原因；老农田中 20～40cm 层持水性较差的粗砾加砂粒含量最大（超过 70%），10～20cm、80～100cm 层粗砾加黏粒的含量均超过 60%，60～80cm 层粗粒加砂粒的含量最低（持水性最好），加之灌溉、蒸发、作物根系吸水等多种因素的影响，形成了老农田中随土层埋深的增加土壤含水率多变的分布形势。

2. 土壤水分水平空间分布特征

农田不同深度土壤含水率在水平空间上的变化如图 5-35 所示。黑河流域中游地区农田土壤主要有四大类：砾质土、砂土、壤土和黏土，通过对比分析图 5-29、图 5-30 和图 5-35 可知，土壤含水率在水平空间上的分布特征与土壤质地的空间结构极其相关。黑河流域中游上段土壤黏粒和粉粒的含量较其他区域大，而砂粒含量则相比其他区域要小，因此含水率较高的区域也主要集中在上段。从不同类型土壤含水率变化角度分析可知，砾质土含水率变化范围为 5.2%～19.8%，平均含水率为 11.8%。例如，20 号样点，其土壤类型从浅到深依次为细砂（0～10cm）、中砾质细砂（10～20cm）、多砾质细砂（20～40cm）、中砾石土（40～60cm）和重砾石土（60～80cm），其土壤含水率也随着颗粒粒

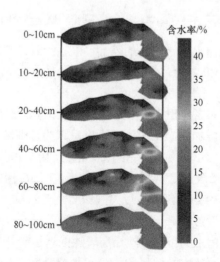

图 5-35　不同深度农田土壤含水率水平空间分布特征

径变大而逐渐减小，依次为 13.2%、13.0%、12.7%、6.4% 和 5.2%，可以明显看出颗粒粒径对土壤含水率的影响。砂土含水率变化范围为 4.1%～28.4%，平均含水率为 13%。同一地点砂土中，粒径越大含水量越低，这可以用砂土颗粒越细，持水性和容水性越好解释。例如，23 号样点，其分层土壤类型从上到下依次为细砂（0～10cm）、壤土（10～20cm）、细砂（20～40cm）、细砂（40～60cm）、中砂（60～80cm）和细砂（80～100cm），其对应的土壤含水率依次为 20.0%、26.5%、7.3%、13.4%、1.8% 和 4.1%，说明壤土和细砂的保水性要优于中砂。壤土含水率为 5.8%～42.2%，平均含水率为 17.3%，粉粒含量越高，含水量也越大。例如，14 号样点，土壤类型从上到下依次为壤砂土（0～10cm）、壤砂土（10～20cm）、壤砂土（20～40cm）、壤砂土（40～60cm）、壤土（60～80cm）和粉壤土（80～100cm），其对应土壤含水率依次为 10.2%、12.2%、12.9%、13.5%、18.6% 和 22.2%，且它们相应的粉粒含量也是逐层增加。黏土类土壤所占比例较小，含水率为 28.9%～33.3%，平均含水率为 31.1%。土壤含水率除与土壤质地的空间结构相关外，还受地下水的影响，埋深较浅的区域土壤含水率相对较埋深较深的区域含水率要大，这也是同一类型土壤含水率差异的主要原因。

5.3.4　土壤盐分变化特征

土壤盐渍化是指在特定气候、地质及土壤质地等自然因素，以及人为引水灌溉不当引起的土地质量退化的过程。土壤盐渍化作为主要的土地退化形式之一，已成为一个全球性的生态环境问题，是制约农业发展的主要障碍，也是影响绿洲生态稳定的重要因素。

掌握土壤盐分的空间变异规律是防治土壤盐渍化的基础。Cemek 等（2007）研究分析了土耳其农田土壤盐分空间变异性，主要受地下水位、灌溉方式及微地形等因素影响。姚荣江等（2006）研究分析了黄河三角洲垂直方向的土壤含盐量的空间分布，研究结果表明垂直方向各层土壤盐分均具有中等的变异程度。贾树海等（2012）对宁夏平罗县耕地垂直方向上土壤盐分空间变异进行了分析，结果表明研究区土壤盐分变异属于中等强度，其结果可为改良宁夏平罗县盐渍化土地提供理论基础。

在调查的基础上，对研究区所取的 23 个水样及 127 个土壤样品分别作了矿化度和易溶盐含量的测定。土壤易溶盐主要包括碳酸盐、重碳酸盐、硫酸盐及氯化物。对其中的 CO_3^{2-}、HCO_3^-、SO_4^{2-}、Cl^-、Ca^{2+}、Mg^{2+}、$K^+ + Na^+$ 浓度及全盐量进行了测定。

1. 土壤盐分垂直空间分布特征

1）土壤盐分在垂向剖面上的分布特征

通过对 23 个样点 127 个土壤样品的分析发现，该地区离子类型多样，八大离子中除 CO_3^{2-} 离子外在每个土样中均有出现，个别样品中甚至也含有 CO_3^{2-} 离子，呈多元复合型盐类，但各个样点差异显著，既有以重碳酸盐为主要成分的，也有以硫酸盐或氯化物为主要成分的，反映了盐分来源的复杂性和影响因素的多样性。另外，在 127 个土壤样品中，有 6 个样品的土壤含盐量明显高于其他土壤样品，为方便比较，将对土壤含盐量的变化分成两种情况进行分析，即全样点分析和剔除高值样点分析。23 个点位的土壤含盐量及其平均值在垂向上的分布如图 5-36 所示。

6 个高值含盐量土壤样品分布位于 3 个样点，3 号、9 号和 23 号样点，而且位于不同土层中，其范围在 7.4～12.0g/kg。3 号样点土壤类型从上到下依次为粉壤土（0～10cm）、粉壤土（10～20cm）、粉壤土（20～40cm）和壤土（40～60cm），而对应的土壤含盐量则为 1.640g/kg、2.007g/kg、12.029g/kg 和 10.224g/kg，可以看出尽管土壤质地比较均匀，但土壤含盐量突变比较明显，此处地下水位埋深较浅，而且属于新开垦的农田，这些都影响着土壤含盐量的变化。9 号样点土壤类型从上到下依次为细砂（0～10cm）、细砂（10～20cm）、细砂（20～40cm）、粉壤土（40～60cm）、粉壤土（60～80cm）和粉土（80～100cm），而土壤含盐量则分别为：0.459g/kg、0.695g/kg、0.687g/kg、0.767g/kg、10.085g/kg 和 10.977g/kg，上层土壤含盐量远远低于下层，突变非常显著。而 23 号样点土壤类型从上到下依次为细砂（0～10cm）、粉土（10～20cm）、细砂（20～40cm）、细砂（40～60cm）、中砂（60～80cm）和细砂（80～100cm），而土壤含盐量则分别为：7.443g/kg、7.770g/kg、0.792g/kg、0.894g/kg、0.675g/kg 和 0.652g/kg，该样点土壤盐分主要集聚在表层，这和 10～20cm 处粉粒含量（98%）增加所形成的弱透水层的阻隔作用相关，其土壤水分也是如此，上层含水率明显大于下层土壤，土壤质地的突变改变了水分、盐分的迁移和分布，使得水分无法下移，并在蒸发蒸腾作用下，使得盐分集聚在土层表层。高值盐分样点的存在，使得全样点平均值在垂向上的变化趋势为随着土壤深度的增加而变大，如图 5-34 所示，整个土壤盐分含量平均值为 1.164g/kg。剔除盐分高值样点后的土壤盐分在垂向上的分布略有变化，0～10cm 表层土壤含盐量最大，平均为 0.736g/kg，随后 10～20cm 土层的含盐量最小，为 0.670g/kg，随后随着深度的增加而逐渐变大，至 80～100cm 土层时，其土壤平均含盐量为 0.729g/kg。这也反映了大部分样点土壤盐分在垂向上的变化。

根据盐分含量判断，大部分区域属于非盐化土，个别样点和层位的土壤属于中、轻度盐化土，无重度盐化和盐渍土，总体而言黑河流域农田土壤比较适合耕作，盐分胁迫对作物的生长影响甚微。另外，根据八大离子含量和所占比例，可知黑河流域土壤多属于 $HCO_3^- - Ca^{2+}$ 类型，含盐量均处于较低水平，高含盐量土层土壤多属于 $SO_4^{2-} - Ca^{2+}$ / $K^+ + Na^+$ 类型。

2）土壤盐分剖面类型划分

由以上分析可知，各采样点虽处同一流域，但不同空间位置、不同开垦时长的采样点，其土壤盐分剖面分布特征差异显著。本节基于 23 个土壤取样点的盐分剖面数据，分析剖面上土壤盐分分布特征，包括盐分含量变异程度及表聚程度等。根据土壤盐分剖面分布特点（图 5-36、图 5-37），对各采样点进行分类：表聚型（6 号、10 号、20 号、23 号点）、底聚型（4 号、8 号、9 号、14 号、15 号、21 号、22 号点）及震荡型（1 号、2 号、3 号、5 号、7 号、11 号、12 号、13 号、16 号、17 号、18 号、19 号点）。计算不同类型剖面含盐量统计特征值，如表 5-14 所示。

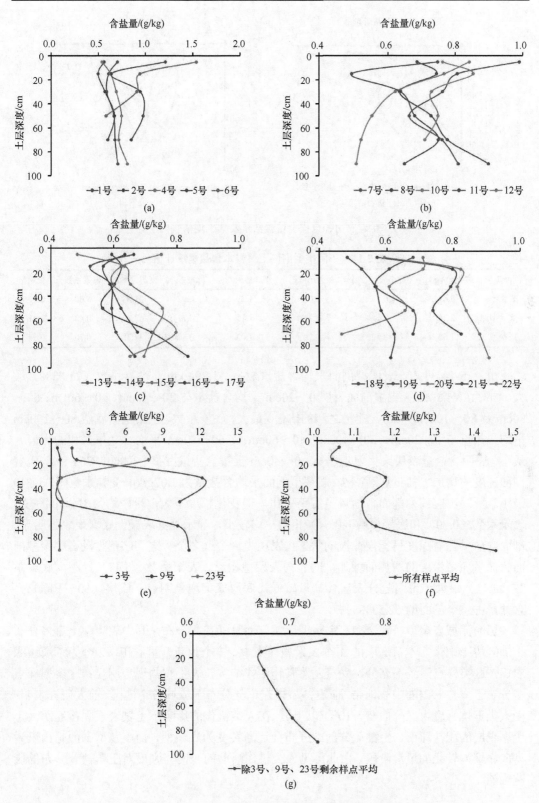

图 5-36　各点位土壤含盐量及其平均值垂向空间分布

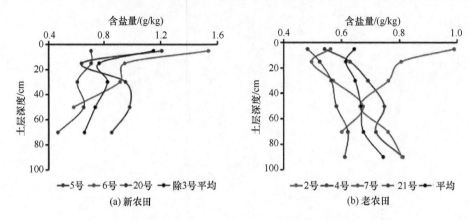

图 5-37　新老农田各点位土壤含盐量及其平均值垂向空间分布

表 5-14　不同类型剖面土壤样本含盐量统计值

剖面类型	最大值/(g/kg)	最小值/(g/kg)	极差/(g/kg)	平均值/(g/kg)	标准差/%	变异系数/%	表聚系数	底聚系数
表聚型	2.63	0.55	2.08	1.29	0.92	71.83	4.08	0.41
底聚型	2.25	0.55	1.70	1.15	0.72	62.23	0.43	2.41
震荡型	1.62	0.70	0.92	1.02	0.38	37.78	0.70	0.64

由表 5-14 可知，表聚型剖面平均含盐量最高（1.29g/kg），变异系数（71.83%）最大。同时，表聚系数（土壤剖面表层 0～20cm 平均含盐量与 20～40cm、40～60cm、60～80cm 及 80～100cm 平均含盐量之和的比值）最大，底聚系数（土壤剖面底层 80～100cm 平均含盐量与 0～20cm、20～40cm、40～60cm 及 60～80cm 平均含盐量之和的比值）最小，表明含盐量表层聚集现象严重。0～40cm 土壤含盐量占整个剖面的 76.61%，随着剖面深度的增加含盐量逐渐减少；震荡型剖面平均含盐量为 1.02g/kg，变异系数（37.38%）最小。反映出震荡型剖面含盐量虽震荡变化，但变化幅度不大，呈较均匀的分布状态。表聚系数（0.70）和底聚系数（0.64）相当，均较小，显示盐分表聚、底聚现象不明显。剖面含盐量随着深度呈无规律波动状态，表现为一个或多个"之"字形摆动。底聚型剖面含盐量随着深度的增加而增加，明显与表聚型相反。表聚系数（0.43）最小，底聚系数（2.41）最大，说明盐分表层含盐量较低，底层聚集现象明显，底层（60～100cm）含盐量占整个剖面的 62.53%。

黑河流域表聚型、底聚型、震荡型土壤剖面呈插花式分布，其中表聚型土壤多分布于灌区边缘地带，本节选取的 4 个表聚型样点中，2 个为新开垦农田，2 个为荒漠边缘农田，这类样点灌溉不充分、受蒸发蒸腾作用影响大，表土积盐现象明显；底聚型样点多分布于大片农田的中心地带，而震荡型样点广泛分布于流域各个地区，前人研究表明：受人类干扰强度大（一般 5～10 年以上），在人类耕作的影响下土壤表层脱盐速率大于土壤表层的积盐速率，土壤盐分剖面分布会逐渐转变为底聚型，而震荡型剖面是由表聚型向底聚型转化的过渡阶段，由此可见人类耕作活动的时间与强度对土壤盐分分布的影响强烈。

3）各层土壤含盐量活跃程度分析

土壤含盐量的活跃程度不仅可以反映出自然因素的影响大小，而且也可以显示出人类灌溉、耕种、施肥等人为因素的干扰强度。通过计算各层土壤含盐量统计特征值，判断各层土壤盐分的活跃程度（为增加可靠性，去除含盐量明显高于其他各点的 3 点、9 点、23 点后作统计分析），计算结果如表 5-15 所示。

表 5-15　不同土层土壤样本含盐量统计值

深度/cm	样本数/个	最大值/(g/kg)	最小值/(g/kg)	平均值/(g/kg)	标准差/%	变异系数/%
0~10	20	1.54	0.48	0.74	24.81	33.69
10~20	20	0.94	0.50	0.67	12.45	18.58
20~40	20	0.95	0.56	0.67	11.22	16.68
40~60	20	0.98	0.55	0.69	9.86	14.36
60~80	19	0.88	0.47	0.70	10.37	14.76
80~100	12	0.90	0.51	0.73	11.69	16.04

由表 5-15 可知，黑河流域中游地区各层土壤平均含盐量相差无几，盐分在土壤剖面上的分布较为均匀，土壤盐渍化程度低。从标准差及变异系数随土壤埋深的变化趋势可看出，0~10cm 土层土壤含盐量活跃度最高，属于活跃层；10~20cm 土层土壤含盐量活跃度次之，属于次活跃层；20~100cm 各层土壤含盐量活跃度较差，属于较稳定层。可见，土壤盐分变化主要集中于表层。

4）新老农田土壤盐分含量及盐分分布差异

为进一步分析人为耕作对黑河灌区土壤含盐量的影响，单独绘制位置相近的新老农田各点位（新农田：5 号、6 号、20 号点，3 号点土壤盐分分布请参见图 5-36；老农田：2 号、4 号、7 号、21 号点）土壤含盐量垂向空间分布图，见图 5-37。

由图 5-37 可知，去除含盐量较高的 3 号点后新农田土壤平均含盐量仍明显高于老农田，0~80cm 新老农田土壤平均含盐量分别为 0.826g/kg 和 0.649g/kg。除盐分含量差别较大外，新老农田土壤盐分分布形势亦差异显著：新农田中的 5 号、6 号、20 号点土壤盐分含量均随土层埋深的增加逐渐减小，含盐量分布形势是典型的表聚型；3 号点取样深度较浅，其表层（0~40cm）土壤表现出明显的盐渍化特征；从总体上看，老农田土壤含盐量随土层埋深的增加逐渐减小，土壤含盐量在剖面上的分布呈现出底聚特征。当表层（0~40cm）土壤平均含盐量占该点位总取样深度内土壤平均含盐量的比例大于表层取样个数占该点位总取样个数的比例时，认为该取样点的土壤盐分在垂向上的分布具有表聚特征，反之认为其具有底聚特征。统计可知：新农田 75%（3/4）有表聚特征，而老农田仅有 21%（4/19）具有表聚特征，亦可证明新老农田土壤盐分在垂向空间上的分布差异显著，新农田多具有表聚特征，老农田多具有底聚特征。这种差异主要是由耕种、灌溉等人为因素所导致：灌溉可将表层土壤中的盐分向深层及荒地淋洗，而种植作物亦有助于排盐，所以开垦多年的农田剖面土壤含盐量明显低于新开垦农田，且盐分多向较深层聚集；而新开垦农田种植年限短且灌溉淋盐次数少，因未开垦前受蒸发影响大，所以新开垦农田其盐分多聚集在表层土壤中。

综上所述，黑河流域以老农田为主，大部分区域土壤含盐量较低，属于非盐化土壤，适宜农作物生长；新老农田盐分分布形势差异显著，新开垦农田较开垦多年农田含盐量高，且盐分表聚特征明显；总体而言，黑河流域农田土壤低含盐量的形成得益于农田灌溉，灌溉水通过淋洗将土壤上层盐分带入土壤下层或进入地下水中，并通过配套排水设施排出灌区，在降水稀少、蒸发强烈的干旱地区，若无灌溉则无农业。

2. 土壤盐分水平空间分布特征

农田不同深度土壤含盐量在水平空间上的变化如图 5-38 所示。从土壤含盐量区域水平分布来看，大部分区域和土层的土壤含盐量均在 1g/kg 以下，而且高含盐量分布在不同区域和土层内，空间变异性比较大。结合图 5-34 和图 5-36 可知，高含盐量土壤分布与黏粒含量高的土壤分布比较一致，而其与黏粒的相关关系也比较显著，也就是说土壤黏粒含量的多少对土壤盐分的分布有一定的影响（石迎春等，2009）。除此之外，土壤盐分含量也受到地形、地下水位和地下水矿化度的影响，甚至和耕作历史长短也有关系。

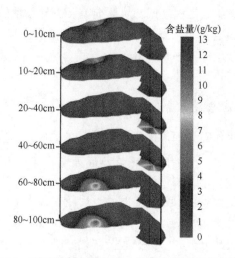

图 5-38　不同深度农田土壤含盐量水平空间分布特征

3. 各层盐分离子含量及主成分分析

对不同土层的全盐及离子含量进行定量比较，有助于揭示研究区土壤盐分离子的垂直分布状况，如表 5-16 所示。从平均值来看，各层土壤含盐量均值在 1.06～1.46g/kg，含盐量较低，研究区盐渍化程度低，适宜耕种。相对而言，埋深较深的 80～100cm 层土壤含盐量较 0～80cm 各层高，这主要是由于地下水矿化度较高、对深层土壤影响大而造成的，说明研究区灌溉淋盐效果较好，浅层土壤中的盐多被淋洗到地下水中。从变化幅度来看，各层土壤含盐量在水平空间上的变化幅度均较大，变异系数均超过 100%，反映了研究区土壤盐分在水平空间上的多变性。

表 5-16　不同层次土壤盐分离子的统计特征参数　　　　（单位：g/kg）

深度/cm	项目	全盐	CO_3^{2-}	HCO_3^-	Cl^-	SO_4^{2-}	Ca^{2+}	Mg^{2+}	$Na^+ + K^+$
	平均值	1.06	0.00	0.25	0.10	0.40	0.11	0.05	0.14
	最大值	7.44	0.00	0.34	0.32	4.71	0.56	0.27	1.38
0～10	最小值	0.46	0.00	0.18	0.04	0.05	0.04	0.01	0.01
	标准差	1.40	0.00	0.04	0.07	0.93	0.10	0.05	0.27
	变异系数/%	132.20		13.93	68.00	232.06	95.66	106.32	196.93
	平均值	1.04	0.00	0.26	0.12	0.36	0.10	0.05	0.15
	最大值	7.77	0.00	0.34	0.85	4.27	0.50	0.24	1.66
10～20	最小值	0.50	0.00	0.21	0.04	0.04	0.04	0.01	0.02
	标准差	1.47	0.00	0.04	0.17	0.85	0.09	0.04	0.33
	变异系数/%	141.14		13.86	133.15	236.39	96.57	97.62	214.47
	平均值	1.17	0.00	0.27	0.10	0.48	0.18	0.05	0.09
	最大值	12.03	0.00	0.34	0.35	8.17	2.61	0.51	0.24
20～40	最小值	0.56	0.00	0.15	0.07	0.05	0.04	0.01	0.01
	标准差	2.32	0.00	0.05	0.06	1.64	0.52	0.10	0.06
	变异系数/%	197.62		18.19	62.97	338.15	291.31	179.71	63.85
	平均值	1.11	0.00	0.27	0.09	0.44	0.18	0.04	0.09
	最大值	10.22	0.00	0.34	0.28	6.82	2.40	0.21	0.36
40～60	最小值	0.55	0.00	0.15	0.07	0.05	0.06	0.01	0.01
	标准差	1.94	0.00	0.05	0.05	1.36	0.48	0.04	0.07
	变异系数/%	174.55		20.02	52.87	307.39	267.31	90.09	78.24
	平均值	1.15	0.00	0.27	0.08	0.47	0.17	0.05	0.11
	最大值	10.09	0.02	0.40	0.14	7.01	2.12	0.35	0.37
60～80	最小值	0.47	0.00	0.12	0.07	0.05	0.04	0.01	0.03
	标准差	2.00	0.00	0.06	0.02	1.46	0.44	0.07	0.07
	变异系数/%	174.27	447.21	23.74	27.42	309.81	263.90	153.91	64.34
	平均值	1.46	0.00	0.28	0.09	0.69	0.23	0.06	0.10
	最大值	10.98	0.00	0.34	0.14	7.59	2.32	0.34	0.46
80～100	最小值	0.51	0.00	0.12	0.04	0.06	0.06	0.02	0.01
	标准差	2.64	0.00	0.08	0.03	1.91	0.58	0.08	0.11
	变异系数/%	181.62		30.06	37.20	277.67	246.98	125.12	104.32

　　可溶性盐分离子直接影响土壤理化性质，离子组成及各离子含量对研究区至关重要。由表 5-16 可知，0～100cm 的各层土壤中各种离子的含量的层间差异均较小，其中 CO_3^{2-} 几乎在所有土层中均未检出，相对而言，SO_4^{2-} 的层间差异最大。从变化幅度来看，HCO_3^- 在水平空间上的变异性最小，即使在变化幅度最大的 80～100cm 层中其变异系数亦仅为 30.06%；SO_4^{2-} 的空间变异性最强，其在各层中的变异系数均超过 200%，可在一定程度上说明全盐在水平空间上的强变异性主要是由 SO_4^{2-} 所致。

　　为定量描述研究区土壤盐分及离子的分布特征，选择总盐、HCO_3^-、Cl^-、SO_4^{2-}、

Ca^{2+}、Mg^{2+}、$Na^{+}+K^{+}$ 共 7 个变量进行主成分分析。各主成分中各项指标系数、特征值及贡献率如表 5-17 所示，按照累计贡献率达到 85%确定主成分个数，并计算主成分与各项指标的相关系数。

表 5-17　主成分的因子载荷矩阵（特征向量）、特征值及贡献率（0~100cm）

深度/cm	主成分	总盐	HCO_3^-	Cl^-	SO_4^{2-}	Ca^{2+}	Mg^{2+}	Na^++K^+	特征值	贡献率/%
0~10	Z_1	0.988	-0.213	0.774	0.984	0.971	0.967	0.956	5.379	73.776
	Z_2	0.128	0.945	-0.438	0.137	0.071	0.085	0.133	1.151	93.283
10~20	Z_1	0.995	-0.213	0.987	0.996	0.983	0.962	0.983	5.858	82.555
	Z_2	0.084	0.976	-0.001	0.058	-0.036	-0.027	0.131	0.983	97.727
20~40	Z_1	0.993	-0.525	0.940	0.992	0.989	0.981	0.639	5.478	68.701
	Z_2	-0.006	0.763	0.169	-0.039	-0.053	-0.082	0.655	1.051	93.274
40~60	Z_1	0.987	-0.536	0.894	0.986	0.979	0.921	0.871	5.598	70.534
	Z_2	0.120	0.813	-0.010	0.096	0.133	0.269	-0.169	0.803	91.430
60~80	Z_1	0.989	-0.584	0.332	0.990	0.985	0.970	0.884	5.100	68.783
	Z_2	-0.127	-0.224	0.916	-0.133	-0.146	-0.165	0.142	0.992	87.025
80~100	Z_1	0.990	-0.565	0.590	0.989	0.988	0.962	0.944	5.419	53.666
	Z_2	-0.044	0.549	0.676	-0.082	-0.077	-0.137	0.258	0.859	89.681
0~40	Z_1	0.991	-0.393	0.793	0.983	0.867	0.961	0.712	4.914	45.480
	Z_2	0.006	0.579	0.426	-0.073	-0.390	-0.164	0.635	1.104	85.972
40~100	Z_1	0.988	-0.558	0.639	0.987	0.982	0.924	0.899	5.298	47.802
	Z_2	-0.032	0.513	0.637	-0.074	-0.039	-0.191	0.222	0.763	86.584
0~100	Z_1	0.985	-0.478	0.687	0.977	0.901	0.945	0.693	4.809	51.095
	Z_2	-0.083	0.423	0.621	-0.154	-0.361	-0.128	0.655	1.172	85.443

分析结果表明，在各层土壤中，第一、二主成分累计贡献率均超过 85%，说明它们基本包含了以上 7 个指标的大部分信息。其中，第一主成分是最重要的，包含的信息最多，其对土壤盐渍化影响最大。从主成分载荷来看，第一主成分除 HCO_3^- 外，与其他指标均为正向负荷，进一步说明第一主成分能较全面地反映各项指标，在实际意义上代表了土壤的盐化状况。各指标系数的大小反映该指标对各主成分的贡献程度，从主成分载荷来看，各层土壤中与第一主成分密切相关的指标相似：总盐、SO_4^{2-}、Ca^{2+}、Mg^{2+} 与第一主成分的相关系数绝对值都超过 0.9；Cl^- 和 Na^++K^+ 与第一主成分的相关度也较高，但层间差异较大：Cl^- 同第一主成分的相关系数随深度的增加先增大后减小，最大值出现在 10~20cm 层，Na^++K^+ 同第一主成分的相关系数随深度的增加先减小后增大，最大值出现在 10~20cm 层。在第二主成分中 HCO_3^- 和 Cl^- 的载荷较高，说明该主成分是在第一主成分的基础上进一步反映了土壤盐渍化，在一定程度上受到 HCO_3^- 和 Cl^- 的影响。根据各指标与第一主成分间的相关性显著程度，可将总盐、SO_4^{2-}、Ca^{2+}、Mg^{2+} 作为研究区盐渍化状况的特征因子。

4. 不同剖面类型土壤盐分特征分析

黑河流域中游地区土壤盐分在剖面上的分布形式大致可分为表聚型、底聚型及震荡型。根据我国盐渍化土壤类型划分标准，分别分析研究区不同剖面类型、不同埋深的土壤盐渍化类型，结果如表 5-18 所示。从阴离子组成来看，三种不同类型的剖面在 0～40cm 的耕作层中均属氯化物-硫酸盐型盐土；在 0～100cm 的采样深度范围内，三种不同类型的土壤剖面均以氯化物-硫酸盐型盐土为主，零星分布有硫酸盐型及硫酸盐-氯化物型盐土。从阳离子组成来看，研究区土壤以镁钙型盐土为主，零星分布钙钠型盐土。

表 5-18　研究区土壤盐渍化类型

深度/cm	剖面类型	按阴离子组成划分		按阳离子组成划分		
		Cl^-/SO_4^{2-}	盐渍化类型	$(K^++Na^+)/(Mg^{2+}+Ca^{2+})$	Mg^{2+}/Ca^{2+}	盐渍化类型
0～10	表聚型	0.11	氯化物-硫酸盐型	1.17	0.49	钙钠盐型
	底聚型	0.83	氯化物-硫酸盐型	0.36	0.40	镁钙盐型
	震荡型	0.45	氯化物-硫酸盐型	0.88	0.42	镁钙盐型
10～20	表聚型	0.22	氯化物-硫酸盐型	1.58	0.51	钙钠盐型
	底聚型	0.66	氯化物-硫酸盐型	0.70	0.42	镁钙盐型
	震荡型	0.51	氯化物-硫酸盐型	0.82	0.45	镁钙盐型
20～40	表聚型	0.57	氯化物-硫酸盐型	1.35	0.45	钙钠盐型
	底聚型	0.70	氯化物-硫酸盐型	0.62	0.58	镁钙盐型
	震荡型	0.13	硫酸盐型	0.26	0.26	镁钙盐型
40～60	表聚型	0.53	氯化物-硫酸盐型	0.88	0.51	镁钙盐型
	底聚型	0.58	氯化物-硫酸盐型	0.74	0.36	镁钙盐型
	震荡型	0.14	硫酸盐型	0.31	0.18	镁钙盐型
60～80	表聚型	1.07	硫酸盐-氯化物型	1.14	0.38	钙钠盐型
	底聚型	0.08	硫酸盐型	0.32	0.21	镁钙盐型
	震荡型	0.54	氯化物-硫酸盐型	0.90	0.45	镁钙盐型
80～100	表聚型	0.74	氯化物-硫酸盐型	0.57	0.43	镁钙盐型
	底聚型	0.07	硫酸盐型	0.27	0.23	镁钙盐型
	震荡型	0.58	氯化物-硫酸盐型	0.73	0.53	镁钙盐型

5. 土壤盐分与各离子及电导率的相关关系

为了解土壤八大离子和电导率与土壤全盐量的关系，也就是土壤中哪种离子对土壤盐分变化的贡献率更大，对土壤盐分含量与八大离子和电导率的相关关系进行了研究，全样点和剔除高含盐量土层的土壤含盐量与八大离子和电导率的相关关系分析图如图 5-39 和图 5-40 所示，由于绝大部分土壤样品中 CO_3^{2-} 离子含量为零，其与土壤盐分的相关关系未分析。

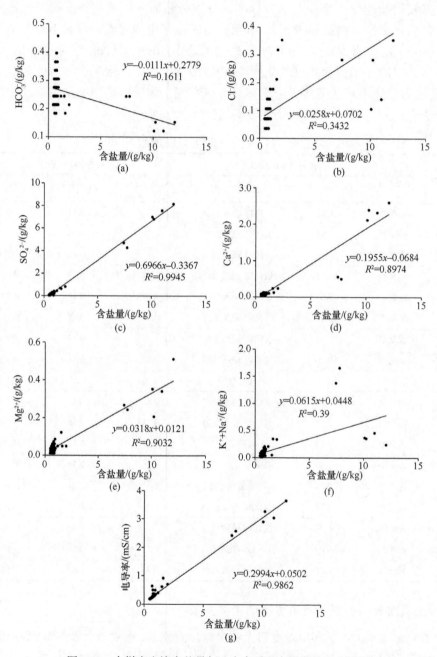

图 5-39　全样点土壤含盐量与八大离子和电导率关系分析图

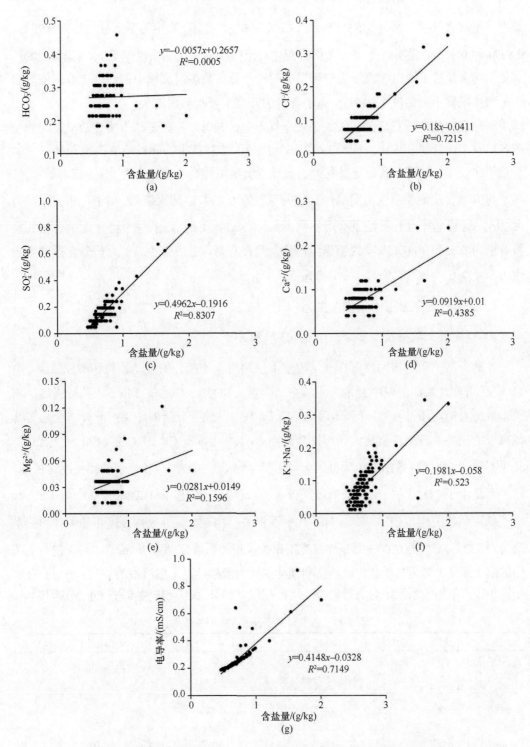

图 5-40　剔除高含盐量样点的土壤含盐量与八大离子和电导率关系分析图

由图 5-39 可知，土壤含盐量与电导率的相关关系十分显著，相关系数达到 0.9862，因此，在下次土壤盐分调查时，电导率的实测值也可间接反映土壤含盐量状况。八大离子中与土壤含盐量关系密切的有 SO_4^{2-}、Ca^{2+} 和 Mg^{2+} 离子,其相关系数分别达到 0.9945、0.8974 和 0.9032。说明这些离子含量的变化对土壤盐分变化的贡献率更大,尤其是 SO_4^{2-} 离子,高含盐量土壤中各离子含量可以证明这一点。在黑河流域中游地区工业污染对农田土壤影响较小的情况下,SO_4^{2-} 离子含量的升高主要与施肥有关。

剔除高含盐量样点后的相关关系较全样点弱,同时,各离子与土壤含盐量之间的相关性也发生了变化。由图 5-40 可知,电导率与土壤含盐量的相关系数为 0.7149,与全样点相比变小,说明土壤含盐量变大也会导致土壤电导率升高。各离子中,依然是 SO_4^{2-} 离子与土壤含盐量关系较为明显,其相关系数为 0.8307;其次是 Cl^- 离子,相关系数为 0.7215,这与全样点分析结果有所不同;$K^+ + Na^+$ 和 Ca^{2+} 离子与土壤含盐量的相关系数分别为 0.5230 和 0.4385。说明剔除高含盐量样点后,土壤中各离子对盐分含量的影响度为 $SO_4^{2-} > Cl^- > K^+ + Na^+ > Ca^{2+} > Mg^{2+}$。

6. 盐分、离子及 pH 间相关关系

1) 研究区土壤全盐、盐分离子及 pH 间相关性

各盐分离子间的相关性可在一定程度上反映出土壤盐分的运动趋势和形成原因。由表 5-19 可知,黑河流域中游地区土壤全盐含量与 SO_4^{2-}、Ca^{2+}、Mg^{2+} 相关性极高,相关系数绝对值均超过 0.95,近一步印证了 5.3 节中主成分分析的结果;此外,全盐与其他离子的相关系数绝对值从大到小排列分别为:$K^+ + Na^+$、Cl^-、HCO_3^-、CO_3^{2-},与 CO_3^{2-} 几乎不相关(相关系数绝对值为 0.01)。各阴阳离子间,CO_3^{2-} 与各离子的相关度均极低,这主要是由于 CO_3^{2-} 的检出率低所致(仅在一个样品中检出);HCO_3^- 与 SO_4^{2-}、Ca^{2+}、Mg^{2+} 低度负相关,与 Cl^-、$K^+ + Na^+$ 几乎不相关;Cl^- 与 $K^+ + Na^+$ 高度正相关(相关系数为 0.82),SO_4^{2-} 与 Ca^{2+}、Mg^{2+} 高度正相关(相关系数分别为 0.96、0.95),说明土壤中的钠、钾盐主要为盐酸盐,而钙盐和镁盐主要为硫酸盐。土壤溶液的 pH 几乎与所有离子均相关,但相关系数绝对值都较小(均不超过 0.50),说明 pH 受多种离子的共同影响。

表 5-19　各盐分离子及 pH 间相关关系

	全盐	CO_3^{2-}	HCO_3^-	Cl^-	SO_4^{2-}	Ca^{2+}	Mg^{2+}	$Na^+ + K^+$
CO_3^{2-}	−0.01	1.00						
HCO_3^-	−0.40**	0.12	1.00					
Cl^-	0.59**	−0.03	−0.23*	1.00				
SO_4^{2-}	1.00**	−0.02	−0.43**	0.53**	1.00			
Ca^{2+}	0.95**	−0.01	−0.44**	0.38**	0.96**	1.00		
Mg^{2+}	0.95**	0.00	−0.38**	0.53**	0.95**	0.90**	1.00	
$Na^+ + K^+$	0.63**	−0.03	−0.14	0.82**	0.58**	0.35**	0.54**	1.00
pH	−0.38**	0.19*	0.50**	−0.25**	−0.39**	−0.37**	−0.37**	−0.20*

*表示在 0.05 水平上显著相关;**表示在 0.01 水平上显著相关,下同。

2）土壤各层含盐量与平均含盐量之间的关系

0~100cm 土壤平均含盐量与各层土壤盐分间存在着不同程度的相关性。其中，在剖面下部（20~40cm、40~60cm、60~80cm、80~100cm）表现为显著相关，上部（0~20cm）相关性较差。这一特征可以说明：总体而言，黑河流域中游地区土壤盐分在剖面上的分布呈现出底聚特征。层与层间的相关性表现为：相邻层相关度较高，而非相邻层间几乎不相关，这体现了土壤盐分随埋深变化的连续性（表 5-20）。

表 5-20　各层间土壤含盐量相关关系

	0~10cm 层	10~20cm 层	20~40cm 层	40~60cm 层	60~80cm 层	80~100cm 层
10~20cm 层	1.00**	1.00				
20~40cm 层	0.11	0.15	1.00			
40~60cm 层	0.11	0.16	1.00**	1.00		
60~80cm 层	−0.09	−0.05	0.07	0.16	1.00	
80~100cm 层	−0.12	−0.08	0.12	0.22	1.00**	1.00
0~100cm 平均	0.38	0.44*	0.82**	0.83**	0.80**	0.79**

*表示在 0.05 水平上显著相关；**表示在 0.01 水平上显著相关。

5.3.5　土壤有机质变化特征

土壤有机质是表征土壤质量的一个重要指标，在培育肥力、调节土壤理化性质、提供作物营养、改善土壤结构及减少环境负面影响等方面具有重要作用（刘文杰等，2010）。SOM 中的碳循环是农田生态系统最基本的生态过程，强烈地受到人为作用的影响和调控，对农田生态系统的稳定性、生产力及其环境效应具有关键性的作用（李海波等，2007）。此外，SOM 可以作为大气 CO_2 的重要碳汇，增加农业土壤有机碳的固存，对缓解全球尺度温室气体的增加有着重要作用（刘文杰等，2010）。因此，在土地利用和管理方式变化下，SOM 的时空演变动态及其对全球气候变化的响应研究是近年来土壤学研究的热点。

土壤有机质的空间变异信息是实现土壤可持续利用的关键（Florinsky et al.，2002）。国内外学者是从 20 世纪 70 年代开始研究土壤有机质的空间变异性，尤其是近年来，随着各种技术手段的飞速发展，其得到了深入的研究。Cambardella 等（1994）和 Yanai 等（2005）研究分析了农田尺度下土壤有机质的空间变异特征，结果表明土壤有机质在农田尺度上存在明显的空间自相关结构。Marchetti 等（2012）对意大利中部的阿布鲁佐地区的土壤有机质的空间变异性进行了研究，发现土壤有机质含量低是当地土壤退化的主要原因。Carolin 等（2012）对英格兰农场的土壤有机质和氮作了空间变异性研究。宋莎等（2011）研究分析了双流县农田土壤有机质，结果表明，研究区有机质的变异程度属于中等变异，有机质含量具有强烈的空间相关性。

1. 土壤有机质垂直空间分布特征

23 个点位的土壤有机质含量及其平均值在垂向上的分布如图 5-41 所示。

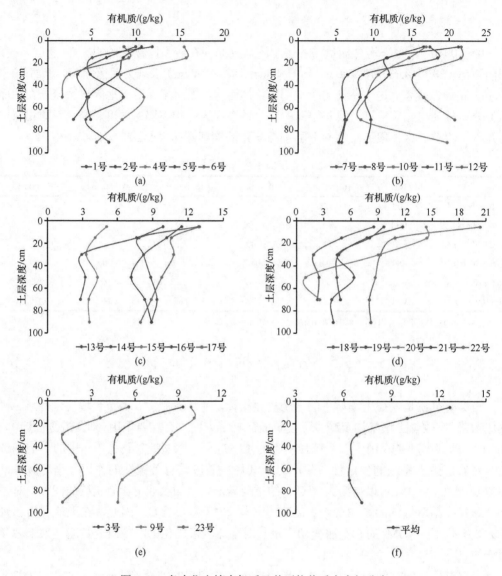

图 5-41　各点位土壤有机质及其平均值垂向空间分布

由图 5-41 可知，黑河流域中游农田土壤表层有机质含量最高，并随着深度的增加迅速降低，在 40cm 之后，变化较为平缓，稳中有升。就平均而言，0～10cm 的有机质含量最高，变化范围为 5.1～21.6g/kg，有机质平均含量为 12.7g/kg；其次是 10～20cm 深土层，有机质含量变化范围为 3.7～21.6g/kg，平均为 10.0g/kg；20～40cm 深土壤层的有机质含量平均为 6.8g/kg，其变化范围 1.0～15.3g/kg，之后趋于平缓，40～60cm、60～80cm 和 80～100cm 土层的有机质平均含量分别为 6.5g/kg、6.4g/kg 和 7.1g/kg。

据相关研究结果显示，土壤颗粒组成的不同是造成养分差异的最主要的内在原因，即黏粒、粉粒、砂粒含量比例影响着土壤中的有机质含量。为对比分析土壤颗粒结构对有机质的影响程度，选择 14 号和 20 号样点作为分析点位。14 号样点土壤类型从上到下依次为：壤砂土（0～10cm）、壤砂土（10～20cm）、壤砂土（20～40cm）、壤砂土（40～

60cm)、壤土（60~80cm）和粉壤土（80~100cm），其有机质含量则依次为 11.437g/kg、10.179g/kg、8.215g/kg、7.131g/kg、8.309g/kg 和 8.878g/kg，呈现表层土壤有机质含量高，而下层土壤有机质含量低的变化规律，这个土壤平均有机质含量在垂向上的变化比较一致。60~100cm 土壤层的有机质土壤有机质含量的变化显然受到其他因素的影响，如根系分布等。另外，20 号样点的土壤有机质含量从上到下依次为：细砂（0~10cm）、中砾质细砂（10~20cm）、多砾质细砂（20~40cm）、中砾石土（40~60cm）和重砾石土（60~80cm），其有机质含量则依次为 14.291g/kg、14.376g/kg、8.977g/kg、0.987g/kg 和 2.551g/kg，可以看出，若土壤粗颗粒含量增加较多时，其土壤有机质含量明显下降，即土壤颗粒粒径组成变化较大时，对有机质含量有明显的影响。

此外，为对比新老农田之间土壤有机质含量的差异，单独绘制位置相近的新老农田土壤有机质垂向空间分布图，如图 5-42 所示。

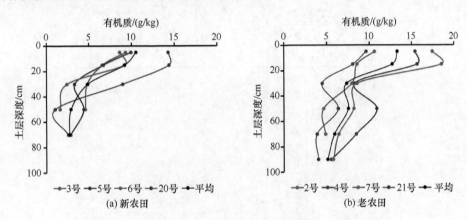

图 5-42　新老农田各点位土壤有机质及其平均值垂向空间分布

2. 土壤有机质水平空间分布特征

农田不同深度土壤有机质含量在水平空间上的分布情况如图 5-43 所示。

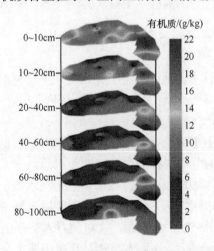

图 5-43　不同深度农田土壤有机质含量水平空间分布

　　由图 5-43 可知，黑河流域农田土壤有机质含量在垂向上的分层特征比较明显，在水平方向上有机质含量高的区域主要分布在流域中游的上段，这与土壤黏粒和粉粒在水平空间上的分布比较一致。在本次研究中，尽管三种土壤颗粒含量与土壤有机质的相关关系不是十分明显，如图 5-32 所示，但依然能够看出，黏粒和粉粒含量与土壤有机质呈现正相关关系，而土壤砂粒含量则与土壤有机质呈现负相关关系，但与土壤 pH、土壤含水率和土壤含盐量几乎没有关系，如图 5-44 所示。因此，土壤颗粒的空间结构对土壤有机质存在一定的影响，此外还会受到根系分布和有机肥施用的影响。

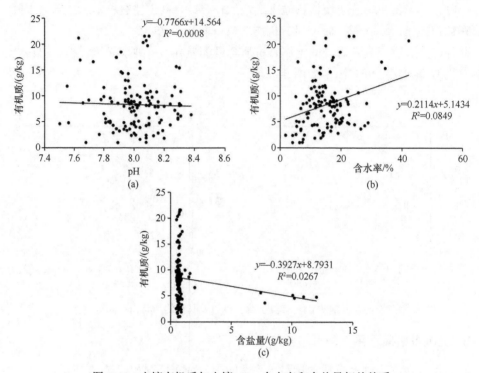

图 5-44　土壤有机质与土壤 pH、含水率和含盐量相关关系

5.4　小　　　结

　　研究通过开展黑河流域中游地区典型生态系统（主要包括农田、河岸带、荒漠和绿洲荒漠过渡带）植被土壤样带/样地生态调查，探讨不同典型生态系统的生态水文过程，得到了以下 3 点初步认识。

　　（1）研究区域河岸带生态系统以芦苇、赖草为草本植物主要优势种，以柽柳为灌木植物主要优势种，优势种的分布与植被生理特性和水源距离关系密切；沿河流方向在梨园河下游冲积扇尾部地下水埋藏较深的区域出现了土壤水低值区；土壤含水量的垂向变化与地表植被群落类型有很大关系，单纯草本群落区域土壤平均含水量最大，且垂向变异最小，对土壤水的纵向再分配的影响最小。单纯乔木群落生长区域土壤平均含水量最小，但土壤含水量纵向变差最大。在乔木植物对深层土壤水分逆向提升的影响下，乔草群落表层土壤含水量比灌草群落普遍偏大；植被覆盖度与 0～140cm 深度土壤平均含水量呈显著的正相关关系，但不同优势种覆盖度与土壤含水量的关系不同，芦苇与赖草覆盖度与土壤平均含水量呈正相关关系，而骆驼刺的覆盖度与土壤平均含水量呈负相关关系；植被多样性指数与土壤含水量的关系较为复杂，Shannon-Wiener 多样性指数与土壤含水量呈非显著的二次抛物线关系，Margalef 丰富度指数与土壤含水量呈显著的正相关关系，而 Pielou 均匀度指数与土壤含水量呈显著的二次抛物线关系，随着土壤含水量的增加植被均匀度指数逐渐增加，当土壤含水量超过阈值继续增加时，优势种的扩张导致个体数目或生物量等指标在各个物种中分布的均匀程度迅速下降，虽然丰富度指数继续增加，但多样性指数呈现下降趋势。

（2）黑河中游荒漠和绿洲-荒漠过渡带样带的平均土壤含水量在 1.49%～5.57%范围内，位于黑河中游南部祁连山北麓的山前荒漠样带的土壤含水量较高，位于北部北山山前荒漠样带的土壤含水量普遍较低。土壤的全盐含量和无机离子及有机质也表现出黑河中游南部荒漠高于北部荒漠，南部荒漠及部分北部荒漠样带全盐含量超过 0.3%，表明这些区域地下水位较高，发生了土壤盐渍化；荒漠样带和绿洲-荒漠过渡带样带土壤不同属性的垂直分布特征差异明显。垂向含量主要增加的土壤属性为土壤水分、粗粒径颗粒含量（粗砾和砂粒），垂向含量主要减少的土壤属性为土壤盐分和土壤有机质含量。同时，黑河中游不同区域的土壤属性垂向分布亦存在差异。这表明，黑河中游复杂的地形条件、水分补给状况和植被条件可能导致流域内土壤的明显空间异质性。因此，基于土壤属性的黑河中游水文模拟应建立在更加精细的土壤植被关系刻画基础之上。植被调查发现，黑河流域中游荒漠植被的物种相对贫乏、空间特征显著。祁连山山前荒漠样带植被分布密集，植被覆盖度较高，主要物种为珍珠猪毛菜，靠近祁连山山脉的壤质荒漠样地植被覆盖度大于 80%。北山山前荒漠样带植被较稀疏，覆盖度低，主要植被物种为霸王、泡泡刺、红砂和细叶骆驼蓬。合头草在流域内分布广泛，而芨芨草只出现在祁连山山前壤质荒漠样带海拔较高的区域；根据土壤和植被距离绿洲空间分布特征，黑河中游荒漠样带距离绿洲边缘越远的土壤越适合荒漠植被生长。随着远离绿洲边缘，样带土壤含水量及植被覆盖度总体呈上升趋势；相关分析和偏相关分析共同表明，荒漠植被与土壤属性之间高度相关，主要表现在植被覆盖度与土壤水分、土壤细粒径颗粒含量和有机质的正相关关系，以及植被覆盖度、高度和冠幅随盐分先增加后降低的二次抛物线关系。研究表明，当盐分超过一定范围后（大约 10g/kg）对植被的生长存在一定的抑制作用。

（3）黑河流域中游地区农田土壤类型以砂土为主，部分区域伴有砾石，但分布范围十分狭窄。土壤颗粒在垂向上的变异不显著，尽管部分点位中间层会夹杂粗砾石颗粒，但总体上质地较均匀。土壤颗粒在水平向上的差异较为明显，土壤粉粒和黏粒含量主要分布在黑河流域中游的上段，而砂土类土壤主要分布在中下段，这与成土原因、成土时间和人类活动关系密切；土壤含水率总体上随着土壤深度的增加而逐渐变大，至 60～80cm 深时达到最大，随后有所降低，但各层平均土壤含水率差异不是十分明显。研究结果表明土壤含水率与土壤砂粒含量呈负相关关系，而与土壤粉粒和黏土含量呈正相关关系，尤其与粉粒含量关系较为显著，说明土壤粉粒含量对土壤含水率的影响更为明显；黑河流域中游农田土壤总体而言其盐渍化程度较低，绝大部分土壤含盐量在 1g/kg 以下，属于非盐化土。就平均而言，土壤含盐量在垂向上的分布特征表现为表层土壤含盐量最大, 10~20cm 处最小, 随后随着土壤深度的增加而逐渐变大, 这种变化趋势与土壤颗粒组成相关性较大。相关分析结果显示: 土壤含盐量与土壤砂粒和黏粒含量均呈负相关关系, 而与土壤粉粒含量呈正相关关系; 黑河流域中游农田土壤有机质平均含量为 8.2g/kg, 整体含量偏低, 有机质含量在垂向上的分层特征比较明显, 主要表现为表层土壤含量最高, 并随着深度的增加迅速减少, 40cm 之后, 变化趋于平缓。其在水平空间上的分布与土壤黏粒和粉粒在水平空间上的分布比较一致。相关关系分析结果表明黏粒和粉粒含量与土壤有机质呈现正相关关系, 而土壤砂粒含量则与土壤有机质呈现负相关关系。由于成土原因、成土时间和人类活动等因素的影响, 新老农田土壤属性特征差异显著, 表现为: 土壤质地不同, 新农田土壤颗粒组成在垂向上的变异较老农田显著, 且粗粒含量较老农田多; 新农田土壤持水性较老农田差、土壤含水量和有机质含量更低; 新农田具有盐分表聚特征, 而老农田具有盐分底聚特征。

参 考 文 献

杜金龙, 靳孟贵, 欧阳正平, 等. 2008. 焉耆盆地土壤盐分剖面特征及其与土壤颗粒组成的关系. 地球科学-中国地质大学学报, 33(1): 131-136.

豪树奇. 2005. 额济纳绿洲土壤水分状况的研究. 呼和浩特: 内蒙古农业大学硕士学位论文.

黄绍文, 金继运, 杨俐苹, 等. 2002. 粮田土壤养分的空间格局及其与土壤颗粒组成之间的关系. 中国农业科学, 35(3): 279-302.

贾树海, 李娜, 周德, 等. 2012. 宁夏平罗县耕地土壤盐分空间变异及格局分析. 吉林农业, 266(4): 92-94.

李海波, 韩晓增, 王风. 2007. 长期施肥条件下土壤碳氮循环过程研究进展. 土壤通报, 38(2): 384-388.

李志建, 倪恒, 汤梦玲, 等. 2003. 黑河下游地区土壤水盐及有机质空间分布与植被分布及长势分析. 资源调查与环境, 24(2): 143-150.

刘文杰, 苏永中, 杨荣, 等. 2010. 黑河中游临泽绿洲农田土壤有机质时空变化特征. 干旱区地理, 33(2): 170-176.

毛丽丽, 于静洁, 张一驰, 等. 2014. 黑河下游土壤的细土颗粒粒径组成和质地类型的空间分布规律初步研究. 土壤通报, 45(1): 52-58.

石迎春, 辛民高, 郭娇, 等. 2009. 西北地区黑河中游盐渍化地区土壤盐分特征. 现代地质, 23(1): 28-37.

宋莎, 李廷轩, 王永, 等. 2011. 县域农田土壤有机质空间变异及其影响因素分析. 土壤, 43(1): 44-49.

王德, 傅伯杰, 陈利顶, 等. 2007. 不同土地利用类型下土壤粒径分形分析——以黄土丘陵沟壑区为例. 生态学报, 27(7): 3081-3089.

王洪杰, 李宪文, 史学正, 等. 2003. 不同土地利用方式下土壤养分的分布及其与土壤颗粒组成关系. 水土保持学报, 17(2): 44-50.

徐祝龄, 于德娇. 1995. 半干旱偏旱区农田土壤水分状况的主要影响因子分析. 干旱地区农业研究, 13(4): 19-25.

姚荣江, 杨劲松, 姜龙. 2006. 黄河三角洲土壤盐分空间变异性与合理采样数研究. 水土保持学报, 20(6): 90-94.

张勃, 张华, 张凯, 等. 2007. 黑河中游绿洲及绿洲-荒漠生态脆弱带土壤含水量空间分异研究. 地理研究, 26(2): 321-327.

张金屯. 2011. 数量生态学(第二版). 北京: 科学出版社.

赵斌, 李静, 马丽, 等. 2002. 土壤不同形态钾含量与土壤颗粒的关系. 土壤, 34(3): 164-169.

赵琛, 张兰慧, 李金麟, 等. 2014. 黑河上游土壤含水量的空间分布与环境因子的关系. 兰州大学学报

(自然科学版), 50(3): 338-347.

赵明松, 张甘霖, 李德成, 等. 2013. 苏中平原南部土壤有机质空间变异特征研究. 地理科学, 33(1): 84-89.

Cambardella C A, Moorman T B, Novak J M, et al. 1994. Field-scale variability of soil properties in central low a soils. Soil Science Society of America Journal, 58: 1501-1511.

Carolin C, Saran P, Sohi R, et al. 2012. Resolving the spatial variability of soil N using fractions of soil organic matter. Agriculture Ecosystems and Environment, 143: 66-72.

Cemek B, Güler M, Kili C K, et al. 2007. Assessment of spatial variability in some soil properties as related to soil salinity and alkalinity in Bafra plain in northern Turkey. Environmental Monitoring Assessment, 124(1/3): 223-234.

Chen D J, Xu Z M, Chen R S. 2003. Design of water resources accounts: a case of integrated environmental and ecnomic accounting. Advances in Water Science, 14: 631-637.

Christensen B T. 1986. Straw incorporation and soil organic matter in macro-aggregations and particle size separates. Journal of Soil Science, 37(1): 125-135.

Entin J K, Robock A, Vinnikov K Y, et al. 2000. Temporal and spatial scales of observed soil moisturevariations in the extratropics. Journal of Geophysical Research, 105: 865-877.

Ersahin S, Brohi A R. 2006. Spatial variation of soilwater content in topsoil and subsoil of a typic ustifluvent. Agricultural Water Management, 83(1/2): 79-86.

Florinsky I V, Eilers R, Manning G R. 2002. Prediction of soil properties by digital terrain modeling. Environmental Modelling and Software, 17: 295-311.

Heil K, Schmidhalter U. 2012. Characterisation of soil texture variability using the apparent soil electrical conductivity at a highly variable site. Computers and Geosciences, 39: 98-110.

Marchetti A, Piccini C, Francaviglia R, et al. 2012. Spatial distribution of soil organic matter using geostatistics: a key indicator to assess soil degradation status in central Italy. Pedosphere, 22(2): 230-242.

Miranda J G V, Montero E, Alves M C, et al. 2006. Multifractal characterization of saprolite particle-size distributions after topsoil removal. Geoderma, 134(3-4): 373-385.

Pan Y X, Wang X P, Jia R L, et al. 2008. Spatial variability of surface soil moisture content in a revegetated desert area in Shapotou. Northern China. Journal of Arid Environments, 72(9): 1675-1683.

Yanai J, Mishima A, Furakawa S, et al. 2005. Spatial variability of organic matter dynamics in the semiarid croplands of northern Kazakhstan. Soil Science Plant Nutrient, 51(2): 261-269.

第 6 章　黑河流域中游蒸散发划分及其驱动要素研究

6.1　基于双源模型的蒸散发划分

一方面，蒸散发过程伴随能量流动，因而通过准确刻画地表能量平衡各组成项，可以精确推求地表水汽相变的潜热能量，进而估算地表蒸散发量。另一方面，蒸散发涉及水汽输送过程，是地表水分进入大气系统的唯一途径。同液态水、固态水相关的水循环过程（降水、径流、冻融、风吹雪等）相比，蒸散发过程难以直接测量，因而更加依赖于能量平衡原理。在近地表层，湍流是陆-气过程的重要组成，而湍流热通量就是潜热通量与感热通量之和。

蒸发、散发、蒸散发有着众多估算方法，估算方法进化的方向是更具物理机制，其中重要的一个方面即更加现实、更加全面的刻画能量平衡。例如，Penman 公式相对于空气动力学方法的进步就是使用了直接的能量平衡（$R=H+LE$）替代了借由大气紊动扩散系数、黏滞系数（K_w，K_m）等湍流特征参数间接刻画能量的途径。

因此，准确刻画能量平衡是进行蒸散发划分的核心和基础。准确刻画能量平衡包含两方面内容：一是丰富能量平衡理论框架，即引入更多、更细致的能量平衡组成项，如双源模型相对于单源模型，长短波净辐射分解相对于地表净辐射总量；二是提高能量平衡各项的精度，通过先进的观测手段、有效的估算方法分别获得能量平衡项的精确值。由以上两方面出发，本章使用双源模型求解能量平衡项，并充分利用黑河试验所积累的涡动相关仪（Ec）、大孔径闪烁仪（LAS）、土壤热流板、稳定同位素等观测资料。下文将介绍上述蒸散发划分所涉及的能量平衡理论框架、能量平衡各组成项。

6.1.1　数　据　来　源

本章数据主要来源于黑河试验的观测专题 MUSOEXE。该观测专题的目的在于捕捉大气-地表水热交换的三维动态特征，揭示非均匀下垫面 ET 的空间异质性及 ET 的响应机理，从观测出发加深对地表蒸散发过程的认识。MUSOEXE 观测专题始于 2012 年 5 月，到 2015 年结束，目前已获取自观测开始至 2014 年的相关数据。

本章主要使用涡动相关仪和自动气象站观测数据用于能量和水分的计算，另外还使用大孔径闪烁仪、稳定同位素和宇宙射线土壤水分数据作为验证数据。

选取了黑河试验通量观测矩阵中的 5 个代表性观测点，分别位于黑河中游的巴吉滩、张掖市区、大满、花寨子和神沙窝，各观测点信息如表 6-1 所示。

表 6-1　黑河中游观测点介绍

观测点	经度	纬度	海拔/m	下垫面类型	观测仪器
巴吉滩	100.30420°E	38.91496°N	1562	戈壁	涡动相关站、自动气象站
张掖市区	100.44640°E	38.97514°N	1460	湿地	涡动相关站、自动气象站、大孔径闪烁仪、稳定同位素、宇宙射线土壤水分
大满	100.37223°E	38.85551°N	1556	绿洲	涡动相关站、自动气象站
花寨子	100.3186°E	38.7652°N	1731	荒漠	涡动相关站、自动气象站
神沙窝	100.4933°E	38.7892°N	1594	沙漠	涡动相关站、自动气象站

　　5 个观测点分别代表戈壁、湿地、绿洲、荒漠和沙漠五种黑河流域中游地区最常见的下垫面类型，这些下垫面的生态景观格局和典型的下垫面植被土壤情况如图 6-1、图 6-2 所示。

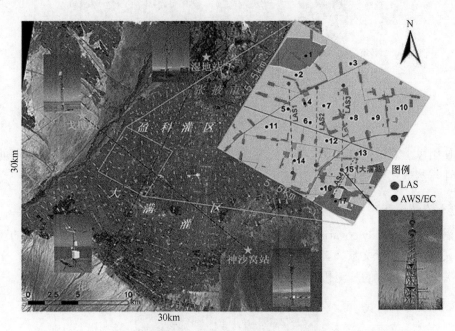

图 6-1　黑河流域中游蒸散发观测分布（李新等，2008）

(a) 整体景观　　　　　　　　(b) 典型下垫面

图 6-2　黑河中游典型下垫面

张掖湿地

花寨子荒漠

神沙窝沙漠

　　使用以上观测数据,力求在充分观测的条件下实现黑河中游不同典型下垫面的蒸散发估计与蒸散发划分。

1. 涡动相关数据

　　涡动相关(eddy covariance,EC)观测是地表和大气交换观测中较为先进的观测手段,其原理可参考文献(孙福宝,2007)。五个观测点都设置了涡动相关系统,一个涡动相关系统所包含的观测传感器如图 6-3 所示。

红外气体分析仪

三维超声风速温度计

图 6-3　涡动相关观测系统的组成

涡动观测系统观测气体流动、气体密度和通量等变量，五个观测点的涡动相关观测系统的详细参数见表 6-2。

表 6-2 涡动相关观测系统参数

涡动相关系统	架高/m	超声风速温度计与气体分析仪间距/cm	下垫面类型	采样频率/Hz	数据频率/min	观测变量
巴吉滩	4.6	15	戈壁			气体流动：风向、水平风速、侧向风标准差、摩擦速度
张掖市区	5.2	25	湿地			气体密度：超声虚温、水汽密度、二氧化碳浓度
大满	4.5	17	绿洲	10	30	
花寨子	2.85	15	荒漠			通量：感热通量、潜热通量、二氧化碳通量
神沙窝	4.6	15	沙漠			

原始观测高频数据已处理成半小时的数据集，处理过程（Liu et al.，2011）对 3 个通量数据（感热通量、潜热通量、二氧化碳通量）进行了湍流平稳度（ΔSt）和总体特征检验（ITC）。根据两重检验，将数据质量分为三级，分级标准如表 6-3 所示。

表 6-3 原始观测高频数据质量分级

数据质量级别	湍流平稳度（ΔSt）	总体特征检验（ITC）
0 级	<30	<30
1 级	<100	<100
2 级	≥100	≥100

三个通量变量的观测缺测值占比较大，对感热通量、潜热通量、二氧化碳通量观测的质量统计见表 6-4。

表 6-4 涡动相关数据集参数

	通量	QA_Hs	QA_LE	QA_Fc
神沙窝	数据总量	45319	45319	45319
	0 级数据	46.8%	26.9%	37.7%
	1 级数据	24.6%	29.8%	29.4%
	2 级数据	13.2%	16.5%	16.3%
	缺测	15.3%	26.8%	16.6%
张掖	通量	QA_Hs	QA_LE	QA_Fc
	数据总量	41413	41445	41445
	0 级数据	51.6%	48.9%	46.8%
	1 级数据	12.2%	10.0%	14.0%
	2 级数据	4.8%	3.2%	5.9%
	缺测	31.4%	37.8%	33.3%
大满	通量	QA_Hs	QA_LE	QA_Fc
	数据总量	45610	45610	45610
	0 级数据	40.8%	38.6%	37.8%
	1 级数据	17.9%	17.1%	18.6%
	2 级数据	7.2%	7.2%	9.0%
	缺测	34.1%	37.1%	34.6%

续表

	通量	QA_Hs	QA_LE	QA_Fc
花寨子	数据总量	44601	44539	44526
	0 级数据	27.4%	20.4%	25.6%
	1 级数据	33.3%	35.2%	34.7%
	2 级数据	12.1%	14.8%	12.2%
	缺测	27.2%	29.5%	27.6%

2. 自动气象站数据

每个观测点均配备有自动气象站（AWS），除了常规的气象数据，自动气象站数据集还包括四分量辐射数据、光合有效辐射数据及土壤热流板数据（图 6-4）。每组四分量辐射仪上有 4 个辐射传感器，其中 2 个传感器观测长波辐射，另外 2 个传感器观测短波辐射。四分量辐射仪观测垂直向上和垂直向下两个方向，每个方向各有 1 个长波辐射传感器和 1 个短波辐射传感器。自动气象站数据集的数据时间间隔为 10min，观测期与该观测点的 EC 数据集相同或近似。以大满自动气象站为例，其自动气象站的数据集为 139041（数据行）×84（变量列）的矩阵。数据集中，地表净辐射总量（$R_n=R_{n,v}+R_{n,s}$）的有效数据总共 134714 条，占比 96.9%。详细的观测变量介绍和数据质量控制方式可参考文献（Liu et al.，2013）。

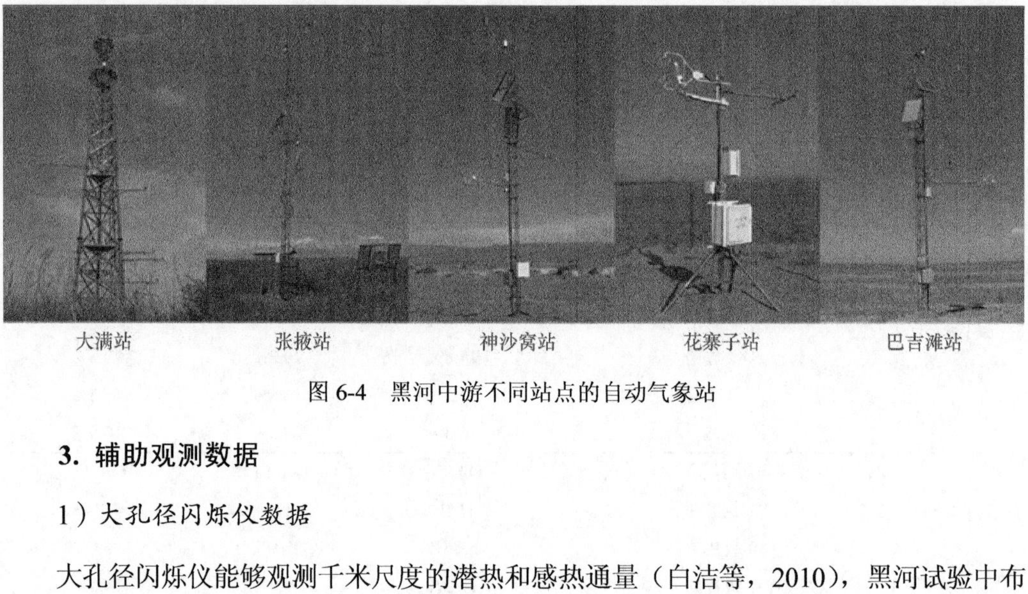
大满站
张掖站
神沙窝站
花寨子站
巴吉滩站

图 6-4　黑河中游不同站点的自动气象站

3. 辅助观测数据

1）大孔径闪烁仪数据

大孔径闪烁仪能够观测千米尺度的潜热和感热通量（白洁等，2010），黑河试验中布置的大孔径闪烁仪主要用作观测中分辨率成像光谱仪（moderate-resolution imaging spectroradiometer，MODIS）像元内的通量，用以遥感数据的地面验证和校正。黑河试验中的大孔径闪烁仪采样频率为1min，数据频率为30min，观测区域位于中游大满站附近的矩阵，本章使用2013～2014年的部分大孔径闪烁仪数据用以验证涡动相关和自动气象站。

2）稳定同位素数据

氢氧稳定同位素（$^2H/^1H$（Δ^2H）以及 $^{18}O/^{16}O$（$\Delta^{18}O$）技术可被用于追踪陆气水分

的来源（地下水、地表径流或是植物蒸腾），因而可以直接用于蒸散发划分，具体原理见文献（Evaristo et al.，2015）。黑河试验中也设置了原位稳定同位素的观测项目，可直接获取土壤蒸发占总蒸散比例（E/ET）以及植物散发占总蒸散发比例（T/ET）数据（Huang and Wen，2014）。然而，该数据集仅包含了 2012 年中的几次观测，并且只在大满附近进行，因而本章将稳定同位素数据用作辅助验证。

3）宇宙射线土壤水分数据

黑河试验中还安装了宇宙射线仪，通过计量不同湿度土壤的快中子数量来测量土壤体积含水量（Zhu et al.，2015）。宇宙射线土壤水分数据集包含 2012 年 9 月 20 日~2013 年 12 月 31 日位于中游盈科灌区（玉米地）的数据，数据频率为 1 小时。

6.1.2　基于能量平衡的蒸散发模型

1. 双源模型

如图 6-5 所示，对于植被覆盖的复杂下垫面，垂直单元上的完整能量平衡表示为

$$R_n + \int_0^z c_\rho \nabla_H (\rho u T) \mathrm{d}z + \int_0^z \frac{Le}{R} \nabla_H (\frac{ue}{T}) \mathrm{d}z = H + LE + G + \int_0^z c \rho_c \frac{\partial T}{\partial t} \mathrm{d}z + \int_0^z c_\rho \rho \frac{\partial T}{\partial t} \mathrm{d}z + \int_0^z \frac{Le}{RT} \frac{\partial e}{\partial t} \mathrm{d}z \quad (6\text{-}1)$$

式中，R_n、H、LE、G 含义与前述相同，z 为垂直单元的高度（m）；∇_H 代表水平方向的微分算子；T 是气温（K）；e 为大气压强（kPa）；$\partial T/\partial t$ 和 $\partial e/\partial t$ 分别表示气温梯度、气压梯度；ρ 为空气密度（kg/m³）；u 为风速（m/s）；c_ρ 为空气的定压比热（1.003×10^3J/(kg·K)）；L 为蒸发潜热（2.43×10^6J/kg）；R 为用于蒸发的能量（J）；c 为植被的平均比热容（J/(kg·K)）；ρ_c 为植被密度（kg/m³）。等式左边两积分项分别代表潜热、感热的水平扩散，等式右边三积分项依次代表植被、大气及潜热的热储量。

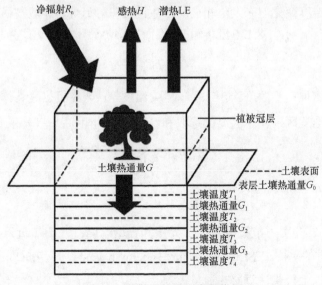

图 6-5　蒸散发能量平衡示意图

当趋近于地表（$D_z \to 0$）时，化简为

$$R_n = H + LE + G \qquad (6-2)$$

上式即为最基本、最常见的能量平衡公式。该公式实际上假定一定高度的能量变化（如冠层热储量），以及一些其他能量平衡项（如光合能）是可以忽略不计的。

依据对植被冠层的设定，式（6-2）在垂直方向上可进一步分层。单层能量平衡将整个下垫面视作一个整体，双层形式分别计算植被和土壤的能量平衡，多层形式按照气候类型将冠层划分成多层。"基于多尺度观测试验的蒸散发划分"方法是建立在双层能量平衡形式的基础之上，表示为

$$R_{n,v} = H_v + LE_v \qquad (6-3)$$

$$R_{n,s} = H_s + LE_s + G \qquad (6-4)$$

式中，下标 v、s 分别为植被冠层和土壤。

能量平衡组成项（式（6-2））中各项代表着土壤-植被-大气传输系统（soil-vegetation-atmosphere transfer，SVAT）各子系统的特征，遵循不同的物理规律。观测、估算能量平衡组成项是进行蒸散发划分，乃至揭示地表-大气水热传输规律的前提。

在双源模型框架下，需要分别建立植被冠层和土壤层的能量平衡，因而将总的地表净辐射划分为植被冠层净辐射（$R_{n,v}$）和土壤层净辐射（$R_{n,s}$）。依据 Spann-Boltzmann、灰体发射定律，Norman 等（2003）、Morillas 等（2013）、Merlin 和 chehbouni（2004）与 Colaizzi 等（2012）等推导、发展的两层净辐射表达式为

$$R_{n,v} = (1 - \tau_{long})(L_{\downarrow} + \varepsilon_s \sigma T_s^4 - 2\varepsilon_v \sigma T_c^4) + (1 - \tau_{solar})(1 - \alpha_v) \qquad (6-5)$$

$$R_{n,s} = \tau_{long} L_{\downarrow} + (1 - \tau_{long})\varepsilon_v \sigma T_v^4 - \varepsilon_s \sigma T_s^4 + \tau_{solar}(1 - \alpha_s)S_{\downarrow} \qquad (6-6)$$

式中，$L_{\downarrow}$ 和 $S_{\downarrow}$ 分别为接收的长波和短波辐射；σ 为 Spann-Boltzmann 常数（取值 5.67×10^{-8} W/（M^2/K^4）；α 为反照率；τ 为穿透率；ε 为黑度参数（代表灰体辐射能力）。

感热是物质温度变化但未发生相变时产生的能量。另外，蒸散发估算中将扩散条件概化为阻抗（resistance，类比电流传输）。因而，感热通量的表达式为

$$H = \rho C_p \frac{\Delta T}{r} \qquad (6-7)$$

式中，ρ 为空气密度；C_p 为空气比热；ΔT 为温度差；r 为阻抗。具体到植被层和土壤层，感热通量表达式区别在于温度的选取和不同位置的阻抗：

$$H_v = \rho C_p \frac{T_v - T_b}{r_x} \qquad (6-8)$$

$$H_s = \rho C_p \frac{T_s - T_b}{r_s} \qquad (6-9)$$

式中，T_v、T_b、T_s 分别为植被冠层、边界层和土壤温度；r_x 为靠近冠层的边界层的阻抗；r_s 为土壤上方的阻抗。TSEB（two-source energy balance）模型（Colaizzi et al.，2012）实际上也采用了以上公式计算感热通量。

2. 观测通量变化特征

EC 和 AWS 可直接观测式（6-2）中的 R_n、H、LE 三项，净辐射通量（R_n）、净辐射通量与感热通量的余项（R_n-H），以及净辐射通量与感热、潜热通量的余项（R_n-H-LE）的年内变化如图 6-6 所示。

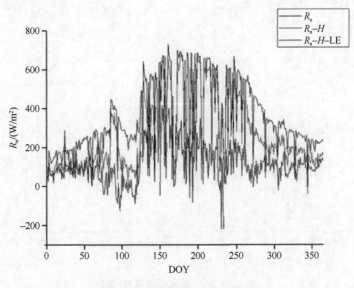

图 6-6　大满绿洲的观测通量变化

如图 6-6 所示，大满绿洲的观测通量中，净辐射通量（R_n）在第 150～250 天维持在较高水平，一般均超过了 400W/m²，在第 110～130 天出现了明显的降低。可以看出，在植被的生长季，即净辐射通量较高的时间段，感热余项（红线）与感热、潜热余项（蓝线）之间出现了明显的差值，说明生长季植被的水分活动明显，其余时间段两条线段较为接近。

同样，黑河中游另外 4 个下垫面的观测通量在年内也出现先增高后减小的趋势（图 6-7），但是各个下垫面观测通量的变化模式，以及各通量的绝对值并不完全一致。

3. 土壤热通量模拟（TDEC 法）

地表土壤热通量 G_o 是能量平衡中的重要组成项，然而地表土壤热通量很难通过观测直接获得。目前有多种方法计算地表土壤热通量，其中大部分方法都是基于土壤热传导（扩散）方程。本节采用阳坤和王介民（2008）提出的一种使用实测温度校正土壤热传导方程的 TDEC 方法（thermal diffusion equation + correction）计算地表土壤热通量。TDEC 法在"黑河综合遥感联合试验"（WATER）（李娜娜等，2015；Li et al.，2011）和"黑河流域生态-水文过程综合遥感观测联合试验"（HiWATER）（Li et al.，2013）中均得到广泛应用（李娜娜等，2015；Xu et al.，2013）。本节还利用了 HiWATER 试验中的土壤热流板（自校正式）观测值，综合土壤热存储法和 TDEC 法，起到交叉验证的效果。

一维热传导方程在土壤介质表示为

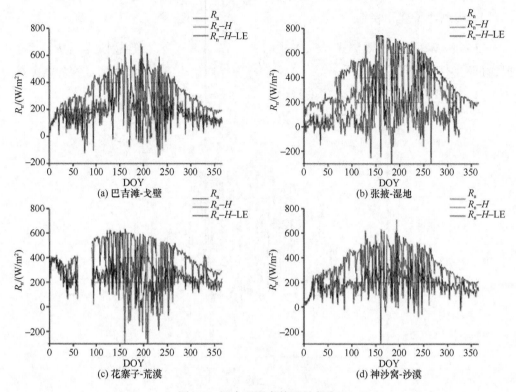

图 6-7　四个观测点的通量变化

$$\frac{\partial \rho_s c_s T}{\partial t} = \frac{\partial G}{\partial z} \tag{6-10}$$

式中, t 为时间, s; z 为土壤深度（m）; T 为土壤温度（K）; $\rho_s c_s$ 为土壤热容量 $[J/(m^3 \cdot K)]$; G 为土壤热通量（W/m^2）。

阳坤和王介民（2008）发展的 TDEC 法积分土壤热传导方程得到:

$$G(z) = G(z_{ref}) + \int_{z_{ref}}^{z} \frac{\partial \rho_s c_s T(z)}{\partial t} dz \tag{6-11}$$

上式经由给定参考位置（z_{ref}）的土壤热通量 $G(z_{ref})$ 计算出地表（$z = 0$）的土壤热通量。

对方程中的积分进行离散化, 离散形式可表示为

$$G = G(z_{ref}) + \frac{1}{\Delta t} \sum_{z_{ref}}^{z} [\rho_s c_s(z_v t + \Delta t) T(z_v t + \Delta t) - \rho_s c_s(z_v t) T(z_v t)] \Delta z \tag{6-12}$$

除参考位置土壤热通量 $G(z_{ref})$ 之外, 求解地表土壤热通量还需给定土壤热容量 $\rho_s c_s$ 和土壤温度垂直分布 $T(z)$（土壤温度廓线）。其中, 土壤热容量可分解为干土壤热容量和液态水热容量:

$$\rho_s c_s = \rho_{dry} c_{dry}(1 - \Phi) + \rho_w c_w \theta_v \tag{6-13}$$

式中, Φ 为土壤孔隙率（m^{-3}/m^3）（参考黑河流域: 阿柔站=0.67, 盈科站=0.46, 关滩站=0.42）; θ_v 为土壤体积含水量（m^{-3}/m^3）; 观测得到干土壤热容量 $\rho_{dry} c_{dry}$（参考黑河流

域：盈科站=2.35×10⁶J/(m³·K)，阿柔站=2.2×10⁶J/(m³·K)，缺资料站=2.1×10⁶J/(m³·K)；液态水的热容量 $\rho_w c_w$ 取值为 4.2×10⁶J/(m³·K)。

原始的 TDEC 法需要求解土壤温度垂直分布，求解过程中涉及另一土壤热力学参数——土壤热传导系数。土壤热传导系数较难测定，黑河试验中没有布设固定观测装置。实际上，TDEC 法在计算过程中假定土壤热传导系数为一常数（通常设为 0.5W/(m³·K) 或者 1.0W/(m³·K)，计算得到初始的土壤温度垂直分布之后，再结合土壤温度观测数据进行修正（阳坤和王介民，2008）。此外，本节通过埋设的土壤热流板，已知地表以下 6cm 的土壤热通量观测数据。因而，本节中参考位置 $z_{ref}=6cm$，并以此作为边界条件，向上积分直到求得土壤地表热通量。

根据图 6-8，地表土壤热通量 G_0(TDEC) 与能量平衡的余项($R_n - H - \mathrm{LE}$) 有着一致的变化，而实测的地表以下 6cm 的土壤热通量相对于能量平衡余项较小，这主要是由于部分能量转化为 0～6cm 深的土壤热储量所致。

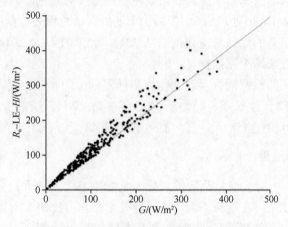

图 6-8 TDEC 法地表土壤热通量计算结果

6.1.3 潜热通量分割

1. 双源模型的余项法

潜热通量 LE 直接与蒸散发相关，其中 L 代表蒸发潜热，通过蒸发潜热可转换得到蒸散发量，有时潜热通量也直接被当作蒸散发进行处理。黑河试验中，蒸散发总量可利用涡动相关法观测。涡动相关法利用三维风速仪等观测设备观测相关物理量与垂直风速的脉动（瞬时值与短时平均值之差）的协方差，从而建立潜热通量表达式：

$$\mathrm{LE} = L\overline{\omega'\rho_v'} \tag{6-14}$$

式中，ω 为垂直风速；ρ_v 为水汽密度，$\overline{\omega'\rho_v'}$ 形式表示其涡度协方差（eddy covariance，近似于涡度相关 eddy correlation）。蒸发潜热由下式计算（T_0 是地表温度，℃）：

$$L = (2.501 - 0.00237 \times T_0) \times 10^6 \tag{6-15}$$

需要指出的是，涡动相关法测量的是地表 6m 处的湍流输送通量，因而代表的是地表蒸散发的总量，在本节中主要用作蒸散发划分验证及能量平衡闭合验证。

蒸发和散发能量平衡式中的潜热通量通过余项法求得，即计算其他能量平衡项的剩余部分。在上一节中分析了各能量平衡组成项的观测和模拟情况，获得了除潜热通量分量外的其他能量平衡项分量。在此基础上，根据双源模型，潜热通量的余项可表示为

$$LE_v = R_{n,v} - H_{v'} \tag{6-16}$$

$$LE_s = R_{n,s} - G - H_{s'} \tag{6-17}$$

通过余项法，可分别求得上两式的各能量平衡项，进而求得植被冠层和土壤层的潜热通量。

2. 观测及验证数据

总的潜热通量数据来源于位于黑河中游巴吉滩、张掖、大满、花寨子和神沙窝等 5 处的涡动相关仪、自动气象站观测。原始数据已经过变异点剔除、延迟校正、坐标旋转数据修正等处理。本节采用处理后 2012~2014 年黑河试验相关数据集（Xu et al.，2013），该数据集记录了包括总的潜热通量在内的从 2012 年 5 月 1 日至 2014 年 12 月 31 日的各涡动相关仪、自动气象站观测数据。

本节使用大满站的原位同位素观测作为蒸散发划分的验证数据。原位同位素数据序列较短，集中在 2012 年生长季，起始于 2012 年 5 月 29 日，结束于 2012 年 9 月 21 日。原位同位素观测序列持续 118 天，其中有效蒸散发 48 天，占比 41%。

3. 蒸散发划分结果

图 6-9 显示黑河中游大满站蒸散发划分的实际季节（生长季）变化。蒸散发占比在整个生长季内比较稳定，在生长季内，植被散发量平均占比约 85%，土壤蒸发量平均占比约 15%。图 6-10 为蒸散发划分实际值的箱体图，表明土壤蒸发量占比在 3%~28%，相应的，植被散发占比的范围为 72%~97%。

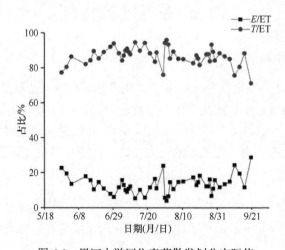

图 6-9　黑河中游同位素蒸散发划分实际值

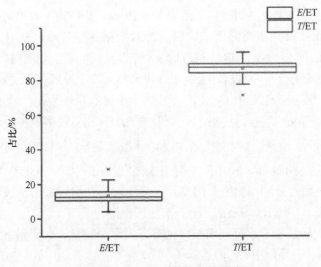

图 6-10　同位素蒸散发占比箱体图

图 6-11 为与原位同位素观测同期的双源模型模拟的蒸散发划分结果。结果显示，双源模型模拟的黑河中游生长季前期、中期和后期蒸散发占比与实际值（同位素观测）具有一致的变化趋势，模拟效果较好。对双源模型结果验证进行统计分析，模拟结果（T/ET）整体均值的均方根误差（RMSE）为 2.3%，验证期内模拟结果比实际值低 4.0%。结果表明，双源模型能够较为准确地模拟黑河中游生长季的蒸散发划分状况。同时，双源模型在生长季中期，T/ET 较大时间段的模拟更为准确，在生长季之前（day of year，DOY<165）和生长季之后（DOY>283）的时段模拟结果存在较大不确定性，这主要是由于双源模型对于植被生理活动敏感，因而对非生长季的潜热通量模拟不够准确。

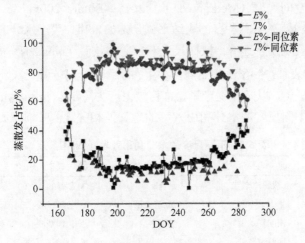

图 6-11　双源模型模拟的蒸散发划分结果

6.2　基于水分利用效率的蒸散发划分

尽管基于通量塔观测的方法能够较为直接的进行蒸散发划分，本节前述研究也取得了相关蒸散发划分的结果。然而，原始的高频（10Hz）涡动相关数据因其数据量大、处理步骤复杂仍然无法得到广泛应用。同时，高频数据本身也难以获取，包括黑河试验 HiWATER（Li et al., 2013）、WATER（Li et al., 2009）以及其他通量观测网络（如 AmeriFlux）只公开共享经过处理的半小时数据，限制了在更精细尺度上发展蒸散发划分方法。

在此背景下，Zhou 等（2014）使用公开的半小时通量塔数据，基于 7 种植被覆盖类型的 42 个 AmeriFlux 站点，提出了一个下垫面水分利用效率模型。依据该模型，当生长季土壤蒸发较小、植被蒸发占比较大时，蒸散发量 ET 与 GPP×VPD$^{0.5}$ 呈现线性关系。同时，研究（Zhou et al., 2015）发现土壤蒸发作用于 ET 与 GPP×VPD$^{0.5}$ 之间的关系，即作用于下垫面水分利用效率。因此，下垫面水分利用效率与植被作用的内在关系可以用作预测散发作用占比，从而进行蒸散发划分。

本节进一步发展了基于水分利用效率的蒸散发划分方法，假定潜在（最大）下垫面水分利用效率与植被散发量相关，而实际（平均）下垫面水分利用效率与蒸散发总量相关。那么植被散发量在蒸散发总量中的占比就转化为潜在与实际下垫面水分利用效率之比。本节发展的方法既能利用半小时通量观测数据，又无需建立复杂双源模型。本章内容将介绍基于水分利用效率方法的原理，并于黑河中游 5 个代表性区域应用该方法进行蒸散发划分。

6.2.1 基于水分利用效率的方法

1. 理论基础

水分利用效率（water use efficency，WUE）本质上指单位水分的固定碳的量（Baldocchi，1994；Ponton et al., 2006；Yu et al., 2004）。从叶片、植株、大田、灌区到生态系统和全球空间尺度（Medrano et al., 2015；Blum，2005；Tang et al., 2014），不同尺度的水分利用效率有着各自的表达形式。例如，叶片尺度水分的表征量是蒸腾速率，固碳量的表征量是光合速率；植株尺度对应着生物量（biomass）和植株蒸散量，有时也用 $\delta^{13}C$ 量直接表征；到了大田、灌区、生态系统和全球尺度，又将水分利用效率与田间用水量、水量平衡，以及作物产量、总初级生产力（gross primary production，GPP）等概念建立关联。不同尺度的水分利用效率的定义及相关观测（模拟）方法详见表 6-5。

表 6-5 不同尺度的水分利用效率（WUE）

空间尺度	水分表征量	固碳表征量	观测（模拟）途径	参考文献
叶片尺度	蒸腾速率	光合速率	光合仪（如 Li-6400）	Anyia et al., 2004
植株尺度	生物量或 $\delta^{13}C$	植株蒸散量	植株试验	Medrano et al., 2015
田间尺度	田间耗水量	作物产量	田间观测	Blum et al., 2005
生态系统尺度	区域蒸散发	初级生产力	遥感观测、水文模型	Tang et al., 2014

尽管不同尺度上的 WUE 表征方法不同，但不管在何种尺度，WUE 都是水文循环与碳循环的耦合变量，将水分交换和植物生理之间建立了联系（图 6-12）。同样，植物蒸腾作用既受到植物生理控制，也是植物水分与大气交互的过程。然而，植物的水分利用

过程和固碳作用在微观生理上既有不同（如 C3 和 C4 植物），也存在显著关联（如气孔同时控制植物与外界交换水分和气体）。因此，植被散发量与 WUE 存在内在联系，利用 WUE 概念进行蒸散发划分在理论上是可行的。

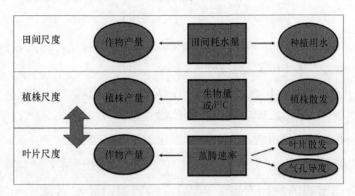

图 6-12   植物散发与水分利用效率（WUE）间的内在联系

2. 方法改进

散发项与蒸发项的区别在于前者与植被密切联系，而后者仅与土壤和环境因素有关，植被因而成为蒸散发划分的一阶（first order）影响因子（Scanlon，2012）。在叶片尺度，植被与散发项的关系具体体现在气孔导度（g_s）和 CO_2 同化量（A）。CO_2 同化量（A）及散发项（T）均可通过气孔导度（g_s）建立模型（Beer et al.，2009；Zhou et al.，2014）：

$$A = g_s \frac{c_a - c_i}{p_a} \tag{6-18}$$

$$T = 1.6 \times g_s \frac{e_i - e_a}{p_a} \tag{6-19}$$

式中，p_a 为大气压（hPa）；$c_a - c_i$ 为周围环境与叶片内部之间的 CO_2 含量梯度；$e_i - e_a$ 为叶片内部与周围环境之间的水汽压梯度；常数系数"1.6"为水汽相对 CO_2 较高的扩散率（diffusion rate）。

将 $e_i - e_a$ 近似等于饱和水汽压差（VPD），叶片尺度的水分利用效率可表示为

$$\frac{A}{T} = \frac{c_a(1 - \frac{c_i}{c_a})}{1.6\text{VPD}} \tag{6-20}$$

根据上式，散发项（T）与 VPD 线性相关。相关研究（Lloyd and Farquhar，1994；Lloyd，1991）也显示，CO_2 同化量（A）表达式中的 $1 - \frac{c_i}{c_a}$ 与 $\sqrt{\text{VPD}}$ 存在正比关系，因而也受到 VPD 影响：

$$1 - \frac{c_i}{c_a} = \sqrt{\frac{1.6\text{VDP}(c_a - \Gamma)}{\lambda_{cf} c_a^2}} \tag{6-21}$$

式中，Γ 为 CO_2 补偿点；λ_{cf} 为碳摄入的边界耗水量。那么，叶片尺度的下垫面水分利用效率（$u\mathrm{WUE_i}$）可以表示为（Zhou et al.，2014）：

$$u\mathrm{WUE_i} = \frac{A\sqrt{\mathrm{VPD}}}{T} = \sqrt{\frac{c_a - \Gamma}{1.6\lambda_{cf}}} \tag{6-22}$$

推导得出了叶片尺度的下垫面水分利用效率，由上式可见，$A\sqrt{\mathrm{VPD}}$ 在叶片尺度与散发项 T 以及 $u\mathrm{WUE_i}$ 线性相关。

为了分析代表性站点、区域及流域的蒸散发特征，还需要将叶片尺度的水分利用效率推广至景观类型、生态系统的尺度。类比潜在蒸散发（$\mathrm{ET_p}$）和实际蒸散发（$\mathrm{ET_a}$）的概念，建立潜在水分利用效率（$u\mathrm{WUE_p}$）和实际水分利用效率（$u\mathrm{WUE_a}$）的相互关系。$u\mathrm{WUE_a}$ 就是常见的水分利用效率（WUE），$u\mathrm{WUE_p}$ 是单位水量的最大、可能固碳量。在更加宏观的空间尺度上，WUE 的代表对象实际从单纯的植被变为整个下垫面，那么，土壤蒸发占比较小，植被散发占比较大时就代表着更强烈的固碳作用。扩展至宏观尺度，考虑黑河试验中的通量塔实际观测项目，水分利用效率所涉及的水汽压差和 CO_2 梯度的表示差异主要体现在：①宏观的 VPD 保持不变，因其在叶片尺度推导中式（6-20）已经做过近似处理，且 VPD 只与环境温度和相对湿度有关；②叶片尺度的碳同化量被宏观尺度的二氧化碳通量（F_c）所取代；③如多尺度观测试验中所论述，植被散发很难直接观测，而蒸散发总量可通过潜热通量的观测求得，鉴于客观观测条件，宏观尺度的水分利用效率使用蒸散发总量（ET）来描述生态系统（Zhou et al.，2015）。相应的，宏观尺度的 $u\mathrm{WUE_p}$ 和 $u\mathrm{WUE_a}$ 定义为

$$u\mathrm{WUE_p} = \frac{F_c\sqrt{\mathrm{VPD}}}{T/\lambda} \tag{6-23}$$

$$u\mathrm{WUE_a} = \frac{F_c\sqrt{\mathrm{VPD}}}{\mathrm{LE}} \tag{6-24}$$

式中，LE 为潜热通量；λ 为蒸发潜热，使用下列公式计算（T_0 为地表温度，℃）：

$$\lambda = (2.501 - 0.00237 \times T_0) \times 10^6 \tag{6-25}$$

相关研究（Zhou et al.，2016）已经证明上述宏观尺度水分利用效率与叶片尺度水分利用效率在水碳关系估计、变量敏感性等方面具有一致性，说明尺度推广方式能够较好适用于站点和区域的蒸散发分析。根据 Zhou 等（2016）关于潜在、实际水分利用效率与蒸散发之间相关关系的假设（$u\mathrm{WUE_a} - T, u\mathrm{WUE_p} - \mathrm{ET}$），植被散发在蒸散发中的占比可表示为

$$\frac{T}{\mathrm{ET}} = \frac{u\mathrm{WUE_a}}{u\mathrm{WUE_p}} \tag{6-26}$$

$u\mathrm{WUE_p}$ 和 $u\mathrm{WUE_a}$ 分别采用分量回归（qunatile regression）和线性回归（linear regression）方法进行估计。分量回归是非参数回归分析的方法之一，主要是将待分析数据资料分为多个分量（quantile），再以不同分量推论自变量与因变量之间的关联性。相较于传统回归分析方法以中央趋势作推论，分量回归可以进一步推论尾端的行为（Cade and Noon，2003），因此适用于潜在（最大）水分利用效率的估计。95th 分量部分的数据将被用作推求 $\mathrm{GPP}\sqrt{\mathrm{VPD}}$ 与 ET 之比的上界（$\mathrm{GPP}\sqrt{\mathrm{VPD}}$ 与 ET 的散点分布在过原点的一条斜率为正的直线（趋势线）附近，形成一组条带，$\mathrm{GPP}\sqrt{\mathrm{VPD}}$ 与 ET 之比的上界指该条带靠近 Y 轴的边界），$\mathrm{GPP}\sqrt{\mathrm{VPD}}$ 与 ET 之比上界即潜在水分利用效率。

每个站点在利用全体数据的分量推求出 $u\mathrm{WUE_p}$ 之后，该值将作为定值在长时期蒸散发分析中使用，代表该站点区域植被完全覆盖、水分供给充足、气孔完全打开条件下的最大可能水分利用效率。在不需进行区分的情况下，$u\mathrm{WUE_a}$ 也被直接称作水分利用效率（$u\mathrm{WUE}$），计算时使用观测的 GPP、VPD 和 ET 数据代入式即可求得。最后，$u\mathrm{WUE_p}$ 和 $u\mathrm{WUE_a}$ 皆分析计算得出，根据求出植被散发的占比，进行蒸散发划分。

6.2.2　数据处理

基于下垫面水分利用效率的蒸散发划分方法需要 3 个变量的数据：二氧化碳通量（F_c）、VPD 和 LE。其中蒸散发总量 ET 由黑河试验涡动相关数据集中的潜热通量 LE 直接转换计算得到。

总初级生产力 GPP 利用涡动相关数据集（E_c）中的 F_c 和自动气象站数据集（AWS）中的地表土壤温度（T_{so}）计算求得。GPP 包含两部分：净初级生产力（NPP）和生态系统呼吸损耗（R_e）。NPP 通过累加 F_c 获得；R_e 通过分析二氧化碳通量与低温的关系拟合得到。

VPD 利用 AWS 中的空气比湿和空气温度计算求得。根据黑河流域的经验公式（李炜等，2013），饱和水汽压差可由以下方程计算：

$$\mathrm{VPD} = A(1-\mathrm{RH})\frac{BT_a}{\mathrm{e}^{T_a+C}} \tag{6-27}$$

式中，T_a 为气温（℃）；其余均为常数系数，$A = 0.6108$；$B = 17.27$；$C = 273.3$。

由于 AWS 数据集为 10 分钟记录频率，为了方便后期处理，将 AWS 使用均值插值为 30 分钟时间间隔，与 EC 保持一致。另外，由于观测原因，AWS 和 EC 数据集中均出现了大量的缺测数据，参考相关文献（徐自为等，2009），使用平均昼夜变化法 MDV 对缺测数据进行插补。以上数据处理均使用 MATLAB。

6.2.3　结果分析

1. 潜在水分利用效率估算

计算 $u\mathrm{WUE_p}$ 首先需要根据计算 VPD，再使用分量回归方法分析 $F_c\sqrt{\mathrm{VPD}}-\mathrm{LE}$ 之间

的关系。首先进行数据筛选，根据 AWS 和 EC 的质量控制标识，选取质量控制为 "0" 和 "1" 所对应的 F_c 和 LE。然后计算 $F_c\sqrt{\mathrm{VPD}}$ 序列，并选取前 95%的 $(F_c\sqrt{\mathrm{VPD}}, \mathrm{LE})$ 散点（95th 分量），绘制 95th 分量 $(F_c\sqrt{\mathrm{VPD}}, \mathrm{LE})$ 的散点图，如图 6-13 所示。

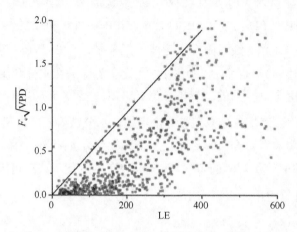

图 6-13　大满绿洲潜在水分利用效率（$u\mathrm{WUE_p}$）的 95th 分量回归图

图 6-13 中过原点的红线代表 $(F_c\sqrt{\mathrm{VPD}}, \mathrm{LE})$ 95th 分量的上边界，其斜率值即是大满绿洲站的潜在水分利用效率，值为 5.538×10^{-3}，该水分利用效率使用潜热通量与 $F_c\sqrt{\mathrm{VPD}}$ 之比的单位 mg·kPa·0.5/（s·W）。

使用以上方法对巴吉滩戈壁、张掖湿地、花寨子荒漠和神沙窝沙漠进行潜在水分利用效率的估算。巴吉滩戈壁、花寨子荒漠和神沙窝沙漠的植被覆盖度较低，LAI 基本都在 3 以下；三处下垫面的潜热通量一般也都处于 400W·m² 以下，蒸散发作用较弱。图 6-14 给出了计算三处下垫面潜在水分利用效率的散点图。由图可以看出，三处下垫面的散点多集中于原点附近，代表植物蒸腾速率的 $F_c\sqrt{\mathrm{VPD}}$（纵轴）和代表能量水分交互的 LE（横轴）都较小，这也表明三处下垫面植被生理作用微弱的特点。相比较之下，黑河中游戈壁和荒漠的潜在水分利用效率特征较为接近，而沙漠下垫面的潜热通量大部分集中在原点右侧。

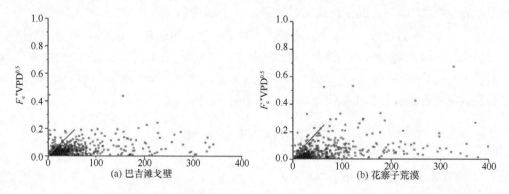

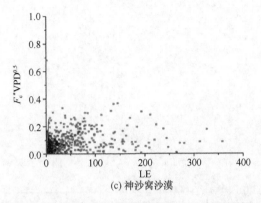

图 6-14　黑河中游戈壁、荒漠和沙漠的潜在水分利用效率（$u\text{WUE}_\text{p}$）

张掖湿地下垫面的潜在水分利用效率如图 6-15 所示，其散点分布比较分散，与绿洲下垫面的潜在水分利用效率更为接近。

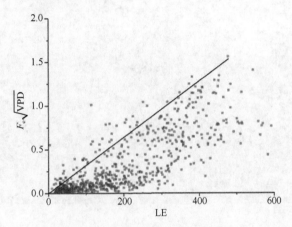

图 6-15　黑河中游湿地下垫面的潜在水分利用效率（$u\text{WUE}_\text{p}$）

2. 实际水分利用效率估算与蒸散发划分

在一段时间内，潜在水分利用效率代表着下垫面特征，可在蒸散发划分中当作定值。那么，根据式（6-27）基于观测数据即可计算出每个时刻（半小时尺度）的实际水分利用效率，进而可以求出散发量在总的蒸散发量中的占比（T/ET）。

如图 6-16 所示，其中某一时刻（图中红圈）的实际水分利用效率为 3.318×10^{-3} mg·kPa·0.5/（s·W），那么该时刻对应的散发量占比 $T/\text{ET}=3.318/5.538=59.9\%$。

然而，半小时尺度上的分割因为观测的不确定性较大，可能出现散发占比估算较大的情况。因此，在天尺度的蒸散发划分计算时，使用线性回归方法来规避不同时刻较大差异带来的不确定性。

图 6-17 是大满绿洲下垫面一年内的半小时尺度的蒸散发划分结果，横坐标为日序数，DOY。半小时的数据较为密集，且由于植被的日内变化较大，如白天进行光合作用和呼吸作用，夜晚只进行呼吸作用，所以半小时的蒸散发划分结果分布较为散乱。然而，图 6-17 仍然能够显示蒸散发划分的季节性变化，与非生长季相比，生长季的 T/ET 比值

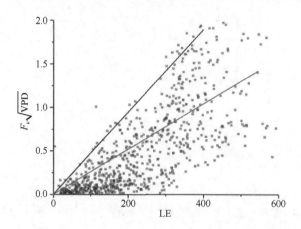

图 6-16　大满绿洲每个时刻的实际水分利用效率

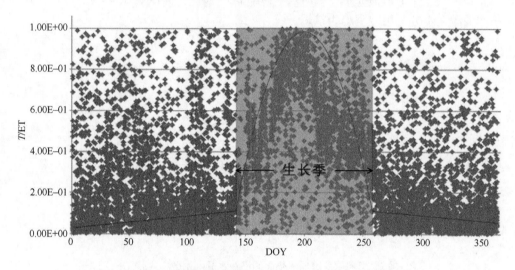

图 6-17　黑河中游绿洲半小时尺度的蒸散发划分结果

明显更大，并呈现倒 U 形的变化趋势，其峰值接近于 1，大约出现在 DOY=189，即 7 月 8 日。DOY<130 和 DOY>270 的时段为非生长季，由于植被生长已经结束，因而散发占比维持在一个较低的水平，总体低于 20%。

图 6-18 为黑河流域中游绿洲的日尺度的蒸散发划分结果，起始于 2012 年生长季，结束于 2014 年年末。图中可以看出三年生长季相似的变化趋势。

比较图 6-17、图 6-18 可以看出，小时尺度的蒸散发划分结果较为散乱，日内还存在较大变化，但仍可以看出蒸散发划分在整年内的变化趋势；天尺度的结果使用每天的线性回归计算当天的散发占比，因而整体趋势性更加明显。从两图均可以看出，年内的散发占比呈"单峰"分布，非生长季的散发占比处于较低水平。

图 6-19 为其余 4 种下垫面的散发占比随时间的变化。这些下垫面的散发占比并没有显著的固定变化模式，不像绿洲下垫面存在明显的生长季和非生长季，以及相应的年内变化模式。这可能是由于戈壁、湿地、荒漠和沙漠下垫面的植被较少，所以植被对于蒸散发划分未起到主导性作用，其他因素对于蒸散发划分的扰动作用比较强烈。

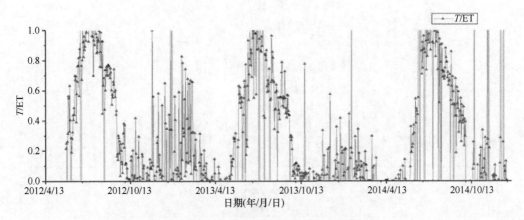

图6-18 黑河中游绿洲日尺度蒸散发划分结果

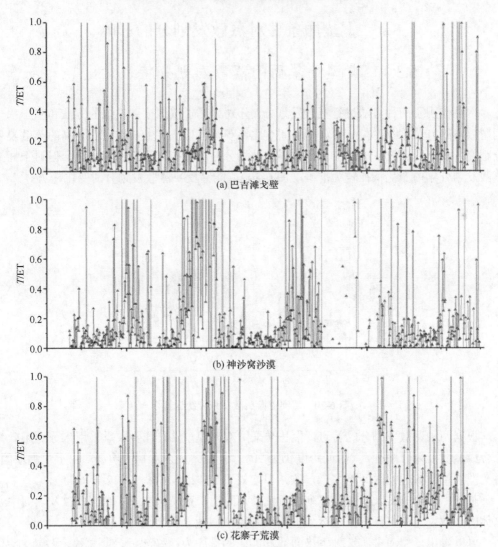

(a) 巴吉滩戈壁

(b) 神沙窝沙漠

(c) 花寨子荒漠

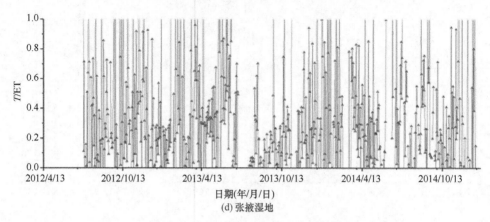

日期(年/月/日)

(d) 张掖湿地

图 6-19　黑河中游戈壁、沙漠、湿地、荒漠的散发占比变化

6.3　下垫面条件对蒸散发划分的影响

6.3.1　典型下垫面的蒸散发划分特征对比

本节使用了两种方法进行蒸散发划分，分别为基于双源模型模拟的方法和基于水分利用效率的方法。经过同位素观测验证对比，双源模型法在生长季有着更高的蒸散发划分精度。水分利用效率法在生长季的蒸散发划分精度相对低于双源模型法，但对于捕捉蒸散发划分年内变化特征较为准确（图 6-20），能够反映蒸散发划分的变化趋势。

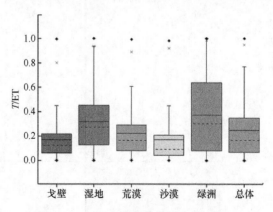

图 6-20　黑河中游蒸散发划分统计特征

根据两种蒸散发划分的特点，生长季采用双源模型法，非生长季采用水分利用效率法合成蒸散发划分序列，其时间跨度仍为 2012 年生长季至 2014 年年末（由于观测原因，各典型下垫面的起始时间不完全一致，但均处于 2012 年 5 月～2012 年 6 月）。

基于上述合成蒸散发划分序列，对戈壁、湿地、荒漠、沙漠、绿洲，以及黑河中游总体的蒸散发划分统计特征进行分析，绘制箱体如图 6-20 所示。

可以看出，黑河中游 5 种下垫面散发占比的排序为：绿洲>湿地>荒漠>戈壁>沙漠。各下垫面散发占比的方差排序（箱体高度）与均值排序一致，也为绿洲>湿地>荒漠>戈壁>沙漠，从侧面反映出植被对于散发占比的控制作用。由于植被生理活动有着显著的日内变化周期，其水分交互的变幅要远大于土壤蒸发和水面蒸发，因而更多的植被覆盖和更旺盛的植被活动会带来散发占比的显著提高，也会带来散发占比方差的增大。

黑河流域中游地区全年总体散发占比约为 23%。尽管全球陆面散发占比一般认为处于 50%～90%，黑河中游的散发占比远小于该区间。然而，考虑黑河中游的土地覆盖结构及分布（表 6-6、图 6-21），其中荒漠占比达到近 40%，占比 34%的草地也以低矮耐旱灌木为主，这些旱生超旱生植物叶片窄小，或者已经退化。因此，黑河中游大部分地表的植被覆盖很低，一些区域尽管植被覆盖尚可，但其植被类型的蒸腾作用微弱。此外，黑河中游温度较低，对散发作用的反向影响更为明显。以上因素造成黑河中游的散发占比较低，体现出低植被覆盖的干旱半干旱区特征。

表 6-6　黑河流域中游地区土地利用结构

年份	项目	耕地	林地	草地	水体	建设用地	荒漠
2010	面积/km²	5925.49	609.25	10229.15	1259.29	384.43	11828.77
	占比/%	19.60	2.01	33.83	4.16	1.27	39.12

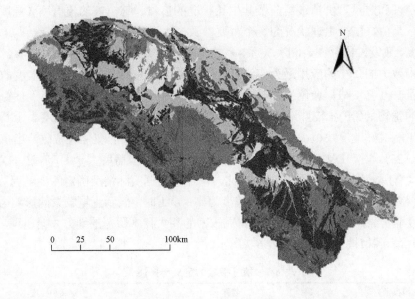

图 6-21　2010 年黑河流域中游土地利用分布

由于生长季和非生长季的植被水分交互情况差异较大，单独提取黑河中游生长季（5～9 月）的蒸散发划分结果进行统计分析，如图 6-22 所示。与所有时段（图 6-20）相比，生长季各下垫面的散发占比排序仍然为绿洲>湿地>荒漠>戈壁>沙漠，绿洲、湿地和荒漠的散发占比有了显著的提高，戈壁基本不变，而沙漠出现了明显下降。

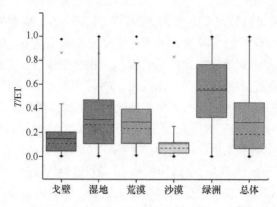

图 6-22　黑河中游生长季蒸散发划分统计特征

6.3.2　植被对蒸散发划分的控制作用

为了分析植被对蒸散发划分的控制作用，首先要选取合适的植被指数。植被指数是广泛用来定性和定量评价植被覆盖及其生长状况的参量，与植被的覆盖度（绿度）有密切的关系，是估算植被生理状况的一个重要参数，大量研究论证了植被指数与 LAI、植被的覆盖度、散发占比存在着相关关系，多数将植被指数与生物量关系表述为线性相关。其中植被指数中 NDVI 的应用最为广泛，它是反演植被生长状态及植被覆盖度的最佳指示参数，而 EVI 与 LAI、绿色生物量、叶绿素含量相关性高，也被广泛用于估算和监测绿色植物的生物量。PVI 较好地消除了土壤背景的影响，对大气的敏感度小于其他植被指数。DVI 能很好地反映植被覆盖度的变化，但对土壤背景的变化较敏感，当植被覆盖度在 15%～25% 时，DVI 随生物量的增加而增加；植被覆盖度大于 80% 时，DVI 对植被的灵敏度有所下降。SAVI 与 NDVI 相比，增加了根据实际情况确定的土壤调节系数 L 的取值范围 0～1。L=0 时，表示植被覆盖度为零；L=1 时，表示土壤背景的影响为零，即植被覆盖度非常高，这种情况只有在被树冠浓密的高大树木覆盖的地方才会出现，在这里 L 取 0.5 即可。各植被指数定义如表 6-7 所示。

表 6-7　植被指数的定义与描述

植被指数	名称	定义和描述
NDVI	归一化植被指数	$(R_{nir}-R_{red})/(R_{nir}+R_{red})$
EVI	增强型植被指数	$2.5(R_{nir}-R_{red})/(R_{nir}+6R_{red}-7.5R_{blue}+1)$
PVI	垂直植被指数	$(R_{nir}-aR_{red}-b)/(1+a^2)^{(1/2)}$
SAVI	土壤调节植被指数	$(1+L)*(R_{nir}-R_{red})/(R_{nir}+R_{red}+L)$
DVI	差值植被指数	$R_{nir}-R_{red}$

综合以上因素，结合植被指数相关研究，本节选取 EVI、NDVI 作为表征植被状态的指数。植被指数数据来自 VNP13A 数据集。使用植被指数，分别使用线性、二次多项式和指数方程拟合散发占比，结果如图 6-23 所示。使用线性关系拟合 EVI，NDVI 与 T/ET 的关系，相关系数 R 均达到 0.84，说明生长季内植被指数对于蒸散发划分，即散发占比具有控制性的作用。

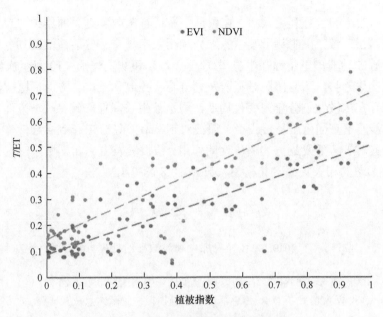

图 6-23　植被对蒸散发划分的控制作用

6.4　小　　结

　　蒸散发过程中存在由液态到气态的相变焓，因而产生潜热。利用涡动相关和自动气象观测，基于能量平衡双源模型，识别能量平衡各组成项。其中，植被层与土壤层的净辐射和感热均通过辐射项确定，土壤地表热通量通过 TDEC 法确定。净辐射、感热和土壤热通量均通过观测检验。根据能量平衡公式，进而通过余项法求得潜热通量。绿洲下垫面是黑河中游灌区耗水的主要区域，绿洲下垫面的划分结果显示，蒸散发占比在整个生长季内比较稳定，在生长季内，植被散发量平均占比约 85%，土壤蒸发量平均占比约 15%。蒸散发划分结果经过原位同位素观测检验，双源模型划分结果（T/ET）整体均值的均方根误差（RMSE）为 2.3%，验证期内模拟结果比实际值低 4.0%。本章研究获得结论如下：

　　（1）提出的蒸散发划分方法改进了水分利用效率表达式，用更微观、更直接测量的二氧化碳同化量和潜热通量代替了原有的总初级生产力和蒸散发总量，使得该水分利用效率能够应用于半小时尺度的通量数据，蒸散发划分能够在更为精细的尺度上进行。基于改进的公式，计算了潜在和实际水分利用效率，并证明了其比值与植被散发占比存在显著的相关性。

　　（2）基于改进的蒸散发划分结果显示，黑河流域中游地区全年总体散发占比约为 23%，黑河中游 5 个典型下垫面整体植被散发占比排序为：绿洲>湿地>荒漠>戈壁>沙漠，湿地和绿洲由于潜在蒸散发能力较强，其蒸散发划分对于能量的响应也更加迅速和强烈。作为干旱区特有的下垫面类型，荒漠、戈壁和沙漠仍然存在旱生和超旱生植被（如骆驼刺），这些下垫面的散发占比并没有显著的固定变化模式，不像绿洲下垫面存在明显的生长季和非生长季，以及相应的年内变化模式。

　　（3）利用改进的水分利用效率，在黑河中游进行蒸散发划分的结果与观测结果、双源模型分割结果一致，说明基于改进的水分利用效率具有较好的蒸散发划分效果。通过对比黑河中游 5 种典型下垫面在生长季（5～9 月）和非生长季（10 月至次年 4 月）的蒸散发划分变化趋势，认为植被对蒸散发划分存在控制作用。一方面，植被覆盖度高的绿洲下垫面存在蒸散发划分年内变化周期，与植被生长周期一致；另一方面，戈壁、湿地、荒漠和沙漠下垫面由于植被较少，植被对于蒸散发划分未起到主导性作用，所以呈现出其他因素对于蒸散发划分的随机扰动作用。植被散发占比和土壤蒸发占比与植被指数 EVI 存在显著的相关关系，其相关系数 $R > 0.8R > 0.8$。

参 考 文 献

白洁, 刘绍民, 丁晓萍, 等. 2010. 大孔径闪烁仪观测数据的处理方法研究. 地球科学进展, 11: 1148-1165.

丁一汇. 2008. 人类活动与全球气候变化及其对水资源的影响. 中国水利, 2: 20-27.

韩文霆, 乔军, 许景辉. 2013. T-TDR 传感器土壤热场模拟与测温结点位置研究. 农业机械学报, 8: 106-111.

李娜娜, 贾立, 卢静. 2015. 复杂下垫面地表土壤热通量算法改进: 以黑河流域为例. 中国科学: 地球科学, 4: 494-507.

李炜, 司建华, 冯起, 等. 2013. 胡杨(Populus Euphratica)蒸腾耗水对水汽压差的响应. 中国沙漠, 33(5): 1377-1384.

李新, 马明国, 王建, 等. 2008. 黑河流域遥感-地面观测同步试验: 科学目标与试验方案. 地球科学进展, 23(9): 897-914.

连英立. 2011. 张掖盆地地下水对气候变化响应特征与机制研究. 北京: 中国地质科学院博士学位论文.

刘昌明, 窦清晨. 1992. 土壤-植物-大气连续体模型中的蒸散发计算. 水科学进展, 04: 255-263.

刘昌明, 张丹. 2011. 中国地表潜在蒸散发敏感性的时空变化特征分析. 地理学报, 05: 579-588.

秦大河, Stocker T. 2014. IPCC 第五次评估报告第一工作组报告的亮点结论. 气候变化研究进展, 10 (1): 1-6.

孙福宝. 2007. 基于 Budyko 水热耦合平衡假设的流域蒸散发研究. 北京: 清华大学博士学位论文.

王亚楠, 龙慧灵, 袁占良, 等. 2015. 基于涡度相关的黑河玉米生态系统生长季碳通量和固碳能力变化特征研究. 河南农业科学, 08: 154-159.

吴国雄, 刘屹岷, 刘新, 等. 2005. 青藏高原加热如何影响亚洲夏季的气候格局. 大气科学, 01: 47-56.

吴力博, 古松, 赵亮, 等. 2010. 三江源地区人工草地的生态系统 CO_2 净交换、总初级生产力及其影响因子. 植物生态学报, 07: 770-780.

徐自为, 刘绍民, 徐同仁, 等. 2009. 涡动相关仪观测蒸散量的插补方法比较. 地球科学进展, 04: 372-382.

徐宗学, 和宛琳. 2005. 黄河流域近 40 年蒸发皿蒸发量变化趋势分析. 水文, 06: 6-11.

阳坤, 王介民. 2008. 一种基于土壤温湿资料计算地表土壤热通量的温度预报校正法. 中国科学(D 辑: 地球科学), 02: 243-250.

张强, 张黎, 何洪林, 等. 2014. 基于涡度相关通量数据的植被最大光能利用率反演研究. 第四纪研究, 04: 743-751.

中科院地学部. 1996. 西北干旱区水资源考察报告——关于黑河、石羊河流域合理用水和拯救生态问题的建议. 地球科学进展, 11(1): 1-4.

Anyia A O, Herzog H. 2004. Water-use efficiency, leaf area and leaf gas exchange of cowpeas under mid-season drought. European Journal of Agronomy, 20(4): 327-339.

Baldocchi D . 1994. A comparative study of mass and energy exchange rates over a closed C_3 (wheat) and an open C_4 (corn) crop: II. CO_2 exchange and water use efficiency. Agricultural & Forest Meteorology, 67(3): 291-321.

Beer C, Ciais P, Reichstein M, et al. 2009. Temporal and among-site variability of inherent water use efficiency at the ecosystem level. Global Biogeochemical Cycles, 23(2): GB2018.

Blum A. 2005. Drought resistance, water-use efficiency, and yield potential—are they compatible, dissonant, or mutually exclusive. Crop and Pasture Science, 56(11): 1159-1168.

Cade B S, Noon B R. 2003. A gentle introduction to quantile regression for ecologists. Frontiers in Ecology and the Environment, 1(8): 412-420.

Change, Intergovernmental Panel On Climate. 2014. Climate Change 2013–The Physical Science Basis: Working Group I Contribution to the Fifth Assessment Report of the Intergovernmental Panel on Climate Change. Cambridge: Cambridge University Press.

Colaizzi P D, Evett S R, Howell T A, et al. 2012. Radiation model for row crops: I. Geometric view factors and parameter optimization. Agronomy Journal, 104(2): 225.

Evaristo J, Jasechko S, Mcdonnell J J. 2015. Global separation of plant transpiration from groundwater and streamflow. Nature, 525(7567): 91-94.

Huang L J, Wen X F. 2014. Temporal variations of atmospheric water vapor δD and $\delta^{18}O$ above an arid artificial oasis cropland in the Heihe River Basin. Journal of Geophysical Research: Atmospheres, 119(19): 11456-11476.

Jung M, Reichstein M, Ciais P, et al. 2010. Recent decline in the global land evapotranspiration trend due to limited moisture supply. Nature, 467(7318): 951-954.

Li X, Cheng G, Liu S, et al. 2013. Heihe watershed allied telemetry experimental research (HiWater) scientific objectives and experimental design. Bulletin of the American Meteorological Society, 94(8): 1145-1160.

Li X, Li X W, Roth K, et al. 2011. Observing and modeling the catchment scale water cycle Preface. Hydrology & Earth System Sciences, 15(2): 597-601.

Li X, Li X, Li Z, et al. 2012. Watershed allied telemetry experimental research. Journal of Geophysical Research-Atmospheres, 114(19): 2191-2196.

Liu S M, Xu Z W, Wang W Z, et al. 2011. A comparison of eddy-covariance and large aperture scintillometer measurements with respect to the energy balance closure problem. Hydrology and Earth System Sciences, 15: 1291-1306.

Lloyd J, Farquhar G D. 1994. ^{13}C discrimination during CO_2 assimilation by the terrestrial biosphere. Oecologia, 99(3/4): 201-215.

Lloyd J. 1991. Modelling stomatal responses to environment in macadamia integrifolia. Functional Plant Biology, 18(6): 649-660.

Medrano H, Magdalena T, Sebastià M, et al. 2005. From leaf to whole-plant water use efficiency (WUE) in complex canopies: Limitations of leaf WUE as a selection target. The Crop Journal, 3(3): 220-228.

Merlin O, Chehbouni A. 2004. Different approaches in estimating heat flux using dual angle observations of radiative surface temperature. International Journal of Remote Sensing, 25(1): 275-289.

Michaletz S T, Cheng D, Kerkhoff A J, et al. 2014. Convergence of terrestrial plant production across global climate gradients. Nature, 512(7512): 39-43.

Morillas L, García M, Nieto H , et al. 2013. Using radiometric surface temperature for surface energy flux estimation in Mediterranean drylands from a two-source perspective. Remote Sensing of Environment, 136: 234-246.

Norman J M, Anderson M C, Kustas W P, et al. 2003. Remote sensing of surface energy fluxes at 101-m pixel resolutions. Water Resources Research, 39(8): SWC 9-1.

Oki T. 2006. Global hydrological cycles and world water resources. Science, 313(5790): 1068-1072.

Pittelkow C M, Liang X, Linquist B A, et al. 2015. Productivity limits and potentials of the principles of conservation agriculture. Nature, 517(7534): 365-368.

Ponton S, Flanagan L B, Alstad K P, et al. 2006. Comparison of Ecosystem Water-use Efficiency Among

Douglas-fir Forest, aspen forest and grassland using eddy covariance and carbon isotope techniques. Global Change Biology, 12(2): 294-310.

Ponton S, Flanagan L B, Alstad K P, et al. 2010. Comparison of ecosystem water-use efficiency among Douglas-fir forest, aspen forest and grassland using eddy covariance and carbon isotope techniques. Global Change Biology, 12(2): 294-310.

Scanlon T. 2012. Partitioning evapotranspiration using an eddy covariance-based technique: improved assessment of soil moisture and land-atmosphere exchange dynamics. Vadose Zone Journal, 11(11): 811-822.

Solomon S. 2007. IPCC(2007): Climate change the physical science basis. Agu Fall Meeting Abstracts, 1: 01.

Song L, Liu S, Xi Z, et al. 2014. Estimating and validating soil evaporation and crop transpiration during the HiWATER-MUSOEXE. IEEE Geoscience & Remote Sensing Letters, 12(2): 334-338.

Tang X, Li H, Desai A R, et al. 2014. How is water-use efficiency of terrestrial ecosystems distributed and changing on Earth. Scientific Reports, 4: 7483.

Trenberth, Kevin E, John T, et al. 2009. Earth's global energy budget. Bulletin of the American Meteorological Society, 90(3): 311-323.

Wilcox, Bradford P, Thomas L. et al. 2006. Emerging issues in rangeland ecohydrology: Vegetation change and the water cycle. Rangeland Ecology & Management, 59(2): 220-224.

Xu Z W, Shao M L, Xin L, et al. 2013. Intercomparison of surface energy flux measurement systems used during the HiWATER-MUSOEXE. Journal of Geophysical Research (Atmospheres), 118: 13.

Yu G R, Wang Q F, Zhuang J. 2004. Modeling the water use efficiency of soybean and maize plants under environmental stresses: Application of a synthetic model of photosynthesis-transpiration based on stomatal behavior. Journal of Plant Physiology, 161(3): 303-318.

Zhou S, Yu B, Huang Y, et al. 2014. The effect of vapor pressure deficit on water use efficiency at the subdaily time scale. Geophysical Research Letters, 41(14): 5005-5013.

Zhou S, Yu B, Huang Y, et al. 2015. Daily underlying water use efficiency for AmeriFlux sites. Journal of Geophysical Research: Biogeosciences, 120(5): 887-902.

Zhou S, Yu B, Zhang Y, et al. 2016. Partitioning evapotranspiration based on the concept of underlying water use efficiency. Water Resources Research, 52(2): 1160-1175.

Zhu Z, Tan L, Gao S, et al. 2015. Observation on soil moisture of irrigation cropland by cosmic-ray probe. IEEE Geoscience and Remote Sensing Letters, 12(3): 472-476.

第7章 黑河中游水循环演变对生态系统的影响

7.1 黑河中游水循环演变与干旱指数的关系

基于水量平衡公式,以年为时间尺度,并假设 $E=P-Q$,得到实际蒸散发序列。由图 7-1 可知,实际蒸散发序列近四十多年来变化相对稳定,基准期变化较小,变化期变化波动较大;20 世纪 80 年代以前,实际蒸散发与径流变化较为一致,80 年代以后变化趋势大部分情况不一致。干旱指数 E_0/P 与蒸散发指数 E/P 的散点图如图 7-2 所示,蒸散发指数均值为 0.8,而干旱指数均值为 5.1,可知黑河中游的蒸发潜力远远大于有效蒸发。干旱指数与径流无明显相关关系,但是二者的曲线为减少趋势,如图 7-3 所示。由于黑河中游径流减少,则中游流域干旱指数为增大趋势,说明黑河中游存在一定的干旱风险。

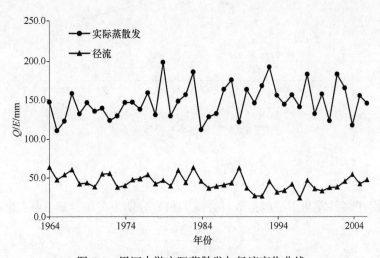

图 7-1 黑河中游实际蒸散发与径流变化曲线

7.2 黑河中上游水文过程演变与下垫面变化的关系

7.2.1 基于下垫面指数的弹性系数法

结合水量平衡方程式和长时期的实际蒸散发计算公式,将下垫面参数 ϖ 作为变量分析流域下垫面变化对流域水文变异的影响。基于下垫面指数的水量平衡方法全积分得到:

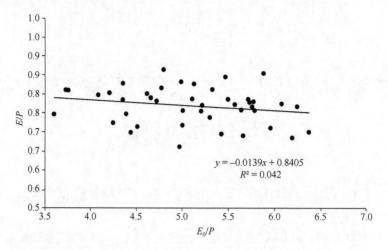

图 7-2   干旱指数与蒸散发指数散点图

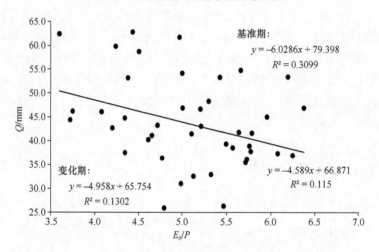

图 7-3   干旱指数与径流关系

$$\mathrm{d}Q = \frac{\partial Q}{\partial P}\mathrm{d}P + \frac{\partial Q}{\partial E_0}\mathrm{d}E_0 + \frac{\partial Q}{\partial \varpi}\mathrm{d}\varpi \tag{7-1}$$

降水、潜在蒸散发及下垫面指数对径流的积分分别为（其中 x 亦为干旱指数 E_0/P）：

$$\frac{\partial Q}{\partial P} = \frac{1 + 2x + 3\varpi x^2}{(1 + x + \varpi x^2)^2} \tag{7-2}$$

$$\frac{\partial Q}{\partial E_0} = -\frac{1 + 2\varpi x}{(1 + x + \varpi x^2)^2} \tag{7-3}$$

$$\frac{\partial Q}{\partial \varpi} = -P \cdot \frac{x^2}{(1 + x + \varpi x^2)^2} \tag{7-4}$$

根据弹性系数法有以下公式：

$$\frac{\mathrm{d}Q}{R} = \varepsilon_P \frac{\mathrm{d}P}{P} + \varepsilon_{E_0} \frac{\mathrm{d}E_0}{E_0} + \varepsilon_{\varpi} \frac{\mathrm{d}\varpi}{\varpi} \tag{7-5}$$

式中，ε_P，ε_{E_0}和ε_{ϖ}分别为降水、潜在蒸散发和下垫面的弹性系数。

式（7-1）转换之后如下：

$$\frac{\mathrm{d}Q}{Q} = \frac{\partial Q}{\partial P} \cdot \frac{P}{Q} \cdot \frac{\mathrm{d}P}{P} + \frac{\partial Q}{\partial E_0} \cdot \frac{E_0}{Q} \cdot \frac{\mathrm{d}E_0}{E_0} + \frac{\partial Q}{\partial \varpi} \cdot \frac{\varpi}{Q} \cdot \frac{\mathrm{d}\varpi}{\varpi} \tag{7-6}$$

则可得到ε_P，ε_{E_0}和ε_{ϖ}的计算公式分别如下：

$$\varepsilon_P = \frac{1 + 2x + 3\varpi x^2}{1 + x + \varpi x^2} \tag{7-7}$$

$$\varepsilon_{E_0} = -\frac{x + 2\varpi x^2}{1 + x + \varpi x^2} \tag{7-8}$$

$$\varepsilon_{\varpi} = -\varpi \cdot \frac{x^2}{1 + x + \varpi x^2} \tag{7-9}$$

可知ε_P的计算公式与降水对径流的敏感性系数β的计算公式完全一致。

则由弹性系数法原理可得到气候因素（即降水和潜在蒸散发）导致的径流变化：

$$\Delta Q_P = \varepsilon_P \cdot \frac{\overline{Q}}{\overline{P}} \cdot \Delta P \tag{7-10}$$

$$\Delta Q_{E_0} = \varepsilon_{E_0} \cdot \frac{\overline{Q}}{\overline{E_0}} \cdot \Delta E_0 \tag{7-11}$$

下垫面因素导致的径流变化：

$$\Delta Q_{\varpi} = \varepsilon_{\varpi} \cdot \frac{\overline{Q}}{\overline{\varpi}} \cdot \Delta \varpi \tag{7-12}$$

则下垫面变化对流域径流变化的影响c^{ϖ}为

$$c^{\varpi} = \Delta Q^{\varpi} / \Delta Q^{\mathrm{tot}} \tag{7-13}$$

7.2.2 流域下垫面变化对水文过程的影响评估

1. 黑河中上游流域下垫面变化影响评估

计算得到黑河中上游流域下垫面参数值变化为 0.01，得到的下垫面弹性系数为 1.1，相应的下垫面对其径流变化的影响量为 1.0mm，其贡献率为 52%。降水和潜在蒸散发的弹性系数均为 0.5，相应地，两个气候驱动因素的径流影响量分别为 1.3mm 和–0.5mm，即降水和潜在蒸散发对径流变化的作用相反，二者总的影响量为 0.8mm；降水和潜在蒸散发对径流变化的总贡献率为 40%，如表 7-1 和表 7-2 所示。

表 7-1　黑河上游和中游流域下垫面变化特征

项目	ΔP/mm	ΔE_0/mm	ΔQ/mm	$\Delta\varpi$	ε_P	ε_{E_0}	ε_ϖ
中上流域	6.7	−10.8	−2.0	0.01	0.5	0.5	1.1
上游流域	14.8	5.9	10.4	−0.01	0.9	0.1	0.7
中游流域	2.4	−27.5	−7.1	0.03	1.2	−0.2	0.6

表 7-2　黑河上游和中游流域下垫面变化影响评估

项目	降水变化影响量/mm	降水变化贡献率/%	潜在蒸散发变化影响量/mm	潜在蒸散发变化贡献率/%	下垫面变化影响量/mm	下垫面变化贡献率/%
中上流域	1.3	−66%	−0.5	27%	1.0	−52%
上游流域	5.8	55%	0.1	1%	−0.9	−9%
中游流域	0.6	−9%	0.2	−3%	1.5	−22%

第 4 章评估的黑河中上游流域气候变率对流域径流变化的影响为 45%～47%，人类活动贡献 52%～55%。可见本节中使用的弹性系数法评估得到的结果略微偏低，但是误差在 10%以内，在可接受范围。中上游流域下垫面变化的影响高达 52%，几乎等于流域内人类活动影响的贡献率，可见该研究区域内的人类活动影响主要为流域下垫面变化的影响。

2. 黑河上游流域下垫面变化影响评估

由表 7-1 所示，黑河上游流域下垫面参数值减少 0.01，得到的降水、潜在蒸散发和下垫面弹性系数分别为 0.9、0.1 和 0.7。由得到的参数及各水文变量即计算得到降水变化和潜在蒸散发变化及下垫面变化影响的径流变化量分别为 5.8mm、0.1mm 和−0.9mm，相应地，三类变化对上游流域的水文变异分别贡献了 55%、1%和−9%，如表 7-1 和 7-2 所示。

由基于下垫面变化的弹性系数法计算得到的气候变率（主要考虑降水和潜在蒸散发影响）对黑河上游流域的径流增加的总贡献率为 56%，其中降水贡献率为 55%，潜在蒸散发贡献率 1%。第 4 章评估得到黑河上游流域气候变率贡献率为 63%～71%，虽然考虑下垫面变化的弹性系数法评估的气候变率贡献率偏低，但是弹性系数法评估水文过程演变驱动力研究与敏感性系数法类似，而敏感性系数法评估的气候变率贡献率为 63%。弹性系数法和敏感性系数法的评估结果误差为 7%，亦在合理变动范围内，则确定弹性系数法的评估结果相对可信。第 4 章评估的人类活动影响为 29%～37%，弹性系数法评估下垫面变化对上游流域径流增加的贡献率为 9%，可见上游流域人类活动影响流域下垫面变化的影响是主要原因之一。

3. 黑河中游流域下垫面变化影响评估

黑河中游流域下垫面变化为 0.03，得到的降水、潜在蒸散发和下垫面的弹性系数分别为 1.2、−0.2 和 0.6，三类变量的变化导致的径流变量分别为 0.6mm、0.2mm 和 1.5mm，相应的贡献率分别为−9%、−3%和−22%，如表 7-1 和 7-2 所示。则由该弹性系数法计算得到的气候变率总贡献率为 12%，与第 4 章评估得到的气候变率影响（11%～17%）一致，评估结果较为可靠。本章评估得到黑河中游流域下垫面变化对流域径流变化的贡献率为 22%，而第 4 章评估得到人类活动影响为 83%～89%，则下垫面变化影响约占人类活动总影响的 25%，可见下垫面变化是中游流域人类活动影响的主要因素之一。

虽然各自流域下垫面情况不同，但是上游流域和中游流域的下垫面变化率均为 5.2%，中游流域的下垫面变化及其变化对流域径流变化影响的贡献率均大于上游流域，上游下垫面的弹性系数大于中游流域。上游流域的降水变化大，中游流域的潜在蒸散发变化大，而中游流域的降水和潜在蒸散发的弹性系数均高于上游流域；但无论是上游流域还是中游流域，降水变化对流域径流变化的影响都远大于潜在蒸散发变化的影响，尤其是在上游流域。其可能的原因在于上游处于山区，降水相对丰富，且上游流域植被覆盖率高于中游流域。

7.3　水文过程对植被等驱动因素的响应关系

7.3.1　月 ET 模型

1. 模型原理

月实际蒸散发可应用关键的环境因素包括有效能量（即潜在蒸散发）、水分（即降水）和季节性动态植被生物量（即叶面积指数）来计算评估，四者之间的关系可表示为

$$ET = f(P, E_0, LAI) \tag{7-14}$$

式中，ET 为实际蒸散发。Feng 等（2012）研究表明干旱半干旱区的月 ET 模型可用下式计算：

$$ET = k_1 * P * E_0 + k_2 * P * LAI + k_3 * E_0 * LAI + k_4 \tag{7-15}$$

其中，LAI 为叶面积指数；k_1、k_2、k_3 和 k_4 分别为四个参数。

2. 模型优化

本模型中所涉及参数应用全局优化算法 SCE-UA 进行优化。SCE-UA 优化方法在各个领域上应用广泛，尤其是在水文模型参数优化方面。SCE-UA 结合了生物进化、确定性搜索和随机搜索等方法的优势，此外还考虑了种群概念。该算法的运行流程图如图 7-4 所示。

3. 模型目标函数

本模型应用广泛使用的 Nash-Sutcliffe 效率系数 NS 和相对误差 RE 作为模型效果验证的指标，方程分别为

$$NS = 1 - \frac{\sum_{i=1}^{n} (ET_i - ET_i')^2}{\sum_{i=1}^{n} (ET_i - \overline{ET})^2} \tag{7-16}$$

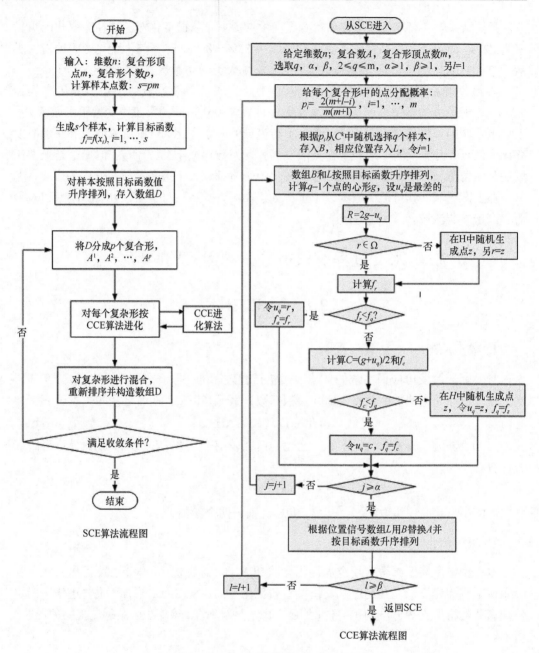

图 7-4 SCE-UA 优化算法运行流程图

$$RE = \frac{\sum_{i=1}^{n} ET_i - \sum_{i=1}^{n} ET_i'}{\sum_{i=1}^{n} ET_i} \times 100\% \quad (7\text{-}17)$$

式中，ET 和 ET′分别为实测蒸散发和模拟蒸散发值；$\overline{ET}$ 为实测蒸散发的均值。

7.3.2　实际蒸散发模型构建

1. 数据资料处理

月 ET 模型所需数据分别为降水、潜在蒸散发及叶面积指数的月数据,亦需要实际蒸散发数据验证模型模拟效果。受数据限制,黑河中上游流域仅有 2007~2012 年的完整数据,且仅黑河干流区域数据有效。因此,该模型构建选用 2007~2010 年为模型率定期,2011~2012 年为模型验证期;以黑河上游莺落峡流域、中游正义峡流域和中上游东部流域(仅包括莺落峡流域和正义峡流域)作为该模型的 3 个研究区域,如图 7-5 所示。

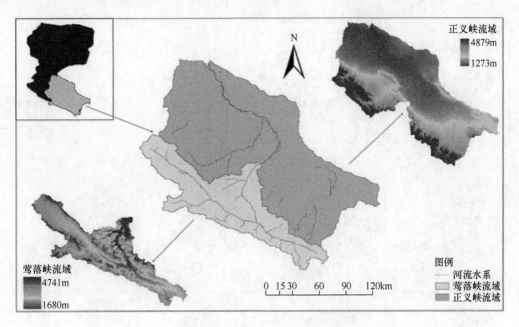

图 7-5　模型研究区域

本节模型模拟中应用的是雨量站的水面蒸发月数据(水面蒸发亦使用 E_0 表示),降水数据亦为雨量站月数据,分别将上游和中游流域各个站点的降水和水面蒸发月数据的均值作为上游和中游流域的月数据。

叶面积指数数据是范闻捷(2014)提供的 8 天 1km 的整个黑河流域的 tif 数据,由冠层 BRDF 模型反演得到。应用 ArcGIS 9.3 软件处理,分别得到上游和中游流域的叶面积指数的 8 天数据,再由算术平均得到 LAI 月数据。实际蒸散发数据是 Wu 等(2012)应用 ET Watch 最新模型得到的 1km 黑河流域月数据,亦采用 ArcGIS 处理得到上游和中游流域的 ET 月数据,以该数据作为实测 ET 数据验证模型模拟效果。图 7-6 和图 7-7 分别为黑河中上游东部流域 2008 年叶面积指数的空间变化图和蒸散发年内空间变化图。

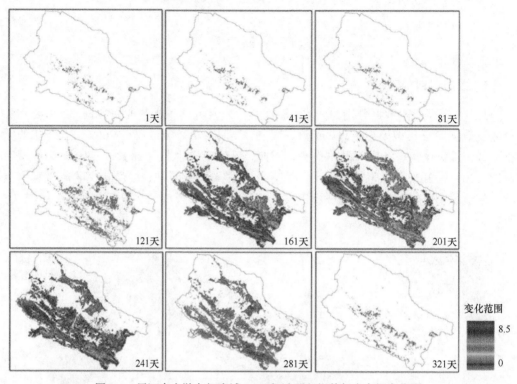

图 7-6 黑河中上游东部流域 2008 年叶面积指数年内空间变化图

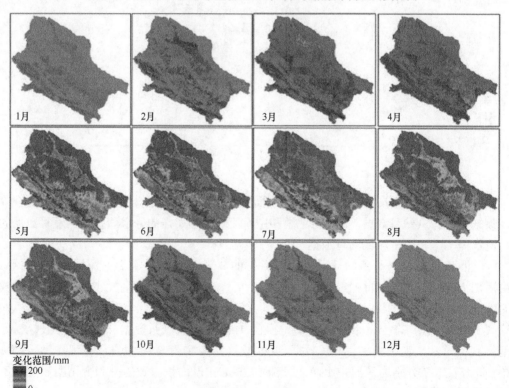

图 7-7 黑河中上游东部流域 2008 年蒸散发年内空间变化图

如图 7-8 所示，黑河中上游各研究区域的降水和水面蒸发均表现出显著的季节性变化。由图可见黑河中上游流域的降水主要发生在 5～9 月，莺落峡流域、正义峡流域和中上游东部流域月最大降水分别为 110.8mm、64.1mm 和 83.2mm；总体而言，莺落峡流域的季节性变化大于正义峡流域，莺落峡流域的汛期更长，且汛期降水更大，正义峡流域降水变化波动则较为平缓。相较而言，水面蒸发的月变化比降水变化更为明显，其值

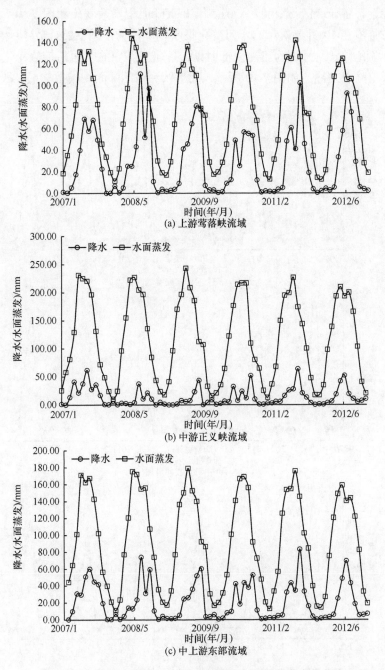

图 7-8　各研究区域 2007～2012 年降水与水面蒸发变化曲线

一般从 1 月逐步升高至 5 月，5～8 月为峰值期，之后则逐渐降低；莺落峡流域的峰值期的水面蒸发均在 100mm 以上，正义峡流域峰值期水面蒸发均在 180mm 以上，中上游东部流域相同时间段的水面蒸发则在 140mm 以上。月降水和水面蒸发的变化相对一致，但是水面蒸发的波峰变化较为明显，降水在汛期则波动较大，尤其是正义峡流域。

　　叶面积指数的月值变化在 6～9 月与月水面蒸发变化更为相似，其他月份则与降水变化更为接近。各研究区域 2007～2012 年 8 天叶面积指数变化如图 7-9 所示，各流域叶面积指数月值在 10 月至次年的 4 月变化很小，其值均小于 0.25，5 月开始迅速增长，7 月均达到峰值，8～9 月则为迅速降低时期。各研究区域的叶面积指数变化趋势非常相似，但是极值略有差异。如图 7-10 所示，莺落峡流域的叶面积指数与正义峡流域的叶面

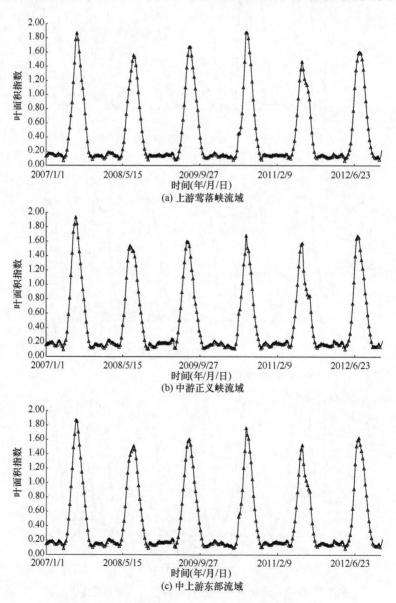

(a) 上游莺落峡流域

(b) 中游正义峡流域

(c) 中上游东部流域

图 7-9　各研究区域 2007～2012 年叶面积指数变化曲线

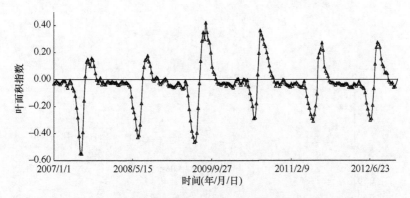

图 7-10　莺落峡流域与正义峡流域的叶面积指数之差变化曲线

积指数之差年际变化一致；10 月至次年 4 月的差异极小，但是正义峡流域的值略微大于莺落峡流域；5～7 月上旬正义峡的叶面积指数大于莺落峡流域，其差值最大可达 0.55；7 月中旬至 9 月下旬（其中 2009 年至 10 月上旬）莺落峡流域的叶面积指数大于正义峡流域。莺落峡流域与正义峡流域的叶面积指数差异主要受植被覆盖变化影响，亦受研究区域内经济农作物种植的影响。

2. 水文要素与植被的关系分析

在黑河上游莺落峡流域，叶面积指数与降水、水面蒸发及蒸散发的相关系数 R^2 分别为 0.645、0.385 和 0.687，说明流域内的植被与降水和蒸散发具有较高的相关关系，而与蒸发潜力的相关关系略低，如图 7-11 所示，而在中游正义峡流域，植被与蒸散发的相关关系 R^2 最大可达 0.700；与蒸发潜力的相关关系次之，相关系数 R^2 为 0.551；与降水的关系最小，其相关系数 R^2 仅为 0.345。可见在正义峡流域，蒸散发对植被的影响最大，如图 7-12 所示。在中上游东部流域，植被与蒸散发、降水和水面蒸发的相关系数 R^2 分别为 0.681、0.600 和 0.483，在该研究区域，植被与蒸散发及降水的关系更为显著，如图 7-13 可知在黑河流域，植被与蒸散发的关系最紧密，上游流域的植被还受降水影响，中游流域更多地受蒸发潜力的影响。黑河中上游流域为干旱半干旱区域，降水与蒸发对植被的影响都比较重要。

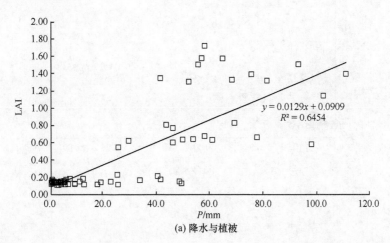

(a) 降水与植被

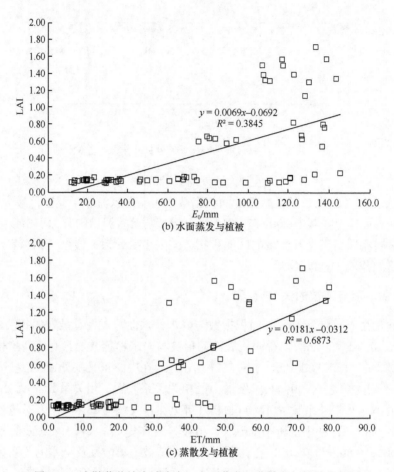

(b) 水面蒸发与植被

(c) 蒸散发与植被

图 7-11   上游莺落峡流域降水、水面蒸发及蒸散发与植被的关系

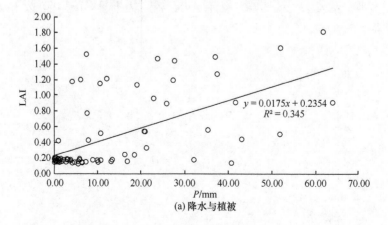

(a) 降水与植被

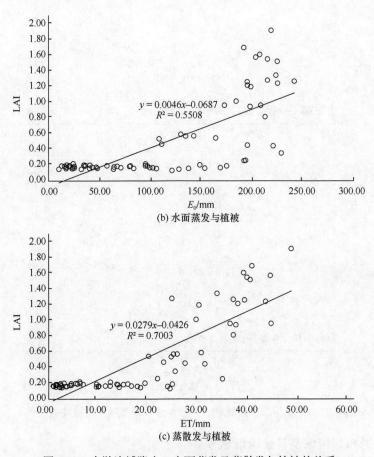

(b) 水面蒸发与植被

(c) 蒸散发与植被

图 7-12　中游流域降水、水面蒸发及蒸散发与植被的关系

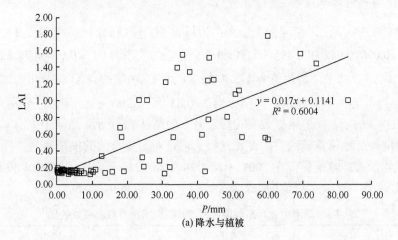

(a) 降水与植被

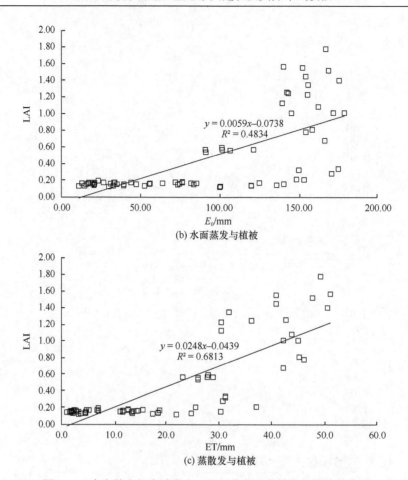

图 7-13　中上游东部流域降水、水面蒸发及蒸散发与植被的关系

3. 中上游东部流域及其子流域建模

1）中上游东部流域建模

应用 SCE-UA 算法，黑河中上游东部流域月 ET 模型的四个参数 k_1、k_2、k_3、k_4 分别为 0.004、0.000、0.042 和 8.495，即 ET 和三个变量的关系为 $ET = 0.004 \times P \times E_0 + 0.042 \times E_0 \times LAI + 8.495$。式中，$k_2$ 的值为零，即与 ET 的关系中，$P \times LAI$ 部分可忽略。该研究区域建模得到率定期 NS 和 RE 的值分别为 0.81 和–2.5%，验证期的值分别为 0.83 和 3.2%，如表 7-3 所示，模型模拟效果相对较好。如图 7-14 所示，黑河中上游东部流域的月 ET 模型能较好地模拟蒸散发的变化过程，但是对于较小值的模拟较差，11 月至次年 2 月的模拟均偏大；峰值模拟在 2007 年、2008 年和 2011 年偏大，2009 年和 2011 年峰值模拟略微偏小，2012 年峰值模拟较好。

表 7-3　黑河中上游东部流域月 ET 模型率定参数及模拟效果

项目	k_1	k_2	k_3	k_4	NS	RE
率定期					0.81	–2.5%
	0.004	0.000	0.042	8.495		
验证期					0.83	3.2%

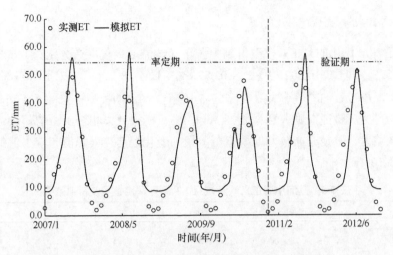

图 7-14　黑河中上游东部流域实测与模拟 ET 曲线

2）上游莺落峡流域建模

上游莺落峡流域月 ET 模型应用 SCE-UA 算法全局优化结果亦使目标函数收敛。优化得到的参数 k_1、k_2、k_3、k_4 分别为 0.006、0.001、0.032 和 7.745，即上游流域月 ET 模型为 $ET = 0.006 \times P \times E_0 + 0.001 \times P \times LAI + 0.032 \times E_0 \times LAI + 7.745$。其中率定期的 NS 和 RE 分别为 0.80 和–1.9%，验证期 NS 和 RE 分别为 0.83 和 8.8%，如表 7-4 所示，模拟结果相对令人满意。由图 7-15 可知，上游月 ET 模型模拟实际蒸散发整体模拟较好，但是峰值和较小值模拟较差，与中上游流域较小值模拟相似，且峰值整体模拟偏大。

表 7-4　黑河上游流域月 ET 模型率定参数及模拟效果

项目	k_1	k_2	k_3	k_4	NS	RE
率定期					0.80	–1.9%
	0.006	0.001	0.032	7.745		
验证期					0.83	8.8%

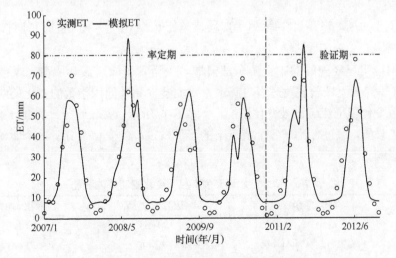

图 7-15　黑河上游流域实测与模拟 ET 曲线

3）中游正义峡流域建模

经 SCE-UA 优化的月 ET 模型得到中游正义峡流域最优参数分别为 0.002、0.000、0.082 和 8.528，即 $ET = 0.002 \times P \times E_0 + 0.082 \times E_0 \times LAI + 8.528$。与中上游东部流域相似，$k_2$ 的值为零，$P \times LAI$ 部分可忽略。如表 7-5 所示，率定期模型模拟的 NS 和 RE 值分别为 0.78 和–0.3%，验证期则分别为 0.78 和–0.1%，模拟效果相较上游莺落峡流域和中上游东部流域略差，但是亦能较好地模拟蒸散发的变化趋势，其峰值和较小值的模拟亦较差，如图 7-16 所示。

表 7-5　黑河中游正义峡流域月 ET 模型率定参数及模拟效果

项目	k_1	k_2	k_3	k_4	NS	RE
率定期					0.78	–0.3%
验证期	0.002	0.000	0.082	8.528	0.78	–0.1%

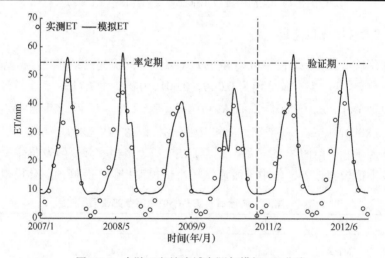

图 7-16　中游正义峡流域实测与模拟 ET 曲线

7.3.3　植被变化等驱动因素对蒸散发过程的影响评估

本节中应用已经建好的中上游东部流域、上游莺落峡流域和中游正义峡流域的月 ET 模型来研究各流域蒸散发过程对降水、水面蒸发和叶面积指数的变化的响应，其中叶面积指数变化表征流域植被变化情况。如表 7-6 所示，共设置了 13 组情景，其中情景 0 为参考设置。通过各流域各个情景下的蒸散发过程的变化来分析各个驱动因素对水文过程的影响。

表 7-6　降水、水面蒸发和植被变化驱动情景设置

情景设置	降水影响评估	水面蒸发影响评估	植被影响评估
情景 0	E_0，LAI 不变	P，LAI 不变	P，E_0 不变
情景 1	E_0 增加 20%，LAI 不变	P 增加 20%，LAI 不变	P 增加 20%，E_0 变
情景 2	E_0 增加 10%，LAI 不变	P 增加 10%，LAI 不变	P 增加 10%，E_0 不变

情景设置	降水影响评估	水面蒸发影响评估	植被影响评估
情景 3	E_0 减少 10%, LAI 不变	P 减少 10%, LAI 不变	P 减少 10%, E_0 不变
情景 4	E_0 减少 20%, LAI 不变	P 减少 20%, LAI 不变	P 减少 20%, E_0 不变
情景 5	E_0 不变, LAI 增加 20%	E_0 不变, LAI 增加 20%	P 不变, E_0 增加 20%
情景 6	E_0 不变, LAI 增加 10%	P 不变, LAI 增加 10%	P 不变, E_0 增加 10%
情景 7	E_0 不变, LAI 减少 10%	P 不变, LAI 减少 10%	P 不变, E_0 减少 10%
情景 8	E_0 不变, LAI 减少 20%	P 不变, LAI 减少 20%	P 不变, E_0 减少 20%
情景 9	E_0 增加 20%, LAI 增加 20%	P 增加 20%, LAI 增加 20%	P 增加 20%, E_0 增加 20%
情景 10	E_0 增加 10%, LAI 增加 10%	P 增加 10%, LAI 增加 10%	P 增加 10%, E_0 增加 10%
情景 11	E_0 减少 10%, LAI 减少 10%	P 减少 10%, LAI 减少 10%	P 减少 10%, E_0 减少 10%
情景 12	E_0 减少 20%, LAI 减少 20%	P 减少 20%, LAI 减少 20%	P 减少 20%, E_0 减少 20%

1. 中上游东部流域蒸散发过程响应

以黑河中上游东部流域月 ET 模型 $ET=0.004×P×E_0+0.042×E_0×LAI+8.495$ 分析该流域植被变化等对蒸散发过程的影响。如图 7-17 (a) 所示，降水变化率与得到的蒸散发变化率为完全的线性关系曲线，不同情景下得到降水变化与蒸散发变化的响应关系亦均为线性，且均为正相关。随着降水的减少蒸散发亦减少，反之亦然；随着降水减少的程度的增大，蒸散发减少的程度亦在增加，反之亦然。在降水变化的各情景变化中，情景 0（即保持原水面蒸发和叶面积指数不变）的情况下，降水变化率与蒸散发变化率的曲线方程斜率为 0.463，蒸散发变化率范围为–13.89～13.89%；各情景得到的方程斜率最小为情景 4，斜率为 0.420，即 E_0 减少 20%、LAI 不变的情况；斜率最大为情景 1 的 0.497，即 E_0 增加 20%、LAI 不变的情况；其中情景 1 至情景 4 的方程斜率变化为逐渐减小，即保持原叶面积指数不变的情况下，水面蒸发增长率逐渐减小至水面蒸发减小率增大的过程中，蒸散发变化率随着降水变化率变化幅度逐渐减小，每相邻情景间的曲线斜率变化率为平均减少 0.019；情景 5 至情景 8 得到的曲线方程斜率逐渐增大，即保持原水面蒸发不变的情况下，随着叶面积指数从增加 20%、增加 10%、减少 10%到减少 20%的过程中，蒸散发变化率随着降水变化率变化幅度逐渐增大，每相邻情景间的曲线斜率变化率为平均增加 0.006；情景 9 至情景 12 的变化过程中，即水面蒸发和叶面积指数同时变化的情况下，蒸散发变化率的变化幅度减少，每相邻情景间的曲线斜率变化率为平均减少 0.014。可见水面蒸发对蒸散发的影响大于植被变化对蒸散发的影响，且影响关系相异。

以上为不同情景下蒸散发变化对降水变化的响应关系横向变化分析，图 7-17 (b) 所示为二者关系的纵向变化分析。在降水减少 30%的条件下，情景 1 的蒸散发减少最多为 14.92%，情景 5 减少最少为 12.59%。不同情景下的降水变化越大，则蒸散发变化波动越明显，即降水增加 30%和减少 30%的情况下蒸散发变化波动最大，降水增加 5%和减少 5%的情况下蒸散发变化平缓。且由该图可知，情景 1 至情景 4 的曲线的变化幅度大于情景 9 至情景 12 的幅度，变化幅度最小为情景 5 至情景 8 的幅度，亦可说明水面蒸发的影响大于植被变化的影响，且二者影响相反。

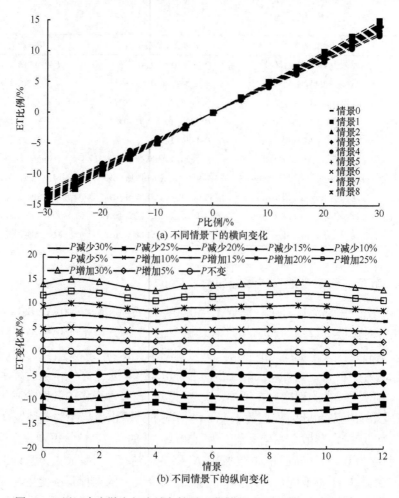

图 7-17　黑河中上游东部流域各情景下蒸散发过程对降水变化的响应关系

不同情景下蒸散发变化率与水面蒸发变化率的关系曲线亦均为斜率为正值的直线，如图 7-18(a)所示。各情景下蒸发率变化范围为–30%～30%，蒸散发变化率范围为–18.91%～18.91%；其中情景 0 情况下蒸散发变化率从–17.61%增加到 17.61%，水面蒸发变化率与蒸散发变化率的关系曲线斜率为 0.587。各情景中，蒸散发变化对水面蒸发变化的响应关系曲线斜率最大为情景 9 的 0.630，即降水和叶面积指数均增加 20%的情况下，蒸散发对水面蒸发变化的响应最为显著；二者关系曲线斜率最小为情景 12 的 0.532，即降水和叶面积指数均减少 20%的情况下，二者的响应关系相对最小。其中，情景 1 至情景 4 中，蒸散发和水面蒸发的响应关系曲线斜率逐渐减小，由 0.622 减小至 0.545，每相邻情景的斜率减小幅度为平均减少 0.019；情景 5 至情景 8 中，二者关系曲线的斜率由 0.597 减少至 0.576，每相邻情景的斜率变化率为平均减少 0.005；情景 9 至情景 12 的曲线斜率则由 0.630 减小至 0.532，每相邻的斜率变化率为平均减少 0.025。可知蒸散发和水面蒸发的影响关系中，降水变化的影响与植被变化的影响均加强其响应关系，但是降水变化的影响大于植被变化的影响。

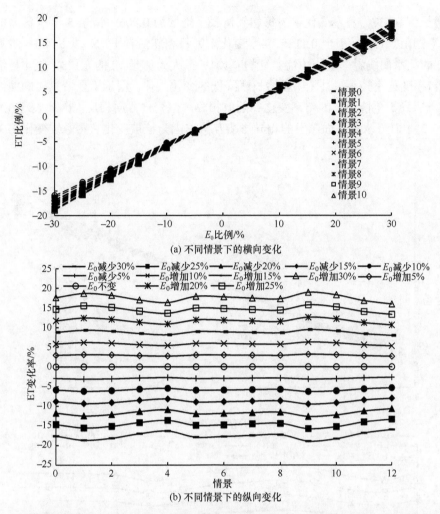

(a) 不同情景下的横向变化

(b) 不同情景下的纵向变化

图 7-18　黑河中上游东部流域各情景下蒸散发过程对水面蒸发变化的响应关系

　　蒸散发和水面蒸发的响应关系曲线的纵向变化如图 7-18（b）所示，最大（小）蒸散发变化率发生在降水和叶面积指数增加（减少）20%和水面蒸发增加（减少）30%的情况。相对不同情景下降水与蒸散发变化的响应关系而言，不同情景下水面蒸发和蒸散发变化的响应关系波动更大，尤其是情景 9 至情景 12 和情景 1 至情景 4 的波动尤为显著。且不同情景下水面蒸发变化得到的蒸散发变化率大于相同变化率的降水影响的蒸散发变化率，同一情景同一降水和水面蒸发变化率下的蒸散发变化率差值最大可为±4.38%。可见水面蒸发对蒸散发的影响大于降水变化的影响。

　　不同情景下的植被变化与蒸散发变化的关系曲线亦均为相关系数为 1.0 的线性曲线，且为正相关，如图 7-19（a）所示。不同情景下植被变化±30%时，蒸散发变化率的范围为–4.10%～4.10%，其中情景 0 条件下蒸散发变化率的范围为–3.72%～3.72%。蒸散发对植被变化的响应关系在情景 5 最显著，即水面蒸发不变、降水减少 20%的情况下；二者关系在情景 9 即降水不变、水面蒸发减少 20%的情况下最不明显。情景 0 情况下，蒸散发与植被变化的响应关系曲线的斜率为 0.124；情景 1 至情景 4 的关系曲线斜率由

0.113 增长到 0.137，斜率变化率为每相邻情景平均增加 0.006；情景 5 至情景 8 的关系曲线斜率则由 0.133 减小至 0.112，斜率变化率为每相邻情景平均减少 0.006；情景 9 至情景 12 的关系曲线斜率最小为情景 9 的 0.121，最大为情景 12 的 0.123，该 4 种情景下的曲线斜率变化率较小，且无明显增长或降低的变化规律。情景 1 至情景 4 的曲线斜率变化率与情景 5 至情景 8 的斜率变化率的值相等，但变化方向相反，因此表现在情景 9 至情景 12 中时降水和水面蒸发的相异影响互补，因为植被变化和蒸散发变化的关系曲线变化不大。

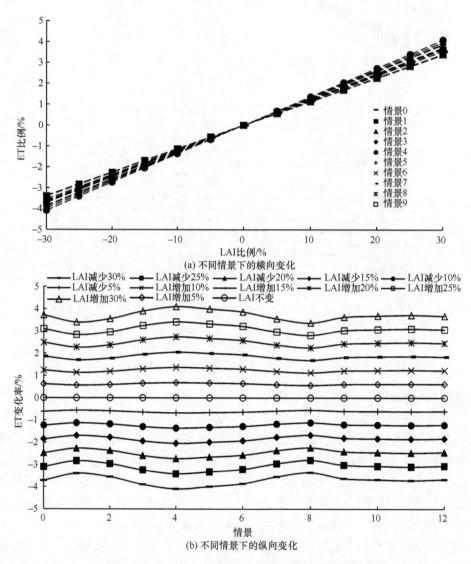

(a) 不同情景下的横向变化

(b) 不同情景下的纵向变化

图 7-19　黑河中上游东部流域各情景下蒸散发过程对植被变化的响应关系

由图 7-19（b）曲线亦可知，不同情景相同植被变化率的蒸散发变化率曲线波动幅度很小，各个曲线在叶面积指数变化率为正值的情况下均先增大再减小，最后趋于直线；在叶面积指数变化率为负值的情况下则先减小再增大，最后趋于直线。不同植被变化率条件下的蒸散发变化率都显著小于不同降水和水面蒸发变化率条件下的蒸散发变化率。同一情景同一变化率的植被和降水变化导致的蒸散发变化率之差的绝对值最大可为 11.51%，绝对值最小为 1.42%；同一情景同一变化率的植被和水面蒸发变化导致的蒸散发变化率之差的绝对值最大可为 15.25%，绝对值最小为 2.04%；两种比较的绝对差值均发生在相同的情景和相同的变化率，绝对值最大差值发生在情景 1 降水、水面蒸发、植被变化率为±30%的情况下，绝对值最小差值发生在情景 4 降水、水面蒸发、植被变化率为±5%的情况下。可见相比而言，黑河中上游东部流域的水面蒸发对流域蒸散发过程的影响最大，其次为降水，最后为植被变化。

2. 上游莺落峡流域蒸散发过程响应

黑河上游莺落峡流域月 ET 模型 $ET=0.006×P×E_0+0.001×P×LAI+0.032×E_0×LAI+7.745$，以该模型分析该植被变化等对流域内蒸散发过程的影响，得到的蒸散发与降水变化、水面蒸发变化和植被变化的曲线均为斜率为正值的直线，但是蒸散发对不同驱动因素的变化有不同的响应规律。

如图 7-20（a）所示，情景 0 条件下不同降水变化率条件下的蒸散发变化率范围为 –19.31%~19.31%，其绝对值最小值为 3.22%，降水变化与蒸散发变化的关系曲线斜率为 0.644；蒸散发对降水变化的响应关系曲线斜率最大为 0.677，发生在原植被条件和水面蒸发增大 20%的情景 1；其关系曲线斜率最小为情景 4 的 0.599，即原植被条件和水面蒸发减少 20%的情况；情景 1 至情景 4 的曲线斜率变化为 0.677 逐渐减小至 0.599，每相邻情景关系曲线的斜率平均减小 0.019，即在水面蒸发变化率减小的情况下，蒸散发对降水变化的响应关系显著性明显下降；情景 5 至情景 8 的曲线斜率变化由 0.636 逐渐增大到 0.651，每相邻情景关系曲线的斜率平均增加 0.004，即随着植被变化率减小，其响应关系显著性略微增强；情景 9 至情景 12 的曲线斜率由 0.669 逐步减小至 0.605，每相邻情景关系曲线的斜率平均减小 0.016，即随着水面蒸发和植被的变化率减小，蒸散发与降水变化的响应关系显著性大大降低。情景 1 至情景 4 的曲线斜率变化率为负值，情景 5 至情景 8 的曲线斜率变化率正值，且后者的变化率远远小于前者，可见水面蒸发的变化对蒸散发和降水变化的关系作用相异，且显著大于植被变化的影响。

如图 7-20（b）所示，不同情景下不同降水变化率条件下的蒸散发变化率范围为 –20.32%~20.32%，蒸散发变化率绝对值最小值为 2.99%，发生在情景 4 条件下降水变化 5%的情况。由该图可知，不同情景下同一降水变化率的蒸散发变化率先逐渐减小，随后略微增长，最后又逐渐呈现降低趋势，亦说明水面蒸发的变化对曲线的影响大于植被变化的影响。同一情景同一降水变化率条件下，莺落峡流域的蒸散发变化率显著大于中上游东部流域的蒸散发变化率，可见莺落峡流域的降水变化对其蒸散发过程的影响大于中上游东部流域的降水变化影响。

如图 7-21（a）所示，情景 0 条件下不同水面蒸发变化率条件下的蒸散发变化率范围为–20.99%~20.99%，其绝对值最小值为 3.26%，水面蒸发变化与蒸散发变化的关系曲线斜率为 0.700；蒸散发对水面蒸发变化的响应关系曲线斜率最大为 0.736，发生在降

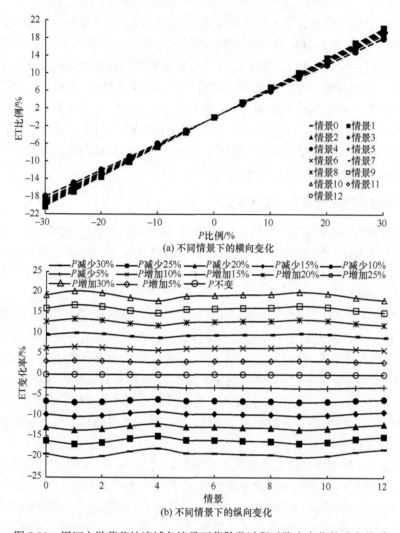

(a) 不同情景下的横向变化

(b) 不同情景下的纵向变化

图7-20 黑河上游莺落峡流域各情景下蒸散发过程对降水变化的响应关系

水和植被均增大20%的情景9；其关系曲线斜率最小为情景12的0.651，即降水和植被均减少20%的情况；情景1至情景4的曲线斜率变化为0.734逐渐减小至0.656，每相邻情景关系曲线的斜率平均减小0.020，即在降水变化率减小的情况下，蒸散发对水面蒸发变化的响应关系显著性大大下降；情景5至情景8的曲线斜率变化由0.703逐渐减小到0.696，每相邻情景关系曲线的斜率平均减小0.002，即随着植被变化率减小，其响应关系显著性轻微地降低；情景9至情景12的曲线斜率由0.736逐步减小至0.651，每相邻情景关系曲线的斜率平均减小0.022，即随着水面蒸发和植被的变化率减小，蒸散发与水面蒸发变化的响应关系显著性明显降低。情景1至情景4和情景5至情景8的曲线斜率变化率均为负值，但后者的变化率远远大于前者，可见降水变化对蒸散发和水面蒸发变化关系的作用与植被变化的作用一致，且显著大于植被变化的影响。

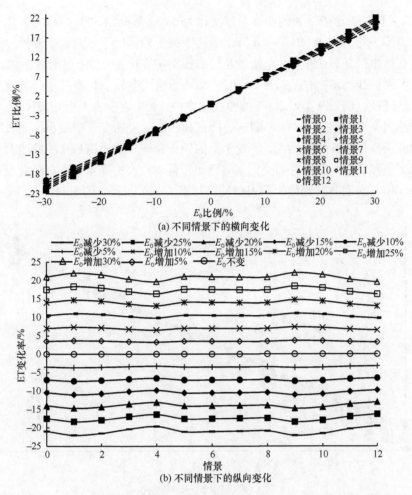

(a) 不同情景下的横向变化

(b) 不同情景下的纵向变化

图 7-21　黑河上游莺落峡流域各情景下蒸散发过程对水面蒸发变化的响应关系

如图 7-21（b）所示，不同情景下不同水面蒸发变化率条件下的蒸散发变化率范围为 -22.09%～22.09%，蒸散发变化率绝对值最小值为 3.26%，发生在情景 12 条件下水面蒸发变化 5% 的情况。由该图可知，不同情景下同一水面蒸发变化率的蒸散发变化率先逐渐减小，随后呈现持平状态且轻微下降，最后又逐渐呈现显著的下降趋势，亦说明降水的变化对曲线的影响大于植被变化的影响。同一情景同一变化率条件下，流域内的水面蒸发引起的蒸散发变化率绝对值略微大于降水变化引起的蒸散发变化。可见莺落峡流域的水面蒸发对其蒸散发过程的影响略大于降水变化的影响。同一情景同一水面蒸发变化率条件下，莺落峡流域的蒸散发变化率略微大于中上游东部流域的蒸散发变化率，可见莺落峡流域的水面蒸发变化对其蒸散发过程的影响大于中上游东部流域的水面蒸发变化影响。

如图 7-22（a）所示，情景 0 条件下不同植被变化率条件下的蒸散发变化率范围为 -1.74%～1.74%，其绝对值最小值为 0.29%，植被变化与蒸散发变化的关系曲线斜率为 0.058；蒸散发对植被变化的响应关系曲线斜率最大为 0.066，发生在原水面蒸发和降水减小 20% 的情景 4；其关系曲线斜率最小为情景 1 的 0.052，即原水面蒸发和降水增大

20%的情况；情景 1 至情景 4 的曲线斜率变化为 0.052 逐渐增大至 0.066，每相邻情景关系曲线的斜率平均增大 0.004，即在降水变化率减小的情况下，蒸散发对植被变化的响应关系显著性略微升高；情景 5 至情景 8 的曲线斜率变化由 0.061 逐渐减小到 0.054，每相邻情景关系曲线的斜率平均减小 0.002，即随着水面蒸发变化率减小，其响应关系显著性轻微地降低；情景 9 至情景 12 的曲线斜率由 0.054 逐步增大至 0.061，每相邻情景关系曲线的斜率平均增大 0.002，即随着降水和水面蒸发的变化率减小，蒸散发与植被变化的响应关系显著性略微增大。情景 1 至情景 4 和情景 5 至情景 8 的曲线斜率变化率均分别为正值和负值，但后者的变化率略微小于前者，可见降水变化对蒸散发和植被变化关系的作用与水面蒸发变化的作用相反，且略大于水面蒸发的影响。

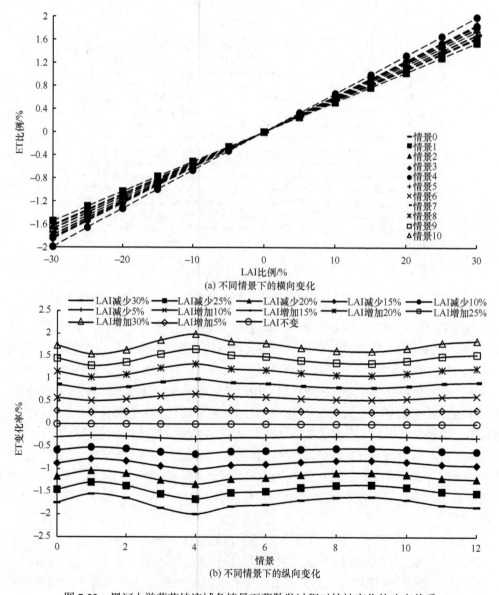

(a) 不同情景下的横向变化

(b) 不同情景下的纵向变化

图 7-22 黑河上游莺落峡流域各情景下蒸散发过程对植被变化的响应关系

如图 7-22（b）所示，不同情景下不同植被变化率条件下的蒸散发变化率范围为-1.99%～1.99%，蒸散发变化率绝对值最小值为 0.52%，发生在情景 1 条件下植被变化 5%的情况。由图可知，不同情景下同一植被变化率的蒸散发变化率先较为明显地增大，随后平缓减小，最后又逐渐趋于上升状态，亦说明降水的变化对曲线的影响大于水面蒸发变化的影响。同一情景同一变化率条件下，流域内的植被变化引起的蒸散发变化率绝对值远远小于降水变化和水面蒸发引起的蒸散发变化。可见莺落峡流域的植被变化对其蒸散发过程的影响远远小于降水和水面蒸发变化的影响。则在莺落峡流域，水面蒸发对流域蒸散发过程的影响最大；其次为降水变化的影响，降水变化影响略小于水面蒸发影响；水面蒸发和降水变化的影响都远远大于植被变化的影响。

同一情景同一植被变化率条件下，莺落峡流域的蒸散发变化率几乎是中上游东部流域的一半，可见莺落峡流域的植被变化对其蒸散发过程的影响远远小于中上游东部流域的植被变化影响。

3. 中游正义峡流域蒸散发过程响应

黑河中游正义峡流域得到的月 ET 模型为 $ET=0.002×P×E_0+0.082×E_0×LAI+8.528$，以该模型建模来分析降水、水面蒸发和植被变化对流域蒸散发过程的影响。得到的蒸散发对三种驱动因素的响应关系曲线亦均为斜率为正值的直线，即蒸散发的变化率分别随降水、水面蒸发或植被的减少而降低，随它们的增加而增长。

如图 7-23（a）所示，在降水变化的各情景变化中，情景 0 情况下降水变化率与蒸散发变化率的曲线方程斜率为 0.179，其蒸散发变化率范围为-5.38%～5.38%，绝对值最小的蒸散发变化率为 0.90%；得到的降水与蒸散发变化关系曲线的斜率最大的为情景 1 的0.194，即发生在原植被条件和水面蒸发增长 20%的情况；得到的关系曲线斜率最小为情景 4 的 0.161，即在原植被条件和水面蒸发减少 20%的情景；情景 1 至情景 4 的关系曲线斜率逐渐减小，每相邻情景的关系曲线斜率变化率为平均减少 0.008，即随着水面蒸发变化率的减少，蒸散发与降水变化的响应关系显著性降低；情景 5 至情景 8 的关系曲线斜率由 0.167 增长到 0.193，每相邻情景的关系曲线斜率变化率为平均增长 0.007，即随着植被变化率的减少，蒸散发与降水变化的响应关系显著性升高；情景 9 至情景 12的关系曲线斜率分别为 0.180、0.180、0.177 和 0.172，呈现略微的降低趋势。由情景 1至情景 4 和情景 5 至情景 8 的关系曲线斜率变化可知，水面蒸发变化和植被变化对降水变化和蒸散发变化的关系作用相异，由情景 9 至情景 12 的曲线斜率变化可知二者对该关系曲线的影响程度相对一致，水面蒸发的影响有略微的优势。

图 7-23（b）表征不同情景下相同变化率的降水变化下蒸散发的变化情况，可知在原植被条件、水面蒸发增加 20%、降水变化 20%的情况下，蒸散发变化率的绝对值最大为 5.82%，而在原植被条件、水面蒸发减少 20%、降水变化 5%的条件下，蒸散发变化率的绝对值最小为 0.80%；该图亦可反映情景 1 至情景 4 的关系曲线波动幅度高于情景5 至情景 8，且情景 9 至情景 12 的关系曲线波动最小，亦说明蒸散发对其关系曲线的影响略微大于植被变化的影响。

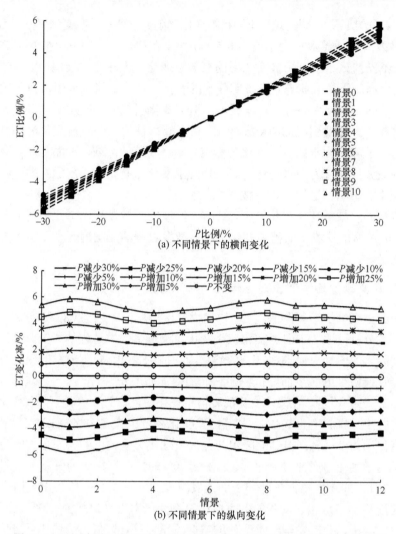

(a) 不同情景下的横向变化

(b) 不同情景下的纵向变化

图 7-23　黑河中游正义峡流域各情景下蒸散发过程对降水变化的响应关系

　　相同情景相同变化率的降水引起的正义峡流域蒸散发变化率远远低于中上游东部流域,更显著低于上游莺落峡流域的蒸散发变化率。可见降水变化对蒸散发的影响在上游莺落峡流域最为显著,其次为中上游东部流域,最次为正义峡流域。

　　如图 7-24 (a) 所示,情景 0 的蒸散发对水面蒸发变化的响应关系曲线斜率为 0.541,不同水面蒸发变化条件下的蒸散发变化率范围为-16.23%~16.23%;蒸散发变化与水面蒸发变化的相关曲线斜率最大为情景 9 的 0.586,发生在降水和叶面积指数均增大 20%的情况下;其曲线斜率最小为 0.485,发生在降水和叶面积指数均减少 20%的情景 12;情景 1 至情景 4 的关系曲线斜率从 0.557 逐渐减小至 0.524,每相邻情景的相关曲线斜率平均降低 0.008,即随着降水变化的减小,该流域的蒸散发对水面蒸发的响应关系显著性降低;情景 5 至情景 8 的相关曲线斜率亦由 0.572 逐渐减小至 0.505,每相邻情景的曲线斜率平均降低 0.017,即随着植被变化的减少,流域内的蒸散发对水面蒸发的响应关系显著性大大降低;情景 9 至情景 12 的曲线斜率由 0.586 减小至 0.485,每相邻情景的曲线斜率平均降低 0.024，即随着降水和植被的逐渐减少，其响应关系显著性明显降低。由情景 1 至情景 4、情景 5 至情景 8 和情景 9 至情景 12 的曲线斜率变化率可知，降水和植被对水面蒸发和蒸散发的关系作用相同且影响均较大，但植被影响更为显著。

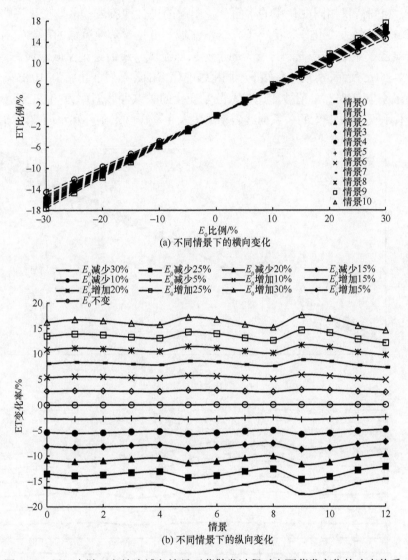

(a) 不同情景下的横向变化

(b) 不同情景下的纵向变化

图 7-24　黑河中游正义峡流域各情景下蒸散发过程对水面蒸发变化的响应关系

如图 7-24（b）所示为不同情景下的蒸散发对水面蒸发变化的响应关系曲线纵向图。由图可知，各情景中不同水面蒸发变化率的蒸散发变化率的变化范围为 –17.57%～17.57%，不同情景下蒸散发变化率的绝对值最小为 2.43%，发生在情景 12 条件下水面蒸发变化 5%的情况。该图显示的不同情景下的蒸散发对水面蒸发变化的响应关系曲线波动较大，从情景 0 至情景 12 曲线波动幅度逐渐变大，且明显可见情景 9 至情景 12 曲线的降低幅度大于情景 5 至情景 8 曲线的下降幅度，情景 1 至情景 4 曲线的下降幅度最小。

相较流域内不同情景下降水变化与蒸散发变化的关系曲线，不同变化率的水面蒸发导致的蒸散发变化率明显更大,是相同情景下同一变化率的降水引起的蒸散发变化率的近 3 倍;两种曲线的相关关系在同一情景同一变化率条件下的蒸散发变化率差值的绝对值最大可为 12.17%,绝对值最小可为 1.57%。

此外,相同情景相同变化率的水面蒸发引起的正义峡流域蒸散发变化率略小于中上游东部流域的蒸散发变化率,更小于莺落峡流域。可见莺落峡流域的蒸散发对其水面蒸发变化的响应关系最为显著,其次为中上游东部流域,最后是正义峡流域。

如图 7-25(a)所示,情景 0 条件下不同植被变化下的蒸散发变化率为−10.85%~10.85%,其绝对值最小为 1.81%,植被变化与蒸散发变化的关系曲线斜率为 0.362;不同情景下的植被变化和蒸散发变化的关系曲线斜率最大发生在原降水条件和水面蒸发增加 20%的

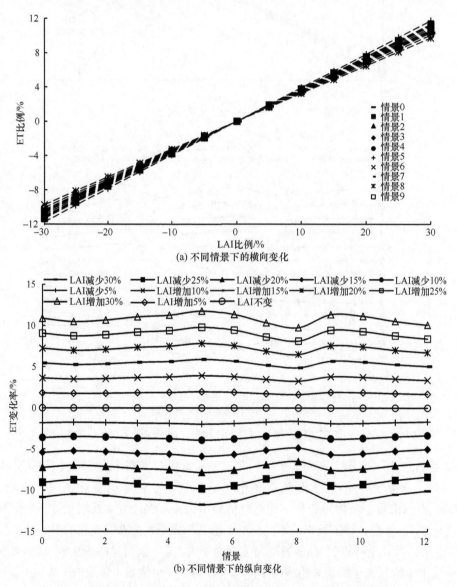

(a) 不同情景下的横向变化

(b) 不同情景下的纵向变化

图 7-25　黑河中游正义峡流域各情景下蒸散发过程对植被变化的响应关系

情景 5, 斜率为 0.392; 其关系曲线的斜率最小为 0.324, 发生在原降水条件和水面蒸发减少 20%的条件; 情景 1 至情景 4 的曲线斜率由 0.349 增大到 0.375, 每相邻情景的曲线斜率平均增加 0.007, 表征随着降水变化率的减少, 植被变化与蒸散发变化的关系显著性增大; 情景 5 至情景 8 的曲线斜率由 0.392 逐渐减小至 0.324, 每相邻情景的曲线斜率平均减少 0.017, 表征随着水面蒸发变化率的减少, 植被变化与蒸散发变化的关系显著性大大降低; 情景 9 至情景 12 的曲线斜率由 0.377 逐渐减少至 0.335, 每相邻情景的曲线斜率平均减少 0.011, 表征随着降水和水面蒸发变化率的减少, 植被变化和蒸散发变化的关系显著性明显降低。情景 1 至情景 4 曲线的斜率变化率为正值, 而情景 5 至情景 8 的曲线斜率变化率负值, 可见降水和水面蒸发变化对蒸散发变化与植被变化的关系作用相异, 且水面蒸发变化的影响显著大于降水的影响, 因而情景 9 至情景 12 的曲线斜率变化率亦为负值。

由图 7-25(b)所示, 各情景中不同植被变化下的蒸散发变化率范围为–11.75%~11.75%, 变化率绝对值最小为 1.62%, 发生在情景 8 条件下植被变化 5%的情况。由图可知, 从情景 0 至情景 12 的过程中曲线先呈现略微的增长趋势, 随后表现为显著的下降趋势, 最后转为轻微的下降趋势, 其波动幅度逐渐增大, 亦可说明水面蒸发的变化对植被变化和蒸散发变化的关系作用大于降水变化的作用。

该图与降水及水面蒸发和蒸散发变化的关系曲线比较可知, 同一情景下同一变化率的植被变化导致的蒸散发变化率大于降水引起的蒸散发变化率, 二者之间的差值绝对值最大为 6.73%, 差值绝对值最小为 0.66%; 而小于水面蒸发变化导致的蒸散发变化率, 二者之间的差值绝对值最大和最小分别为 6.26%和 1.50%。说明在中游正义峡流域, 水面蒸发对流域蒸散发过程的影响最为显著, 其次为流域植被变化的影响, 最后为降水变化的影响。

同一情景同一变化率条件下的植被变化引起的中游正义峡流域的蒸散发变化率显著大于中上游东部流域的蒸散发变化率, 二者之间几近为 3 倍关系; 且正义峡流域的蒸散发变化率更显著大于莺落峡流域, 超过 6 倍关系。可见植被变化对各流域蒸散发过程的影响在正义峡流域最为显著, 其次为中上游东部流域, 最后为莺落峡流域。

7.4　小　　结

应用基于下垫面指数的弹性系数法评估流域下垫面变化对流域水文过程的影响, 结果显示在黑河中上游流域下垫面变化的贡献率为 52%, 上游流域下垫面变化的贡献率为 9%, 中游流域下垫面变化的贡献率为 22%。

月 ET 模型模拟的 Nash-Sutcliffe 效率系数在正义峡流域最小为 0.78, 在其他流域的率定期和验证期均能达到 0.8 以上, 模型模拟的相对误差绝对值在三个流域最大为 8.8%, 最小为 0.1%, 则月 ET 模型在三个流域的模拟效果基本令人满意。通过优化构建研究区域内的蒸散发过程分别得到了黑河中上游东部流域、莺落峡流域和正义峡流域 2007~2012 年的月 ET 模型分别为: $ET=0.004×P×E_0+0.042×E_0×LAI+8.495$、$ET=0.006×P×E_0+0.001×P×LAI+0.032×E_0×LAI+7.745$、$ET=0.002×P×E_0+0.082×E_0×LAI+8.528$。在此基础上, 根据三种驱动因素分别设置了 12 种变化情景, 应用构建好的月 ET 模型分析降水、水面蒸发和植被三种驱动因素变化对各流域的蒸散发过程的影响。分析表明, 在中上游东部流域,水面蒸发对于降水变化与蒸散发变化的关系影响大于植被的影响，降水对于水面蒸发变化和蒸散发变化的关系作用大于植被的作用，降水和水面蒸发对植被变化与蒸散发变化的关系影响几近相同；该研究区域内，水面蒸发对流域蒸散发过程的影响最大，其次为降水，植被变化的影响最小。在上游莺落峡流域，水面蒸发的变化对蒸散发和降水变化的关系作用显著大于植被变化的影响，降水变化对蒸散发和水面蒸发变化关系的作用亦显著大于植被变化的影响，降水变化对蒸散发和植被变化关系的作用略大于水面蒸发变化的作用；在莺落峡流域，水面蒸发和降水对流域蒸散发过程的影响均非常显著，其中前者作用最为明显，且两者作用都远远大于植被变化的影响。在中游正义峡流域，水面蒸发对降水变化和蒸散发变化的关系略微地大于植被影响，降水对水面蒸发和蒸散发的关系作用小于植被影响，水面蒸发变化对蒸散发变化与植被变化的关系作用显著大于降水的影响；该流域内水面蒸发对蒸散发过程的影响最为显著，其次为流域植被变化的影响，最后为降水变化的影响。

降水对蒸散发过程的影响在上游莺落峡最为显著，其次为中上游东部流域，在这两个研究区域的影响远远大于正义峡流域；三个流域的水面蒸发对相应流域的蒸散发过程影响均非常显著，但是上游莺落峡最为显著，其次为中上游东部流域，最小为正义峡流域；植被对蒸散发过程的影响在正义峡流域最为明显，远远大于其他两个流域，但是中上游东部流域又大于莺落峡流域。在各个研究区域中，水面蒸发对实际蒸散发的影响最大；降水对莺落峡流域蒸散发过程影响相对植被更为显著，而在正义峡流域则是植被的影响远大于降水影响。

参 考 文 献

范闻捷. 2014. 黑河流域 1km LAI 产品(2000-2012). 国家青藏高原科学数据中心, doi: 10.3972/heihe.090. 2014.db.

黄朝迎. 2003. 黑河流域气候变化对生态环境与自然植被影响的诊断分析. 气候与环境研究，8(1): 84-90.

李静, 桑广书, 刘小艳. 2009. 黑河流域生态环境演变研究综述. 水土保持研究, (9): 210-214.

廖为民, 宋星原, 舒全英, 等. 2009. SCE-UA、遗传算法和单纯形优化算法的应用. 武汉大学学报(工学版), 42(1): 6-9.

Duan Q Y, Gupta V K, Sorooshian S. 1993. Shuffled complex evolution approach for effective and efficient global minimization. Journal of Optimization Theory and Applications, 76(3): 501-521.

Duan Q, Sorooshian S, Gupta V K. 1994. Optimal use of the SCE-UA global optimization method for calibrating watershed models. Journal of Hydrology, 158(3-4): 265-284.

Feng X M, Sun G, Fu B J, et al. 2012. Regional effects of vegetation restoration on water yield across the Loess Plateau, China. Hydrology and Earth System Sciences, 16(8): 2617-2628.

Sun G, Alstad K, Chen J, et al. 2011. A general predictive model for estimating monthly ecosystem evapotranspiration. Ecohydrology, 4(2): 245-255.

Wang G X, Liu J Q, Kubota J, et al. 2007. Effects of land-use changes on hydrological processes in the middle basin of the Heihe River, northwest China. Hydrol Process, 21(10): 1370-1382.

Wu B, Yan N, Xiong J, et al. 2012. Validation of ETWatch using field measurements at diverse landscapes: a case study in Hai Basin of China. Journal of Hydrlolgy, (436-437): 67-80.

Yang H, Yang D, Lei Z, et al. 2008. New analytical derivation of the mean annual water-energy balance equation. Water Resources, 44, W03410, doi: 10.1029/2007WR006135.

第8章　黑河中游地区植被覆盖和景观格局变化研究

8.1　黑河中游地区 NDVI 变化

地表植被是陆地生态系统的重要组成部分,它在物质及能量交换过程中占有极其重要的地位,对全球变化有重要的指示作用(Raich and Schlesinger,1992;Friedlingstein et al.,2006)。陆地生态系统对气候变化的影响与响应正日益受到学者的广泛关注,而植被与大气的相互作用关系也是近年来水文学、气象学、生态学等多个学科的研究焦点之一(Levavasseur et al.,2014;Gou and Miller,2014)。随着观测技术的不断进步,遥感植被数据产品的诞生使得在较大时空尺度上研究植被的时空演变特征成为可能。作为表征植被覆盖状况的重要指标,归一化植被指数已得到了广泛的应用,如张亚玲等基于NDVI 产品进行了黄河流域植被覆盖度检测(张亚玲等,2014);饶萍等基于 NDVI 产品对土地利用类型进行了分类(饶萍等,2014);高中灵等基于 NDVI 对新疆生产建设兵团的棉花产量进行了估算(高中灵等,2012);鲍艳松等利用 NDVI 基于植被干旱指数对农业干旱进行了预测(鲍艳松等,2014)。近 20 年来,地表植被在不同时空尺度上的演变特征及其对气象要素的响应过程引起了国内外诸多学者的关注和研究(周沙等,2014;王永财等,2014;Shen et al.,2014)。然而这些研究大多基于站点数据,忽视了区域内植被类型的空间异质性以及植被对气候变化响应的滞后性。

位于我国西北干旱区的黑河流域,属于典型的植被稀疏区域。该区域内植被受气候因素的影响较大,区域内如水量大、气温适宜则植被生长发育旺盛,反之则植被退化(赵文智和程国栋,2001)。黑河流域幅员辽阔,流域内气候条件、下垫面条件及植被类型空间差异较大,因而植被对水热条件的响应机制并不一致。所以,准确把握黑河流域不同类型植被的时空演变特征及其对气象要素响应的特征对认识干旱化气候变化背景下的植被演变规律具有重要意义。

本章以黑河上中游流域为研究区,基于 1999～2010 年不同土地利用类型的 NDVI 旬值、旬平均气温、旬降水数据,通过趋势分析和时滞互相关法定量评价研究区内植被时空演变规律及其对水热条件的响应特征。

8.1.1　数据源与处理

1. 气象数据

本章使用的气象数据为旬降水(ten-day precipitation,TP)和旬平均气温(ten-day

mean temperature，TT）栅格数据，数据来源于"中国区域高时空分辨率地面气象要素驱动数据集"（由"中国西部环境与生态科学数据中心"提供）。该数据集由中国科学院青藏高原研究所开发，以国际上现有的 Princeton 再分析资料、全球陆面数据同化系统（GLDAS）资料、全球地表辐射卫星产品（GEWEX-SRB）辐射资料，以及 TRMM（tropical rainfall measuring mission）降水资料为背景场，融合中国气象局常规气象观测数据制作而成。时间分辨率为 3h，水平空间分辨率为 0.1°，数据时段为 1959～2010 年。本章采用的数据由数据集数据采用反距离权重（IDW）法插值到 1km×1km 栅格，通过3 h 数据求和获得旬降水数据，求几何平均获得旬平均气温。考虑植被数据序列长度，气象数据时段为 1999～2010 年（李占玲和徐宗学，2011）。

2. 土地覆盖数据

本章所使用的 NDVI 数据为 SPOT Vegetation 逐旬 NDVI 数据（由"中国西部环境与生态科学数据中心"提供），较之其他 NDVI 数据，SPOT Vegetation 传感器具有红光波段对叶绿素吸收敏感、近红外波段剔除了强水汽吸收带和空间分辨率高等优势，因此SPOT Vegetation NDVI 数据在大尺度植被演变特征分析中具有优势（杨尚武和张勃，2014）。数据空间分辨率为 1km×1km，时间分辨率为 10 天，数据序列长度为 1999～2010年。NDVI 年数据由植被覆盖状况的 6～9 月的旬数据求几何平均获得。

本章使用的土地利用数据为 2000 年中国科学院 1∶10 万土地利用数据（由"中国西部环境与生态科学数据中心"提供），数据空间分辨率为 1km×1km（图 8-1）。结合已有研究，本章筛选多年平均 NDVI 大于 0.1 的栅格作为有植被覆盖的区域（周沙等，2014），继而将有植被覆盖的土地利用类型根据植被生长发育特性重新分类为旱地、乔木林地、灌木林地、稀疏林地、草地、农村聚落等 6 种土地利用类型。

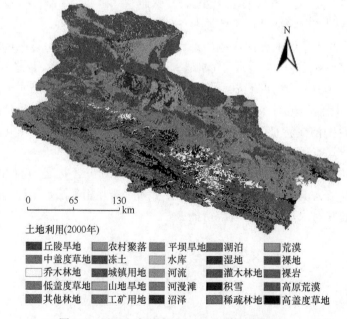

图 8-1　黑河上中游流域 2000 年土地利用分布

8.1.2　研究方法

1. 趋势分析方法

利用一元线性回归方程的斜率分析 NDVI 年际变化趋势，在研究区内逐栅格计算斜率，获得整个研究区内的植被时空演变规律。斜率计算公式如下（戴声佩和张勃，2010）：

$$\text{slope} = \frac{n \times \sum_{i=1}^{n} i \times \text{NDVI}_i - \left(\sum_{i=1}^{n} i\right)\left(\sum_{i=1}^{n} \text{NDVI}_i\right)}{n \times \sum_{i=1}^{n} i^2 - \left(\sum_{i=1}^{n} i\right)^2} \tag{8-1}$$

式中，slope 为每个栅格 NDVI 的一元线性回归斜率，本章中即 NDVI 在 1999~2010 年的年际变化趋势；n 为 NDVI 年值的个数，本章中 $n=12$；i 为年序号，$i=1, 2, 3, \cdots,$ 12；NDVI_i 为第 i 年的 NDVI 年值。利用标准差分类法将 slope 划分为 7 个区间（王永财等，2014），slope 区间划分与对应植被变化趋势见表 8-1。

表 8-1　植被变化趋势划分标准

slope 区间	植被变化趋势
slope < −0.011	明显退化
−0.011 ≤slope < −0.003	中度退化
−0.003 ≤slope <0.004	轻度退化
0.004 ≤slope < 0.012	基本不变
0.012 ≤slope < 0.020	轻度改善
0.020 ≤slope < 0.027	中度改善
0.027 ≤slope < 0.074	明显改善

2. 时滞互相关法

本章采用时滞互相关法分析 NDVI 旬值与旬平均气温及旬降水的相关关系，以确定 NDVI 与水热条件的响应关系，相关关系的显著性根据《相关系数显著性检验表》进行临界值检验。相关系数公式如下（吴丽丽等，2014）：

$$r_k(x, y) = \frac{C_k(x, y)}{S_x S_{y+k}} \tag{8-2}$$

式中，样本的协方差 $C_k(x, y)$ 和均方差 S_x、S_{y+k} 用以下公式进行计算：

$$C_k(x, y) = \frac{1}{n-k} \sum_{t=1}^{n-k} (x_t - \overline{x_t})(y_{t+k} - \overline{y_{t+k}}) \tag{8-3}$$

$$S_x = \sqrt{\frac{1}{n-k} \sum_{t=1}^{n-k} (x_t - \overline{x_t})^2} \tag{8-4}$$

$$S_y = \sqrt{\frac{1}{n-k}\sum_{t=1}^{n-k}(y_{t+k} - \overline{y_{t+k}})^2} \qquad (8\text{-}5)$$

式中的均值用以下公式计算：

$$\overline{x_t} = \frac{1}{n-k}\sum_{t=1}^{n-k}x_t \qquad (8\text{-}6)$$

$$\overline{y_{t+k}} = \frac{1}{n-k}\sum_{t=1}^{n-k}y_{t+k} \qquad (8\text{-}7)$$

式中，x 为气象因子旬值；y 为 NDVI 旬值；n 为序列的样本数；k 为滞后时间，本章中 k 取 0，1，2，…，9。

8.1.3　黑河流域 NDVI 变化分析

1. 植被时空演变特征

通过植被覆盖状况较好时段内（黑河流域为 6～9 月）NDVI 旬值求几何平均获得各栅格多年平均 NDVI，黑河上中游流域 NDVI 空间分布见图 8-2。由图 8-2 可以看出，黑河上中游流域的植被主要集中在上游的祁连县、中游的张掖市，以及酒泉市金塔县、肃州区，上游的植被条件明显优于中游，中游地区除上述区域外，基本不存在人工植被。整体而言，黑河上中游流域的植被覆盖状况呈现出由东南向西北逐渐变差的空间趋势。

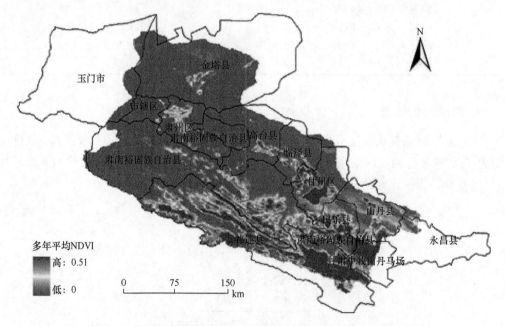

图 8-2　黑河上中游流域 1999～2010 年多年平均 NDVI 空间分布

结合图 8-1 可以发现，上游的植被主要为草地、灌木林地及乔木林地，属于天然植被系统（金晓媚等，2008），植被覆盖状况较好，多年平均 NDVI 在 0.5 左右。中游地区的植被主要分布在旱地，为典型的人工植被系统。张掖市各区县 NDVI 较高，说明该区域内农业活动频繁，而酒泉市金塔县、肃州区 NDVI 则相对较低。因此，张掖地区应为黑河中游农业研究的重点区域，这与肖生春等的观点一致（肖生春和肖洪浪，2008）。

通过对研究区内各栅格进行 NDVI 趋势分析，得到黑河上中游流域 12 年 NDVI 年际变化趋势的空间分布。将各栅格 12 年 NDVI 年值的一元线性回归方程的斜率按照表 8-1 的分类标准划分为明显退化、中度退化、轻度退化、基本不变、轻度改善、中度改善及明显改善七类（图 8-3）。由图 8-3 可以看出，总体而言，1999～2010 年黑河上游流域大部分区域的植被覆盖表现出明显退化趋势，明显退化的区域主要集中在祁连县和肃南裕固族自治县等人类活动较为强烈的区域，表现出中度退化趋势的植被零星分布在植被明显退化区域的周边，该处的土地利用类型主要为草地、林地等天然植被系统。中游区域植被覆盖整体呈现出轻度退化，仅山丹和民乐两县的植被表现为明显改善。结合图 8-2，这两个县的植被覆被所在区域主要为旱地，植被明显改善说明在 1999～2010 年该区域的农业活动强度有明显增加。同样属于黑河流域粮食主产区的甘州区和临泽县则显示出相反的趋势，在研究时段内农业活动强度有所降低。金塔县的植被基本保持不变，少数区域存在程度较低的改善，说明该区域的农业活动强度在 1999～2010 年基本保持平稳（陈红翔等，2011）。

图 8-3　黑河上中游流域 1999～2010 年植被变化趋势空间分布

通过统计研究区内不同土地利用类型的植被覆盖变化趋势所占比例（表 8-2）可以发现，不同类型土地利用的植被覆盖均发生了不同程度的退化。其中，灌木林地在 1999～2010 年发生了较为严重的植被退化，发生明显退化的比例最大，为 54.53%，并且几乎不存在发生改善的区域（仅 2%左右）。乔木林地和草地也发生了较大比例的植被退化，这几种土地利用类型植被覆盖得到改善的区域比较小，均在各土地利用类型总面积的 6%以下。因此，总体而言，在 1999～2010 年黑河上中游流域的天然植被发生了大面积的退化。旱地和农村聚落的各变化趋势所占比例基本一致，约40%的面积发生了轻度退化，在各趋势中占比最高。值得一提的是，旱地和农村聚落均存在 4.5%左右的面积发生了明显的改善，结合图 8-3 可知植被覆盖明显改善的区域分布在山丹、民乐二县。

表 8-2　黑河上中游流域 1999～2010 年不同土地利用类型植被变化趋势（单位：%）

土地利用	明显退化	中度退化	轻度退化	基本不变	轻度改善	中度改善	明显改善
旱地	14.79	21.10	39.99	10.54	4.94	4.14	4.50
乔木林地	34.92	31.23	23.48	5.40	3.10	1.71	0.16
灌木林地	54.53	17.10	23.24	2.99	1.27	0.62	0.24
稀疏林地	29.12	17.75	39.33	6.84	2.78	3.25	0.93
草地	20.04	11.65	58.22	3.44	1.98	1.90	2.76
农村聚落	17.90	19.44	38.11	10.23	4.86	4.60	4.86

2. 植被对水热条件的响应分析

1）研究区植被对水热条件的响应分析

运用时滞互相关法对研究区内存在植被覆盖的栅格的旬平均气温、旬降水与旬 NDVI 在各时滞（$k=0，1，\cdots，9$）下对应的相关系数分别进行计算，并通过比较获得最大相关系数及对应的时滞。显著性检验结果表明，当时滞合理时，在所有栅格的旬 NDVI 与旬降水、旬平均气温均在 $\alpha=0.01$ 水平显著相关。研究区内各栅格旬 NDVI 与旬平均气温、旬降水最大相关系数及对应的时滞的空间分布见图 8-4。

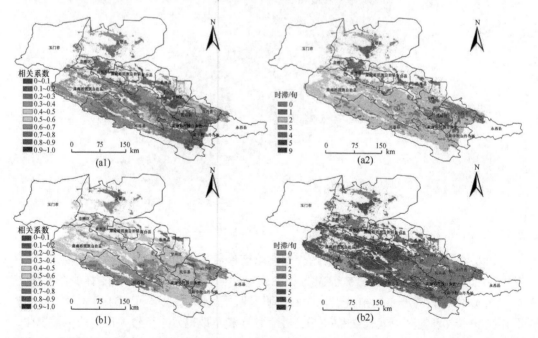

图 8-4　上中游流域旬 NDVI 与旬平均气温（a）旬降水（b）最大相关系数（1）及滞后时间（2）空间分布

由图 8-4（a1）可以看出，旬平均气温与旬 NDVI 的最大相关系数具有明显的空间异质性，但黑河上中游多数地区最大相关系数均在 0.6 以上。张掖市甘州区、临泽县部分区域的最大相关系数最高，在 0.9 左右；而民乐县、肃州区、金塔县等农业活动强度较高的地区，最大相关系数也相对较高，在 0.8 左右。总体而言，最大相关系数由东南向西北逐渐减小，上游的最大相关系数略小于中游，中游部分零散分布最大相关系数较低的区域，最大相关系数仅为 0.4 左右。结合图 8-1 可知，这些区域多为植被覆盖度极低的荒漠、裸地等土地利用类型，旬 NDVI 随气温变化而变化的相关程度较小，因此，最大相关系数较低。由图 8-4（a2）可以看出，黑河上中游流域内多数区域的植被对气温的响应滞后 2 旬，但是民乐、山丹、甘州、临泽、高台、肃州、金塔等 7 个区县存在时滞为 1 旬或无时滞的区域。结合土地利用类型（图 8-1）、仲波等[①]对黑河流域耕地的精细分类及《张掖市统计年鉴》可知，时滞为 2 旬区域的植被覆盖主要为草地和林地，这与周伟等（2013）的研究结果一致。而上述 7 个区县中时滞为 1 旬或无时滞区域的植被覆盖主要为农作物，金塔县、高台县、临泽县、甘州区的时滞为 1 旬，这 4 个区县的主要农作物为玉米，其他农作物的种植面积极小，可以忽略不计；肃州区、民乐县、山丹县的主要农作物为麦子（大麦、冬小麦）和玉米，不同种类的农作物时滞并不一致，因此，时滞的空间分布较为复杂。综上所述，黑河上中游流域的草地、林地对气温的响应时滞为 2 旬，玉米对气温的响应时滞为 1 旬，麦子（大麦、冬小麦）对气温无响应时滞。

图 8-4（b1）为研究区内旬 NDVI 与旬降水的最大相关系数空间分布。从该图可以看出，多数区域的最大相关系数在 0.5 以下，远低于旬 NDVI 与旬平均气温的最大相关系数。金塔县和肃州区的最大相关系数较高，为 0.6 左右。图 8-4（b2）显示，民乐县、山丹县、甘州区、肃州区等 4 个区县大部分区域的旬 NDVI 与旬降水并不存在响应时滞，而研究区内其他区域的时滞为 1 旬。

2）不同土地利用类型植被对水热条件的响应分析

图 8-5 给出了研究区内各土地利用类型旬 NDVI 与旬平均气温、旬降水的平均时滞相关系数。由图 8-5（a）可以看出，旱地和农村聚落与气温的最大时滞相关系数对应的时滞为 1 旬，均为 0.75 左右，而其他四种土地利用类型的最大时滞相关系数的时滞均为 2 旬，最大时滞相关系数的值在 0.65～0.72，小于旱地和农村聚落的最大时滞相关系数。说明旱地和农村聚落的植被对气温变化的响应较之林地和草地更为迅速，并且对气温变化的影响更大。对比不同土地利用类型同一时滞的相关系数可以发现，在旱地和农村聚落，时滞相关系数减小得更快，说明气温对植被影响消退速度大于林地和草地。由图 8-5（b）可以看出，相对于气温，各土地利用类型的植被对降水的响应更为迅速，除草地外，其他 5 种土地利用类型最大时滞相关系数对应的时滞均为 1 旬。林地和草地同一时滞的相关系数较为接近，而农村聚落和旱地较为接近。对比图 8-5（a）、（b）可以发现，对于所有土地利用类型，降水出现最大时滞相关系数的时间均早于气温，说明在黑河上中游流域，降水对植被的影响要快于气温，然而植被与气温的相关系数更高，说明气温对植被的影响大于降水。

① 仲波, 聂爱华, 杨爱霞, 等. 2014. 黑河生态水文遥感试验: 黑河流域土地利用覆被数据集. 黑河计划数据管理中心.

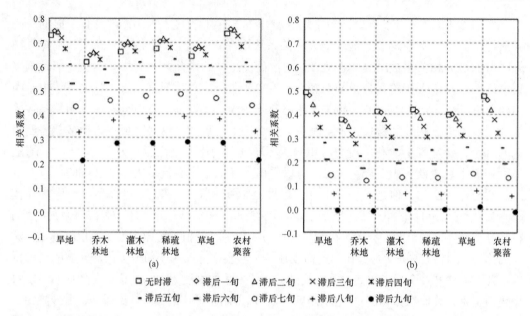

图 8-5 上中游流域 1999～2010 年不同土地利用类型植被对气温（a）、降水（b）的平均时滞相关系数

8.1.4 黑河中游实际蒸散发与 NDVI 的关系

实际蒸散发选用吴炳方等使用 ET Watch 遥感蒸散模型发展的 1km 分辨率月尺度数据，NDVI 数据来自 MODIS Terra 卫星陆面系列产品（MOD13A3），NDVI 数据与实际蒸散发数据拥有相同的时空分辨率。通过 ArcGIS 内置条带统计功能对实际蒸散发和 NDVI 数据进行分析，得到实际蒸散发和 NDVI 的多年变化（图 8-6）。如图 8-6 所示，两者的年内变化趋势相符，年际变化也较为一致，而两条序列的年际差异很小，NDVI 和实际蒸散发的峰值几乎都出现在每年的 7 月。

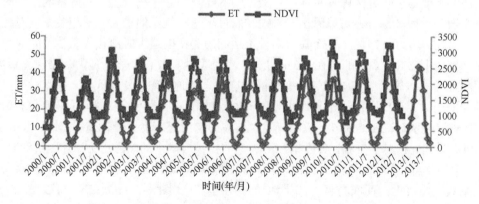

图 8-6 黑河中游 2000～2013 年实际蒸散发、NDVI 变化曲线

在黑河中游，实际蒸散发与 NDVI 之间的相关系数 R^2 达到 0.75，表现出强相关性，说明植被的生长与蒸散发在时间和强度上都较为一致，实际蒸散发的模拟需要充分考虑植被的作用（图 8-7）。

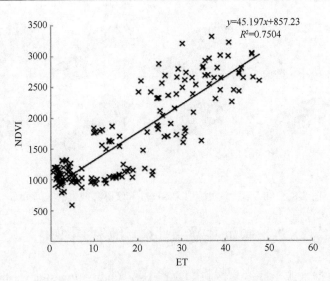

图 8-7　黑河中游实际蒸散发与 NDVI 的关系

　　由于黑河中游 NDVI 和实际蒸散发年际变化不大，选取其中一年典型年分析实际蒸散发与 NDVI 的空间分布及年内变化。图 8-8 为 2007 年黑河中游地区 NDVI 和实际蒸散发的空间分布图。实际蒸散发和 NDVI 在黑河中游的分布表现为祁连山前及黑河河道附近植被较为茂盛，相应地，其蒸发量也较大。5～8 月是植被的生长期，NDVI 在空间上变化明显，期间也是年内蒸散量最大的一段时期。

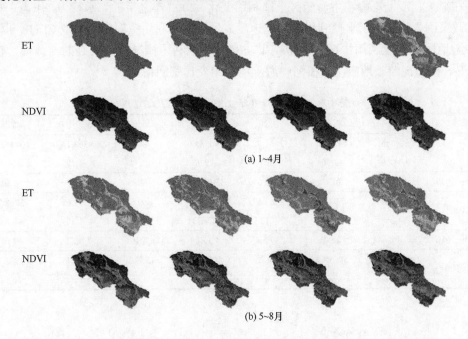

(c) 9~12月

图 8-8　2007 年黑河中游地区 NDVI 和实际蒸散发的空间分布

8.2　黑河中游地区土地利用变化

土地利用数据来源于寒区旱区科学数据中心（http：//westdc.westgis.ac.cn），1986 年、2000 年和 2010 年 3 期土地利用数据解译自 Landsat MSS、TM 和 ETM 遥感影像，土地利用分类系统采用中国土地资源分类系统，将中游地区划分为 6 个一级分类（耕地、林地、草地、水域、城乡工矿用地和荒漠），以及 25 个二级分类。使用土地利用动态度和土地利用转移矩阵对黑河中游土地利用动态变化进行分析描述，结果表明：近 30 年来，黑河中游地区耕地面积增加了 5.22 个百分点，达到 14.29%，林地面积占比由 8.05% 骤减至 1.97%，荒漠面积降低了 4.8 个百分点（表 8-3），可推测人类大规模的开垦防沙活动在很大程度上影响了中游地区土地利用变化，2000 年之后的调水行为，作为一种直接的政策因素，加快了土地利用的变化速度。使用土地利用空间变化模型 CLUE-S 模拟了中游地区的土地利用情况，模拟结果与实际土地利用情况具有较高的一致性，说明 CLUE-S 模型能较好地应用于黑河中游土地利用变化空间格局。

表 8-3　1986～2010 年土地利用面积及动态度

年份	项目	耕地	林地	草地	水体	建设用地	荒漠
1986	面积/km²	4353.06	2481.92	9058.06	696.38	360.14	13286.79
	占比/%	14.40	8.21	29.96	2.30	1.19	43.94
1986～2000	动态度/%	0.36	−0.05	−0.13	−0.36	0.37	−0.01
2000	面积/km²	4594.18	2463.62	8869.37	660.67	379.63	13268.88
	占比/%	15.19	8.15	29.33	2.19	1.26	43.88
2000～2010	动态度/%	3.00	−7.53	1.48	8.16	0.22	−1.07
2010	面积/km²	5925.49	609.25	10229.15	1259.29	384.43	11828.77
	占比/%	19.60	2.01	33.83	4.16	1.27	39.12

8.2.1　土地利用现状及动态变化

如图 8-9 所示，2010 年黑河流域中游地区的土地利用类型占比最高为荒漠，占总土地面积的 39.12%，其中戈壁、沙地和高寒苔原分别占荒漠面积的 48.80%、17.47%和 16.54%，主要分布在临泽至金塔之间、额济纳旗以南的地区。其次是草地，占全区域面积的 33.83%，低覆被草地、中覆被草地、高覆被草地占草地面积的比例依次递减，主要分布在祁连山山脉附近区域以及黑河出山口的民乐、山丹两县。耕地的单一组成部分为平原旱地，绝大部分分布在黑河干支流的河岸带。林地主要分布在张掖盆地，也在草地中有零星分布，且以灌木林为主，全区灌木林地占总林地面积的 48.28%。水域与湿地主要分布在黑河的干支流及祁连山高海拔山区，其中以河渠和冰川及永久性积雪为主，各占 36.22%和 15.60%。建设用地以农村居民地为主，主要分布在张掖盆地及酒泉地区。

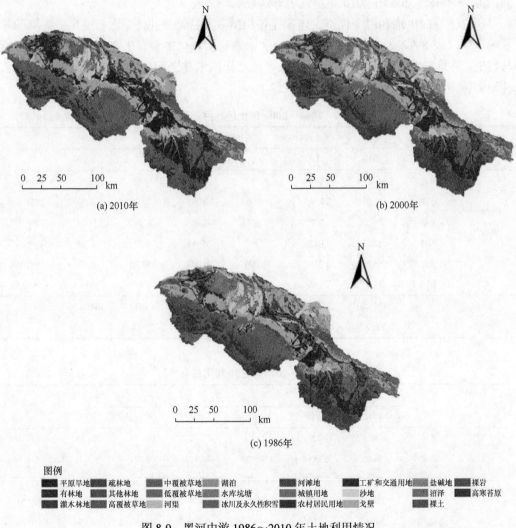

图例

	平原旱地		疏林地		中覆被草地		湖泊		河滩地		工矿和交通用地		盐碱地		裸岩
	有林地		其他林地		低覆被草地		水库坑塘		城镇用地		沙地		沼泽		高寒苔原
	灌木林地		高覆被草地		河渠		冰川及永久性积雪		农村居民用地		戈壁		裸土	

图 8-9 黑河中游 1986～2010 年土地利用情况

　　根据表 8-3，1986～2010 年，黑河中游地区土地利用变化较为显著。耕地、草地、水体、建设用地面积呈现增加趋势：耕地面积由 4353.1km² 增至 5925.5km²，增幅达 5.2%，人类开垦种植活动增加明显；草地面积占比由 29.96%增加至 33.83%，面积增加量为

1171.1km²；水体面积增加了近一倍，面积由 696.4km² 增为 1259.3km²，由于气候变化以及黑河上游来水量增加，河渠面积和冰川及永久性积雪面积均出现了显著增加；建设用地增加了 24.3km²，净增加比例为 2.43%，黑河中游是黑河流域的主要用水区，建设用地增加是人类活动影响土地利用变化的直接体现。林地和荒漠呈现持续减少趋势：林地由 2481.9km² 减少至 609.3km²，面积净减少量达 1872.6km²，减少比例为 6.20%，林地是全区面积变化最大的土地利用类型；荒漠面积持续减少，净减少面积为 1458.0km²，占 1986 年研究区荒漠总面积的 11%。动态度结果显示：各单一土地利用类型动态度中，林地动态度和水体动态度在近十几年中波动显著；1986～2000 年综合土地利用动态度变化幅度微弱，而 2000～2010 年变化相对剧烈，1986～2000 年年均发生类型变化的土地面积为 28.4km²，2000～2010 年达到 1002.0km²。

　　研究区域的土地利用变化不仅体现在各类型数量特征变化上，还表现在各类型的相互转化中（表 8-4、表 8-5）。黑河中游地区土地利用转化主要发生在荒漠与草地、荒漠与耕地、林地与草地、耕地与草地，以及草地与周围水体之间，转化的主要特点为荒漠、林地的转出和耕地、草地的转入。

表 8-4　1986～2000 年土地利用转移矩阵　　　　　　　　（单位：km²）

		2000 年						总计
		耕地	林地	草地	水体	建设用地	荒漠	
1986 年	耕地	4437.94	0.00	46.13	0.00	14.98	0.00	4499.05
	林地	11.98	2506.53	11.98	0.00	0.00	3.00	2533.48
	草地	204.28	7.79	9237.12	2.40	0.60	11.98	9464.17
	水体	42.53	0.00	0.00	702.11	0.00	0.00	744.65
	建设用地	0.00	0.00	0.00	0.00	390.00	0.00	390.00
	荒漠	28.76	1.80	1.80	3.00	4.79	13813.45	13853.59
总计		4725.50	2516.11	9297.03	707.51	410.37	13828.43	
新增		226.45	(17.37)	(167.14)	(37.14)	20.37	(25.16)	

表 8-5　2000～2010 年土地利用转移矩阵　　　　　　　　（单位：km²）

		2010 年						总计
		耕地	林地	草地	水体	建设用地	荒漠	
2000 年	耕地	4260.62	14.98	173.13	41.94	140.78	94.05	4725.50
	林地	94.05	283.96	1941.00	34.75	4.19	158.16	2516.11
	草地	753.04	212.07	6163.87	433.13	26.36	1708.56	9297.03
	水体	117.42	13.78	128.20	324.70	3.59	119.81	707.51
	建设用地	203.69	3.00	14.98	1.80	177.93	8.99	410.37
	荒漠	712.90	92.86	2253.72	448.71	66.50	10253.75	13828.43
总计		6141.71	620.64	10674.90	1285.01	419.35	12343.32	
新增		1416.21	(1895.47)	1377.87	577.51	8.99	(1485.10)	

耕地面积的增加主要是由于草地和荒漠转化为耕地：1986～2000 年来自于草地和荒漠的转化面积分别为 204.28km²、28.76km²，2000～2010 年的转化面积分别为 753.04km²、712.90km²，其余 3 种类型——林地、水体、建设用地也皆为耕地面积净增加的转入来源，2000～2010 年转入为耕地的面积分别是 94km²、117km²、204km²。

草地面积增加主要来自于林地和荒漠，且绝大多数的转化发生在 2000～2010 年，期间林地转化为草地、荒漠转化为草地的面积分别为 1941km²、2253km²。此外，草地转化为水体的面积为 433km²。由于草本植物相对容易生长，草地地势相对平坦、更适合人类的生产生活，所以草地作为转入类型或转出类型，存在于多个主要转化途径中，因而成为黑河中游地区土地利用转化最为剧烈的一种类型。

研究期间，荒漠面积持续减少，以转出为主，主要转出为草地和耕地，2000～2010 年 2254km² 的荒漠转化为草地，713km² 的荒漠转化为耕地。林地大部分转化为草地，2000～2010 年转化面积为 1941km²，占林地转出面积的 86.9%。此外，建设用地在 1986～2000 年几乎没有变化，在 2000～2010 年耕地成为转入建设用地的主要来源，耕地转化为建设用地的面积为 141km²。

8.2.2　土地利用空间变化模拟

利用建立的 CLUE-S 模型模拟无调水情景下 2005 年黑河中游的土地利用空间格局，并以 2000 年为基准期，对比自然情景和生态调水情景下中游土地利用空间格局的差异，分析土地利用变化对生态调水的响应，能够为中游水土资源的优化配置及生态调水政策的制定提供决策支持。

1. 情景设定及模拟

由于水资源对干旱内陆河流域土地利用变化具有重要作用，为了分析黑河生态调水对中游土地利用变化的影响，设定了两种土地利用情景：无调水情景和生态调水情景。无调水情景假定中游土地利用需求不受生态调水实施后大规模节水政策的影响，各土地利用类型的需求面积与生态调水前 1986～2000 年保持相同的变化率，计算各地类 2001～2005 年的需求面积如表 8-6 所示。生态调水情景下的土地利用变化用 2005 年黑河中游的实际土地利用数据表示（图 8-10）。

表 8-6　无调水情境下 2001～2005 年各地类需求面积　　　（单位：hm²）

年份	耕地	林地	草地	水域	建设用地	未利用土地
2001	326764	55074	321921	43123	31204	744217
2002	328319	54945	320706	42863	31316	744155
2003	329875	54815	319491	42602	31428	744092
2004	331431	54685	318277	42342	31540	744030
2005	332987	54555	317062	42081	31652	743967

利用建立的 CLUE-S 模型模拟无调水情景下 2005 年黑河中游的土地利用空间格局，结果如图 8-11 所示。通过对比图 8-10 与图 8-11 可以较为直观地看出调水前后黑河中游土地利用的数量和空间差异。

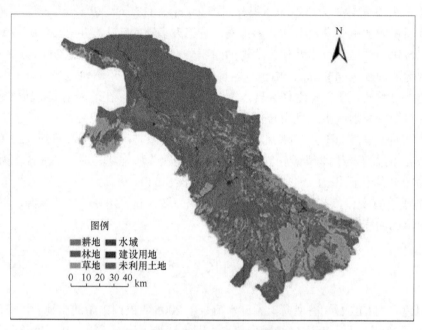

图 8-10　2005 年黑河中游实际土地利用分布图

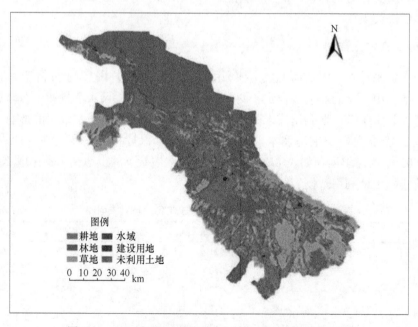

图 8-11　2005 年黑河中游无调水情景下土地利用分布图

2. 土地利用变化对调水的响应

从 2000 年及无调水和生态调水两种情景下 2005 年黑河中游的土地利用图中提取各类土地利用类型的面积,结果如表 8-7 所示。从表中可以看出,黑河中游主要的土地利用类型是未利用土地,其次是耕地和草地。从空间分布来看,耕地主要分布在山丹县和民乐县的山区平原过渡带及甘州区、临泽县和高台县的河道两侧;林地主要分布在山丹县和民乐县的山区,平原地区也有少量人工林分布;草地主要分布在民乐县和高台县的山区平原过渡带,平原区也有零星的草地分布;建设用地的分布与耕地相似,其中甘州区最密集;未利用土地主要分布在临泽县和高台县远离河道的荒漠地区。2000 年未利用土地占总面积的 48.89%,耕地占 21.36%,草地占 21.23%,林地、水域和建设用地面积的比例很小,分别为 3.63%、2.85%和 2.04%。无调水情景下,2005 年比例增加的土地利用类型有耕地和建设用地,分别增至 21.88%和 2.07%,林地、草地、水域和未利用土地面积的比例都减小,分别减至 3.59%、20.83%、2.77%和 48.87%。生态调水情景下,2005 年耕地、水域、建设用地面积占总面积的比例分别增至 22.82%、2.87%和 2.1%,林地、草地和未利用土地面积的比例分别减至 3.62%、21.03%和 47.55%。

表 8-7　土地利用面积变化情况

土地利用类型	2000 年		2005 年（无调水情景）		2005 年（生态调水情景）	
	面积/hm²	比例/%	面积/hm²	比例/%	面积/hm²	比例/%
耕地	325208	21.36	333020	21.88	347404	22.82
林地	55204	3.63	54580	3.59	55136	3.62
草地	323136	21.23	317076	20.83	320164	21.03
水域	43384	2.85	42100	2.77	43696	2.87
建设用地	31092	2.04	31536	2.07	31980	2.10
未利用土地	744280	48.89	743992	48.87	723924	47.55

黑河中游主要的土地利用类型是未利用土地,其次是耕地和草地;无调水情景下,面积比例增加的土地利用类型有耕地和建设用地,林地、草地、水域和未利用土地面积的比例都减小;生态调水情景下,面积比例增加的土地利用类型有耕地、水域和建设用地,林地、草地和未利用土地面积的比例都减小。

两种情景下,耕地和建设用地面积均呈增加趋势,生态调水加剧了其变化趋势;林地、草地和未利用土地面积均呈减小趋势,生态调水减缓了林地和草地面积的减小趋势,加剧了未利用土地向其他土地利用类型的转换;水域面积在无调水情景下呈减少趋势,而在生态调水情景下呈增加趋势;无调水情景和生态调水情景下 2000~2005 年研究区的综合土地利用动态度分别为 0.11%和 0.31%,说明实施黑河生态调水后,中游土地利用变化速度加快。

无调水情景下,土地利用变化的主导类型是耕地、草地和水域,主要是与未利用土地之间的相互转换;生态调水情景下,土地利用变化的主导类型为耕地、草地和未利用土地,耕地的增加主要是草地和未利用土地的流入,草地主要流向耕地及部分退化成未利用土地；两种情景下，土地利用类型的转换表现出明显的空间差异。

目前黑河中游土地资源的开发力度并不是很大，其主要原因是受到水资源总量不足和空间分配不合理的限制；黑河中游的土地利用处于发展期，开发程度呈增加趋势，且生态调水的实施加快了其发展速度。

8.3 黑河中游地区景观格局变化

8.3.1 景观格局指数的选取与年际变化

随着景观生态学及空间分析技术的发展，现有的表征景观格局的指数已经超过 200 种（McGarigal et al.，2012）。这些指数本质上都是基于简单的数理统计和空间拓扑关系，4 类景观指数（面积、周长和密度指数，形状指数，蔓延度指数和多样性指数）内部具有较高的相关性（布仁仓等，2005）。因此，在保证揭示景观结构组成、空间形态和功能特征的基础上，应尽量减小指数所反映信息的冗余程度。基于以上的考虑，本章分别在景观尺度选取了总面积、斑块密度、面积加权平均形状指数、连通度指数、香农多样性指数和聚集度指数 6 种指数，斑块类型尺度选取了斑块类型总面积、斑块密度、面积加权平均形状指数、连通度指数和聚集度指数 5 种指数，各景观指数的计算公式及意义如表 8-8 所示。

表 8-8 景观指数及其意义

景观指数	英文（简写）	公式	指示意义
		景观尺度	
总面积	total area（TA）	$TA = \dfrac{A}{10000}$	TA 决定了景观的范围，以及研究和分析的最大尺度，也是计算其他指标的基础
斑块密度	patch density（PD）	$PD = \dfrac{N}{A} * 100$	PD 是指景观中包括全部异质景观要素斑块的单位面积斑块数。PD 描述了景观的破碎度，同时也反映景观空间异质性程度
面积加权平均形状指数	area-weighted mean shape index（SHAPE）	$SHAPE = \sum_{j=1}^{n}\left[\left(\dfrac{p_{ij}}{2\sqrt{\pi a_j}}\right)\left(\dfrac{a_j}{A}\right)\right]$	SHAPE≥1，在景观级别上等于各斑块类型的平均形状因子乘以类型斑块面积占景观面积的权重之后的和。公式表明面积大的斑块比面积小的斑块具有更大的权重。当 SHAPE=1 时说明所有的斑块形状为最简单的方形（采用矢量版本的公式时为圆形）；当 SHAPE 值增大时说明斑块形状变得更复杂，更不规则
连通度指数	connect index（CI）	$CI = \left[\dfrac{\sum_{j\neq k}^{n} c_{ijk}}{\dfrac{n_i(n_i-1)}{2}}\right] * 100$	CI 是指定斑块中所有斑块间的连接数除以指定斑块类所有斑块所有可能的连接总数。基于指定斑块类中所有斑块间的连接数定义了连接度，每对斑块要么连接，要么不在用户指定阈值距离内。连接度指数记录了给定斑块数下的最大可能连接的百分数（本章设定 CI 阈值为 2500m）
香农多样性指数	Shannon's diversity index（SHDI）	$SHDI = -\sum_{i=1}^{m}(P_i * \log P_i)$	SHDI 在景观级别上等于各斑块类型的面积比乘以其值的自然对数之后的和的负值。SHDI=0 表明整个景观仅有一个斑块组成；SHDI 增大，说明斑块类型增加或各斑块类型在景观中呈均衡化趋势分布

景观指数	英文（简写）	公式	指示意义
景观尺度			
聚集度指数	aggregation index	$AI = \sum_{j=1}^{n} \left(\dfrac{g_{ii}}{\max \to g_{ii}} \right) *100$	AI 反映景观中的不同斑块类型的非随机性或聚集程度，由于 AI 考虑斑块类型之间的相邻关系，因此可以反映景观组分的空间配置特性。如果斑块类最大分散，不管模板类在景观中占多大比例，该指数总是最小的；如果斑块类最大聚集，该指数是最大的
斑块类型尺度			
斑块类型总面积	class area（CA）	$CA = \dfrac{\sum_{j=1}^{n} a_j}{10000}$	CA 是某一斑块类型中所有斑块的面积之和，即某斑块类型的总面积，也是计算其他指标的基础
斑块密度	patch density（PD）	$PD = \dfrac{n_i}{A} *10000 *100$	PD 是指景观中包括全部异质景观要素斑块的单位面积斑块数。PD 描述了景观的破碎度，同时也反映景观空间异质性程度。PD 越大说明空间异质性越大，斑块分布越复杂
面积加权平均形状指数	area-weighted mean shape index（SHAPE）	$SHAPE = \sum_{j=1}^{n} \left[\left(\dfrac{p_{ij}}{2\sqrt{\pi a_j}} \right) \left(\dfrac{a_j}{\sum a_i} \right) \right]$	SHAPE≥1，在斑块类型级别上等于某斑块类型中各个斑块的周长与面积比乘以各自的面积权重后的和。公式表明面积大的斑块比面积小的斑块具有更大的权重。当 SHAPE=1 时说明所有的斑块形状为最简单的方形；当 SHAPE 值增大时说明斑块形状变得更复杂，更不规则
连通度指数	connect index（CI）	$CI = \left[\dfrac{\sum_{j\neq k}^{n} c_{ijk}}{\dfrac{n_i(n_i-1)}{2}} \right] *100$	CI 是指定斑块中所有斑块间的连接数除以指定斑块类所有斑块所有可能的连接总数。基于指定斑块类中所有斑块间的连接数定义了连接度，每对斑块要么连接，要么不在用户指定阈值距离内。连接度指数记录了给定斑块数下的最大可能连接的百分数
聚集度指数	aggregation index	$AI = \sum_{j=1}^{n} \left(\dfrac{g_{ii}}{\max \to g_{ii}} \right) *10$	AI 反映景观中的不同斑块类型的非随机性或聚集程度，由于 AI 考虑斑块类型之间的相邻关系，因此可以反映景观组分的空间配置特性。如果斑块类最大分散，不管模板类在景观中占多大比例，该指数总是最小的；如果斑块类最大聚集，该指数是最大的

8.3.2　景观格局的年际变化

1986～2011 年，黑河中游景观层级的 PD、SHDI、SHEI、AI 增加，SHAPE、CI 减少，景观破碎度增加、异质性增强，景观类型均衡化（表 8-9）。PD 呈现显著增长，斑块分布更加复杂，说明景观破碎度和空间异质性增强。多样性指数 SHDI、SHEI 小幅增加，土地利用类型丰富，优势度下降。AI 略微增加，不同斑块类型的聚集度增大。SHAPE 呈现出明显的减小，说明该时间段内斑块形状趋向于规则，景观结构趋向于简单。CI 呈现显著减小的趋势，景观类型均匀度增加。

表 8-9　不同年份的景观格局指数（景观层级）

年份	PD	SHAPE	CI	SHDI	SHEI	AI
1986	0.0958	42.0937	0.0954	0.6911	0.997	88.6087
2000	0.0964	41.751	0.0955	0.6912	0.9972	88.6035
2011	0.1642	35.1161	0.0461	0.6918	0.998	89.1877

在斑块类型层级，3 种植被类型的景观格局变化与面积变化相关（表 8-10）：草地和耕地的面积增加，PD 减小，SHAPE、CONNECT、AI 增大；林地面积减少，PD 增大，SHAPE、CONNECT、AI 减小。草地和耕地景观趋向聚集、空间均一；林地景观则进一步破碎，其空间随机性增大。由于草地、耕地和林地之间的转化大多发生在斑块边缘以及随机分布的区域，势必造成转入的景观类型空间聚集均一。人类的植树造林和开垦耕种活动同样在空间上偏向选择随机、边缘地带，进一步增加了植被景观格局变化与面积变化的相关性。

表 8-10　不同土地利用类型的景观格局指数

土地利用类型	年份	CA	PD	SHAPE	CONNECT	AI
草地	1986	68144	0.263	9.30	0.50	67.5
	2000	66813	0.245	9.42	0.51	68.1
	2010	76800	0.147	10.59	0.66	76.9
耕地	1986	32769	0.085	9.11	1.27	64.5
	2000	34400	0.084	10.24	1.28	66.1
	2010	44306	0.070	9.42	1.32	74.4
荒漠	1986	99706	0.116	11.20	1.16	79.2
	2000	99588	0.114	11.18	1.16	79.2
	2010	89125	0.109	9.81	1.00	80.3
建设用地	1986	2688	0.131	1.16	0.48	12.6
	2000	2881	0.134	1.19	0.48	14.2
	2010	2906	0.112	1.30	0.45	23.8
林地	1986	18725	0.115	7.22	0.78	58.0
	2000	18600	0.114	7.25	0.79	58.1
	2010	4569	0.145	1.40	0.53	22.0
水体	1986	5194	0.152	1.45	0.51	25.1
	2000	4944	0.152	1.44	0.50	23.8
	2010	9519	0.305	1.45	0.26	23.6

植被景观格局与生态过程相互联系，黑河中游不同植被类型的景观格局呈现不同的变化趋势和规律，同时表现出一定程度的尺度效应。各植被类型与林地、草地总体在 SHAPE、CONNECT、AI 三项指数上呈现出一致的变化趋势，而部分植被类型在表征破碎度的 PD 指数表现出不同的变化趋势（表 8-11）：占林地总面积 40%的疏林地和其他林地的 PD 指数分别从 0.069 和 0.016 下降至 0.057 和 0.004，而林地的 PD 指数由 0.115 上升至 0.145；中覆被草地和高覆被草地 PD 指数呈上升趋势，而草地总体 PD 指数显著

减小。有林地、灌木林地、疏林地和其他林地 2010 年的 PD 指数为 0.004～0.045 范围内，比林地总体 PD 指数小 1～2 个数量级，而各草地植被类型并未表现出这种情况，说明林地植被 PD 指数随尺度的变化并不是来自于指数本身的结构性因素。林地的破碎度（PD 指数）随尺度降低而减小，可能由于各林地植被类型内部空间分布聚集程度高，而有林地、灌木林地、疏林地、其他林地之间的聚集程度低。不同覆被程度的草地植被类型之间的转化相对迅速，因而空间上也较为聚集，所以没有出现破碎度的尺度效应。空间分布的聚集程度由不同林地和不同草地的生长、演替造成，因而植被破碎度反映出林地和草地生态过程的差异。在林地和草地总体尺度，景观格局变化与面积变化紧密相关，得到包括植被在内的各土地利用景观格局变化的印证（表 8-10）。然而，植被类型尺度并未体现景观格局变化与植被类型面积变化之间的关联，如灌木林地和疏林地的面积自 1986 年以来都呈减小趋势，两植被类型的 PD 指数分别呈上升和下降趋势。

表 8-11　不同植被类型的景观格局指数

植被类型	年份	CA	PD	SHAPE	CONNECT	AI
有林地	1986	6319	0.033	3.48	2.35	56.5
	2000	6294	0.032	3.49	2.54	56.7
	2010	1044	0.045	1.18	1.24	15.3
灌木林地	1986	9138	0.074	4.25	1.30	48.4
	2000	9125	0.073	4.25	1.32	48.4
	2010	2119	0.078	1.31	0.82	19.0
疏林地	1986	2900	0.069	1.44	0.80	31.0
	2000	2806	0.069	1.43	0.83	29.9
	2010	1338	0.057	1.13	0.80	16.1
其他林地	1986	369	0.016	1.14	2.06	20.6
	2000	375	0.016	1.14	1.95	20.2
	2010	69	0.004	1.00	0.00	6.7
高覆被草地	1986	10856	0.092	3.94	1.04	48.6
	2000	10844	0.092	3.95	1.04	48.4
	2010	13669	0.108	5.14	1.05	47.8
中覆被草地	1986	19463	0.224	4.20	0.55	41.9
	2000	19319	0.212	4.25	0.59	42.3
	2010	18288	0.367	1.99	0.43	27.8
低覆被草地	1986	37825	0.291	5.56	0.45	49.1
	2000	36650	0.275	5.63	0.47	49.5
	2010	44844	0.234	10.09	0.46	53.4

8.3.3　景观格局变化的空间分析

通过滑动窗口空间采样方法，研究 1986～2010 年黑河中游景观格局的分布（图 8-12）。PD 在黑河河道附近区域出现了带状结构，尤其在张掖盆地下降较为明显，

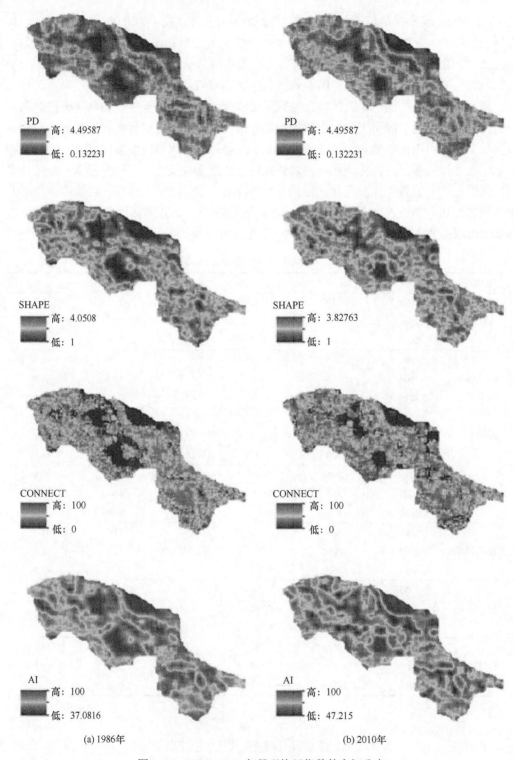

图 8-12　1986~2010 年景观格局指数的空间分布

而在西部靠近祁连山山脉的区域出现了显著的上升。SHAPE 指数在空间上的分布较为均匀，初期在肃南高山草甸地区及正义峡东西两侧地区呈现低值中心，后期这 3 个低值中心的面积呈现减小趋势。CONNECT 整体在空间上呈现降低趋势，但同样表现出 3 个低值中心面积减小。AI 在西北区域的变化大于东南区域。

　　景观格局的最大特征就是空间自相关性，即景观特征在邻近范围内的变化表现出对空间位置的依赖关系。由于 Moran's I 指数有着更易确定的分布和更好的效能（Cliff and Ord，1975），而且影响景观空间结构特征的自然和人为因素呈现空间连续梯度分布特征，因此本章使用了 Moran's I 指数描述景观格局的空间自相关性，其计算公式为

$$I = \frac{n\sum_{i=1}^{n}\sum_{j=1}^{n}w_{ij}(x_i - \bar{X})(x_j - \bar{X})}{\sum_{i=1}^{n}\sum_{j=1}^{n}w_{ij}\sum_{i=1}^{n}(x_i - \bar{X})^2} \tag{8-8}$$

式中，x_i 和 x_j 分别为变量 x 在样点 i 和 j 上的取值；$\bar{X}$ 为变量 x 的均值；w_{ij} 为空间权重；n 为空间单元数。计算得出空间自相关指数后，需要进行零假设检验，即根据指数计算结果对变量在空间呈随机分布的假设作显著性检验。假设检验以服从渐进正态分布为前提，对空间自相关指数计算结果进行标准化，得到统计量 z 值。双侧检验情况下，置信度为 95% 的统计量临界值为 1.96，置信度为 99% 的统计量临界值为 2.58。本章中先对植被景观指数在空间上进行采样，以植被景观指数变化为变量，计算其空间自相关指数 Moran's I，并利用统计量 z 值检验其显著性水平。

　　根据表 8-12 的分析结果，除了连通度指数（CI）变化，其余 6 个变量在两个时段的总体 z 值均大于 1.96，表明研究区的景观空间结构显著空间自相关，且绝大多数的总体 z 值都大于 2.58，表现出极显著的空间自相关。因此，两种层级下研究区的景观结构和格局是在一种既可以覆盖整个区域，又具有较好的空间连续性的驱动因素作用下形成的，而且这种驱动作用对于景观结构空间变化的主导性非常明显。在整个区域内，地形因素是一种基础的驱动力，通过影响水热格局的重新分配，从而形成了不同的植被景观格局，与植被景观变化的空间特征具有密切关系（潘韬等，2010）。同时，人类有目的的景观改造活动，如种植养殖等农业活动以及城镇改造等社会经济活动，可以持续的对植被景观造成影响（French，2010）。景观格局特征空间显著自相关的结果充分说明研究区域的植被景观变化并不呈现点状或者条带状的变化特征，而是在整个区域上具有空间相互关联性，是自然因素和人为因素共同作用下的结果。

表 8-12　植被景观指数自相关分析计算结果

年份	景观指数变化的 z 值						
	AI	CA	CI	PD	SHAPE	SHDI	SHEI
1986~2000	3.794	18.247	−0.138	2.41	4.023	13.016	13.016
2000~2011	54.357	32.347	−0.954	18.044	62.042	25.531	25.531

　　同时，1986~2000 年和 2000~2011 年两个时间段的相关性特征亦有明显的区别。从两个时间段的 z 值看，2000~2011 年各景观指数的 z 值均大于 1986~2000 年的值，

表现出景观指数的空间相关性特征随时间增长的趋势。值得注意的是，连通度指数（CI）变化异于其他景观指数的变化，没有表现出显著的空间自相关性，其随时间的变化在空间上显现出随机的特性。

图8-13显示出植被景观指数变化在1986～2000年和2000～2011年两个时间段上的空间分布。由图可知，总体上，2000～2011年为上的植被景观指数变化更为强烈。在1986～2000年，大部分区域的植被景观指数变化很微小（为-10%～10%），只有零星的区域出现了较大的变化。出现较大变化的区域主要集中在黑河干流中游附近，说明黑河流域水文过程对于景观格局演变有着明显的驱动作用。虽然植被景观的AI在2000～2011年内总体上没有明显的变化，但是AI变化在众多区域中都较为显著，并且呈现出北部增加、南部减少的特点。2000～2011年植被景观的CA变化在上游山区和中游部分区域均为负值，说明植被用地面积在减少，而靠近黑河干流的众多区域的面积指数变化值较大，说明沿河岸带的植被用地面积出现了明显的增加。2000～2011年植被景观的SHAPE及PD总体上呈现出小幅增加的趋势，两个指数变化的空间分布都表现出散乱交

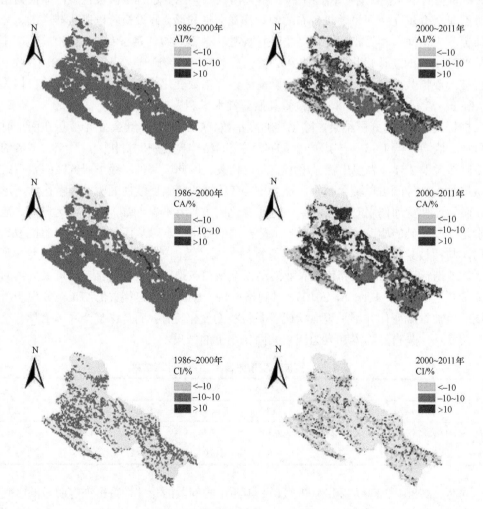

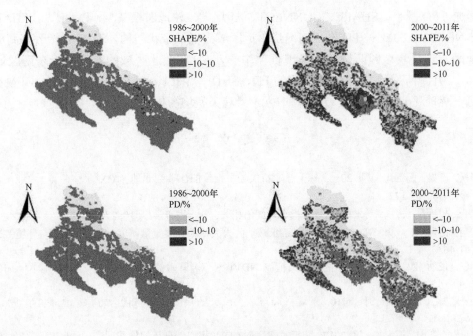

图 8-13　植被景观指数变化

错的特点，但在上游祁连山区有着小块的变化趋势相同的区域。植被景观结构的变化是景观功能及其与生态环境关系的重要体现。研究区内的植被景观指数变化的空间分布与黑河河道之间表现出明显的相关性，反映出干旱区植被生长与水分条件的密切联系。

8.4　小　　结

通过研究黑河中游地区植被 NDVI、土地利用和景观格局时空变化特征，分析了黑河中游植被 20 多年的变化特征，以下为研究得到的一些基本认识：

（1）黑河上中游流域植被覆盖状况空间差异较大，总体而言从东南向西北逐渐变差。上游植被覆盖状况优于中游，中游除张掖市及酒泉市存在人工植被外，其他区域基本不存在人工植被覆盖。从时间变化来看，在 1999~2010 年中游流域的植被整体呈现轻度退化，而山丹和民乐两县的植被由于农业活动强度的提高，呈现明显的改善。在六种土地利用类型中，灌木林地发生明显退化的面积比例最大。黑河上中游流域的植被受气温的影响大于降水，而对降水的响应更为迅速。

（2）1986~2010 年土地利用变化分析表明，近 25 年黑河中游耕地、草地、水体、建设用地面积呈现增加趋势，林地和荒漠呈现持续减少趋势，前 15 年土地利用变化微弱，（变化面积 28.4km^2）而近 10 年土地利用变化强烈（变化面积 1002.0km^2）。黑河中游地区土地利用类型转移主要发生在荒漠与草地、荒漠与耕地、林地与草地、耕地与草地，以及草地与周围水体之间，转化的主要特点为荒漠、林地的转出和耕地、草地的转入。

（3）分别在景观尺度选取 6 种景观格局指数，在斑块类型尺度选取 5 种景观格局指数。植被斑块类型尺度上，景观格局变化与斑块面积变化呈现一致性，草地和耕地的面积增加, PD 减小, SHAPE、CONNECT、AI 增大, 林地面积减少, PD 增大, SHAPE、CONNECT、AI 减小。PD 在黑河河道附近区域出现了带状结构, SHAPE 指数在高山草甸地区及正义峡东西两侧地区呈现低值中心, AI 在西北区域的变化大于东南区域。1986~2011 年, 黑河中游景观层级的 PD、SHDI、SHEI、AI 增加, SHAPE、CI 减少, 黑河中游景观破碎度增加、异质性增强, 景观类型均衡化。

参 考 文 献

鲍艳松, 严婧, 闵锦忠, 等. 2014. 基于温度植被干旱指数的江苏淮北地区农业旱情监测. 农业工程学报, 7(1): 163-172.

布仁仓, 胡远满, 常禹, 等. 2005. 景观指数之间的相关分析. 生态学报, 10: 2764-2775.

陈红翔, 杨保, 王章勇, 等. 2011 黑河中游张掖地区人类活动强度定量研究. 干旱区资源与环境, 25(8): 41-46.

戴声佩, 张勃. 2010. 基于 GIS 的祁连山植被 NDVI 对气温降水的旬响应分析. 生态环境学报, 19(1): 140-145.

傅伯杰, 徐延达, 吕一河. 2010. 景观格局与水土流失的尺度特征与耦合方法. 地球科学进展, 7: 673-681.

高中灵, 徐新刚, 王纪华, 等. 2012. 基于时间序列 NDVI 相似性分析的棉花估产. 农业工程学报, 28(2): 148-153.

金晓媚, 万力, 胡光成. 2008. 黑河上游山区植被的空间分布特征及其影响因素. 干旱区资源与环境, 22(6): 140-144.

李辉霞, 刘国华, 傅伯杰. 2011. 基于 NDVI 的三江源地区植被生长对气候变化和人类活动的响应研究. 生态学报, 19: 5495-5504.

李占玲, 徐宗学. 2011. 近 50 年来黑河流域气温和降水量突变特征分析. 资源科学, 33(10): 1877-1882.

潘韬, 吴绍洪, 戴尔阜, 等. 2010. 纵向岭谷区植被景观多样性的空间格局. 应用生态学报, (12): 3091-3098.

钱永兰, 吕厚荃, 张艳红. 2010. 基于 ANUSPLIN 软件的逐日气象要素插值方法应用与评估. 气象与环境学报, (2): 7-15.

冉有华, 李新, 卢玲. 2009. 基于多源数据融合方法的中国 1km 土地覆盖分类制图. 地球科学进展, (2): 192-203.

饶萍, 王建力, 王勇. 2014. 基于多特征决策树的建设用地信息提取. 农业工程学报, 12(2): 233-240.

王永财, 孙艳玲, 王中良. 2014. 1998~2011 年海河流域植被覆盖变化及气候因子驱动分析. 资源科学, 36(3): 594-602.

吴丽丽, 任志远, 张翀. 2014. 陕北地区植被指数对水热条件变化的响应及其时滞分析. 中国农业气象, 35(1): 103-108.

肖生春, 肖洪浪. 2008. 黑河流域水环境演变及其驱动机制研究进展. 地球科学进展, 23(7): 748-755.

杨尚武, 张勃. 2014. 基于 SPOT NDVI 的甘肃河东植被覆盖变化及其对气候因子的响应. 生态学杂志, 33(2): 455-461.

张亚玲, 苏惠敏, 张小勇. 2014. 1998~2012 年黄河流域植被覆盖变化时空分析. 中国沙漠, 34(2): 597-602.

赵文智, 程国栋. 2001. 干旱区生态水文过程研究若干问题评述. 科学通报, 46(22): 1851-1857.

周沙, 黄跃飞, 王光谦. 2014. 黑河流域中游地区生态环境变化特征及驱动力. 中国环境科学, 35(3): 766-773.

周伟, 王倩, 章超斌, 等. 2013. 黑河中上游草地 NDVI 时空变化规律及其对气候因子的响应分析. 草业学报, 22(1): 138-147.

朱文泉, 陈云浩, 徐丹, 等. 2005. 陆地植被净初级生产力计算模型研究进展. 生态学杂志, (3): 296-300.

Cliff A D, Ord J K. 1975. Model building and the analysis of spatial pattern in human geography. Journal of the Royal Statistical Society. Series B (Methodological), 37(3): 297-348.

French C. 2010. People, societies, and landscapes. Science, 328(5977): 443-444.

Friedlingstein P, Cox P, Betts R, et al. 2006. Climate-carbon cycle feedback analysis: Results from the(CMIP)-M-4 model inter-comparison. Journal of Climate, 19(14): 3337-3353.

Gou S, Miller G. 2014. A groundwater-soil-plant-atmosphere continuum approach for modelling water stress, uptake, and hydraulic redistribution in phreatophytic vegetation. Ecohydrology, 7(3): 1029-1041.

Jarvis A, Reuter H I, Nelson A, Guevara E. 2008. Hole-filled SRTM for the globe Version 4. Available from the CGIAR-CSI SRTM 90m Database. http: //srtm. csi. cgiar. Org. 2012-11-08.

Levavasseur F, Biarnes A, Bailly J S, et al. 2014. Time-varying impacts of different management regimes on vegetation cover in agricultural ditches. Agricultural Water Management, 140(1): 4-19.

Mcgarigal K, Cushman S A, Ene E. 2012. Fragstats v4: Spatial Pattern Analysis Program for Categorical and Continuous Maps. University of Massachusetts, Amherst. Computer software program produced by the authors at the University of Massachusetts.

Raich J W, Schlesinger W H. 1992. The global carbon-dioxide flux in soil respiration and its relationshipto vegetation and climate. Tellus Series B-Chemical and Physical Meteorology, 44(2): 81-99.

Shen B, Fang S, Li G. 2014. Vegetation coverage changes and their response to meteorological variables from 2000 to 2009 in Naqu, Tibet, China. Canadian Journal of Remote Sensing, 40(1): 67-74.

第9章 黑河中游土壤植被高光谱反演方法

9.1 研 究 方 法

9.1.1 人工模拟降水试验及土壤制备

为了避免土壤理化性质之间的相互作用对研究土壤可蚀性的干扰，本章采用两期数据进行详细分析，以下称为恒定雨强条件下（第一期）及变雨强条件下（第二期）模拟降水实验。并且降雨器均采用 TSJY-081 型便携式全自动人工模拟降雨器（图 9-1），降雨模拟器包含三个震荡式的喷头组合，每个喷头组合含有三个喷嘴，用以调节降水强度的变化。选取的土壤样品均通过 4.75mm 的筛子去除大的土块和砾石。降水结束后按照上、中、下坡分别从坡面不同位置收集 0～20cm 表层土样，测定土壤容重和含水量。

图 9-1 降水模拟实验装置

取混合后的土壤样品测定 pH、有机质、阳离子交换量（CEC）、速效氮、速效磷的含量。收集的泥水混合样品，取其中一部分 105℃烘干后测定泥沙含量，其中一部分进行泥、水分离，测定总氮、总磷流失量。土壤理化性质（颗粒分析、有机质、pH、CEC、速效氮和速效磷）的测定方法根据中国土壤物理化学性质分析方法（ISSCAS，1997）测定。

1. 恒定雨强条件下模拟降水实验

本期数据采用两种土壤质地区分较大的土壤（棕壤和砂姜黑土）进行降水实验。降水模拟实验在青岛农业大学的试验场地进行，实验采用木质的人工径流小区，长度 2m，宽度 0.75m，高度 0.5m，土层厚度约 40cm。两种土壤分别设置不同的雨强 60mm/h 和 120mm/h，以及不同的坡度 10°、20°各 4 场共 8 场雨（表 9-1）。降水侵蚀试验前用 20mm/h 的雨强进行 2h 湿润，使土壤含水率达到田间持水量。土壤按照田间容重进行装填，保证实验过程均接近一致条件下进行，实验过程中，地表产流后每隔 5min 收集径流，收集完毕后，将水样编号并混匀，降水历时 40min。降水开始后，每隔 5min 收集水样和泥沙样品。泥沙中的速效氮、速效磷的含量两个相邻的时间采集的泥沙样品平均计算随泥沙的流失量。土壤的理化性质如表 9-1 所示。

表 9-1　恒定雨强条件下土壤理化性质

土壤类型	颗粒组成/%				重/(g/cm³)	含水率/%	pH	有机质/(g/kg)	CEC/(cmol/g)
	>0.1mm	0.1~0.05mm	0.05~0.01mm	<0.01mm					
棕砂姜黑土	45.01	31.24	18.84	4.87	1.29	4.7	6.2	8.39	22.4
砂姜黑土	9.32	57.42	23.78	9.42	1.58	5.2	6.4	10.18	77.6

2. 变雨强条件下模拟降水实验

本期数据采用黑河地区两种有机质含量区别较大的两种土壤（裸潮土和耕潮土），裸潮土取自山东省青岛农业大学校园，耕潮土土壤取自即墨地区坡耕地。其中土壤坡度设置为 10°。为了更显著的体现有机质对土壤侵蚀过程和土壤可蚀性的影响，并且不使得土壤的其他物理化学性质有明显的变化，在两种土壤中分别添加了不同含量的有机肥料（表 9-2），并经过一个月充分混合调匀及反应。

表 9-2　变雨强条件下土壤有机肥处理

土壤类型	有机肥处理组别	添加有机肥含量/(kg/m³)
裸潮土	空白	0
	低施肥	20
	高施肥	100
耕潮土	空白	0
	低施肥	20
	高施肥	100

降水情景设置：根据以上土壤处理分为 6 次连续降水情景，每次连续降水分由三场

不同的雨强条件下的模拟降水组成，并且强度逐渐增加（60mm/h，90mm/h，120mm/h），每两场降水间隔 1 个小时，并且每场降水历时 40min（表 9-3），即每次连续降水历时 5 个小时。

表 9-3 变雨强条件下降雨情景设置

土壤类型	不同处理	雨强情景设置
裸潮土	空白	
	低施肥	60mm/h—90mm/h—120mm/h
	高施肥	
耕潮土	空白	
	低施肥	60mm/h—90mm/h—120mm/h
	高施肥	

注：—为 1 小时时间间隔。

降水开始后，每隔 8min 收集水样和泥沙样品，并测定水样体积。采样完毕后，将水样编号并静置，土样编号封口保存。取混合后的土壤样品测定其总氮、总磷、有机质的含量。将水样过滤后测定水样的总氮、总磷和泥沙含量。土壤的物理化学性质如表 9-4 所示。

表 9-4 变雨强条件下土壤物理化学性质

土壤类型	肥料组别	颗粒组成/%				容重 /(g/cm³)	含水率 /%	pH	有机质 /(g/kg)	CEC /(cmol/g)
		>0.1mm	0.1~0.05mm	0.05~0.01mm	<0.01mm					
裸潮土	空白	31.1	45.3	21.18	2.42	1.16	6.7	7.92	12.2	7.83
	低	25.68	47.07	24	3.25	1.06	13.2	8.29	29.45	8.42
	高	28.96	48.53	19.11	3.4	0.92	15.9	8.76	52.52	13.25
耕潮土	空白	40.53	43.73	13.66	2.08	1.11	4.7	7.47	18.8	7.24
	低	39.18	46.63	10.59	3.6	1.07	15.7	7.9	37.98	8.12
	高	50.1	34.65	12.24	3.01	0.93	16.1	8.74	55.69	12.83

9.1.2 土壤及植被光谱测试

1. 光谱实验土壤样品及植被采集

本章中用于土壤室内光谱控制实验的样品来自研究区内，土样分别采自区内河岸点边界。本此样品分别于 2014 年 6 月 11 日、6 月 21 日及 6 月 22 日在四个主要地区采集，并利用 GPS 定位仪器在整个区内选取分布均匀的 13 个采样点，每个采样点采集 3 个土样，共 39 个，土壤采集的地理位置如图 9-2、图 9-3 所示。

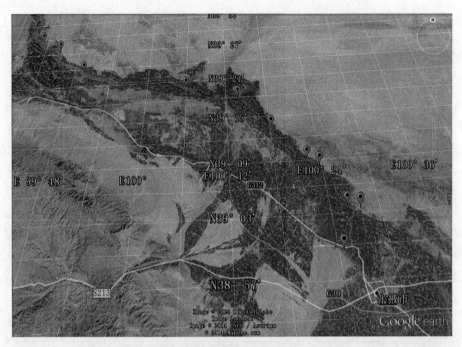

图 9-2　黑河采样点图

图 9-3　土壤草本样品采集

2. 土壤及植被光谱实验及土壤理化性质测定

采集到的所有土壤样品首先通过 72 小时的自然风干,使采集的土壤样品均达到相似的含水率,并且每个样品依次通过 2mm、1mm 的筛子得到三种粒径的土壤包括>2mm、

1~2mm、<1mm 的粒径,再将土壤的其中一部分均匀放入一个直径为 10cm,厚度为 1.5cm 的黑色器皿中。

本章选取美国 Analytical Spectral Device(ASD)公司的便携式地物光谱仪, 名称为 Field-FR TM。此光谱仪可以提取地物在 350~2500nm 波长范围的光谱特征曲线,光谱的分辨率为 10nm。本光谱仪具有扫描记录时间快、光谱分辨率高、波长范围较长、有利于测量土壤光谱的细微变化等优点。光谱仪的示意图见图 9-4,其中无需人工接连的光纤电缆的设定视场角为 25º,本章另外设有 8º 的外接探头接口。将电源接入相应端口, 以太网端口则与计算机相连。实验是在没有任何外接光源干扰的暗室内对土壤进行测试,并且选取与太阳光具有相似辐射特征的卤素灯作为光源,光源的额定功率为 45W,光源垂直于土壤样品并且距离 30cm 进行测试,以保证入射角度不变而影响测量的精度。测量过程中首先将探头(8º)对准参考白板,校正相对反射率,经过校正后再将探头对准土壤样品,同时结合计算机软件的操作完成测量。要注意的是由于室内温度、湿度等环境变化每隔一段特定的时间要用白板进行多次校正,每个土样测定五个值进行算术平均。

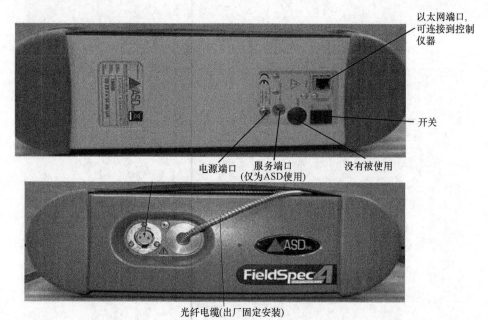

图 9-4　ASD 地物光谱仪

将土壤样品的另外一部分进行土壤 pH、容重、有机质含量、CEC、水稳团聚体含量测定,方法是根据中国土壤物理化学性质分析方法(ISSCAS,1997)测定的(图 9-5)。

3. 光谱数据的预处理及方法

1)包络线去除法(连续统法)

如果直接利用选取的土壤光谱曲线进行土壤理化参数的特征提取,由于土壤光谱的

图 9-5　野外光谱采集

细微变化不利于突出特征峰值的选取，因此利用包络线去除法，可以强有效增强土壤光谱的特征，特别是吸收和反射特征。"包络线"是原始光谱曲线上那些具有峰值的点逐一连接起来，形成一条新的特征曲线，再将此特征曲线与原始光谱曲线的商作为结果，达到去除包络线的效果。包络线的方程如下式：

$$R_{Cj} = \frac{R_j}{R_{start} + K * (\lambda_j - \lambda_{start})} \tag{9-1}$$

$$K = \frac{R_{end} - R_{start}}{\lambda_{end} - \lambda_{start}} \tag{9-2}$$

2）微分处理技术

在光谱学中，微分处理技术可以消除背景噪声，确定光谱波段特征弯曲点的确切位置，计算光谱的极大值与极小值的波段范围和突变点的确切位置，同时还可以排除部分线性的光谱背景噪声值的干扰（浦瑞良，2000）。光谱微分的近似方程如下：

$$R'(\lambda_i) = (R(\lambda_i) - R(\lambda_{i-1})) / 2\Delta\lambda \tag{9-3}$$

$$R''(\lambda_i) = (R'(\lambda_i) - R'(\lambda_{i-1})) / 2\Delta\lambda \tag{9-4}$$

利用微分处理技术运用到本章中主要用于寻峰阶段对基线的选取优化过程。

3）小波能量系数法

利用小波能量系数提取土壤光谱特征的方法，用一系列的规范小波基线性叠加表示土壤的光谱信号。对于小波变换，第 j 个信号的小波能量系数可以表征为

$$F_j = \sqrt{\frac{1}{K}\sum_{K=1}^{K} W_{jk}^2}$$ （9-5）

采用此方法可以更有效地进行数据的信号分解，从而达到高光谱数据维数的压缩（宋开山等，2007）。小波变换的具体原理是将土壤光谱信号分解为两个部分（高频和低频），再将所得的低频信号继续分解成高频和低频，依此类推。而其中的高频信号反映了信号的细节特征，低频信号反映了信号的总体特征，再通过每个信号的分解或者特征向量，从而反映信号的能量分布（宋开山等，2007）。

为了优化小波能量系数，更加准确的对土壤反射光谱进行分析，本章结合最小二乘法（PLS），将所得土壤的光谱信号进行分段处理，再对每一个波段分别进行小波能量系数的分解，使结果更具有可靠性。

9.2　土壤水蚀过程机理研究

9.2.1　土壤侵蚀过程研究

1. 坡面产流变化特征

为了更彻底的了解降水侵蚀过程的机理，本章利用两期数据进行分析，分别为恒定雨强条件下和变雨强条件下的模拟降水实验。由图 9-6 可知，恒定降水强度条件下壤土的产流速率在不同雨强（60mm/h，120mm/h）与不同坡度（10°，20°）条件下均大

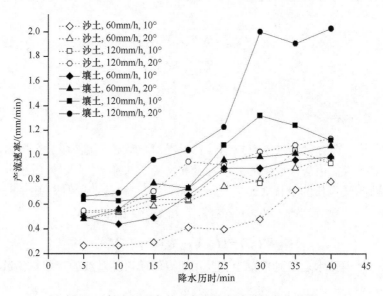

图 9-6　恒定雨强条件下产流速率随时间变化曲线

于相应条件下的沙土产流速率。这是由于棕砂姜黑土的粒径组成以粗颗粒为主，而砂姜黑土的颗粒较小，导致砂姜黑土的下渗量远低于棕砂姜黑土，从而产生更多的径流。对于棕砂姜黑土而言，产流速率在整个降水历时（40min）期间未达到稳定状态。相比而言，砂姜黑土的产流速率先增加然后在实验间就已经达到了稳定状态。同时，两种土壤的产流速率随着降水强度增加和坡度增加的条件下而增加，但是降水强度的增加对产流速率的影响比坡度增加的影响要大。

从图 9-7 可知，变雨强条件下各组别土壤产流速率随时间变化的曲线。对于两个原始土壤（空白组）60mm/h 条件下均没有产流，可能是由低的土壤含水量和高的有机质含量所引起的，直到 90mm/h 雨强条件下的第三个 8min 才开始产流，并且裸潮土的产流速率呈直线增加，而耕潮土的产流速率相对较小。在 120mm/h 条件下，产流速率随时间变化的趋势与 90mm/h 的相似，但是每个处理产流时间均在第一个 8min 之内。综上所述，两种原始土壤（空白组）的产流速率在整个降水历程中非常小，均小于0.6mm/min，耕潮土的产流量小于裸潮土产流量。对于加入有机肥的土壤（低组，高组），裸潮土的产流速率也同样大于耕潮土的产流速率，但是它们之间的差距比两种原土之间的差距要大，似乎含有更高有机质含量的土壤能够降低产流量。但是对于某一种特定的土壤，有机肥料的添加（即有机质的添加）并没有减低产流速率。对于裸潮土，在 60mm/h 条件下，低和高有机质组分别在第四个和第三个 8min 就已经产流了，说明有机肥添加得越多，产流越快且越多。对于裸潮土，在 90mm/h 与 120mm/h 雨强条件下，低组和高组均在第一个 8min 就已经产流了，并且它的产流量均大于相映的落潮土空白组的产流。此外，总的产流量也随着有机质的增加而增加。这可能是由于添加的有机肥料中的细颗粒组分更易于堵塞土壤空隙，从而导致了更低的下渗量和更高的产流量。尽管裸潮土中

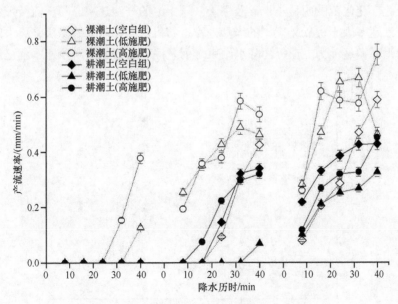

图 9-7　变雨强条件下产流速率随时间变化曲线

低组和高组的有机质含量明显不同，但由于它们的颗粒组成中细颗粒组分接近，因此产流量几乎没有什么区别。对于耕潮土，在60mm/h条件下高组和低组均未产流。在90mm/h与 120mm/h 条件下，高组的产流时间要早于低组的产流时间，但是产流速率要低于空白组耕潮土，却高于低组耕潮土。这种结果表明，对于耕潮土有机质的添加可能阻止产流的增加，但是添加过量的有机质可能产生相反的效果（图9-8）。

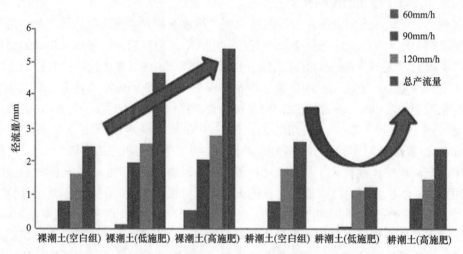

图9-8　变雨强条件下不同的处理产流量柱状图

2. 坡面产沙变化特征

恒定雨强条件下产沙速率随着时间变化的过程如图9-9所示，但是棕砂姜黑土（沙土）的产沙速率变化范围明显小于砂姜黑土（壤土）的产沙速率。与产流特征相似，砂姜黑土的产沙速率大于棕砂姜黑土的产沙速率。结果表明，对于砂姜黑土更大的产流量具有更大的潜在搬运能力。在每场降水结束之前，棕砂姜黑土的产沙速率就已经达到了

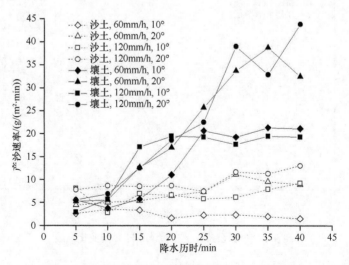

图9-9　恒定雨强条件下产沙速率随时间变化曲线

稳定状态。因此，雨滴分离能力是限制产沙速率的主要因子。对于砂姜黑土而言，径流搬运能力才是产沙速率的主要限制因子。与产流速率的变化相似，降水强度和坡度的增加都增大了产沙量。但是，两种土壤在 60mm/h、20°坡度条件下的产沙速率要大于 120mm/h、10°坡度条件下的产沙速率，并且几乎接近于 120mm/h、20°坡度条件下的产沙量。这种现象表明，坡度的增加对于加大产沙速率的影响要大于雨强增加对于产沙速率增大的影响。

由图 9-10、图 9-11 可知变化雨强条件下不同处理产沙速率与产沙量的特征。对于空白组土壤，产沙速率的变化趋势与产流速率相似，但是另外添加有机肥的两组土壤却打破了这种一致性。这种现象表明，在空白组中，径流搬运能力是产沙量的主要控制因子，但是对于改良土壤，降水分离能力才是主要限制产沙量的控制因子。比较两种不同的土壤类型，耕潮土的空白组和改良组的产沙速率均大于裸潮土相映组别的产沙速率，这种现象与产流速率趋势相似。此外，对于某一种土壤的三场连续降水，与空白组土壤相比，有机肥的添加明显抑制了产沙量（图 9-10）。

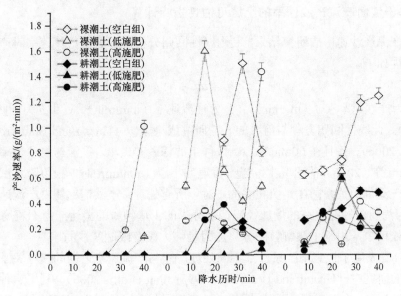

图 9-10　变雨强条件下产沙速率随时间变化曲线

9.2.2　土壤可蚀性因子分析

国内外学者对土壤可蚀性因子进行了大量的分析，其中 USLE 与 WEPP 模型是运用最广泛的评估土壤可蚀性的方法；同时也有研究者根据场次降水中坡面产流产沙速率之间的回归方程的回归系数表征土壤可蚀性，但是利用以上方面，均是通过模拟降水和经验公式所获得的土壤可蚀性，尤其是 USLE 方程表征的是长期观测下的土壤可蚀性。此外，对于这几种土壤可蚀性的适用性研究也不够深入。因此针对本章中的问题，选取多种土壤可蚀性因子的评估方法，并且讨论它们的适用范围，对与运用高光谱技术精准反演土壤可蚀性及模型的普适性有重要的作用。

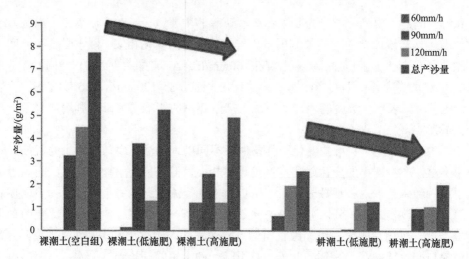

图 9-11　变雨强条件下产沙量随时间变化曲线

1. 基于坡面产流产沙速率的土壤可蚀性指标计算

根据产流产沙速率的研究结果，利用线性回归分析可以表征产流速率对产沙速率的影响，方程如下：

$$q_s = aq_r + b \tag{9-6}$$

式中，q_s 为产沙速率（g/（m^2·min））；q_r 为径流速率（mm/min）；a 和 b 为回归系数（g/（m^2·min））。此线性回归方程与前人的一些研究成果类似（Huang and Bradford，1993；Pan et al.，2006）。并且在 60mm/h、10°条件下的棕砂姜黑土，产流与产沙速率是负相关的。在 Pan 等（2006）的研究中，当产流速率小于 1mm/min 时，模拟降水试验中裸土的产沙与产流量的关系同样是负相关的。对于所有处理，产沙速率随着产流速率线性递增，这是因为随着径流速率的增加径流携带分离的土壤颗粒的搬运能力不断增加。因此，在所有的处理中，由于土壤颗粒的分离能力足够大没有限制产沙的速率。

图 9-12 表明了恒定雨强条件下不同处理产沙与产流速率之间的线性关系，同时在很多前人的研究中（Huang and Bradford，1993；Pan et al.，2006），利用这种关系来表征土壤可蚀性，即回归方程的回归系数 a（每条回归曲线的斜率）可以表征土壤可蚀性因子，表 9-5 记录了每条曲线的回归参数及 R^2（$p<0.05$）。砂姜黑土的土壤可蚀性（14.30～56.36g/（m^2·min）大于棕砂姜黑土的土壤可蚀性（2.76～11.69g/（m^2·min））。随着雨强的增加，系数 a（可蚀性因子）增加；随着坡度的增加，系数 a（可蚀性因子）降低。这种现象表明，随着雨强增加土壤可蚀性 a 降低的原因可能是由于雨滴击打从而导致土壤压实，而土壤可蚀性 a 随着坡度的增加而增加，可能是由于土壤黏滞力降低从而重力侵蚀能力增强，并且棕砂姜黑土或者砂姜黑土的所有处理的都可以回归成一条曲线，所得的土壤可蚀性 a 见表 9-5 中"总计"，并且砂姜黑土的土壤可蚀性值是棕砂姜黑土的2.3 倍。

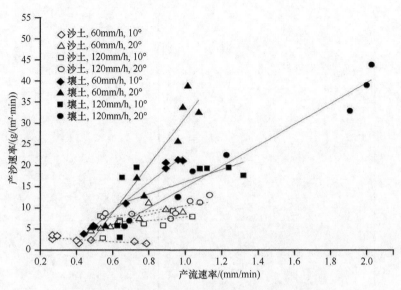

图 9-12　恒定雨强条件下产流与产沙速率关系图

表 9-5　恒定雨强条件下径流与产沙速率线性回归方程参数

| 土壤类型 | 处理条件 | | a | b | R^2 |
	降水强度/(mm/h)	坡度			
棕砂姜黑土	60	10°	-2.76	4.67	0.90
		20°	11.69	-0.89	0.88
	120	10°	4.74	2.95	0.62
		20°	6.39	4.08	0.73
	总计		9.48	-0.41	0.61**
砂姜黑土	60	10°	33.90	-10.84	0.99**
		20°	56.36	-25.68	0.98**
	120	10°	14.30	2.01	0.40
		20°	24.39	-8.91	0.97**
	总计		22.34	-3.56	0.69**

$**p<0.01$，$*p<0.05$，全书同。

　　从图 9-13 可知，裸潮土和耕潮土的空白组，产沙速率与产流速率均存在显著的线性关系（裸潮土：$R^2=0.58$，$p<0.01$；耕潮土：$R^2=0.83$，$p<0.01$），这种结果与恒定雨强条件下的结果一致。但是对于添加了有机肥料的组别可能破坏这种线性相关关系，所有的处理均未表现出明显的相关关系（$R^2<0.2$，$p>0.05$，结果未展示），这样的结果可能表示径流搬运能力是空白组的主要限制因子，而降水分离能力是改良土壤组的限制因素。从以上结果可知，尽管在第一期模拟降水条件下可以利用产流与产沙速率的相关系数代表土壤可蚀性，但是在添加有机肥料或者有机质含量达到一定数值，使得产流速率非常小的情况下，这种方法获取土壤可蚀性是不适用的。不过，在可适用的条件下，这种方法能够较好的表征场次降水的土壤可蚀性，而土壤侵蚀模型的方法一般适用于长期降水观测的土壤可蚀性的测定。

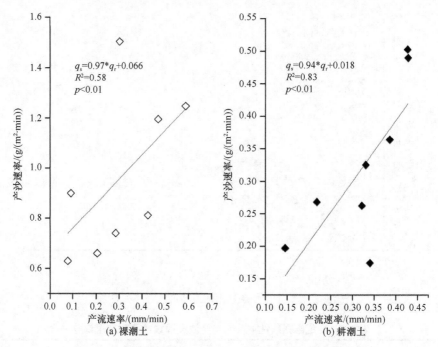

图 9-13　变雨强条件下空白组产流与产沙速率相关关系图

2. 恒定雨强条件下基于 USLE 与 WEPP 的可蚀性因子分析

在本章中，根据 USLE 与 WEPP 这两个模型估算土壤可蚀性因子。其中根据传统的 USLE 方程估算 K 值的方法如下：

$$K = A/(R \times \mathrm{LS}) \tag{9-7}$$

同时 K 值在修正的 USLE 模型中（USLE-M）考虑了径流对每一场降水的影响，方程如下（Kinnell and Risse，1998）：

$$K_\mathrm{e} = A/(Q_R \times R \times \mathrm{LS}) = K/Q_R \tag{9-8}$$

式中，A 为每场降水的土壤侵蚀量；R 为降水侵蚀因子；LS 为坡长因子；Q_R 为径流系数。此外，在本章中 USLE 和 USLE-M 模型中的管理因子（C 和 P）被设置为 1。

K 因子在原始的 WEPP （K_i）模型中与沟间侵蚀量（D_i）、降水强度（I）和坡度因子有关（S_f）：

$$K_i = D_i/(I^2 \times S_\mathrm{f}) \tag{9-9}$$

与 USLE 模型相似，Kinnell 等（1993）在 WEPP 模型中也考虑了径流对场次降水的影响（K_1）：

$$K_1 = D_i/(Q \times I \times S_\mathrm{f}) = K_i/Q_R \tag{9-10}$$

式中，Q 为径流速率，坡度因子的计算方法为 $S_\mathrm{f} = 1.05 - 0.85 \exp(-4 \sin \Omega)$，$\Omega$ 为坡度。

由表 9-6 与表 9-7 可知，恒定雨强与变雨强条件下利用 USLE（K 和 K_e）模型，与 WEPP（K_e 和 K_1）模型所得的可能性因子及其相关参数。RULSE 及 WEPP-K_1 考虑了径流系数对土壤可蚀性因子的影响，而 USLE-K 与 WEPP-K_i 只考虑了降雨强度的影响。由于径流系数<1 且 12>$I*Q$，因此 RUSLE-K_e>USLE-K，WEPP-K_1>WEPP-K_i。由于土壤可蚀性是不断变化的，以往的研究均把可蚀性当作一种固定值并赋予常数进行计算，这种方法对可蚀性的概念是一种误解（Geeves，2000）。因此，本章将两种土壤在不同处理条件下分别进行基于 USLE 与 WEPP 模型的土壤可蚀性分析。在不同的处理条件下，棕砂姜黑土的土壤可蚀性因子是大于砂姜黑土的土壤可蚀性因子的。USLE 与 WEPP 模型的土壤可蚀性因子随着降水强度的增加而增加，这与利用产流产沙速率的回归关系计算的土壤可蚀性指标的结果类似，并且这种现象也可以解释为雨滴击实作用导致土壤压实，从而降低土壤的可侵蚀力。但是随着坡度的增加，基于 USLE 与 WEPP 模型的土壤可蚀性因子却随着坡度的增加而降低，这与利用产流产沙速率的回归关系计算的土壤可蚀性指标存在矛盾，这可能是由于 USLE 与 WEPP 模型考虑的土壤可蚀性因子主

表 9-6　恒定雨强条件下 USLE-K 与 RUSLE-K_e

处理条件			USLE				
土壤类型	降水强度 /（mm/h）	坡度	R_1*LS /（mm*MJ/ (m²·h)）	R_e*LS /（mm*MJ/ (m²·h)）	单位面积产沙量 /（g/m²）	K /(g/(h·kJ·mm))	K_e /(g/(h·kJ·mm))
棕砂姜黑土	60	10°	18.39	8.34	96.33	5.24	11.55
		20°	42.86	30.30	291.67	6.81	9.63
	120	10°	80.61	30.18	266.81	3.31	8.84
		20°	187.83	81.28	385.16	2.05	4.74
砂姜黑土	60	10°	18.39	13.43	542.43	29.49	40.38
		20°	42.86	35.27	855.40	19.96	24.26
	120	10°	80.61	37.37	604.59	7.50	16.18
		20°	187.83	123.56	908.40	4.84	7.35

表 9-7　恒定雨强条件下 WEPP-K_i 与 K_1

处理条件			WEPP			
土壤类型	降水强度 /(mm/h)	坡度	产流速率 /(10⁻⁶/（m/s))	产沙速率 /(10⁻⁵ kg/ (s·m²))	K_i /(kg·s/m⁴)	K_1/ (kg·s/m⁴ *10³)
棕砂姜黑土	60	10°	19.27	6.05	0.31	45.36
		20°	58.33	9.43	0.12	51.11
	120	10°	53.36	9.98	0.09	18.72
		20°	77.03	11.54	0.05	15.64
砂姜黑土	60	10°	108.49	9.74	0.09	73.04
		20°	171.08	1.10	0.05	59.49
	120	10°	120.92	1.24	0.05	23.18
		20°	181.68	1.75	0.03	23.78

要考虑去除坡度对土壤可蚀性计算的影响，而忽略了坡度升高可能对土壤黏滞性的影响。此外，USLE 与 WEPP 模型所得的某一种土壤可蚀性见表 9-6，其中基于 USLE 与 WEPP 模型砂姜黑土的土壤可蚀性因子分别是棕砂姜黑土的 2.05 倍和 2.02 倍，这与基于产流产沙回归分析的土壤可蚀性指标比值（2.30）一致。

3. 变雨强条件下基于 USLE 与 WEPP 的可蚀性因子分析

由表 9-8 与表 9-9 可知，变雨强条件下利用 USLE（K 和 K_e）模型与 WEPP（K_e 和 K_1）模型得到土壤可蚀性因子及其相关参数。同样，由于 RULSE 及 WEPP-K_1 考虑了径流系数对土壤可蚀性因子的影响，因此 RUSLE-K_e>USLE-K，WEPP-K_1>WEPP-K_i。同时，在空白组土壤与改良组土壤中，在连续变雨强的条件下，USLE 与 WEPP 的土壤可蚀性因子均是随着土壤可蚀性的增加而降低的（除了 60mm/h 条件下），这与之前的 9.2.1 节以及恒定雨强条件下的变化规律是一致的，同样可以解释为雨滴的击实作用。在 60mm/h 雨强条件下，由于土壤未到饱和含水率，推迟了产流及产沙时间，测定的土壤可蚀性偏小。比较两组不同的土壤类型组（裸潮土和耕潮土），运用这四种方法计算的土壤可蚀性均有相同的变化趋势。对于 6 组处理的土壤（空白组、改良组）随着有机肥料的添加，土壤可蚀性随着土壤有机质含量的增加而减小，这可能是由于有机质对土壤可蚀性的抑制可能具有临界点，而不是一直减小。

表 9-8　变雨强条件下 USLE-K 与 RUSLE-K_e

土壤类型	处理	坡度/(°)	降水强度/(mm/h)	USLE				
				R_1*LS /(mm*MJ/(m²·h))	R_e*LS /(mm*MJ/(m²·h))	单位面积产沙量/(g/m²)	K /(g/(h·kJ mm))	K_e /(g/(h·kJ mm))
裸潮土	空白	10	60	0	0	0	—	—
			90	439.65	80.21	25.74	58.55	320.92
			120	1351.65	220.09	35.81	26.49	162.61
			总计	1791.31	300.31	34.36	34.36	204.96
	低施肥	10	60	1143.01	7.81	1.18	19.18	151.60
			90	732.75	193.53	30.20	41.22	156.02
			120	1351.65	343.02	10.36	7.67	30.22
			总计	2084.41	536.54	40.56	19.46	75.60
	高施肥	10	60	123.36	32.69	9.68	78.45	296.03
			90	732.75	200.28	19.77	26.98	98.73
			120	1351.65	377.24	9.79	7.24	25.93
			总计	2084.41	577.51	74.96	14.18	51.18
耕潮土	空白	10	60	0	0	0	—	—
			90	439.65	78.93	5.07	11.53	64.22
			120	1351.65	241.95	15.60	11.54	64.43
			总计	1791.31	320.87	20.67	11.54	64.44
	低施肥	10	60	0	0	0	—	—
			90	1227.87	348.91	9.35	7.61	26.72
			120	1351.65	157.01	9.70	7.17	61.72
			总计	2579.54	505.92	19.05	7.38	37.65
	高施肥	10	60	0	0	0	—	—
			90	586.20	89.22	7.73	13.18	86.62
			120	1351.65	200.60	8.35	6.18	41.73
			总计	1937.86	289.82	16.09	8.30	55.51

表 9-9　变雨强条件下 WEPP-K_i 与 K_1

土壤类型	处理	坡度/(°)	降水强度 /(mm/h)	WEPP			
				产流速率 /(10^{-6}/(m·s))	产沙速率 /(10^{-5}kg/ (s·m²))	K_i /(kg·s/ m⁴*10^3)	K_1 /(kg·s/ m⁴*10^3)
裸潮土	空白	10	60	0	0	—	—
			90	3.42	5.36	47.67	261.3
			120	9.05	7.46	22.38	137.4
		总计		6.23	12.82	28.76	171.42
	低施肥	10	60	2.11	2.47	14.79	116.85
			90	8.25	6.29	33.56	127.02
			120	14.09	2.15	6.48	25.53
		总计		8.15	10.91	16.18	63.85
	高施肥	10	60	1.47	2.01	60.52	227.75
			90	8.54	4.01	21.96	80.41
			120	15.5	9.10	6.11	21.92
		总计		8.50	15.12	14.75	53.38
耕潮土	空白	10	60	0	0	—	—
			90	3.37	1.05	9.39	52.22
			120	9.94	3.25	9.75	54.43
		总计		6.66	4.30	9.66	53.92
	低施肥	10	60	0	0	—	—
			90	0.28	0.08	2.01	44.64
			120	6.45	2.72	6.06	52.21
		总计		3.37	1.4	5.65	51.85
	高施肥	10	60	0	0	—	—
			90	3.81	1.61	10.73	70.53
			120	8.24	1.74	5.22	35.24
		总计		3.01	3.35	6.93	46.35

9.3　影响水蚀过程的关键土壤理化参数

9.3.1　降水前后土壤理化参数的变化

1. 恒定雨强条件下降水后理化性质变化

从表 9-10 可知，恒定雨强下两种土壤的主要区别是颗粒组成，表明棕砂姜黑土主要由粗颗粒组成（>0.1mm 的颗粒组分占 45.01%），而砂姜黑土主要由细颗粒组成（>0.1mm 的颗粒组分仅占 9.02%）。砂姜黑土比棕砂姜黑土具有较高的容重、有机质含量、CEC 及速效磷含量。但是有机质的含量相差并不是很大。降水后，CEC 与 pH 的变化都相当小。有机质含量、速效磷和容重都有不同程度的减小。

2. 变雨强条件下降雨后理化性质变化

在变雨强条件下，两种土壤的颗粒组成相似，但是两种原土的有机质量差别较大，并且容重、CEC、全氮的变化也较小。同时土壤可蚀性随着有机质的增加而减少，因此在颗粒组成变化不大的条件下，有机质的含量往往主要控制土壤可蚀性的大小。结合表 9-10 的结果可知，颗粒组成与有机质含量是最影响土壤可蚀性的两个关键因子，这与 Wischmeier 和 Mannering（1969）的相关研究结果类似（表 9-11）。

表 9-10　恒定雨强条件下降雨侵蚀后土壤化学性质的变化

土壤类型	不同处理		容重/(g/cm³)	pH	有机质含量/(g/kg)	CEC/(cmol/g)	全氮/(mg/kg)	速效磷/(mg/kg)
	降水强度/(mm/h)	坡度						
棕砂姜黑土	60	10°	1.43	7.4	7.52	27.1	5.39	3.45
		20°	1.37	6.4	8.05	32.5	3.67	2.50
	120	10°	1.37	7.4	6.12	26.2	14.1	3.10
		20°	1.39	6.1	7.44	29.3	18.8	3.86
砂姜黑土	60	10°	1.76	5.6	9.83	79.8	10.13	8.12
		20°	1.84	6.5	9.16	84.1	41.80	8.60
	120	10°	1.86	5.512	7.89	59.1	41.80	7.32
		20°	1.42	7.4	8.92	43.7	38.30	8.50

表 9-11　变雨强条件下降水侵蚀后土壤化学性质的变化

壤类型	肥料处理	颗粒组成/%				容重/(g/cm³)	有机质含量/(g/kg)	CEC/(cmol/g)	全氮/(mg/kg吸)
		>0.1mm	0.1~0.05mm	0.05~0.01mm	<0.01mm				
耕潮土	空白	38.10	48.30	11.25	2.35	1.28	8.53	8.30	0.06
	低施肥	31.13	47.57	19.43	1.87	1.24	26.62	9.10	0.13
	高施肥	34.13	49.12	14.11	2.64	1.11	48.68	13.60	0.35
裸潮土	空白	46.53	39.73	11.37	2.37	1.33	17.5	7.30	0.09
	低施肥	36.29	43.97	15.79	3.95	1.22	29.62	8.70	0.15
	高施肥	54.95	32.01	11.76	1.28	1.08	47.98	12.10	0.40

9.3.2　影响水蚀过程的关键土壤理化参数的筛选

由于土壤可蚀性是反映土壤对侵蚀营力的敏感程度的概化表现。它主要受土壤自身物理化学性质的变化影响，而这些土壤物理化学性质的综合作用，才是土壤可蚀性的真正内涵，但是在降水侵蚀的过程中，土壤的物理化学性质之间的变化并不是相对独立的。例如，土壤的全氮含量与土壤的有机质含量存在一定的相关关系，并且在不断变化的降水过程中也同样存在相关关系。因此，为了使得计算的土壤可蚀性具有一定的科学性与有效性，必须将具有相关关系的土壤属性筛选出来，从而不重复利用相似的土壤物理化学性质特征，而达到准确计算土壤可蚀性的目的。

本章运用皮尔逊相关方程对土壤可蚀性与土壤理化参数之间的关系进行验证，皮尔逊方程如下：

$$r = \frac{\sum(x-\bar{x})(y-\bar{y})}{\sqrt{\sum(x_i-\bar{x})^2 \sum(y_i-\bar{y})^2}} \tag{9-11}$$

式中，r 为相关系数；x 和 y 分别为进行分析的相关变量。

1. 恒定雨强条件下土壤物理化学性质相关关系

从 9.3.1 节的讨论结果可知，恒定雨强下两种土壤的主要区别是颗粒组成的大小，而其他土壤物理化学性质的变化不是特别明显，并且颗粒组成与恒定雨强条件下的棕砂姜黑土类似。表 9-12 可知与有机质与土壤阳离子交换量（CEC）之间的相关系数达到 0.803，并且 $p<0.05$；其实土壤的阳离子交换量主要指的是土壤胶体表面的细小黏粒吸

附阳离子的总量,与有机质的含量同时反映了土壤黏粒的含量,因此它们显著相关。其次,土壤容重与土壤阳离子交换量之间的相关关系达到 0.902,并且 $p<0.01$,这也说明土壤阳离子的吸附作用对土壤的孔隙密度有一定的影响;再次,土壤全氮含量与土壤容重的相关关系达到 0.570,并且 $p<0.05$。

表 9-12　恒定雨强条件下土壤物理化学性质与土壤可蚀性相关关系

	容重	pH	有机质	CEC	全氮	线性 K	USLE–K	RUSL–E_e	WEPP–K_i	WEPP–K_1
容重	1									
pH	−0.653	1								
有机质	0.572	−0.409	1							
CEC	0.902**	−0.553	0.803*	1						
全氮	0.570*	−0.147	0.284	0.496	1					
线性 K	0.689	−0.252	0.783*	0.901**	0.532	1				
USLE–K	0.699	−0.494	0.786*	0.882**	0.043	0.762*	1			
RUSLE–K_e	0.736*	−0.535	0.711*	0.851**	0.014	0.654	0.979**	1		
WEPP–K_i	−0.299	0.388	−0.254	−0.394	−0.640	−0.427	−0.132	−0.066	1	
WEPP–K_1	0.439	−0.277	0.703	0.637	−0.266	0.604	0.856**	0.810*	0.254	1

此外土壤有机质含量、CEC 与 USLE-K,RUSLE-K_e 之间尽管存在显著的相关关系,但是这种关系却是正相关的。事实上,土壤的有机质含量越高土壤的黏结能力越强,从而使得土壤的可侵蚀能力减弱,它们之间的关系是负相关的 (Wischmeier and Smith,1965)。这种现象可能是本章中的两种土壤有机质含量变化较小,而颗粒大小明显不同,使得颗粒大的土壤 (棕砂姜黑土) 渗透能力明显强于颗粒小的土壤 (砂姜黑土),并使棕砂姜黑土的产流量明显小于砂姜黑土,尽管砂姜黑土的中的有机质含量大于棕砂姜黑土,最终依然使得砂姜黑土的土壤可蚀性大于棕砂姜黑土。同时,这种结果也说明了,在颗粒组成变化较大,而有机质含量不高的情况下,颗粒组成才是主导土壤可蚀性的主要因子。

2. 变雨强条件下土壤物理化学性质相关关系

从 9.3.1 节的研究结果可知,变雨强条件下的土壤颗粒组成相似,但是有机质含量相差较大。从表 9-13 可知,土壤的有机质含量与土壤的阳离子交换量 CEC ($R^2=0.906$,$p<0.05$),土壤容重 ($R^2=0.933$,$p<0.01$),土壤 pH ($R^2=0.835$,$p<0.05$),土壤全氮含量 ($R^2=0.960$,$p<0.01$) 之间存在显著相关关系。其中土壤的有机质含量与土壤 pH 显著相关是因为有机质中的主要成分是富里酸与胡敏酸,当有机质含量升高或降低时会影响 pH 的变化。

此外,>0.25mm 团聚体含量与土壤的 4 种土壤可蚀性因子相关系数都非常高,USLE-K ($R^2=0.818$,$p<0.01$),RUSLE-K_e ($R^2=0.602$,$p<0.05$),WEPP-K_i ($R^2=0.853$,$p<0.01$),WEPP-K_1 ($R^2=0.597$,$p<0.05$)。同时有机质含量与土壤可蚀性因子的相关性也非常高 ($R^2>0.55$,$p<0.01$)。

表 9-13 变雨强条件下土壤物理化学性质与土壤可蚀性因子相关系数表

	容重	pH	有机质	CEC	全氮	>0.25mm 团聚体	USLE–K	RUSLE–K_e	WEPP–K_i	WEPP–K
容重	1									
pH	-0.935**	1								
有机质	-0.933**	0.835*	1							
CEC	-0.939**	0.937**	0.906*	1						
全氮	-0.962**	0.868*	0.960**	0.930**	1					
>0.25mm 团聚体	-0.298	-0.037	0.397	0.082	0.410	1				
USLE–K	0.399	-0.135	-0.640**	-0.276	-0.517	-0.818**	1			
RUSLE–K_e	0.413	-0.226	-0.689**	-0.351	-0.512	-0.602*	0.951**	1		
WEPP–K_i	0.324	-0.051	-0.555**	-0.163	-0.435	-0.853**	0.989**	0.918**	1	
WEPP–K_1	0.406	-0.240	-0.688**	-0.349	-0.530	-0.597*	0.940**	0.988**	0.909*	1

综合以上结果可知,土壤的容重、pH、土壤阳离子交换量、全氮含量与土壤的有机质含量存在很大程度的相关关系,此外由于>0.25mm 的水稳团聚体含量、有机质含量与土壤可蚀性显著相关,初步筛选颗粒组成、有机质含量、>0.25mm 的水稳团聚体含量这三个土壤物理化学属性指标作为表征土壤可蚀性的最主要因子。

9.3.3 土壤有机质对水蚀过程的影响

由以上结果可知,在恒定雨强下选取的两组土壤(棕砂姜黑土和砂姜黑土),其影响土壤可蚀性的主导因子是颗粒组成,因此不选取这期处理分析土壤有机质含量与可蚀性的关系,而对于变雨强条件下的裸潮土及耕潮土,根据 9.3.2 节的分析可知,若选取每场连续降水每个阶段(即 60mm/h、90mm/h、120mm/h)的土壤可蚀性与有机质含量来建立关系,会因为土壤未达到饱和而影响土壤实际可蚀性值的计算,因此选取第二期即变雨强条件下,每场连续降水后所得的土壤可蚀性与有机质含量建立关系来进行研究。

由图 9-14 可知,土壤可蚀性与有机质含量可以用对数函数进行描述,并且比其他类型的函数相关系数高,并且方程可以由以下式子表达:

$$Y = A - B * \ln(X - C) \tag{9-12}$$

从图 9-14 可知,所有回归方程的 $R^2 > 0.59$,$p < 0.01$,并且 B 始终是大于零的,说明有机质含量与土壤可蚀性负相关,这与有机质影响土壤的物理机制(即有机质含量增加,增强土壤黏滞性,从而降低土壤可蚀性)是相一致的。因此,从图中结果可知,有机质含量对土壤可蚀性的影响可能并不是线性的,同时当有机质含量达到一定数值(趋近于50mg/kg)时,土壤可蚀性趋于稳定。这种结果证明了土壤可蚀性也不是一直随有机质含量减小的,而是达到一定含量后趋于稳定。有机质含量低的土壤剪切强度较低,细小颗粒较容易分离,并且同时受到径流搬运能力的影响。相反,当有机质含量较高时,土壤的细小颗粒不易从团粒结构中分离出来,当有机质含量达到一定数值之后,径流的搬

运能力就不是主控因子，而土壤的分离能力才是控制土壤侵蚀的主要因素。这也说明了，在 60mm/h、90mm/h、120mm/h 的连续降水条件下，尽管雨强增加径流量增加，但是土壤可蚀性却依旧减小。

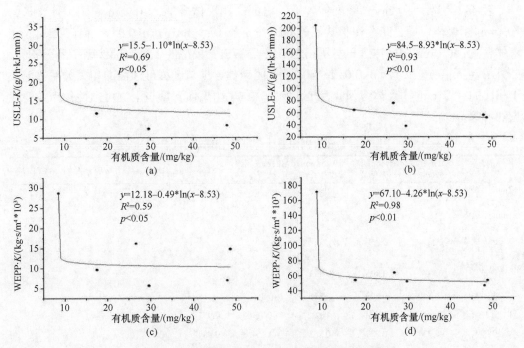

图 9-14　有机质含量与土壤可蚀性的相关关系方程

根据图 9-14 还可知，USLE-K 的回归系数要小于 RUSLE-K_e（$R^2=0.69<R^2=0.93$，$p<0.05$），WEPP-K_i 的回归系数小于 WEPP-K_1（$R^2=0.59<R^2=0.98$，$p<0.05$）。RUSLE-K_e 与 WEPP-K_1 均是同时考虑了降水动能/降水强度和径流系数/径流速率对土壤可蚀性的影响，而 USLE-K 和 WEPP-K_i 只考虑了降水动能/降水强度对于土壤可蚀性的影响。这种结果说明了径流对于土壤可蚀性与土壤有机质含量之间关系的影响是不可以忽略的，即当土壤被雨滴击散之后，径流的搬运能力对土壤侵蚀的影响也是至关重要的。在场次降水的过程中，只考虑降水动能/降水强度的影响，可能会对土壤可蚀性的计算造成一定影响。例如，在变雨强条件下，裸潮土的改良组在 60mm/h 条件下均产生了径流，但是由于土壤还未到达饱和，土壤的产流时间较晚产流速率较小并且还未达到稳定，因此若只考虑降水动能/降水强度的影响会使得土壤可蚀性偏小。

9.3.4　土壤团聚体对水蚀过程的影响

由 9.3.1 节的结果可知土壤>0.25mm 的水稳团聚体与有机质含量的相关关系并不显著，并且与土壤可蚀性存在显著的相关关系，从而可以将有机质和水稳团聚体同时作为估测土壤可蚀性的指标。土壤的水稳团聚体是由于土壤的物理与化学作用，将能吸附 Ca 元素的腐殖质凝结成具有疏松多空的土壤团聚粒子。研究土壤团聚体有价值的粒径范围为 1～10mm（Emerson and Cederstrand，1957）。结合本章中降水实验的预处理过程，我们将>2mm 团聚体百分含量、>1mm 团聚体百分含量、>0.25mm 团聚体百分含量和>0.1mm 团聚体百分含量作为研究的重点。

表 9-14 显示了>2mm 团聚体含量、>1mm 团聚体含量、>0.25mm 团聚体含量、>0.1mm 团聚体含量之间存在极其显著的相关关系（R^2>0.816，p<0.05）。而>0.25mm 团聚体含量、>0.1mm 团聚体含量与所得 USLE 与 WEPP 模型的土壤可蚀性因子显著相关，并且 R^2 达到 0.76 以上（p<0.01）。>0.1mm 团聚体含量与土壤可蚀性的相关关系普遍大于相应的>0.25mm 团聚体含量。因此选取> 0.1mm 团聚体含量与土壤可蚀性作为主要讨论的对象。

表 9-14 土壤不同粒径级别团聚体含量与土壤可蚀性因子相关系数表

项目	>2mm 团聚体含量	>1mm 团聚体含量	>0.25mm 团聚体含量	>0.1mm 团聚体含量	USLE–K	RUSLE–K_e	WEPP–K_i	WEPP–K_1
>2mm 团聚体含量	1							
>1mm 团聚体含量	0.974**	1						
>0.25mm 团聚体含量	0.970**	0.961**	1					
>0.1mm 团聚体含量	0.816*	0.895*	0.833*	1				
USLE–K	−0.710	−0.823**	−0.818**	−0.860**	1			
RUSLE–K_e	−0.468	−0.630*	−0.602*	−0.760*	0.951**	1		
WEPP–K_i	−0.734	−0.822**	−0.853**	−0.854**	0.989**	0.918**	1	
WEPP–K_1	−0.479	−0.637*	−0.597*	−0.787*	0.940**	0.988**	0.909*	1

由图 9-15 可知，与有机质的结果相似，土壤可蚀性与>0.1mm 团聚体含量同样可以用对数函数进行描述，并且比其他类型的函数相关系数高，并且方程可以由以下式子表达：

$$Y = e - f * \ln(X - g) \tag{9-13}$$

式中，Y 为土壤可蚀性；X 为>0.1mm 团聚体含量；e，f，g 分别为回归系数。从图 9-14 可知，所有回归方程的 R^2>0.59，p<0.01，说明>0.1mm 团聚体含量与土壤可蚀性之间的关系也是负相关的，即当团聚体含量增加时，土壤可蚀性是减小的。这与前人的研究是相符合的（郭培才等，1992；杨玉盛和何宗明，1992）。由图 9-15 可知，USLE-K、RUSLE-K_e、WEPP-K_i、WEPP-K_1 四个土壤可蚀性因子与>0.1mm 团聚体含量呈对数负相关，并且 R^2>0.84，p<0.01。同时可以看出只考虑了降水动能/降水强度的土壤可蚀性因子 USLE-K、WEPP-K_i 的相关系数比有机质的要高，并且接近于考虑降水动能/降水强度径流系数/径流速率的土壤可蚀性因子 WEPP-K_i，WEPP-K_1。这种结果说明了，土壤的水稳团聚体对土壤可蚀性的影响是非常重要的，径流的因素对它们之间关系的影响是次要的，即在其他条件都相同的情况下，产流量较大的处理依旧对土壤水稳团聚体抑制土壤可蚀性的影响较小。同时，四个土壤可蚀性因子与>0.1mm 团聚体含量的对数相关系数都大于四个土壤可蚀性因子与有机质的对数相关系数，因此>0.1mm 水稳团聚体对土壤可蚀性的抑制作用在这种条件下是更加重要的。

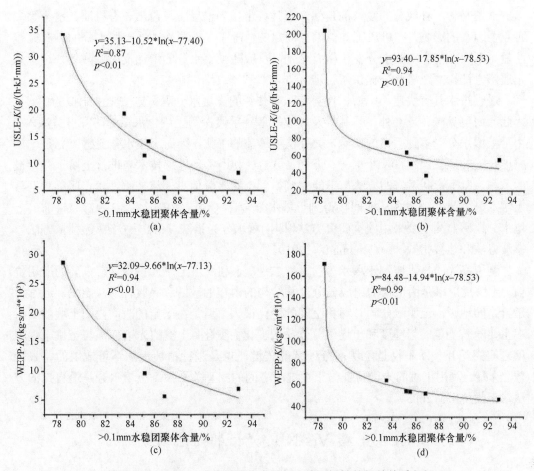

图 9-15　>0.1mm 水稳团聚体含量与土壤可蚀性的相关关系方程

土壤团聚体作为土壤可蚀性的重要指标，前人已经做过大量的研究证明其与土壤可蚀性的相关关系，并且土壤在某一粒径级别的水稳团聚体含量比单纯的土壤大于某一粒径级别的颗粒组成（如黏粒含量、粉粒含量、砂粒含量指标）在土壤可蚀性研究中显得更加合理，这是由于水蚀过程会搬运易分散的土壤颗粒，而使其不在维持土壤的原始结构，因此研究土壤大于某一粒径级别的颗粒组成与土壤可蚀性时会存在一定误差。

9.4　基于土壤理化参数的定量反演研究

土壤是一种极其复杂的多孔体系，由不同含量的矿物质、水分、气体和土壤有机质组成。水分含量是土壤的理化特性的一个重要指标，土壤含水量的多少，直接影响土壤的固、液、气三相比，从而影响土壤与外界（主要是与大气）之间的物质与能量交换，也是评价土壤质量优劣的重要指标。土壤水分不仅仅在土壤形成过程中起着重要的作用，因为形成土壤剖面的土层内各种物质的运移，主要是以溶液的形式进行的，而且它在很大程度上参与了土壤内进行的许多物质转化过程，如矿物质的风化、有机化合物的合成与分解等（刘方等，2001）。

　　土壤是含多种成分的复杂的自然综合体，土壤光谱受土壤母质、有机质、水分等多种复杂因素的影响，在母质等其他因素固定的情况下，土壤光谱受土壤水分的制约比较明显。不同土壤类型随水分变化稍有差别，一般随土壤水分的增加反射率降低，这就为用遥感方法探测土壤水分提供了可能（刘培君和李良序，1997）。

　　遥感技术具有快速、广域、现势性强等传统的土壤水分测量方法无法比拟的优点。因此，用可见光、近红外、热红外及微波等遥感手段探测土壤含水量的研究日益深入。由于土壤水分受多种因素的影响，又受植被覆盖的干扰，因而土壤水分遥感监测是一项难度较大的研究课题，国内外众多研究人员尝试利用各种遥感技术来进行土壤水分含量的监测。但不管利用何种方法都不能直接得到土壤水分信息，都是通过建立遥感数据与土壤水分含量的关系式从而间接得到土壤水分含量（余涛和田国良，1997）。目前，土壤水分遥感监测主要采用四类研究方法，即土壤水分光谱法、热红外方法（热惯量方法）、微波方法和植被指数法[①]（Engman，1991）。

　　利用高光谱技术监测土壤水分含量对农业、水利及水土流失等均具有重要的应用价值。土壤反射率是由土壤的组成成分及其结构的内在的散射和吸收性质决定的。通常对于给定的地区，土壤水分随时间和空间的变化很大。但是在一定的时间内，土壤的反射率主要随着土壤的粗糙度和土壤水分含量的变化而变化。土壤的光谱特征与土壤干湿程度之间的相互关系不仅是土壤水分遥感的关键，也是进行植被遥感不可或缺的背景参数。无疑，利用土壤的光谱特征与土壤湿度之间的相互关系预测土壤水分是最直接的方法（王昌佐等，2003）。

9.4.1　土壤 Vis-NIR 光谱特征曲线分析

1. 样本光降噪处理

　　以地物光谱仪为代表光电探测系统主要由光电转换系统、传输及处理系统等组成。对于光谱信号，采集到的光谱数字信号由 2 个部分组成：一是检测器对所分析的样品产生的响应信号；二是整个系统所带来的噪声信号。系统噪声主要是各个组成部分工作时产生的，其主要噪声类型包括光学噪声、探测器噪声、电学噪声和荧光屏颗粒噪声等（陈天江等，2005）。由于光谱仪波段之间对能量响应上的差别，光谱曲线上存在许多毛刺，噪声不够光滑，由于光谱仪自身的原因，反射率变化剧烈，信噪比很低。此外，光谱仪所采集的光谱除样品的自身信息外，还包含了其他无关信息和噪声，如样品背景和杂散光等。系统噪声污染与样品有关的真实信号，使得信噪比很低，给光谱峰的检测判别及进一步的数据处理带来了不利因素（陈天江等，2005）。

　　为了得到平稳的变化，需平滑波形，以去除包含在信号内的少量噪声。特别是在用定量方法建立模型时，旨在消除光谱数据无关信息和噪声的预处理方法变得十分关键和必要，滤波去噪是光谱数据分析处理中最基本的数据预处理环节之一。常用的谱图预处

---

　　① Blanchard M B, Greeley R, Goettelman R. 1974. Use of visible, near-infrared, and thermal infrared remote sensing to study soil moisture. International Symposium on Remote Sensing of Environment.

理方法有数据增强变换、平滑、导数、标准正态变量变换、多元散射校正、傅里叶变换等。噪声消除最早采用的是空间域平均法，如基于多点的移动平均或中值法，实验表明：如果噪声的频率较高，其量值也不大，用平滑方法可在一定程度上降低噪声（雨宫好文和佐藤幸男，2000）。由于噪声在频率域中都是高频成分，随着傅里叶变换及离散傅里叶快速变换的发展，可以在频率域设置一定的阀值进行各种滤波，像低通、带通和阻通滤波器等。然而，由于特征信号在频域都是高频成分，仅通过简单阀值进行低通滤波，一些特征信号常会丢失。近几年，小波变换、正交信号校正和净分析信号等一些新方法得到发展和应用（褚小立等，2004）。已有众多基于小波变换及其改进型滤波器得到广泛应用。

　　对室内测量得到的土壤样品的光谱反射率曲线进行去噪以后，除了直接对光谱反射率（R）进行分析，并对其做不同形式的变化，以从中寻找对有机质含量敏感的波段，变化形式包括以下 4 种：反射率的倒数 $1/R$、反射率的对数（$\log R$）、反射率对数的倒数（$1/\log R$）和反射率的一阶微分（R'）。

　　有关研究发现，微分变换有助于限制低频噪声对目标光谱的影响，实际计算中，一般用光谱的差分作为微分的有限近似，公式如下：

$$R'(\lambda_i) = (R(\lambda_i) - R(\lambda_{i-1}))/2\Delta\lambda \tag{9-14}$$

2. 土壤光谱噪声分布

　　由于所有土壤样本测试条件和环境都相同，因此所有土壤光谱曲线中所带的噪声信号分布一致，故而任意取一样本的土壤光谱曲线分析噪声的分布。图 9-16 为任意选取的一土壤光谱曲线及其包络线去除曲线。可见除了起始波段 350nm 处，曲线在 NIR 范围内较为平滑，基本不存在噪声，在 VIS 范围（380~780nm）曲线不平滑，带有明显小锯齿，存在一定的噪声。噪声最大的区域分布在分光计连接处的 1000~1200nm 段，而在近红外末端光谱的 1650~1800nm 也是高噪声区域。

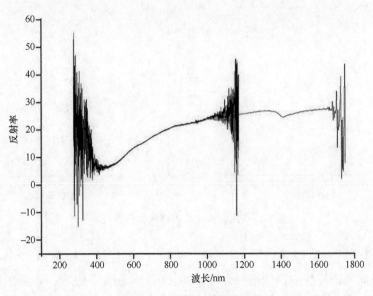

图 9-16　原始光谱噪声分布

3. 光谱曲线的低通滤波去噪

本章滤波过程中，采用了 0.1、0.05、0.01 及 0.005 四个水平的频率限制。图 9-17 是用四种不同水平的频率限制后的滤波结果。从图中可以看出，经 0.1 和 0.05 水平的频率限制后，降噪效果虽然明显但仍存在较大的波动现象，但是利用 0.005 水平的频率进行降噪之后尽管效果明显，但是由于对于这个频率的降噪会同时降低土壤光谱有效信息的波峰波谷。因此，根据所得结果，综合考虑降噪与保留有效信息之间的平衡（信噪比），本章选择经 0.01 水平的频率限制滤波后，波形及光谱信息特征都比较理想。不过在其他的实际运用中，还应该根据不同的信号与噪声在频域中的分布进行判定。

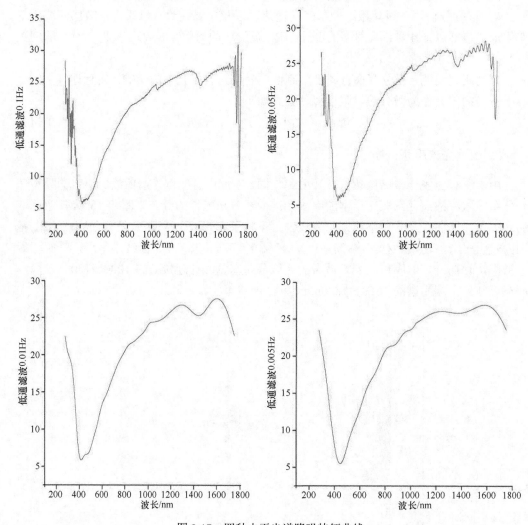

图 9-17　四种水平光谱降噪特征曲线

4. 谱寻峰处理

对含有不同光谱特征的曲线进行寻峰，并且在 Origin 8 中进行，首先在寻峰设置中选择合适的矩形框，既能保证原始光谱的基峰特征，又能最有效的选择出整个光谱波段的特征光谱段。以土壤含水率为例，本章中对土壤含水率的反射光谱选择9个矩形框，即"Number of Rect"参数选择9，然后根据原始的光谱特征调整矩形框位置，以寻找最有效的光谱峰（图9-18）。

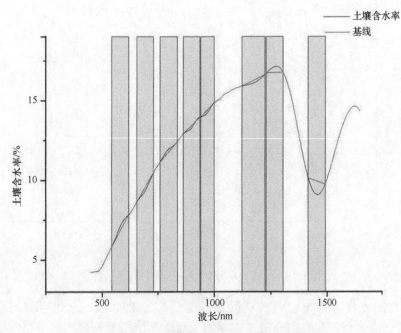

图9-18　土壤水反射率特征光谱的寻峰处理

5. 样本光谱土壤含水率对土壤光谱的影响

土壤水分是土壤的重要组成部分。图 9-19 为三个土壤含水量水平经过降噪处理后的光谱特征曲线图。由图可知，当土壤的含水率增加时，土壤的反射率下降，通过光谱降噪处理后，将10%和20%两个水平的土壤含水率的高光谱反演特征进行比较分析，结果发现在水的吸收带1400～1500nm处，反射率的下降尤为明显，这种现象与前人的研究结果类似，造成这种现象的主要原因是入射辐射中水在特定吸收带处被水汽强烈吸收所致。在可见光部分，随着含水率变大，反射率也明显下降，因此下雨的时候，湿的地方光线总是很暗。

9.4.2　土壤水分的光谱预测

1. 基于相关分析法的土壤水多元模型反演

为了筛选与土壤样品土壤水的光谱反射率密切相关的光谱波段，建立了光谱变量与多个特征光谱的相关关系，具体计算结果见表9-15，表中分别表示寻峰结果得出的九个峰值：682nm、745nm、768nm、1088nm、1187nm、1286nm、1472nm、1592nm 和 1628nm，从表中可以发现，与土壤水分相关系数高的波段集中在近红外位置，也就是 1286nm、

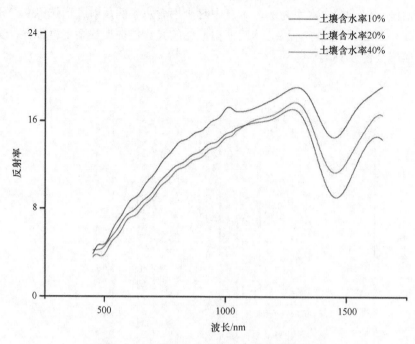

图 9-19 土壤含水率对土壤光谱特征的影响

1472nm、1592nm 和 1628nm 波段，且相关系数 R^2 在 0.65 以上。表 9-15 列出了 4 种光谱变量利用偏最小二乘回归分析法建立的土壤水预测模型的表达式及精度比较。从表中可以看出，这 4 种光谱变量建立的模型对于建模样本都有比较好的效果，其预测能力顺序如下：$\log R < 1/(\log R) < 1/R < R$。可见这四种光谱变量建立的 PLS 回归（简称 PLSR）模型效果并不统一，其中土壤水的光谱反射率变量的 PLSR 模型普遍比土壤水光谱反射率的原始数据的 PLSR 模型效果好。四个光谱变量的 PLSR 模型用到的成分数都是四个，R^2 都在 0.67 以上。利用 PLSR 建立的反演模型整体比基于相关分析法的一元反演模型效果好，并且模型中包含的波段成分多，光谱信息更为全面。以 R 为例模拟结果如图 9-20 所示。

表 9-15　偏最小二乘法构建土壤水高光谱反演模型表

光谱波段	入选波段/nm	建立模型	R^2
R	682、745、768、1088、1187、1286、1472、1592、1628	$Y=-0.95x_1-18.19x_2-18.7x_3+2.3x_4+2.2x_5-0.18x_6-3.28x_7+13.26x_8-11.87x_9$	0.70
$1/R$	682、745、768、1088、1187、1286、1472、1592、1628	$Y=-0.95x_1-18.19x_2-18.7x_3+2.4x_4+2.2x_5-0.18x_6-3.28x_7+13.26x_8-11.37x_9$	0.68
$\log R$	682、745、768、1088、1187、1286、1472、1592、1628	$Y=-0.95x_1-18.19x_2-18.7x_3+2.3x_4+2.2x_5-0.17x_6-3.28x_7+13.26x_8-11.67x_9$	0.68
$1/(\log R)$	682、745、768、1088、1187、1286、1472、1592、1628	$Y=-0.95x_1-18.19x_2-18.7x_3+2.3x_4+2.2x_5-0.17x_6-3.28x_7+13.26x_8-11.57x_9$	0.67

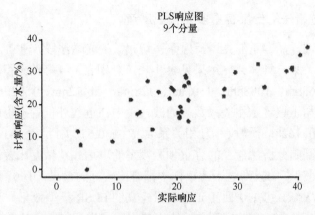

图 9-20　基于多元模型的土壤水高光谱反演模型效果图

2. 基于小波能量系数法的土壤水多元模型反演

本章采用结合小波能量系数与 PLSR 的方法对有机质含量进行预测。对于单纯的小波能量系数法，前人的研究基本上都是以某一土壤样品的全部光谱曲线作为本底，再将曲线进行分析分成 9 个小波系数，再分别与土壤有机质含量进行拟合。而单纯的按 PLSR 法则是直接选取土壤光谱多个波段进行回归分析。但是 PLSR 的缺点在于，在寻峰阶段，结果是根据所得的峰值对应的波段在某一条土壤样品曲线上获取的，而实际上在研究过程中，对于所有土壤样品光谱曲线，某一峰值所对应的波长是接近的并且是在某一个范围内的，并不是完全相等的。因此本章将依据以下回归方程进行预测：

$$y = a + bx_{1k_1} + cx_{2k_2} + \cdots + tx_{nk_n} \tag{9-15}$$

本章选取 7 个小波能量系数，其中 ca_1，ca_2，cd_1，cd_2，cd_3，cd_4，cd_5 代表所得的 7 个小波能量系数的代码，母小波函数选取 bior1.3。最后选取 cd_3，cd_4，cd_5 作为回归函数。所得结果为 $y=1.06*cd_3+0.01*cd_4-1.65*cd_5$，$R^2=0.74$，RMSE=1.00。效果较好，如图 9-21 所示。

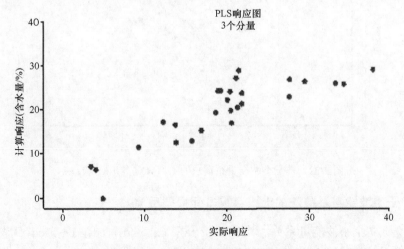

图 9-21　基于小波能量系数的含水量预测方法

3. 基于相关分析法的土壤容重多元模型反演

为了筛选与土壤样品容重的光谱反射率密切相关的光谱波段，建立了光谱变量与多个特征光谱的相关关系，具体计算结果见表 9-16，分别表示寻峰结果得出的九个峰值：682nm、745nm、768nm、1088nm、1187nm、1286nm、1472nm、1592nm 和 1628nm，从表中可以发现，与土壤容重相关系数高的波段集中在近红外位置，也就是 1286nm、1472nm、1592nm 和 1628nm 波段，且相关系数 R^2 在 0.65 以上。表 9-16 中 4 种光谱变量利用偏最小二乘回归分析法建立的容重预测模型的表达式及精度比较。从表中可以看出，这 4 种光谱变量建立的模型对于建模样本都有比较好的效果，其预测能力顺序如下：$\log R < 1/(\log R) < 1/R < R$。可见这四种光谱变量建立的 PLSR 模型效果并不统一，其中土壤水的光谱反射率变量的 PLSR 模型普遍比土壤容重光谱反射率原始数据的 PLSR 模型效果好。四个光谱变量的 PLSR 模型用到的成分数为四个，R^2 都在 0.68 以上。图 9-22 为模型表现效果。利用 PLSR 建立的反演模型整体比基于相关分析法的一元反演模型效果好，并且模型包含的波段成分多，光谱信息更为全面。以 R 为例模拟结果如图 9-22 所示。

表 9-16　偏最小二乘法构建容重高光谱反演模型表

光谱波段	入选波段/nm	建立模型	R^2
R	682、745、768、1088、1187、1286、1472、1592、1628	$Y=-1.78x_1-31.49x_2-29.95x_3+0.14x_4+2.04x_5-1.29x_6-0.38x_7-14.7x_8-15.45x_9$	0.81
$1/R$	682、745、768、1088、1187、1286、1472、1592、1628	$Y=-1.77x_1-31.49x_2-29.90x_3+0.14x_4+2.03x_5-1.29x_6-0.38x_7-14.7x_8-15.45x_9$	0.80
$\log R$	682、745、768、1088、1187、1286、1472、1592、1628	$Y=-1.75x_1-31.49x_2-29.68x_3+0.14x_4+2.04x_5-1.29x_6-0.37x_7-14.7x_8-15.45x_9$	0.76
$1/(\log R)$	682、745、768、1088、1187、1286、1472、1592、1628	$Y=-1.79x_1-31.49x_2-28.89x_3+0.14x_4+2.04x_5-1.29x_6-0.38x_7-14.7x_8-15.45x_9$	0.73

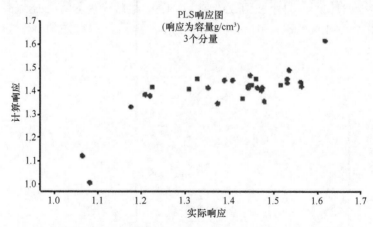

图 9-22　基于小波能量系数法的土壤容重多元模型反演

4. 基于小波能量系数法的土壤容重多元模型反演

研究选取 7 个小波能量系数，其中 ca_1、ca_2、cd_1、cd_2、cd_3、cd_4、cd_5 代表所得的 7 个小波能量系数的代码，母小波函数选取 bior1.3。最后选取 cd_1、cd_2、cd_4 作为回归函

数。所得结果为 $y=0.31*cd_3-0.06*cd_4+0.81*cd_5$，$R^2=0.56$，RMSE=0.25，效果较好，如图 9-22 所示。

9.4.3　土壤有机质的光谱分析预测

1. 基于相关分析法的土壤水多元模型反演

土壤有机质作为土壤中由各种动物残体、微生物分解的有机物质，是土壤重要的碳源、氮源。从以上的研究可知，土壤有机质是影响土壤可蚀性最重要的指标之一，同时它在特征光谱中也十分明显。大部分学者都指出，当土壤有机质含量增加的时候，土壤的特征光谱反射率是逐渐减小的。同时还有研究发现，当土壤中的有机质的百分含量小于 2%的时候，土壤在可见光部分的光谱特征会被其他成分掩盖，而近红外范围内的光谱特征较为明显。

本章采用结合小波能量系数与 PLSR 的方法对有机质含量进行预测。对于单纯的小波能量系数法，前人的研究基本上都是以某一土壤样品的全部光谱曲线作为本底，再将曲线进行分析分成 9 个小波系数，再分别与土壤有机质含量进行拟合。而单纯的按 PLSR 法则是直接选取土壤光谱多个波段进行回归分析。但是 PLSR 的缺点在于，在寻峰阶段，结果是根据所得的峰值对应的波段在某一条土壤样品曲线上获取的，而实际上在研究过程中，对于所有土壤样品光谱曲线，某一峰值所对应的波长是接近的并且是在某一个范围内的，并不是完全相等的。

表 9-17 中表示寻峰结果得出的九个峰值分别为：682nm、745nm、768nm、1088nm、1187nm、1286nm、1472nm、1592nm 和 1628nm，从表中可以发现，与土壤有机质分相关系数高的波段集中在近红外位置。

表 9-17　偏最小二乘法构建土壤有机质高光谱反演模型表

光谱波段	入选波段/nm	建立模型	R^2
R	682、745、768、1088、1187、1286、1472、1592、1628	$Y=-1.95x_1-24.14x_2-21.27x_3+2.3x_4-0.55x_5-0.41x_6-1.90x_7+8.54x_8-5.42x_9$	0.80
$1/R$	682、745、768、1088、1187、1286、1472、1592、1628	$Y=-1.93x_1-24.14x_2-21.27x_3+2.3x_4-0.56x_5-0.41x_6-1.91x_7+8.54x_8-5.42x_9$	0.80
$\log R$	682、745、768、1088、1187、1286、1472、1592、1628	$Y=-1.92x_1-24.14x_2-21.27x_3+2.3x_4-0.56x_5-0.41x_6-1.92x_7+8.54x_8-5.42x_9$	0.78
$1/(\log R)$	682、745、768、1088、1187、1286、1472、1592、1628	$Y=-1.93x_1-24.14x_2-21.27x_3+2.3x_4-0.55x_5-0.41x_6-1.93x_7+8.54x_8-5.42x_9$	0.75

2. 基于小波能量系数法的土壤有机质多元模型反演

研究选取 7 个小波能量系数，其中 ca_1，ca_2，cd_1，cd_2，cd_3，cd_4，cd_5 代表所得的 7 个小波能量系数的代码，母小波函数选取 bior1.3。最后选取 cd_1，cd_2，cd_4 作为回归函数。所得结果为 $y=0.19*cd_1-0.67*cd_2+0.81*cd_5$，$R^2=0.56$，RMSE=1.00，效果较好，如图 9-23 所示。

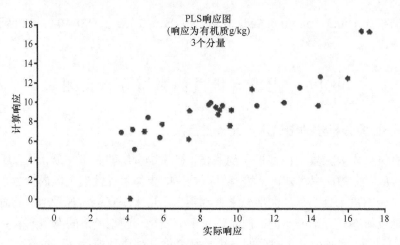

图 9-23　基于小波能量系数法的土壤有机质多元模型反演

9.5　基于生物量的定量反演研究

9.5.1　生物量的高光谱曲线分析

AVA-field 2.0 便携式光谱仪包含 250～1700nm 波段的信息,在曲线的首尾噪声不够光滑,由于光谱仪自身的原因,反射率变化剧烈,信噪比很低,因此只取 450～1650nm。不同生物量的光谱反射率有所差异,但总的趋势曲线是一致的。其光谱具有一般健康绿色植被光谱的"峰和谷"特征,即在可见光波段的"绿峰"、红光低谷,近红外高原区(0.7～1.3μm)和 1.4μm 处明显低谷,这是绿色植物所特有的。

光谱在 566nm 前后有反射峰和 680nm 前后处的反射低谷,是由于叶绿素对近、远红光波段的吸收造成的。之后光谱反射率迅速增加,从 750nm 开始增加缓慢直到 1290nm 处,在平台区域中有两个较小的吸收谷(980nm 和 1182nm),是由于植物叶子内部组织结构多次反射散射的结果,主要由生物量、叶面积指数决定。对比以上三种不同生物量的光谱特征曲线图。当地上生物量增加时,生物量的反射率下降,在近红外高原区的差异尤为明显;而地下生物量则不同,在近红外区域内,当地下生物量增加时,生物量的反射率上升,在可见光区域内,当地上生物量增加时,生物量的反射率下降。

9.5.2　反射光谱与生物量的相关分析

1. 反射光谱与地上生物量的相关分析

采用多元统计分析方法,得到反射光谱(450～1650nm)与地上生物量的相关系数曲线。由图 9-24 可知,光谱反射率与地上生物量的相关系数,在 450～1650nm 范围均为负相关。近红外的 700～1366nm 波段内,相关系数负相关且较高,其中相关系数最高的是在 714nm 处,相关系数 $R=-0.477$,故选择 714nm 作为近红外区与地上生物量的敏

感波段。在红光区 622~700nm 波段范围内，699nm 波段的光谱反射率与地上生物量的
相关系数为最大，相关系数 $R=-0.419$。依据以上相关回归系数确定光谱反射率与地上
生物量相关的近红外、红光波段的敏感波段分别为 714nm 和 699nm，用这两个波段构
建相应的植被指数。

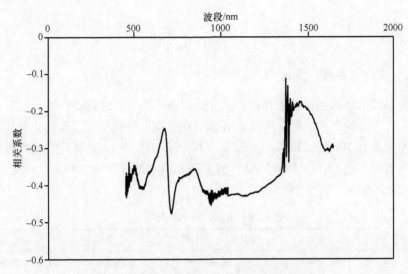

图 9-24　反射光谱与地上生物量的相关性分析

2. 反射光谱与地下生物量的相关分析

由图 9-25 可知，在可见光波段，波长小于 741nm 时，光谱反射值与生物量数据呈
负相关；波长在 741~1385nm，相关系数大于 0。在 1385~1650nm，光谱反射率值与
地上生物量的相关系数较低，关系不显著。近红外的 700~1366nm 波段内，相关系数正
相关且较高，其中相关系数最高的是在 700nm 处，相关系数 $R=-0.318$ ，故选择 700nm

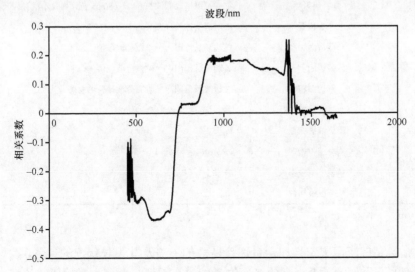

图 9-25　反射光谱与地下生物量的相关性分析

作为近红外区与地下生物量的敏感波段。在红光区 $622 \sim 700\text{nm}$ 波段范围内，632nm 波段的光谱反射率与地下生物量的相关系数为最大，相关系数 $R = -0.368$ ，相关性达到显著检验水平。依据以上相关回归系数确定光谱反射率与地下生物量相关的近红外、红光波段的敏感波段分别为 700nm 和 632nm，用这两个波段构建相应的植被指数。

9.5.3　生物量与高光谱变量的相关关系

1. 高光谱特征参数与提取

常见的高光谱吸收特征参数包括原始光谱、一阶微分光谱提取的基于高光谱位置变量、基于高光谱面积变量、基于高光谱植被指数变量三种类型的吸收特征参数。基于高光谱位置变量的有 10 个：D_b、λ_b、D_y、λ_y、D_r、λ_r、R_g、λ_g、R_r 和 λ_o；基于高光谱面积的变量有主要有 3 个：SD_b、SD_y、SD_r；基于高光谱的植被指数的变量有：NDVI、RVI、SAVI、DVI、PVI 等（表 9-18）。

表 9-18　主要高光谱特征变量

光谱变量	名称	定义和描述
D_b	蓝边幅值	蓝边内一阶微分光谱中的最大值，蓝边覆盖 $490 \sim 530\text{nm}$
λ_b	蓝边位置	D_b 对应的波长位置（nm）
D_y	黄边幅值	黄边内一阶微分光谱中的最大值，黄边覆盖 $550 \sim 582\text{nm}$
λ_y	黄边位置	D_y 对应的波长位置（nm）
D_r	红边幅值	红边内一阶微分光谱中的最大值，红边覆盖 $680 \sim 780\text{nm}$
λ_r	红边位置	D_r 对应的波长位置（nm）即红边位置
R_g	绿峰反射率	绿峰反射率，即波长 $510 \sim 560\text{nm}$ 范围内最大的波段反射率
λ_g	绿峰位置	R_g 对应的波长位置（nm）
R_r	红谷反射率	红谷反射率，即波长 $640 \sim 680\text{nm}$ 范围内最小的波段反射率
λ_o	红谷位置	R_r 对应的波长位置（nm）
SD_b	蓝边面积	蓝边波长范围内一阶微分波段值的总和
SD_y	黄边面积	黄边波长范围内一阶微分波段值的总和
SD_r	红边面积	红边波长范围内一阶微分波段值的总和
NDVI	归一化植被指数	$(R_{nir} - R_{red}) / (R_{nir} + R_{red})$
RVI	比值植被指数	R_{nir} / R_{red}
PVI	垂直植被指数	$(R_{nir} - aR_{red} - b) / (1+a^2)^{\wedge(1/2)}$
SAVI	土壤调节植被指数	$(1+L) * (R_{nir} - R_{red}) / (R_{nir} + R_{red} + L)$
DVI	差值植被指数	$R_{nir} - R_{red}$

注：$a = 10.489$，$b = 6.604$，$L = 0.5$。

植被指数是广泛用来定性和定量评价植被的覆盖及其生长状况的参量，与植被的覆盖度（绿度）有密切的关系，是估算生物量的一个重要参数，大量的研究论证了植被指数与 LAI、植被的覆盖度、生物量之间存在着相关关系，多数将植被指数与生物量关系表述为线性相关。其中 NDVI 的应用最为广泛，它是反演植被生长状态及植被覆盖度的最佳指示参数，而 RVI 与 LAI、绿色生物量、叶绿素含量相关性高，也被广泛用于估算和监测绿色植物的生物量。PVI 较好地消除了土壤背景的影响，对大气的敏感度小于其他植被指数。DVI 能很好地反映植被覆盖度的变化，但对土壤背景的变化较敏感，当植被覆盖度在 15%～25% 时，DVI 随生物量的增加而增加；植被覆盖度大于 80% 时，DVI 对植被的灵敏度有所下降。土壤调节植被指数（SAVI）与 NDVI 相比，增加了根据实际情况确定的土壤调节系数 L 的取值范围 0～1。L=0 时，表示植被覆盖度为零；L=1 时表示土壤背景的影响为零，即植被覆盖度非常高，土壤背景的影响为零，这种情况只有在被树冠浓密的高大树木覆盖的地方才会出现，在这里 L 取 0.5 即可。

R_{nir}、R_{red} 分别为近红外和红外光谱数据与生物量相关性最大值的波段反射率，根据图 9-24 和图 9-25 反射光谱与地上生物量和地下生物量的相关结果，确定地上生物量与近红外、红光相关性最大的波段分别为 714nm 和 699nm ，地上生物量与近红外、红光相关性最大的波段分别为 700nm 和 632nm ，因此 $R714$、$R699$ 和 $R700$、$R632$ 可分别作为地上生物量和地下生物量的近红外和红光波段的入选反射率，则 NDVI 和 RVI 等植被指数分别被重新定义。

2. 地上生物量与高光谱变量的相关关系

分别以基于光谱位置的变量和基于光谱面积的变量、基于光谱植被指数为自变量，地上生物量（g）为因变量，建立地上生物量与各指数之间的相关关系，结果见表 9-19～表 9-21。

表 9-19　地上生物量与光谱位置变量的相关关系

基于光谱位置的变量	相关系数	P 值
D_b	−0.684**	0
λ_b	−0.161	0.378
D_y	0.2	0.272
λ_y	−0.294	0.102
D_r	−0.539**	0.001
λ_r	0.219	0.229
R_g	−0.521**	0.002
λ_g	0.373*	0.035
R_r	−0.239	0.189
λ_o	0.441*	0.012

** P<0.01；* P<0.05，下同。

由表 9-20 可以看出，高光谱位置变量 D_b、λ_b、λ_y、D_r、R_g、R_r 与地上生物量呈负相关关系；而高光谱位置变量 D_y、λ_r、λ_g、λ_o 与地上生物量呈正相关关系。地上生物量与高光谱位置变量之间的相关系数值以 D_b、D_r、R_g 较大，均通过了 0.01 的显著性检验，均呈负相关；其次为 λ_g、λ_o，均达到了 0.05 的显著性检验水平，均呈正相关。

表 9-20　地上生物量与光谱面积变量的相关关系

基于光谱面积的变量	相关系数	P 值
SD_b	-0.673^{**}	0
SD_y	0.2	0.272
SD_r	-0.587^{**}	0

由表 9-20 可以看出，高光谱面积变量蓝边面积 SD_b、红边面积 SD_r 与地上生物量呈负相关关系；而高光谱面积变量黄边面积 SD_y 与地上生物量呈正相关关系。地上生物量与高光谱位置变量之间的相关系数值以蓝边面积 SD_b、红边面积 SD_r 较大，均通过了 0.01 的显著性检验，均呈负相关；SD_y 与生物量的相关性相对较低。

由表 9-21 可以看出，地上生物量与植被指数变量之间的相关系数中，地上生物量与 RVI、NDVI、SAVI、DVI 呈正相关，而地上生物量与 PVI 呈负相关。生物量与植被指数变量的相关系数中，RVI、NDVI、SAVI、DVI 的相关性均达到了 0.01 的显著性检验，且相关系数均为正值，PVI 与生物量的相关性较低，仅为−0.099，且未通过显著性检验，说明当生物量发生变化时，并未引起其变量的显著性变化。在所有变量中，RVI 与生物量的相关性最高，达到了 0.828，说明当生物量发生变化时，该变量会随之发生显著性变化。地上生物量与植被指数变量的相关关系的排序是：RVI > DVI > NDVI = SAVI > PVI。

表 9-21　地上生物量与光谱植被指数的相关关系

基于光谱植被指数	相关系数	P 值
NDVI	0.773^{**}	0
RVI	0.828^{**}	0
PVI	-0.099	0.583
SAVI	0.773^{**}	0
DVI	0.783^{**}	0

3. 地下生物量与高光谱变量的相关关系

分别以基于光谱位置的变量和基于光谱面积的变量、基于光谱植被指数为自变量，地下生物量 g 为因变量，建立地下生物量与各指数之间的相关关系，结果见表 9-22～表 9-24。

由表 9-22 可以看出，高光谱位置变量 D_b、D_r、R_g、λ_g、R_r 与地下生物量呈负相关关系；而高光谱位置变量 λ_b、D_y、λ_y、λ_r、λ_o 与地下生物量呈正相关关系。地下生物量与高光谱位置变量之间的相关关系均不是很理想，其中以 D_b、R_g、λ_o 较大，通过了 0.05 的显著性检验，但未通过 0.01 的极显著性检验，与地下生物量均呈负相关；其他高光谱位置变量与生物量的相关关系不高，且均未达到 0.05 的显著性检验水平，说明当生物量发生变化时，并未引起其变量的显著性变化。

表 9-22　地下生物量与光谱位置变量的相关关系

基于光谱位置的变量	相关系数	P 值
D_b	−0.354*	0.047
λ_b	0.249	0.169
D_y	0.091	0.621
λ_y	0.218	0.23
D_r	−0.093	0.612
λ_r	0.242	0.182
R_g	−0.413*	0.019
λ_g	−0.046	0.804
R_r	−0.249	0.17
λ_o	0.407*	0.021

由表 9-23 可以看出，高光谱面积变量蓝边面积 SD_b、红边面积 SD_r 与地上生物量呈负相关关系；而高光谱面积变量黄边面积 SD_y 与地上生物量呈正相关关系。地上生物量与高光谱位置变量之间的相关系数值以蓝边面积 SD_b 较大，通过了 0.05 的显著性检验，但未通过了 0.01 的极显著性检验，与地下生物量呈负相关关系；黄边面积 SD_y 与红边面积 SD_r 与生物量的相关性很低，说明黄边面积 SD_y 与红边面积 SD_r 不能很好地反映地下生物量的大小。

表 9-23　地下生物量与光谱面积变量的相关关系

基于光谱面积的变量	相关系数	P 值
SD_b	−0.403*	0.022
SD_y	0.091	0.621
SD_r	−0.094	0.608

由表 9-24 可以看出，地下生物量与植被指数变量之间的相关系数中，地下生物量与 RVI、NDVI、SAVI、DVI、PVI 均呈负相关。地下生物量与植被指数变量的相关系数中，PVI、NDVI、SAVI、DVI 的相关性较高，均达到了 0.01 的显著性检验，且相关系数均为正值，RVI 与地下生物量的相关性相对较低，达到了 0.05 的显著性检验，但未通过 0.01 极显著性检验，说明当地下生物量发生变化时，并未引起其变量的显著性变化。在所有变量中，PVI 虽然不能很好地反映地上生物量的大小，但 PVI 与地下生物量的相关性极高，达到了 0.997，说明当生物量发生变化时，该变量会随之发生极其显著性的变化。地下生物量与植被指数变量的相关关系的排序是：PVI > DVI > SAVI > NDVI > RVI 。

表 9-24　地下生物量与光谱植被指数的相关关系

基于光谱植被指数	相关系数	P 值
NDVI	−0.464**	0.006
RVI	−0.347*	0.044
PVI	−0.997**	0
SAVI	−0.466**	0.006
DVI	−0.748**	0

9.5.4　生物量的高光谱估算模型

1. 地上生物量的高光谱估算模型

从表 9-19～表 9-21 中选出相关系数通过 0.01 检验且大于 0.7 的 RVI、NDVI、SAVI、DVI 4 个高光谱特征变量，并运用线性和非线性的多种回归方法，建立地上生物量的回归估算方程，如表 9-25 所示。

表 9-25　地上生物量与植被指数的回归方程及相关系数

植被指数	回归方程	相关系数
NDVI	$y = 81.56x + 52.27$	0.773
	$y = 45.02e^{1.618x}$	0.773
	$y = 155.3x^2 + 90.35x + 41.98$	0.831
RVI	$y = 40.06x + 6.550$	0.828
	$y = 18.83e^{0.759x}$	0.791
	$y = 14.17x^2 + 4.364x + 23.77$	0.844
SAVI	$y = 54.68x + 52.25$	0.773
	$y = 45.00e^{1.084x}$	0.772
	$y = 70.05x^2 + 60.5x + 41.92$	0.831
DVI	$y = 0.731x + 48.93$	0.783
	$y = 42.02e^{0.013x}$	0.704
	$y = 0.007x^2 - 0.052x - 20.80$	0.888

4 个植被指数 RVI、SAVI、NDVI、DVI 线性与非线性的地上生物量估测模型的相关系数，可以反映模型的估测精度，基于 RVI、SAVI、NDVI、DVI 建立的估测模型，均达到了 0.01 极显著检验水平。采用线性、对数函数、多项式函数三种方式对生物量进行估算，发现多项式函数的模型优于其他形式的模型。三种模型模拟效果的排序是，多项式模型优于线性模型，线性模型优于对数模型。综合比较，确定以 RVI 和 DVI 为变量的多项式形式为单变量回归估算模型中的最佳模型，如图 9-26、图 9-27 所示。

2. 地下生物量的高光谱估算模型

从表 9-22～表 9-24 中选出相关系数通过 0.01 检验且大于 0.7 的 PVI、DVI 2 个高光谱特征变量，并运用线性和非线性的多种回归方法，建立地上生物量的回归估算方程，如表 9-26 所示。

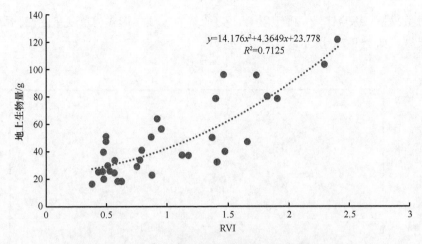

图 9-26　以 RVI 为自变量的地上生物量多项式模型拟合结果

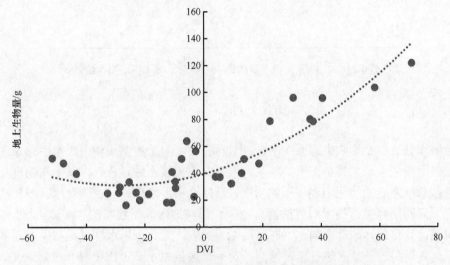

图 9-27　以 DVI 为自变量的地上生物量多项式模型拟合结果

表 9-26　地上生物量与植被指数的回归方程及相关系数

植被指数	回归方程	相关系数
	$y = -1.018x + 3.264$	0.997
PVI	$y = 19.47e^{-0.01x}$	0.955
	$y = -0.000x^2 - 1.118x + 0.875$	0.998
	$y = -0.641x + 50.17$	0.748
DVI	$y = 46.28e^{-0.00x}$	0.616
	$y = 0.005x^2 - 0.284x + 44.46$	0.914

2 个植被指数 PVI、DVI 线性与非线性的地上生物量估测模型的相关系数，可以反映模型的估测精度，基于 PVI、DVI 建立的估测模型，均达到了 0.01 极显著检验水平。采用线性、对数函数、多项式函数三种方式对生物量进行估算，发现多项式函数的模型优于其他形式的模型。三种模型模拟效果的排序是，多项式模型优于线性模型，线性模

型优于对数模型。综合比较，确定以 PVI 为变量的多项式形式为单变量回归估算模型中的最佳模型，如图 9-28 所示。

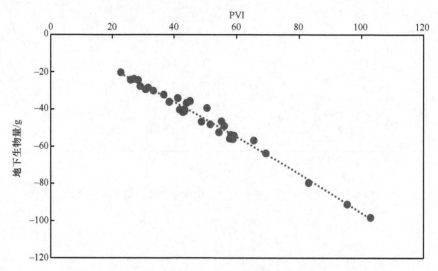

图 9-28 以 PVI 为自变量的地上生物量多项式模型拟合结果

9.6 小 结

土壤水蚀过程是影响生态系统的限制性因子之一，是水文循环中影响生态系统稳定性的主要因素之一，尤其是在干旱地区。但是对于土壤水蚀过程，以及土壤物理化学性质及生态系统之间的物理机制还不够明确，野外检测手段也只能在微观或区域尺度上进行研究，而利用高光谱技术的方法鲜有研究。黑河地区属于独特的"河流-绿洲-沙漠"多元景观，受到自然地理影响，生态环境尤为脆弱。因此分析水蚀过程与生态系数之间的关系，并用高光谱技术进行定量监测，对干旱区生态水文过程研究有重要意义。本章中采用生物量这一影响生态系统的最关键参数作为研究对象之一，并从机理的角度，剖析土壤物理化学性质及生物量对土壤水蚀过程的影响，影响土壤可蚀性的关键土壤理化参数，其影响程度依次为：生物量>有机质>团聚体>土壤颗粒组成>容重>土壤含水率>CEC，并揭示了这些要素随降水侵蚀过程的动态变化规律。同时结果还表明，有机质含量、土壤水含量、CEC 与生物量有较大的相关性，说明生态系统受到土壤物理化学性质的影响，因此水蚀过程对生态系统的稳定性具有重要的作用。基于以上侵蚀机理研究与土壤理化属性演变规律研究，展开土壤理化属性与生物量的高光谱反演试验研究，并分别利用多元最小二乘回归法及小波能量系数方法进行反演，结果表明，小波能量系数法能包含更多的光谱信息，并且模型的反演效果更高。

参 考 文 献

陈红艳. 2012. 土壤主要养分含量的高光谱估测研究. 泰安: 山东农业大学博士学位论文.
陈天江, 王亚丽, 普小云. 2005. 快速傅里叶变换在喇曼光谱信号噪声平滑中的应用. 云南大学学报(自然科学版), 27(6): 509-513.

程街亮. 2008. 土壤高光谱遥感信息提取与二向反射模型研究. 杭州: 浙江大学博士学位论文.

褚小立, 袁洪福, 陆婉珍. 2004. 在线近红外光谱过程分析技术及其应用. 现代科学仪器, (2): 3-21.

郭培才, 张振中, 杨开宝. 1992. 黄土区土壤抗蚀性预报及评价方法研究. 水土保持学报, (3): 48-51.

黄应丰, 刘腾辉. 1989. 土壤光谱反射特性与土壤属性的关系——以南方主要土壤为例. 土壤通报, 20(4): 158-160.

刘方, 黄昌勇, 何腾兵, 等. 2001. 不同类型黄壤旱地的磷素流失及其影响因素分析. 水土保持学报, 015(002): 37-40.

刘焕军, 张柏, 张渊智, 等. 2008. 基于反射光谱特性的土壤分类研究. 光谱学与光谱分析, 28(3): 624-628.

刘培君, 李良序. 1997.卫星遥感估测土壤水分的一种方法. 遥感学报, 1(2): 135-138.

马翠红, 刘立业. 2012. 基于小波分析的光谱数据处理. 冶金分析, 32(1): 34-37.

浦瑞良. 2000. 针对树种高光谱分辨率数据的分析研究. 北京: 中国科学院遥感应用研究所博士学位论文.

史学正, 邓西海. 1993. 土壤可蚀性研究现状及展望. 中国水土保持, 5: 25-29.

宋开山, 张柏, 王宗明, 等. 2007. 基于小波分析的大豆叶面积高光谱反演. 生态学杂志, 26(10): 1690-1696.

王昌佐, 王纪华, 王锦地, 等. 2003. 裸土表层含水量高光谱遥感的最佳波段选择. 遥感信息, (04): 34-37.

王强. 2006. 航空高光谱遥感光谱域噪声滤波应用研究. 上海: 华东师范大学博士学位论文.

许妙忠, 余志惠. 2003. 高分辨率卫星影像中阴影的自动提取与处理. 测绘信息与工程, 28(1): 20-22.

杨维, 刘云国, 曾光明, 等. 2007. 定量遥感支持下的红壤丘陵区土壤侵蚀敏感性评价——以长沙市为例. 环境科学与管理, 32(1): 120-125.

杨玉盛, 何宗明. 1992. 不同利用方式下紫色土可蚀性的研究. 水土保持学报, 6(3): 52-58.

于健, 杨国范, 王颖, 等. 2011. 基于 MODIS 数据反演阜新地区土壤水分的研究. 遥感技术与应用, 26(4): 413-419.

余涛, 田国良. 1997. 热惯量法在监测土壤表层水分变化中的研究. 遥感学报, 001(001): 24-31.

雨宫好文, 佐藤幸男. 2000. 信号处理入门. 北京: 科学出版社.

赵晓光, 石辉. 2003. 水蚀作用下土壤抗蚀能力的表征. 干旱区地理, 26(1): 12-16.

周继. 2009. 人工模拟降雨条件下土壤颗粒变化及养分流失的研究. 重庆: 西南大学硕士学位论文.

朱显谟. 1960. 黄土地区植被因素对于水土流失的影响. 土壤学报, 8(2): 110-121.

Alexander R, 1996. Field guide to compost use. The Composting Council, Alexandria, Virginia.

Agassi M, Bloem D, Ben-Hur M. 1994. Effect of drop energy and soil and water chemistry on infiltration and erosion. Water Resources Research, 30(4): 1187-1193.

Alberts E E, Nearing M A, Weltz M A, et al. 1995. Chapter 7: Soil component. Nserl Resport, (7): 40-42.

Ben-Hur M, Agassi M. 1997. Predicting interrill erodibility factor from measured infiltration rate. Water Resources Research, 33(10): 2409-2415.

Chappell A, Zobeck T M, Brunner G. 2005. Using on-nadir spectral reflectance to detect soil surface changes induced by simulated rainfall and wind tunnel abrasion. Earth Surface Processes and Landforms, 30(4): 489-511.

Chu X, Marino, Miguel A. 2005. Determination of ponding condition and infiltration into layered soils under unsteady rainfall. Journal of Hydrology, 313(3): 195-207.

Dagan G, Bresler E. 1983. Unsaturated flow in spatially variable fields: 1. Derivation of models of infiltration and redistribution. Water Resources Research, 19(2): 413-420.

Duiker S W, Flanagan D C, Lal R. 2001. Erodibility and infiltration characteristics of five major soils of southwest Spain. Catena, 45(2): 103-121.

Emerson R, Cederstrand C C. 1957. Some factors influencing the long-wave limit of photosynthesis.

Proceedings of the National Academy of Sciences of the United States of America, 43(1): 133-143.

Engman E T . 1991.Remote Sensing in Hydrology. London: Chapman and Hall.

Geeves M A. 2000. Kinetic analyses of a truncated mammalian Myosin I suggest a novel isomerization event preceding nucleotide binding. Journal of Biological Chemistry, 275(28): 21624-21630.

Huang C H, Bradford J M. 1993. Analyses of slope and runoff factors based on the WEPP erosion model. Soil Science Society of America Journal, 57(5): 1176.

Kinnell P I A, Risse L M. 1998. USLE-M: Empirical modeling rainfall erosion through runoff and sediment concentration. Soil Science Society of America Journal, 62(6): 1667.

Kinnell P I A. 2007. Runoff dependent erosivity and slope length factors suitable for modelling annual erosion using the universal soil loss equation. Hydrological Processes, 21(20): 2681-2689.

Leone A P, Sommer S. 2000. Multivariate analysis of laboratory spectra for the assessment of soil development and soil degradation in the southern Apennines (Italy). Remote Sensing of Environment, 72(3): 346-359.

Mitchell A, Edwards C A. 1997. Production of Eisenia fetida and vermicompost from feed-lot cattle manure. Soil Biology & Biochemistry, 29(3): 763-766.

Pan C Z, Shangguan Z P, Lei T W. 2006.Influences of grass and moss on runoff and sediment yield on sloped loess surfaces under simulated rainfall. Hydrological Processes, 20(18): 3815-3824.

Wischmeier W H, Mannering J V. 1969.Relation of soil properties to its erodibility. Soil Science Society of America Journal, 33: 131-137.

Wischmeier W, Smith D.1965. Predicting Rainfall Erosion Losses from Cropland East of the Rocky Mountains: Guide for Selection of Practices for Soil and Water Conservation. U.S. Department of Agriculture Handbook No. 537.

Yu D S, Shi X Z, Weindorf D C. 2006. Relationships between permeability and erodibility of cultivated Acrisols and Cambisols in subtropical China. Pedosphere, 16(3): 304-311.

第 10 章　分布式生态水文模型原理和框架

10.1　模型框架

生态水文模型是研究植被与水文过程相互作用及生态水文过程演变的内容，是生态学和水文学研究的热点和前沿问题，重点研究植被与水文相互作用机制、模型参数估计、模拟结果的不确定性分析等内容。生态水文模型是以地下水子模型的时间步长循环为基础，每一单次地下水循环内耦合 1 个或多个更小时间步长的地表水子模型和一维土壤水子模型的循环计算，在每个更小时间步长内地表水子模型多次迭代求解获得平均地表水位和流量，地表水位将作为地下水子模型输入项，土壤水模型给出表层土壤的含水量数据，在地下水子模型单次循环中多次迭代求解获得地下水头分布和储存量变化，其基本流程如图 10-1 所示。在本章中，地下水时间步长为 1 个月，由于收集的地表水模型河水位和流量数据基本是以月为单位的，地表水模型时间步长为 1 个月，土壤水模型的时间步长取为 1 天。生态模型利用土壤水、河流和地下水耦合模型生成的数据统计分析植被生长状况。

10.2　一维明渠汇流模型

黑河干流中游地区地表用水模式是比较复杂的。区内比较重要的是黑河和地下水的转换关系，本章主要通过建立一维明渠汇流模型来描述黑河水流的动力学过程。建立的明渠汇流模型旨在应用于干旱内陆河平原区的水量消耗过程，依据美国地质调查局（USGS）开发的地表水模型 BRANCH 的原理来建立。本模型将黑河干流概化为线状流动问题，在给定莺落峡出流量和河水位的情况下求解黑河其他位置所在的流量和水位，尤其是正义峡处黑河流量。模型主要根据 Schaffranek 修正的圣维南连续性方程和动力波方程，如式（10-1）所示，该式通过差分方法进行求解。

$$
\begin{cases}
B\dfrac{\partial Z}{\partial t}+\dfrac{\partial Q}{\partial L}+q+q_{s}=0 \\[3mm]
\dfrac{1}{gA}\cdot\dfrac{\partial Q}{\partial t}+\dfrac{2\beta Q}{gA^{2}}\cdot\dfrac{\partial Q}{\partial x}-\dfrac{\beta Q^{2}}{gA^{3}}\cdot\dfrac{\partial A}{\partial L}+\dfrac{\partial Z}{\partial L}+\dfrac{k}{A^{2}R^{4/3}}Q\cdot|Q|-\dfrac{\xi B}{gA}\cdot U_{a}^{2}\cos\varphi=0
\end{cases}
\tag{10-1}
$$

式中，B 为河渠宽度（m）；Z 为河渠水位（m）；t 为时间（s）；Q 为某一断面上河渠流量（m³/s）；L 为沿河渠方向的长度（m）；q 为河渠与地下水的交换量（m³/s）；q_{s} 为河渠某一断面处的取水量（m³/s），取水为正值，补水为负值；g 为重力加速度（m/s²）；

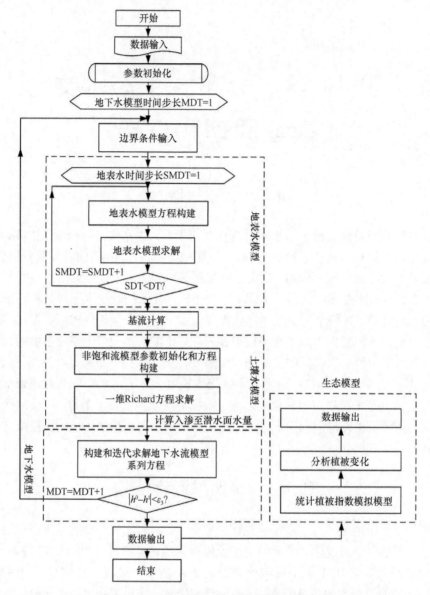

图 10-1 干旱内陆河区生态水文模型系统框架

A 为河渠断面面积（m²）；β 为动量系数；k 为流体摩擦因子，英制系统中等于 $(\eta/1.49)^2$，米制系统中为 η^2；η 相当于曼宁公式中的粗糙系数 n；R 为河渠的水力半径（m）；ξ 为风阻力系数，为 $C_d\rho_a/\rho$，C_d 为水面拉力系数，ρ 为水密度（g/m³），ρ_a 为大气密度（g/m³）；U_a 为风速（m/s）；ϕ 为风与顺河渠方向的夹角。

10.2.1 模型结构

地表水模型的空间结构如图 10-2 所示，河流被细分为各个子河段，每个子河段又由众多河流结点组成，每个河流结点为地下水模型中网格点。图 10-2 中，有三条河流，河流 1 有 2 个子河段，河流 2 有 4 个子河段，河流 3 有 2 个子河段。

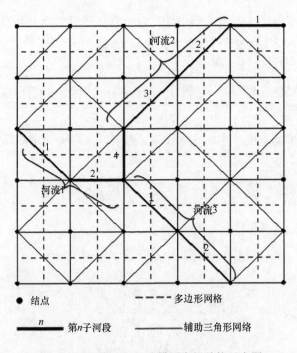

● 结点　　　　　- - - - 多边形网格

n 第 n 子河段　　　　辅助三角形网络

图 10-2　一维明渠汇流模型空间结构示意图

河槽断面则根据实测的断面形状而定，下面以三角形断面为例，说明断面宽度、浸润面积、河水位之间的关系。如图 10-3 所示，B 为河渠断面宽度，A 为断面面积，Z 为河水位，Z_{bot} 为河底标高，则根据几何关系，断面水力半径 R 为

$$R = \frac{2B^2(Z - Z_{bot})}{3B^2 + 8(Z - Z_{bot})^2} \tag{10-2}$$

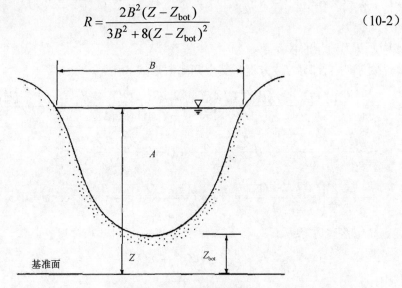

图 10-3　三角形河（渠）断面示意图

10.2.2　空　间　离　散

离散采取隐式差分格式，对于明渠连续性方程，采取如式（10-3）的离散。

$$\overline{B}\left(\frac{Z_{i+1}^{j+1}+Z_i^{j+1}}{2\Delta t}-\frac{Z_{i+1}^j+Z_i^j}{2\Delta t}\right)+\theta\frac{Q_{i+1}^{j+1}-Q_i^{j+1}}{\Delta L_i}+(1-\theta)\frac{Q_{i+1}^j-Q_i^j}{\Delta L_i}+$$

$$\frac{\chi}{2}\left(C_{i+1}B_{i+1}^{j+1}\left(Z_{i+1}^{j+1}-h^{j+1}\right)+C_iB_i^{j+1}\left(Z_i^{j+1}-h^{j+1}\right)\right)+\frac{1-\chi}{2}\left(C_{i+1}B_{i+1}^j\left(Z_{i+1}^j-h^j\right)+C_iB_i^j\left(Z_i^j-h^j\right)\right)+q_{si}=0$$

$$\text{（10-3）}$$

式中，$\overline{B}$ 为河道的平均宽度，按如式（10-4）求取，式中 χ 为空间离散的权系数（取值范围为[0.6，1.0]）。

$$\overline{B}=\chi\frac{B_{i+1}^j+B_i^j}{2}+(1-\chi)\frac{B_{i+1}^{j-1}+B_i^{j-1}}{2}\qquad\text{（10-4）}$$

简化后形式如式（10-5）：

$$Q_{i+1}^{j+1}+\gamma Z_{i+1}^{j+1}-Q_i^{j+1}+\alpha Z_i^{j+1}=\delta\qquad\text{（10-5）}$$

其中：

$$\gamma=\frac{\overline{B}\Delta L_i}{2\Delta t\theta}+\frac{\chi C_{i+1}B_{i+1}^{j+1}\Delta L_i}{2\theta}\qquad\text{（10-6）}$$

$$\alpha=\frac{\overline{B}\Delta L_i}{2\Delta t\theta}+\frac{\chi C_iB_i^{j+1}\Delta L_i}{2\theta}\qquad\text{（10-7）}$$

$$\delta=-\frac{1-\theta}{\theta}(Q_{i+1}^j-Q_i^j)+\left(\frac{\overline{B}\Delta L_i}{2\Delta t\theta}-(1-\chi)\frac{C_{i+1}B_{i+1}^j\Delta L_i}{2\theta}\right)Z_{i+1}^j+\left(\frac{\overline{B}\Delta L_i}{2\Delta t\theta}-(1-\chi)\frac{C_iB_i^j\Delta L_i}{2\theta}\right)Z_i^j$$

$$+\frac{\Delta L_i}{2\theta}\left(\chi(C_{i+1}B_{i+1}^{j+1}h^{j+1}+C_iB_i^{j+1}h^{j+1})+(1-\chi)(C_{i+1}B_{i+1}^jh^j+C_iB_i^jh^j)\right)+\frac{\Delta L_i}{\theta}q_{si}$$

$$\text{（10-8）}$$

式中，θ 为流量的权系数。

对于明渠的动力波方程，其空间离散形式如下：

$$\frac{1}{g\overline{A}}\left(\frac{Q_{i+1}^{j+1}+Q_i^{j+1}}{2\Delta t}-\frac{Q_{i+1}^j+Q_i^j}{2\Delta t}\right)\frac{\partial Q}{\partial t}+\frac{2\beta\overline{Q}}{g\overline{A}^2}\left(\theta\frac{Q_{i+1}^{j+1}-Q_i^{j+1}}{\Delta L_i}+(1-\theta)\frac{Q_{i+1}^j-Q_i^j}{\Delta L_i}\right)$$

$$-\frac{\beta\overline{Q}^2}{g\overline{A}^3}\frac{\overline{A}_{i+1}^{j+1}-\overline{A}_i^{j+1}}{\Delta L_i}+\theta\frac{Z_{i+1}^{j+1}-Z_i^{j+1}}{\Delta L_i}+(1-\theta)\frac{Z_{i+1}^j-Z_i^j}{\Delta L_i}\qquad\text{（10-9）}$$

$$+\frac{k\overline{Q}}{\overline{A}^2\overline{R}^{4/3}}\left(\chi\frac{Q_{i+1}^{j+1}+Q_i^{j+1}}{2}+(1-\chi)\frac{Q_{i+1}^j+Q_i^j}{2}\right)-\frac{\xi\overline{B}}{g\overline{A}}\cdot U_a^2\cos\varphi=0$$

简化整理后得：

$$\zeta Q_{i+1}^{j+1}+Z_{i+1}^{j+1}+\omega Q_i^{j+1}-Z_i^{j+1}=\varepsilon\qquad\text{（10-10）}$$

其中：

$$\lambda = \frac{\Delta L_i}{2\Delta t \theta g \overline{A}} \tag{10-11}$$

$$\mu = \frac{2\beta \overline{Q}}{g \overline{A}^2} \tag{10-12}$$

$$\sigma = \frac{\chi \Delta L_i k |\overline{Q}|}{2\theta \overline{A}^2 R^{4/3}} \tag{10-13}$$

$$\varepsilon = (\lambda - \sigma \frac{1-\chi}{\chi})(Q_{i+1}^j + Q_i^j) - \mu \frac{1-\theta}{\theta}(Q_{i+1}^j - Q_i^j) - \frac{1-\theta}{\theta}(Z_{i+1}^j - Z_i^j) + \frac{\beta \overline{Q}^2}{\theta g \overline{A}^3}(A_{i+1}^{j+1} - A_i^{j+1})$$
$$+ \frac{\xi \Delta L_i \overline{B}}{\theta g \overline{A}} \cdot U_a^2 \cos\varphi \tag{10-14}$$

$$\xi = \lambda + \sigma + \mu \tag{10-15}$$

$$\omega = \lambda + \sigma - \mu \tag{10-16}$$

可根据连续性式（10-5）和动力波方程式（10-10）联立求解河流流量和水位。

10.2.3　模型的求解

设有 N 条河流，每条河流分为 M 条子分支，则有 $N×(M+1)$ 个结点，每个结点都有流量和水位，因此共有 $2×N×(M+1)$ 个未知数，而依照连续性和动力波方程而建立 $2×N×M$ 个方程，同时每条河流有两个边界条件，即共有 $2×N$ 个边界条件，这样，共有 $2×N×(M+1)$ 个方程，$2×N×(M+1)$ 个未知数，再加上初始条件，可根据迭代法求解。

10.3　土壤水入渗模型

土壤水运动是水分在地面至潜水面传输的重要过程。假定非饱和带中水流的运动仍符合 Darcy 定律。与地下水饱和流不同，非饱和流中渗透系数要使用非饱和渗透系数。在非饱和带水分运动研究中，经常用到压力水头 h 与含水率 θ 之间，以及它们与渗透系数 K、容水度 C、扩散度 D 之间的关系。目前不能根据非饱和带介质的基本性质从理论上推导出其解析关系，只能用试验的方法确定其数量关系，研究中用到 Van Genuchten 水分特征计算公式。由于三维地下水饱和-非饱和流计算工作量大，我们重点研究的是垂向上土壤含水量的变化，因此只研究垂向一维土壤水运动模型。取坐标系取向上为正号，垂向一维土壤水运动模型如式（10-17）所示，地面为入渗或蒸发边界，下边界为定含水量边界。

$$\begin{cases} \dfrac{\partial}{\partial z}\left(D(\theta)\dfrac{\partial \theta}{\partial z}\right) + \dfrac{\partial K_z(\theta)}{\partial z} = \dfrac{\partial \theta}{\partial t} \\ \theta|_{t=0} = \theta_0 \\ -K(h)(\dfrac{\partial h}{\partial z}+1) = R(t), t>0, z=0 \\ \theta|_{z=gwd} = \theta_s \end{cases} \tag{10-17}$$

Van Genuchten 和 Th（1980）提出的经验公式为

$$\frac{\theta - \theta_r}{\theta_s - \theta_r} = \left(\frac{1}{1 + |ah|^n}\right)^m \tag{10-18}$$

$$C(h) = \frac{a \cdot m \cdot n \cdot (\theta_s - \theta_r) \cdot |ah|^{n-1}}{(1 + |ah|^n)^{m+1}} \tag{10-19}$$

$$K(h) = \frac{K_s \left(1 - \left(1 - \frac{1}{1 + |ah|^n}\right)^m\right)^2}{(1 + |ah|^n)^{m/2}} \tag{10-20}$$

$$m = 1 - 1/n \tag{10-21}$$

式中，θ 为含水率；θ_r 为残余含水率；θ_s 为饱和含水率；h 为压力水头；a、m 为经验系数，由试验确定。

一维土壤水运动采用隐式有限差分法求解。根据上边界条件，可知：

$$\theta_1^n = \theta_2^n + \frac{R(t) - K(h)_{1-2}}{D(\theta)_{1-2}} \Delta z_{1-2} \tag{10-22}$$

式中，θ_1^n 和 θ_2^n 分别为第 1 层和第 2 层含水率；R 为土壤水在地表的源汇强度；$K(h)_{1-2}$ 为第 1 层和第 2 层的平均渗透系数；$D(\theta)_{1-2}$ 为第 1 层和第 2 层的平均扩散度；Δz_{1-2} 为第 1 层和第 2 层的平均厚度；n 为时间。

假定模型有 N 层，则由控制方程可知：

$$\frac{\theta_i^n - \theta_i^{n-1}}{\Delta t} = \overline{D(\theta)_i} \frac{\theta_{i-1}^n - 2\theta_i^n + \theta_{i+1}^n}{\overline{\Delta z_i}^2} + \frac{K(h)_{i-1 \to i} - K(h)_{i \to i+1}}{\overline{\Delta z_i}}, i = 2, 3, N-1 \tag{10-23}$$

式中，θ_i^n 和 θ_i^{n-1} 分别为第 i 层在 n 时刻和 $n-1$ 时刻的含水率；$K(h)_{i-1 \to i}$ 为第 $i-1$ 层和第 i 层的平均渗透系数；$\overline{D(\theta)_i}$ 为第 i 层的平均扩散度；$\overline{\Delta z_i}$ 为第 i 层的平均厚度。

而在第 N 层，由下边界可知：

$$\theta_N^n = \theta_s \tag{10-24}$$

因此，N 层共 N 个未知数，联立上述 3 个方程组，共 N 个方程，可联立求解得各层的含水率。

10.4　三维地下水流运动模型

采用中国地质大学（武汉）陈崇希教授主持开发的多边形有限差分数值模拟系统 PGMS 进行地下水流数值模拟计算。该软件对降水滞后补给、含水层-井孔系统、三维达西-非达西流问题等问题有所改进，地下水流运动的数学模型如下：

$$\frac{\partial}{\partial x}\left(K_h \frac{\partial H}{\partial x}\right) + \frac{\partial}{\partial y}\left(K_h \frac{\partial H}{\partial y}\right) + \frac{\partial}{\partial z}\left(K_{z_e} \frac{\partial H}{\partial z}\right) + \frac{Q_w}{V_w} = \mu_s \frac{\partial H}{\partial t}, (x, y, z) \in D, t > 0 \tag{10-25}$$

$$H(x,y,z,t)\big|_{t=0} = H_0(x,y,z) \quad 初始条件 \tag{10-26}$$

$$\left.\begin{array}{l} H(x,y,z,t) = z \\[4pt] K_h\left(\dfrac{\partial H}{\partial x}\right)^2 + K_h\left(\dfrac{\partial H}{\partial y}\right)^2 + K_{z_e}\left(\dfrac{\partial H}{\partial z}\right)^2 - (K_{z_e}+w)\dfrac{\partial H}{\partial z} + w = \mu_d\dfrac{\partial H}{\partial t} \end{array}\right\} p=0 \;(潜水面处),\; t>0 \tag{10-27}$$

$$H(x,y,z,t)\big|_{\mathrm{OUT_{sp}}} = Z_{sp} \qquad\qquad 泉排泄一类边,\; t>0 \tag{10-28}$$

$$H(x,y,z,t)\big|_{(x,y,z)\in B_1} = H_1(x,y,z,t) \qquad 河流排泄一类边,\; t>0 \tag{10-29}$$

$$K_n\dfrac{\partial H}{\partial t}\bigg|_{(x,y,z)\in B_2} = q(x,y,z,t) \qquad\qquad 二类边,\; t>0 \tag{10-30}$$

$$K_{z_e} = \begin{cases} K_z & 含水层达西流的渗透系数 \\ K_{zL} & 混合井孔、自流井线性流状态的等效渗透系数 \\ K_{zN} & 混合井、自流井非线性流状态的等效渗透系数 \end{cases} \tag{10-31}$$

式中，H 为含水层或弱透水层的水头函数（m）；H_0 为研究区初始水头函数（m）；H_1 为研究区第一类边界已知水头函数（m）；$\mathrm{OUT_{sp}}$ 为泉口处位置；Z_{sp} 为泉口标高（m）；K_{z_e} 为垂向等效渗透系数（m/d）；K_h、K_z 为含水层或弱透水层的水平和垂直渗透系数（m/d）；μ_s 为含水层或弱透水层的单位储水系数（1/m）；μ_d 为无压含水层的重力给水度；Q_w、V_w 为开采井的开采量和井孔工作段的体积；w 为大气降水、渠系和水库等滞后入渗补给强度的代数和（m/d）；q 为研究区第二类边界已知单位面积流量函数（m/d）；B_1 为研究区第一类边界；B_2 为研究区第二类边界；D 为研究区的分布范围。

　　本数学模型取多边形棱柱为均衡单元，针对每个均衡单元利用达西定律和水均衡原理建立差分方程。如图 10-4（a）所示，将渗流区 D_i 在平面上划分成若干个辅助小三角形。图 10-4（b）表示离散为每个辅助三角形结点成为均衡多边形的格点，然后将各格点再投影到每层（图 10-4（c））。

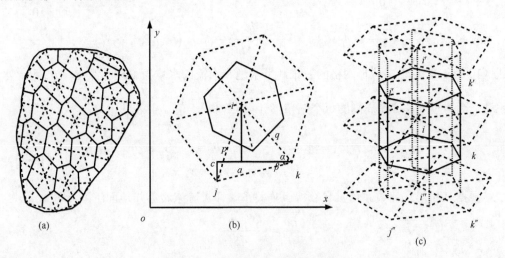

图 10-4　多边形网格均衡系统示意图

　　形成多边形均衡网格方法是：对某个格点 i，分别作出格点 i 与其相临格点连线的垂直平分线，这些平分线所围成的多边形上下延伸被上下两层的中心面所截区域即为格点 i 的均衡网格（区域），最终形成多边形网格均衡系统。

　　考虑以格点 i 为中心的网格 D_i 作为均衡区（图 10-4（b）），根据达西定律和水均衡原理建立格点 i 的差分方程。首先统计计算出单位时间内通过 D_i 的周边流入 D_i 内的水量。求出通过三角形 ijk 内的边 $\overline{pl}$ 和 $\overline{bq}$ 流入 D_i 内的水量，然后对格点 i 周围各三角形做类似的计算，并求和，则可得到通过 D_i 的周边流入 D_i 内的水量。根据达西定律：

$$Q_e = T_{ij} \frac{H_j^{n+1} - H_i^{n+1}}{\overline{ij}} \overline{pb} + T_{ik} \frac{H_k^{n+1} - H_i^{n+1}}{\overline{ik}} \overline{bq} \tag{10-32}$$

式中，n 为介质的模拟时段；H_i、H_j、H_k 为 i、j、k 点的总水头（m）；T_{ij}、T_{ik} 为流段 ij 和 ik 的平均导水系数（m^2/d）；$\overline{ij}$、$\overline{pb}$、$\overline{ik}$、$\overline{bq}$ 为流段的长度（m）；Q_e 为从第 e 号三角形通过两线段 $\overline{pb}$ 和 $\overline{bq}$ 流入 D_i 内的水量（m^3/d）。

　　根据式（10-32）的计算方法，对格点 i 周围的所有三角形做类似的计算，并求和得

$$Q_e = \sum_e \left(T_{ij} \frac{H_j^{n+1} - H_i^{n+1}}{\overline{ij}} \overline{pb} + T_{ik} \frac{H_k^{n+1} - H_i^{n+1}}{\overline{ik}} \overline{bq} \right) \tag{10-33}$$

　　另外，容易求得通过均衡体顶底面流入 D_i 的水量为

$$Q_{vi} = K_{ii'} \frac{H_{i'}^{n+1} - H_i^{n+1}}{Z_{i'} - Z_i} A_i - K_{ii\bullet} \frac{H_i^{n+1} - H_{i\bullet}^{n+1}}{Z_i - Z_{i\bullet}} A_i \tag{10-34}$$

式中，A_i 为 D_i 的面积（m^2）；Z_i、$Z_{i'}$、$Z_{i\bullet}$ 为 i 及其上、下层格点的高程（m）。

　　若记 Q_{wi} 为其源汇项，包括开采井、泉流量、河流排泄、河流和水库的渗漏补给、降水入渗等，则方程可以写为

$$\sum_e \left[T_{ij} \frac{H_j^{n+1} - H_i^{n+1}}{\overline{ij}} \overline{pb} + T_{ik} \frac{H_k^{n+1} - H_i^{n+1}}{\overline{ik}} \overline{bq} \right] + K_{ii'} \frac{H_{i'}^{n+1} - H_i^{n+1}}{Z_{i'} - Z_i} A_i$$
$$- K_{ii\bullet} \frac{H_i^{n+1} - H_{i\bullet}^{n+1}}{Z_i - Z_{i\bullet}} A_i + Q_{wi} = S_{si} \frac{H_i^{n+1} - H_i^n}{\Delta t} A_i \quad (i = 1, 2, 3, \cdots, N) \tag{10-35}$$

式（10-35）为基于多边形网格的三维地下水饱和水流的水均衡方程。其中，S_{si} 为储水系数。为方便对格点 i 周围的每个三角形计算 $\dfrac{\overline{pb}}{\overline{ij}}$ 和 $\dfrac{\overline{bq}}{\overline{ik}}$ 值，引入助记符：

$$\left. \begin{array}{l} b_i = y_i - y_k, \quad b_j = y_k - y_i, \quad b_k = y_i - y_j \\ c_i = x_k - x_j, \quad c_j = x_i - x_k, \quad c_k = x_j - x_i \end{array} \right\} \tag{10-36}$$

　　根据三角形几何关系可推导获得下列关系（详见陈崇希苏州地面沉降专著）。

$$\frac{\overline{pb}}{\overline{ij}} = -\frac{b_i b_j + c_i c_j}{4 S_{\triangle ijk}} \tag{10-37}$$

$$\overline{\frac{bq}{ik}} = -\frac{b_i b_k + c_i c_k}{4 S_{\Delta ijk}} \tag{10-38}$$

$$S_{\Delta ijk} = \frac{1}{2}\left(b_i c_j - c_i b_j\right) \tag{10-39}$$

$$S_{\Delta ipb} = -\frac{b_i b_j + c_i c_j}{16 S_{\Delta ijk}}\left(c_k^2 + b_k^2\right) \tag{10-40}$$

$$S_{\Delta ibq} = -\frac{b_i b_k + c_i c_k}{16 S_{\Delta ijk}}\left(c_j^2 + b_j^2\right) \tag{10-41}$$

式中，$S_{\Delta ijk}$ 为三角形 ijk 的面积。由上述推导过程可见，我们要建立格点 i 的差分方程，只需对格点 i 周围三角形逐一做类似的计算，即以三角形为基础循环计算。

将式（10-35）改写成下述形式：

$$\sum_e \left[T_{ij}\,\overline{\frac{pb}{ij}}\,H_j^{n+1} + T_{ik}\,\overline{\frac{bq}{ik}}\,H_k^{n+1} \right] + \left[\frac{K_{ii'}}{Z_{i'}-Z_i}H_{i'}^{n+1} + \frac{K_{ii''}}{Z_i - Z_{i''}}H_{i''}^{n+1} \right] A_i$$
$$- \left[\sum_e \left(T_{ij}\,\overline{\frac{pb}{ij}} + T_{ik}\,\overline{\frac{bq}{ik}} \right) + \left(\frac{K_{ii'}}{Z_{i'}-Z_i} + \frac{K_{ii''}}{Z_i - Z_{i''}} \right) A_i + S_{si}\frac{A_i}{\Delta t} \right] H_i^{n+1} = -S_{si}\frac{H_i^n}{\Delta t}A_i - Q_{wi} \tag{10-42}$$

由式（10-42）可见，在一个方程中，将涉及格点 i 及其周围几个格点的水头值。如图 10-4（c）所示的格点 i 的方程中，涉及 9 个格点的水头值，它们都是未知的（如果这些格点均为内格点或二类边界格点）。因此，必须建立联立方程求解。对每个格点和二类边界格点都建立一个方程（注意对二类边界格点建立差分方程时，Q_{wi} 应包括边界流入量），则共有 NI+NB2 个，显然这些方程所包含的未知数也正好是 NI+NB2 个（即 $n+1$ 时阶上各内格点及二类边界格点的水头），所以方程个数和未知数个数一样多。此外，如果把格点 i 的差分方程中的项 H_i^{n+1} 的系数排列在系数矩阵的主对角线上，可用迭代法求解。

求解多边形三维流顶底斜面柱体网格差分方程的计算机程序设计跟以上理论推导是一致的。输入基本数据后，首先计算差分方程的系数（与时间无关的量）；对接点 i 周围的三角形循环计算出方程组系数矩阵非对角线上的元素、对角线上的元素和方程右端已知项，再用超松弛迭代法。

10.5　生态过程模拟模型

统计植被指数模型（statistical vegetation index simulation，SVIS）是一种概念型生态水文模型，它借助数学统计方法或数值分析算法建立植被指数与气象水文数据要素之间的耦合响应关系。统计植被指数模型将气温、降水等数据作为输入部分，通过反映生态水文耦合关系的数学方程推求出植被指数，用以表征研究区的生态水文过程。该模型的核心是用数据代表参数，关键是相关性的表达式。以线性方程为例，假定植被对降水和气温不存在影响，统计植被指数模型可以用下式表示，模型原理如图 10-5 所示。

$$V_t = a + \sum_{i=-2}^{0} b_{t,2+i} P_{t+i} + \sum_{i=-2}^{0} c_{t,2+i} T_{i+1} \tag{10-43}$$

式中，P_{t+i} 和 T_{t+i}（$i = -2$，-1，0）分别为 t 月前两个月和 t 月的降水和气温；a、b、c、d 均为表征 NDVI、气温和降水等参数之间线性变化关系的系数。

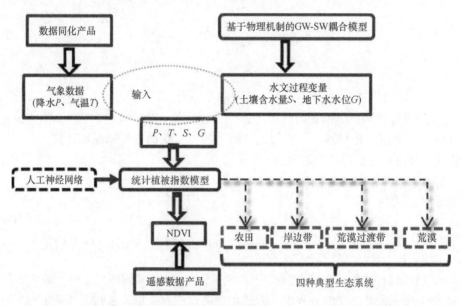

图 10-5　生态模型原理

统计植被指数模型的参数和表达式可以根据研究区生态系统特点及现有数据确定。鉴于生态水文过程的复杂性和不确定性，不同生态系统建立的模型具有唯一性，只能针对单一的生态系统应用，因此不同生态系统内的建模过程也存在较大差异。根据本章中研究区内植被与水文要素间可能存在的相关关系，在农田、河岸岸边带和过渡带的模型中，不仅要考虑 NDVI 与气象要素的响应关系，还应将土壤含水量和地下水水位纳入模型输入部分，以保证模型模拟的准确性和可靠性。本章建立的统计植被指数模型表达式如下：

$$\text{NDVI}_t = f(T_t, P_t, S_t, G_t, T_{t-1}, P_{t-1}, S_{t-1}, G_{t-1}, T_{t-2}, P_{t-2}, S_{t-2}, G_{t-2}) \tag{10-44}$$

式中，NDVI_t、T_t、P_t、S_t、G_t 分别为第 t 月的 NDVI、气温、降水、土壤含水量和地下水水位；T_{t-1}、P_{t-1}、S_{t-1}、G_{t-1} 分别为 t 月前一个月第 $t-1$ 月的 NDVI、气温、降水、土壤含水量和地下水水位；T_{t-2}、P_{t-2}、S_{t-2}、G_{t-2} 分别为 t 月前两个月第 $t-2$ 月的 NDVI、气温、降水、土壤含水量和地下水水位。方程式关系 f 运用人工神经网络进行表达。模型模拟的效果通过观测值和模拟值的拟合优度（相关系数的平方 R^2 和平均绝对误差（MAE））进行分析和评价：

$$R^2 = \frac{\left[\sum_{i=1}^{n} (V_{\text{obs},i} - V_{\text{obs},a})(V_{\text{sim},i} - V_{\text{sim},a}) \right]^2}{\sum_{i=1}^{n} (V_{\text{obs},i} - V_{\text{obs},a})^2 \sum_{i=1}^{n} (V_{\text{sim},i} - V_{\text{sim},a})^2} \tag{10-45}$$

$$\text{MAE} = \frac{1}{n} \sum_{i=1}^{n} \left| (V_{\text{obs},i} - V_{\text{sim},i}) \right| \tag{10-46}$$

式中，$V_{\text{obs},i}$ 和 $V_{\text{sim},i}$ 分别为 NDVI 在 i 月的观测值和模拟值；$V_{\text{obs},a}$ 和 $V_{\text{sim},a}$ 分别为 NDVI 在模拟期内的观测平均值和模拟平均值。

研究中采用了人工神经网络方法。人工神经网络（artificial neural networks，ANN）是一种模仿动物神经系统行为特征并能对分布式信息进行并行处理的数学算法模型。这种网络基于复杂的连通交互式"学习"，不断调整内部大量节点间的连接关系，从而达到精确处理信息的目的。人工神经网络算法通过不断地更新改进，功能逐步完善，实用性进一步提升，成为一种专门针对数据进行有效训练、校核、模拟和预测的工具。近几年来，人工神经网络在全球气候变化和生态学中得到了广泛充分的运用，并被证实为有效的数据处理工具，非常适用于一些复杂多变、非线性的生态水文过程模拟。在进行模拟时，只要利用现有的遥感植被指数和水文要素信息，就可以在内部物理机制不十分清楚的情况下，从大量记录系统状态的数据信息中发现并展示系统内在的规律性，从而实现对生态水文过程演变的模拟。

人工神经网络一般由处理模块、网络拓扑结构和训练规则等 3 个基本单元构成。其中，处理模块包含输入层、输出层和隐含层 3 层结构，是数据传输和处理的基本单元；网络拓扑结构决定了信息在各处理模块、各层之间的传递方式和途径；训练规则即学习方法，通过反复训练和调整来满足数据处理的精度要求。与人脑的功能类似，人工神经网络完成任务的过程可分为训练期和验证期两个阶段，训练期重在学习和完善，验证期重在稳定和输出。人工神经网络的形式很多，本章选用误差反向传播算法（backpropagation，BP）网络作为 ANN 建模的基本网络。BP 神经网络属于前馈神经网络，是神经网络中一种反向传递并能修正误差的多层映射网络，层与层之间的神经元采用完全互连的模式，即通过相应的网络权重系数相互联系，每层内的神经元并没有连接。当参数落入较为合理的区间时，此网络能收敛至较小的绝对误差或均方差。

本章将采用北京师范大学鱼京善等开发的人工神经网络应用工具 V1.0 对植被指数与水文要素之间的耦合响应关系进行模拟。与传统的 BP 神经网络模型相比，该工具实现了率定和验证的同步进行，使计算更加简便。

10.6　模型代码验证

模型采用 Fortran 开发。相比常用的饱和地下水三维流数值模型来说，本模型增强了非饱和地下水流数值模拟计算和一维河网汇流模拟方面的功能，基本功能和特色可以概括为以下两个方面。

（1）基于 Richard 方程建立，实现了饱和非饱和地下水三维水流的计算，求解采用超松弛/低松弛迭代方法，求解过程中如果发现不收敛，自动缩减步长，从而达到顺利求解，考虑区域饱和非饱和地下水流计算耗时的特点，提供了只考虑垂向非饱和水流运动忽略侧向运动的选项。相比饱和地下水流而言，在饱和非饱和地下水流模型中原入渗补给潜水面的源汇项则应考虑至地面。

（2）程序耦合了一维明渠流模型，考虑了地表水模型和地下水模型不同时间尺度的耦合，提高了地下水模型中地表水位赋值的可靠性，较好模拟地表水和地下水的水量交互特征。

模型经过开发后，采用相关的解析解模型和已有的算例进行对比分析，以验证代码的可靠性。

10.6.1　地下水中三维连续点源模型

对于均质各向同性等厚（厚度 100m）的承压含水层，假定开采井位于含水层顶面处。根据热传导的空间点汇理论，无限空间点源开采引起的空间任一点的降深为

$$s = \frac{Q}{4\pi K \rho}\mathrm{erfc}\left(\frac{\rho}{2\sqrt{Kt/S_\mathrm{s}}}\right) \tag{10-47}$$

式中，s 为在点（x, y, z）处的水头降深；Q 为点状抽水井的流量；K 为渗透系数；ρ 为测压计式观测孔（点）至点状抽水井的距离（$\rho = \sqrt{x^2 + y^2 + z^2}$）；$S_\mathrm{s}$ 为储水系数；t 为抽水延续时间；erfc 为余补误差函数。该解析解仅适合于开采井为点汇而且滤管长度为零的抽水井。

假定 K=100m/d，$S_\mathrm{s}=10^{-6}$ m^{-1}，Q=100m^3/d。基于 x-y 方向的 Galerkin 有限元和 z 方向的有限差分法建立了数值模型。平面上，为尽量减小边界对研究区地下水位计算的影响，模型范围为 250000m×250000m，开采量放在区域中心。为更好地描述开采井周地下水的变化，从井周到外围边界网络是由疏到密渐变，同时保证每个三角形均为锐角。垂向上，划分了 21 个模拟层，在含水层顶和底部均设置了结点，从顶部到底部每相邻两个结点的距离分别为 2.0m，2.0m，2.0m，2.5m，2.5m，3.0m，3.0m，3.0m，3.5m，3.0m，2.0m，2.5m，2.5m，3.0m，2.0m，2.5m，2.5m，2.5m，2.0m 和 2.0m。如图 10-6 所示，基准面设在含水层顶面。平面上共有 492 个三角单元和 21 层，共有 10332 个单元。收敛标准为 0.0001m。由开采形成的降深在起初的几天内变化迅速，之后变化幅度

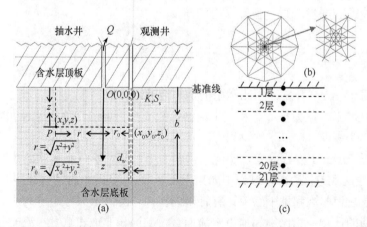

图 10-6　网络剖分示意（a）垂向剖面示意；（b）平面剖分图；（c）垂向分层

会逐渐减小。模拟期为 10.29 天，有 127 个时间步长，变步长因子设为 1.05。对于单一含水层滤管长度为零的抽水井引起的降深的解析解，可通过空间点汇的解析解和反演法计算得到，将其计算结果同数值解进行比较，结果如图 10-7 所示，模拟结果良好。

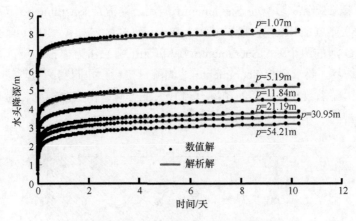

图 10-7　点汇的解析和数值解比较

10.6.2　地下一维饱和非饱和流问题

以 Celia 等的问题为例。研究的是在均质土柱中水入渗问题，采用的是 Van Genuchten Mualem 参数模型，问题描述为：土柱深度 1m，选用 $n=2$，（$m=0.5$），$\alpha =3.351/m$，孔隙度为 0.368，残余饱和度为 0.277，最大饱和度为 1.0，土柱为各向同性且饱和渗透系数为 0.922×10^{-4} m/s，恒定压力水头在顶部为 –0.75m，在底部为 –10m，初始压力水头取为 –10m，选定水头收敛标准为 10^{-4}m，时间步长 $\Delta t_0 =10^{-5}$ 天，垂向上划分的 Δz 为 0.5cm，模拟水流运动 1 天的结果。采用编制的饱和非饱和地下水流模型同德国 WASY 公司推出的三维有限元地下水模拟软件 FEFLOW 进行对比。两个模型采用相同的剖分网格，在模型中求取不同介质的参数时按算术平均值取值，计算的结果如图 10-8 所示。从计算的结果中可以看出，两个模型计算的结果基本相同，计算结果令人满意。

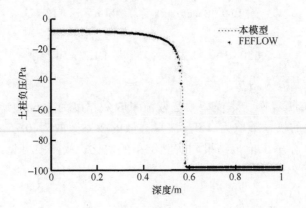

图 10-8　土柱负压随深度变化曲线

10.6.3　一维地表水流问题

观测数据来源于潮汐影响的 Sacramento 河流，河流从 Sacramento 市流向 Freeport 城镇的一处水文站（Calif）。河段共长 17.4km。研究区域如图 10-9 所示。模型选取 SACRAMENTO 河的两个站（Sacramento 站和 Calif 站）作为模拟区域，其中两站的河水位为第一类边界，要求模拟 Sacramento 站的流量资料，并同实测资料进行对比。类似曼宁公式中的粗糙系数 η 对模型的精度有着较大的影响，由实测得到粗糙系数 η 同流量存在如下的关系：

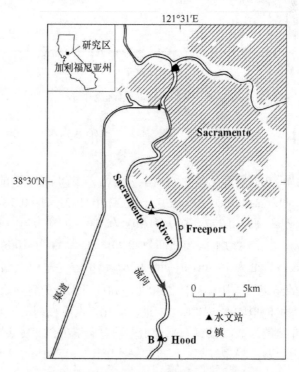

图 10-9　Schaffranek 等算例研究区示意图

$$\eta = 2.620 \times 10^2 + 1.283 \times 10^{-7} Q - 4.167 \times 10^{-13} Q^2 \qquad (10\text{-}48)$$

式中，流体的摩擦因子 k 为 η^2。

根据 BRANCH 算例，本模型中选取流量收敛精度为 0.6m³/s，水位收敛精度为 0.01m，空间离散的权系数取为 1.0，流量离散的权系数取为 0.75，选取河槽断面为三角形。图 10-10 显示了模拟结果同实测结果的对比，从图中可见，模拟结果与实测结果基本接近。

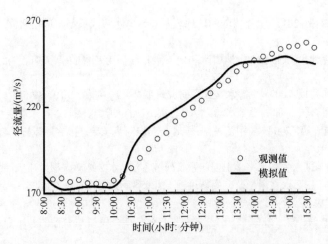

图 10-10　一维地表水算例观测和模拟的流量对比曲线

10.7　小　结

　　生态水文模型是以地下水子模型的时间步长循环为基础，每一单次地下水循环内耦合 1 个或多个更小时间步长的地表水子模型和一维土壤水子模型的循环计算，在每个更小时间步长内地表水子模型多次迭代求解获得平均地表水位和流量，地表水位将作为地下水子模型输入项，土壤水模型给出表层土壤的含水量数据，在地下水子模型单次循环中多次迭代求解获得地下水头分布和储存量变化。建立的明渠汇流模型旨在应用于干旱内陆河平原区的水量消耗过程，依据 USGS 开发的地表水模型 BRANCH 的原理来建立。本模型将黑河干流概化为线状流动问题，在给定莺落峡出流量和河水位的情况下求解黑河其他位置所在的流量和水位，尤其是正义峡处黑河流量。土壤水模型采用一维 Richard 模型来描述。采用中国地质大学（武汉）陈崇希教授主持开发的多边形有限差分数值模拟系统 PGMS 进行地下水流数值模拟计算。该软件对降水滞后补给、含水层-井孔系统、三维达西-非达西流问题等问题有所改进。生态模型采用统计植被指数模型描述，即当月的 NDVI 与之前月份的 NDVI、气温、降水、土壤含水量和地下水水位建立统计关系，采用人工神经网络方法进行应用分析。模型代码经过 3 个案例进行了代码验证，论证了模型的可靠性。

参 考 文 献

陈崇希. 2003. "防止模拟失真, 提高仿真性"是水文地质模拟的核心. 水文地质工程地质, (2): 1-5.
陈崇希. 2004. "渗流-管流耦合模型"的物理模拟及其数值模拟. 水文地质工程地质, 31(1): 1-8.
陈崇希, 胡立堂, 王旭升. 2007. 地下水流模拟系统 PGMS(1.0 版)简介. 水文地质工程地质, (6): I-II.
陈崇希, 林敏, 成建梅. 2011. 地下水动力学(第五版). 北京: 地质出版社.
陈崇希, 林敏, 叶善士, 等. 1998. 地下水混合井流理论及其应用. 武汉: 中国地质大学出版社.
陈崇希, 裴顺平. 2001. 地下水开采-地面沉降数值模拟及防治对策研究. 武汉: 中国地质大学出版社.
程国栋, 肖洪浪, 徐中良, 等. 2009. 黑河流域水-生态-经济系统综合管理研究. 北京: 科学出版社.
胡立堂. 2008. 干旱内陆河区地表水和地下水集成模型及应用.水利学报, 39(4): 410-418.

胡立堂, 王忠静, 田伟. 2013. 干旱内陆河区地表水和地下水集成模型与应用研究. 北京: 中国水利水电出版社.

胡立堂, 王忠静, 赵建世, 等. 2007. 地表水和地下水相互作用及集成模型研究进展. 水利学报, 38(1): 54-59.

黄奕龙, 傅伯杰, 陈利顶. 2003. 生态水文过程研究进展. 生态学报, 23(3): 580-587.

雷志栋, 杨诗秀, 谢森传. 1988. 土壤水动力学. 北京: 清华大学出版社.

李新, 马明国, 王建, 等. 2008. 黑河流域遥感-地面观测同步试验: 科学目标与试验方案. 地球科学进展, 23(9): 897-914.

武强, 董东林. 2001. 试论生态水文学主要问题及研究方法. 水文地质工程地质, 28(2): 69-72.

夏军, 左其亭. 2006. 国际水文科学研究的新进展. 地球科学进展, 21(3): 256-261.

徐宗学. 2009. 水文模型. 北京: 科学出版社.

严登华, 王浩, 杨舒媛, 等. 2008. 干旱区流域生态水文耦合模拟与调控的若干思考. 地球科学进展, 23(7): 773-778.

杨大文, 雷慧闽, 丛振涛. 2010. 流域水文过程与植被相互作用研究现状评述. 水利学报, 41(10): 1142-1149.

张蔚榛. 1996. 地下水与土壤水动力学. 北京: 中国水利水电出版社.

张宗祜. 2004. 全国地下水资源评价图集. 北京: 地质出版社.

赵文智, 程国栋. 2001. 干旱区生态水文过程研究若干问题评述. 科学通报, 46(22): 1851-1857.

Celia M A, Bouloutas E T, Zarba R L, 1990. A general mass-conservative numerical solution for the unsaturated flow equation. Water Resources Research, 26(7): 1483-1496.

Dai Y J, Shangguan W, Duan Q Y, et al. 2013. Development of a China Dataset of soil hydraulic parameters using pedotransfer functions for land surface modeling . Journal of Hydrometeorology, 14: 869-887.

Diersch H-JG. 2000. FEFLOW 有限元地下水流系统. 孔祥光, 王井泉, 等译. 江苏: 中国矿业大学出版社.

Diersch H-JG. 2005. WASY Software FEFLOW (R)-Finite element subsurface flow & transport simulation system: Reference manual. WASY GmbH Institute for Water Resources Planning and Systems Research, Berlin, Germany.

Genuchten Van, Th M. 1980. A closed-form equation for predicting the hydraulic conductivity of unsaturated soils1. Soil Science Society of America Journal, 44(5): 892-898.

Goodrich D C, Chehbouni A, Goff B, et al. 2000. Preface paper to the semi-arid land-surface-atmosphere (SALSA) program special issue. Agricultural & Forest Meteorology, 105(1-3): 3-20.

Goutorbe J P, Lebel T, Dolman A J, et al. 1997. An overview of HAPEX-Sahel: A study in climate and desertification. Journal of Hydrology, 189(1-4): 4-17.

Goutorbe J P, Lebel T, Tinga A, et al. 1994. Hapex-sahel: a large-scale study of land-atmosphere interactions in the semi-arid tropics. Annales Geophysicae, 12(1): 53-64.

Gurnell A M, Hupp C R, Gregory S V. 2000. Preface-linking hydrology and ecology. Hydrological Processes, 14(16-17): 2813-2815.

Hu L T, Chen C X, Chen X H. 2011. Simulation of groundwater flow within observation boreholes for confined aquifers. Journal of Hydrology, 398: 101-108.

Hu L T, Chen C X, Jiao J J, Wang Z J. 2007. Simulated groundwater interaction with rivers and springs in the Heihe river basin. Hydrological Processes, 21(20): 2794-2806.

Hu L T, Xu Z X, Huang W D. 2016. Development of a river-groundwater interaction model and its application to a catchment in Northwestern China. Journal of Hydrology, 543: 483-500.

Huang C, Zheng X, Tait A, et al. 2013. On using smoothing spline and residual correction to fuse rain gauge observations and remote sensing data. Journal of Hydrology, 508(2): 410-417.

K. 麦赫默德, V. 叶夫耶维奇. 1987. 明渠不恒定流(第一卷). 林秉南等译. 北京: 水利电力出版社.

Li X, Li X, Li Z, et al. 2009. Watershed allied telemetry experimental research. Journal of Geophysical Research Atmospheres, 114(D22103): 2191-2196.

Los S O, Weedon G P, North P R J, et al. 2006. An observation-based estimate of the strength of rainfall-vegetation interactions in the Sahel. Geophysical Research Letters, 33(16): 627-642.

Los S O. 2013. Analysis of trends in fused AVHRR and MODIS NDVI data for 1982-2006: Indication for a CO_2 fertilization effect in global vegetation. Global Biogeochemical Cycles, 27(2): 318-330.

Rodriguez-Iturbe I. 2000. Ecohydrology: A hydrologic perspective of climate-soil-vegetation dynamics. Water Resources Research, 36(1): 3-9.

Schaffranek R W, Baltzer R A, Goldberg D E. 1981. A model for simulation of flow in singular and interconnected channels: U.S. Geological Survery Techniques of Water Resources Investigations, Book 7, C3: 110.

Swain E D, Wexler E J. 1996. A coupled surface-water and ground-water flow model (MODBRANCH) for simulation of stream-aquifer interaction. Techniques of Water-Resources Investigations of the U.S. Geological Survey, Book 6, Chap. A6.

第11章　分布式生态水文模型率定与验证

11.1　基　础　数　据

11.1.1　水　文　参　数

模型主要选取黑河干流中游地区的平原区进行一维明渠流动模拟,即在给定莺落峡出流量和河水位的情况下求解其他河流结点的流量和水位,尤其是正义峡河流量。由于没有收集到黑河干流河道宽度和断面面积信息,按 Google Earth 上读取的平均河道宽度和断面面积赋值,河断断面形状按梯形设置。黑河干流中游地区水文站有三个,即莺落峡、高崖和正义峡。收集到三个水文站 1995~2014 年的径流量信息,其中,莺落峡和正义峡水文站黑河月平均的径流量变化如图 11-1 所示。图 11-2 反映了莺落峡和正义峡黑河年均径流量变化,1995~2007 年,黑河来水年有逐年增大趋势。实际收集到莺落峡、高崖和正义峡黑河 2000~2003 年各月的水位动态,采用河水位动态与径流量和附近地下水监测孔成相关关系,获得 1995~2007 年各月三个水文站的水位动态信息,如图 11-3 所示。黑河水位动态具有明显的季节性,莺落峡站和高崖水文站黑河水位在丰水季节具有高水位,而正义峡站黑河水位在枯水季节具有高水位,两者高峰和低峰位置相反。

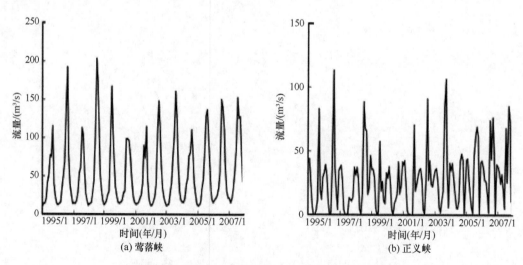

图 11-1　莺落峡和正义峡水文站月平均黑河径流量变化

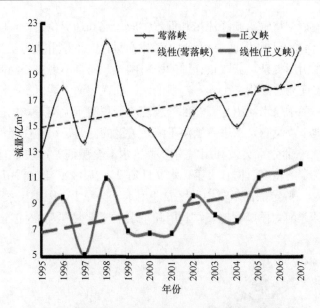

图 11-2　莺落峡和正义峡水文站年均黑河径流量变化

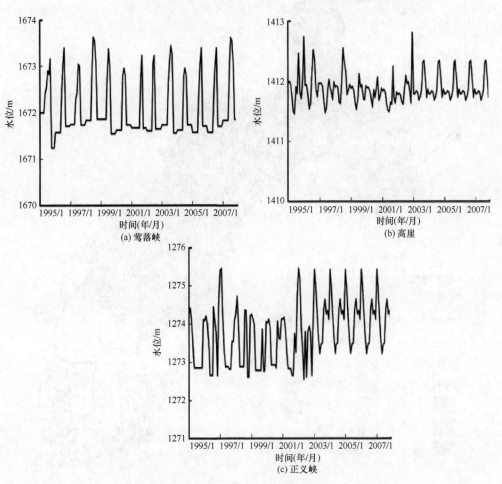

图 11-3　莺落峡、高崖和正义峡水文站黑河水位变化

　　一维明渠河流模型将莺落峡径流量和河水位取为已知边界信息,但第 10 章中式(10-1)中的 q_s(引水量)信息未知。据调查,黑河干流中游地区各灌区和渠系分布如图 11-4 所示。从图中可知,渠系引用复杂,获取较详细的资料困难,而且不现实。因此将地表引水概化为图 11-5。在草滩庄有总干渠,引走一定量的水,而在黑河大桥以下,河水仍会被人为引走一部分,而且在冬季泉水溢出量有一部分会汇流至黑河干流河道。由已有资料得知,梨园河基本渗透至地下,没有余水进入黑河干流。关键的问题是每年在黑河渠首会引走多少水? 在下游有多大一部分水会被利用? 有多少泉水汇至黑河? 这些量直接会影响到地表水模型计算黑河流量的精度。据甘肃第二水文地质队,在 1999 年渠首引走 6.61 亿 m³,而 2000 年后有所减少,假定黑河干流中游区农业用水不会减少,因年渠系入渗量有近 4.5 亿 m³,故而初步估计黑河大桥以下地表水利用和泉水汇流量大概为 3.5 亿 m³。

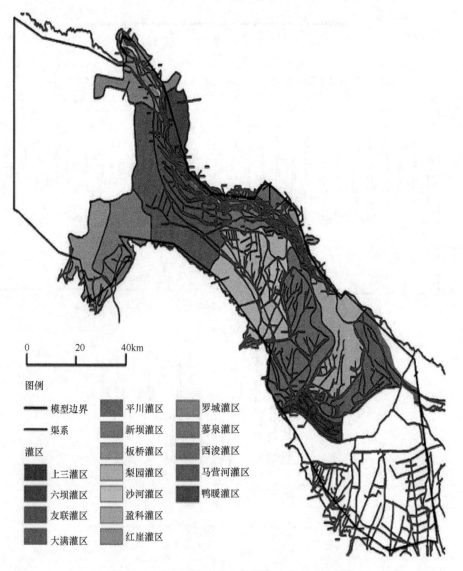

图 11-4　黑河干流中游地区灌区和渠系分布图

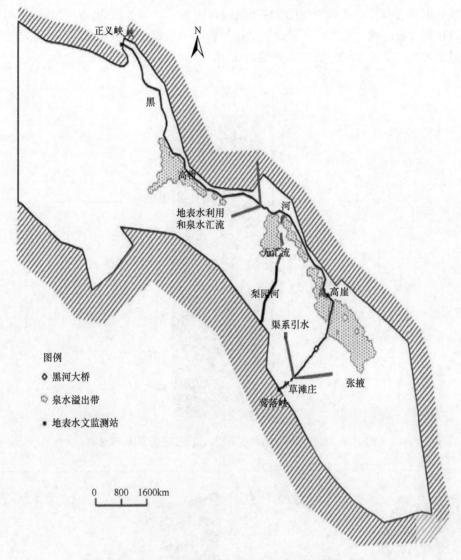

图 11-5　黑河干流中游地区黑河引水概化图

11.1.2　土壤水分参数

一维土壤水运动模型主要采用 Dai 等（2015）建立的全国土壤数据集参数。模型重点考虑土壤表层在降水入渗和潜水位控制条件下表层土壤含水量的变化。模型将表层土壤分为 7 层（图 11-6），厚度分别为 0.045m、0.091m、0.166m、0.289m、0.493m、0.829m 和 1.383m，共 3.296m。根据初始的地下水位埋深来确定模型层数，因此，模型层数是随着地下水埋深变动的。当地下水埋深大于 3.296m 时，土壤水模型可分为 8 层，此时层数最大，第 8 层为饱和层；当地下水埋深小于 0.045m 时，模型只有一层，即为饱和水层；当为其他地下水埋深时，模型可能为 2～7 层，最下面一层土壤为饱和层。第 1～7 层中 Van Genuchten 水分特征曲线中的关键参数 a、饱和渗透系数、孔径指数 n、残余含水量和饱和含水量分布分别如图 11-7~图 11-11 所示。第 8 层的 VG 公式参数与第 7 层保持相同。表层的降水入渗水量是依据各月的降水量和入渗系数确定。在研究区南部入渗系数较大，取为 0.50，而在北部取为 0.20。

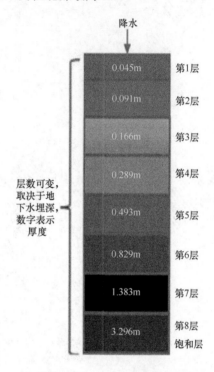

图 11-6　可变层的土壤表层分层示意图（数字表示厚度）

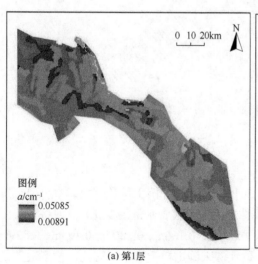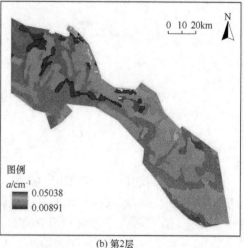

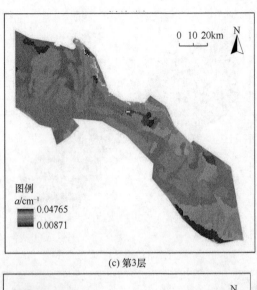

(c) 第3层

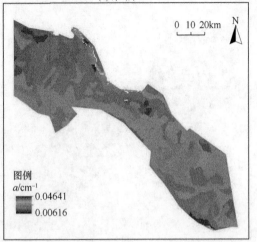

(d) 第3层

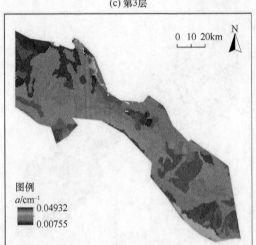

(e) 第5层

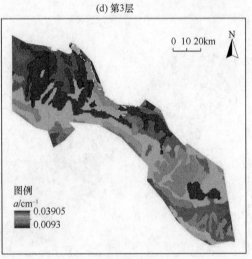

(f) 第6层

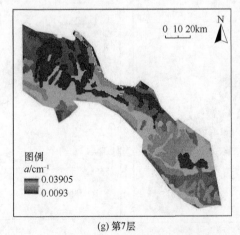

(g) 第7层

图 11-7 VG 公式中各层 a 值赋值

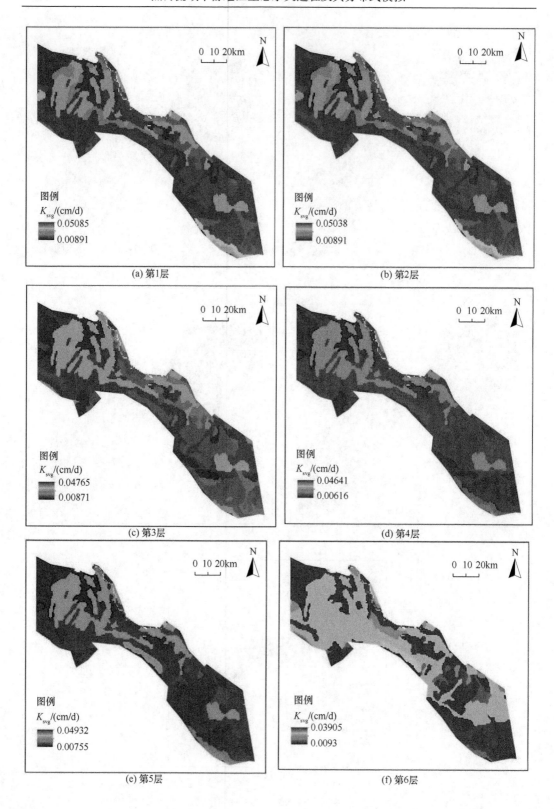

(a) 第1层　　(b) 第2层

(c) 第3层　　(d) 第4层

(e) 第5层　　(f) 第6层

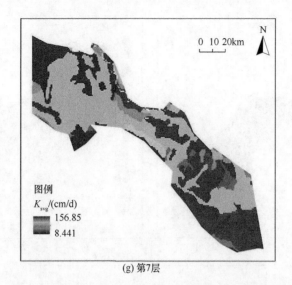

(g) 第7层

图 11-8 VG 公式中各层饱和渗透系数值（K_{svg}）赋值

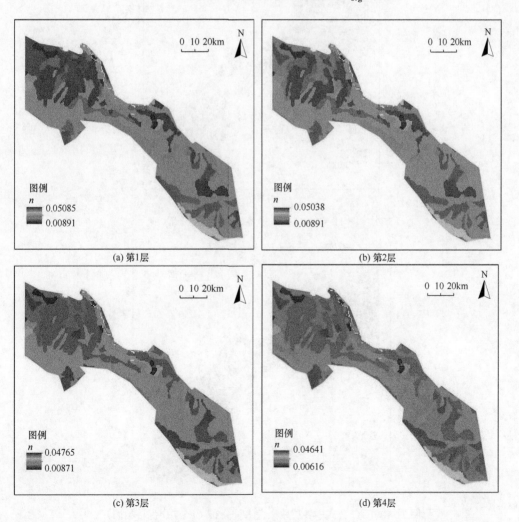

(a) 第1层　　　　　　　　　　　　　(b) 第2层

(c) 第3层　　　　　　　　　　　　　(d) 第4层

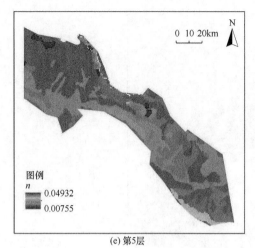

(e) 第5层   (f) 第6层

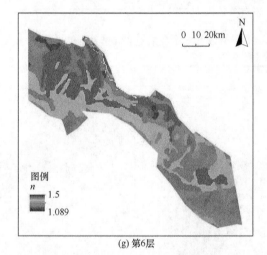

(g) 第6层

图 11-9　VG 公式中各层孔径指数 n 值

图 11-10　VG 公式中各层残余含水量分布（1～7 层保持相同）

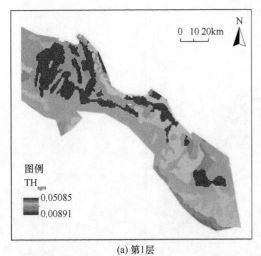

(a) 第1层

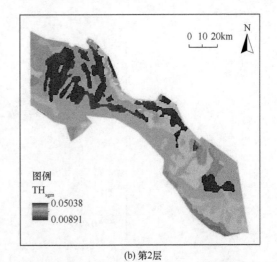

(b) 第2层

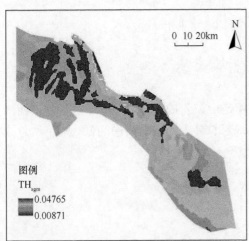

(c) 第3层

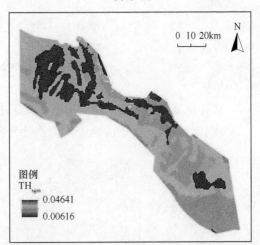

(d) 第4层

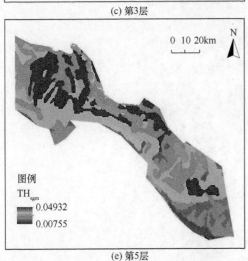

(e) 第5层

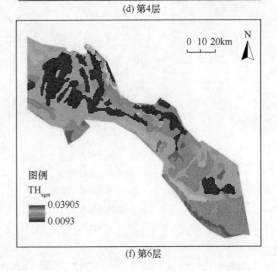

(f) 第6层

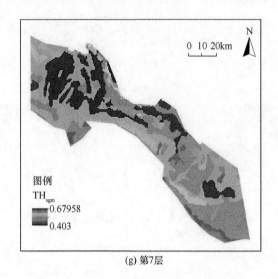

(g) 第7层

图 11-11　VG 公式中各层饱和含水量分布

11.1.3　水文地质参数

模拟区域位置如图 11-12 所示，该区南靠祁连山，北依北山，东邻山丹盆地，西侧以与相邻的酒泉西盆地的地下水分水岭为界；地形总体上为南北高中间低。地下水总的

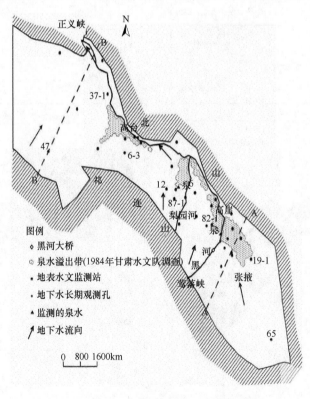

图 11-12　Eco-MIST 模拟区域示意图

流向是从南向北、从东至西，地下水在冲洪积扇群带接受地表水的入渗补给，至扇缘和与之相毗邻的细土平原，由于含水层导水系数的变小，地下水沿沟壑以泉水形式大量溢出地表，汇集成泉沟，排泄于河道；这期间地下水接受一部分田间灌溉水回归入渗。

研究区包括张掖盆地和酒泉东盆地两个串珠状盆地，广泛分布着第四系地层。据相关资料，酒泉东盆地的马营沉积带，第四系沉积厚度达千米，由南向北逐渐变薄，至盐池一带厚度不足百米。张掖盆地的甘浚、大满、安阳以东地带，第四系厚度大于 1000m，向西至临泽和北部山前，渐变为 400m 左右，南部祁连山前 500m 左右，有中间厚、南北薄的特征。在酒泉东盆地，含水层岩性为砂砾卵石、砂砾石、逐渐变为砂及亚砂土互层，北部以砂及亚砂土细颗粒地层为主。在张掖盆地，南部祁连山前含水层岩性为单一的厚层状砾卵石及砂砾石，厚度 500～800m；北山山前含水层岩性为砂、砂砾石及砂碎石等，厚度 200～300m；中部细土平原地带，含水层岩性为细砂、粉砂、砂砾石等，厚度一般小于 100m。两个典型水文地质剖面 AA' 和 BB' 如图 11-13 和图 11-14 所示。另外，北部黑河河床切割含水层，且河水位低于地下水位而成为地下水排泄的天然通道。泉群溢出、黑河河床的排泄、人工开采和潜水蒸发构成地下水的主要排泄项，泉群溢出和黑河河床的排泄量占了总排泄量的 65% 以上；河水、渠系水的入渗成为地下水主要的补给来源，占了 80% 以上。

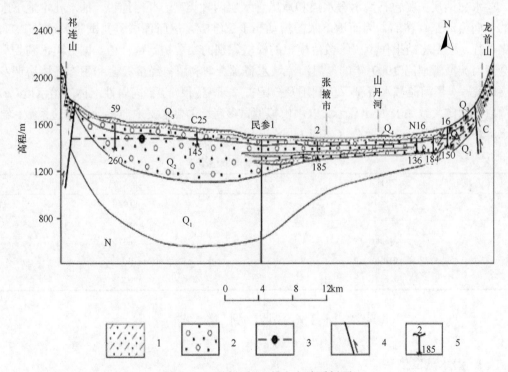

图 11-13　沿剖面 AA' 的水文地质剖面

1. 亚砂土；2. 砂砾卵石；3. 地下水水位；4. 断层；5. 钻孔编号及孔深。图件来自甘肃省第二水文地质工程地质队（以下简称甘肃二水）

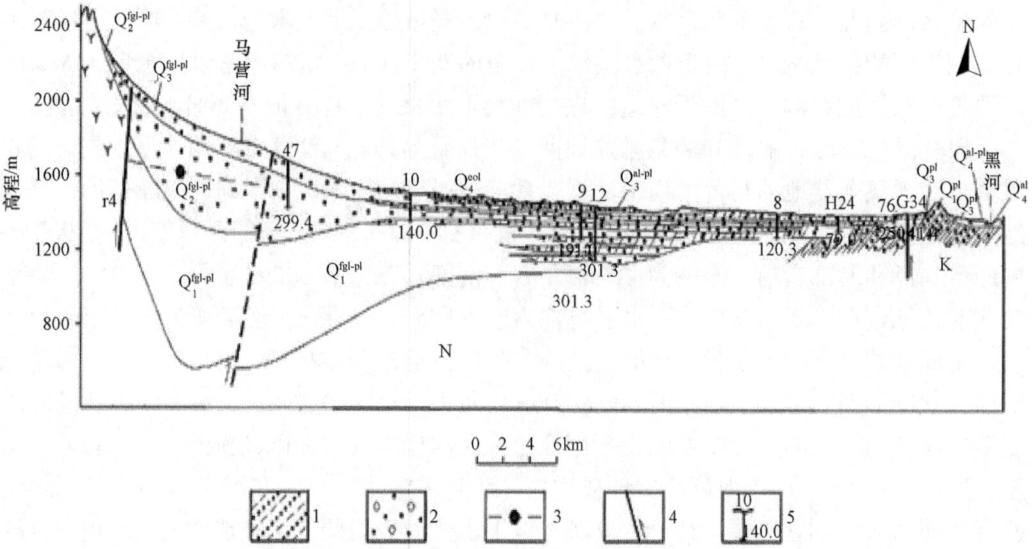

图 11-14 沿剖面 *BB'*的水文地质剖面

1. 亚砂土；2. 砂砾卵石；3. 地下水水位；4. 断层；5. 钻孔编号及孔深；图件来自甘肃二水

水文地质试验包括潜水含水层和承压含水层两种类型，严格地说，抽水孔中地下水的垂向流动是存在的，因而地下水的流动属于三维流，然而各试验孔试验大致在 1984 年进行，模型将结果作为三维数值模拟的模型识别的参数初始估计值。据黄河水利委员会黑河流域管理局 1999 年的《黑河流域水资源合理利用与经济社会和生态环境协调发展研究——黑河流域水资源评价利用及分配方案研究》报告，不同岩性土体的给水度（μ）的取值测定大致如表 11-1 所示，以供模拟调试参考。主要水文地质参数为渗透系数、给水度和储水系数，各参数分区如图 11-15 所示。

表 11-1 给水度取值表

岩性	给水度
黏性土	0.03
砂性土	0.04
粉细砂	0.07
中粗砂	0.1
砂砾石	0.2

11.1.4 监 测 数 据

1. 潜水蒸发信息

图 11-16 为从 1995 年 1 月到 2000 年 12 月三个气象站（酒泉、高台和张掖站）的月平均蒸发皿的水面蒸发量历时曲线，从曲线中可知，蒸发量大的月份在 5～8 月；蒸发量小的月份则在 12 月至次年 3 月。依据甘肃二水 1995 年《甘肃省黑河干流中游平原区

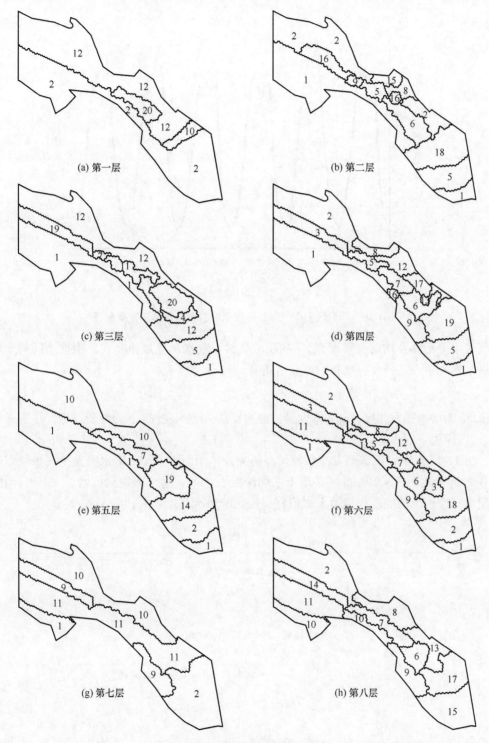

(a) 第一层　　　　　　　　(b) 第二层

(c) 第三层　　　　　　　　(d) 第四层

(e) 第五层　　　　　　　　(f) 第六层

(g) 第七层　　　　　　　　(h) 第八层

图 11-15　水文地质参数分区图

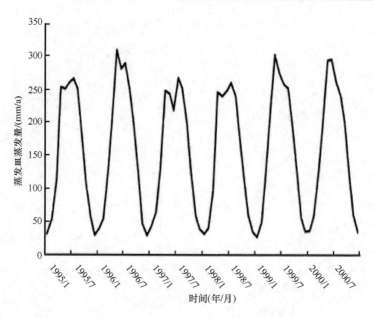

图 11-16　研究区三个气象站蒸发皿的月平均水面蒸发量曲线

包气带水分运移及均衡要素研究》[①]的研究资料，潜水蒸发规律公式，根据不同的土质及潜水埋深条件选择经验性指数型公式进行计算：

$$\varepsilon = \varepsilon_0 \cdot e^{-bD} \tag{11-1}$$

式中，ε 为潜水蒸发强度；ε_0 为水面蒸发强度；D 为潜水埋深；b 为经验系数（与土质有关），由模型识别确定。

图 11-17 表示了潜水蒸发与水位埋深的关系，由图中可知，潜水蒸发量在水位埋深在 0～1m 变化相当大，在此区间地下水埋深减小 0.5m，潜水蒸发量可增 2～3 倍，因此模型识别过程中地面高程与地下水位将直接影响潜水蒸发量的计算。

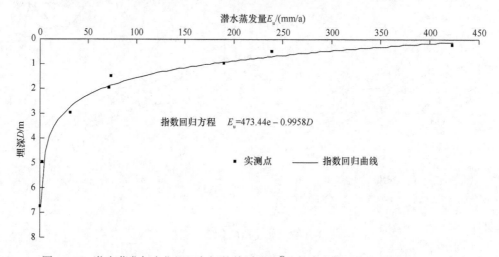

图 11-17　潜水蒸发与水位埋深之间的关系曲线[①]（甘肃省第二水文地质队，1996）

---

① 甘肃省第二水文地质队. 1996. 甘肃省黑河干流中游平原区包气带水分运移及均衡要素研究(1986.1-1995.12)油印稿.

2. 河渠与地下水的水力交换

地表水入渗包括河流、渠系及田间灌溉回归水。对于河流，区内主要考虑黑河和梨园河两条河流（对于其他的小流量的河流，以侧边潜流量给出，加在边界条件中），黑河与地下水转化关系非常密切，模拟中利用河水位计算出黑河与地下水的交换水量，再同实际测得各断面的流量拟合。

对于渠系及田间灌溉回归水的入渗，只能搜集到甘肃二水计算的各灌区多年平均的渠系入渗量和田间灌溉回归入渗量，缺少有关渠系引水量、有效利用系数、灌溉回归系数、田间灌溉面积等方面的资料，故确定渠系及田间灌溉回归水量时对各个灌区年内的量以单位面积平均分配，模拟时段内各年量取值相同，即等于收集到的多年平均的量，根据甘肃二水相关资料，将本区划分为 30 个灌区，按照各行政灌区的划分图（图 11-18），各灌区的编号及名称如表 11-2 所示。

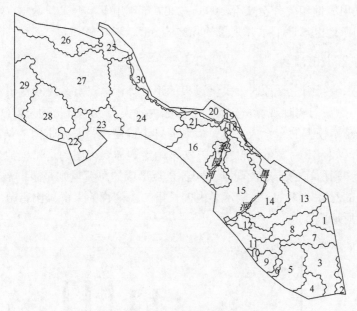

图 11-18　研究区灌区的划分

表 11-2　灌区编号及名称

分区号	灌区名	分区号	灌区名	分区号	灌区名	分区号	灌区名
1	祁家店	9	安阳	17	沙河	25	罗城
2	童子坝	10	花寨	18	鸭暖	26	盐池
3	洪水河	11	安阳滩	19	板桥	27	明花
4	海潮坝	12	上三	20	平川	28	马营
5	大都麻	13	大满	21	蓼泉	29	丰乐
6	酥油河	14	盈科	22	红崖	30	六坝
7	六坝北滩	15	西浚	23	新坝		
8	石岗墩	16	梨园河	24	友联		

3. 地下水开采量

区内开采量较小的井群很多，因此除开采量较大的自来水公司、电厂、造纸厂和化肥厂设置为单井外，其他均按面井计算，因区内已有 30 个灌区，即按照 30 个灌区分别给出每个区的开采量，在盈科灌区和大满灌区面井开采量在 1999 年 7 月以后有一定的增加，因此这两个灌区 1999 年 7 月以后各月的量较总的月平均值有一定的增加，总量保持不变，而其他各灌区直接以面井的形式分配各月的开采量。前期已收集到干流中游地区 1995 年、1996 年、1997 年、1998 年、1999 年、2000 年和 2003 年年地下水开采量，其中 1995~2000 年 30 个灌区地下水开采量有统计资料，而 2001 年、2002 年、2004~2007 年地下水开采量未知。甘肃省水文水资源局收集了 1996~2011 年甘州区、临泽县和高台县有效灌溉面积变化，灌区有井灌、泉水灌溉和河水灌溉及混合灌溉，而高台县有效灌溉面积（图 11-19）和中游地下水开采量相关度（图 11-20）较高，相关系数达0.916，因此采用线性相关分析获得 1995~2007 年年地下水开采量数据，如图 11-21 所示。2007 年中游地区年地下水开采量约 4.35 亿 m^3。

4. 泉及泉群溢出带

区内地下水流经细土平原时，大量以泉的形式排泄，对有系统观测资料的泉 3 和泉6 模拟泉流量，然后与实际观测量作拟合，而区内绝大多数小流量的泉群缺少观测资料，溢出量的计算是本模型的一个大难点，最后通过泉群溢出带确定带内的结点，再对这些结点按典型泉（如泉 3、泉 6）的模拟方法来确定。需要说明的是，模拟泉群溢出带内的结点不包括黑河所在的结点及观测孔，各泉点形成的总流量则是泉群溢出带的水量，也是模型拟合的对象，图 11-22 显示了根据甘肃二水调查的泉群溢出带范围概化的泉群范围（按格点所形成）。

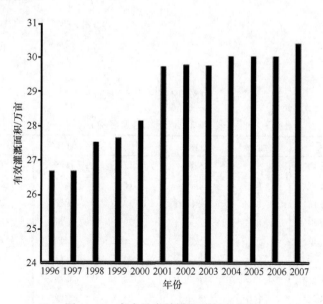

图 11-19　高台县有效灌溉面积变化图

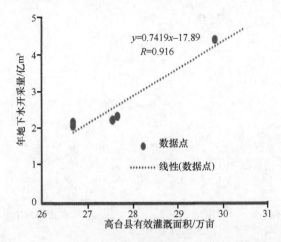

图 11-20　高台县有效灌溉面积和中游年地下水开采量相关关系图

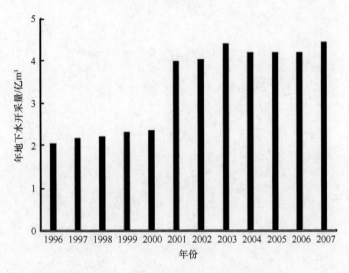

图 11-21　高台县年地下水开采量变化图

　　国土资源部门在本区具有长期的地下水动态观测数据，在研究区共收集有 34 个观测孔动态资料，其分布如图 11-23 示。根据已收集到各地下水观测孔的柱状图也得到对应的监测滤管层位，如表 11-3 所示。

11.1.5　遥　感　数　据

1. 气象数据

　　本章在建立统计植被指数模型的过程中，将以气温、降水、土壤水含量和地下水水位等作为模型的输入部分。由于研究区内气候条件的空间差异性较大，传统的气象站数据不能完全代表流域内不同生态系统的气候特征。尤其是在景观破碎度较高的中游地区，荒漠、农田、岸边带和过渡带等生态系统交错分布，多种不同的生态系统可能共享一个气象站数据，不能满足建模的精度要求。因此，本章将采用北京师范大学陆地-大

图 11-22 概化的泉群（泉点集合）分布图

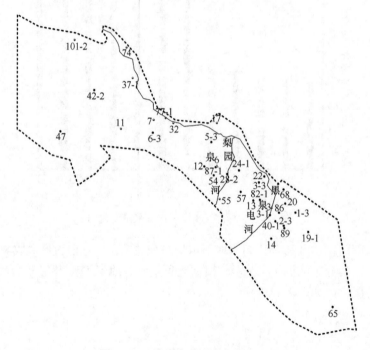

图 11-23 地下水观测孔和泉分布图

气耦合过程研究团队自主研发的同化气象数据产品（该数据可以通过 http://globalchange.bnu.edu.cn/research/forcing 进行下载）。该产品涵盖了全国 1958～2010 年共 53 年的气象数据，包括近地面 2m 温度、地表气压、近地面 2m 相对湿度、近地面 10m 风速、降水率、下行长波辐射和下行短波辐射等 7 个变量。通过建立陆面模式大气驱动场及其扰动场，运用薄板平滑样条模型和误差协方差矩阵等方法，基于现有的台站观测资料，生成空间尺度为 5km、时间尺度为 3h 的栅格数据。该数据补充了传统站点数据的空值，充分考虑了气象要素的梯度变化和平滑特征，并且大幅度提高了观测稀疏地区气象数据的预测精度。根据研究需要，运用 ArcGIS 对原始气象数据进行重采样，对时间和空间分辨率进行转化：通过求平均值获得每个栅格空间点上的月平均气温，通过加和获得月降水量。

表 11-3　观测孔监测层位

单层观测孔名称	滤管深度/m	层位	单层观测孔名称	滤管深度/m	层位	混合观测孔名称	滤管深度/m	混合层位
42-1	7.85～30.80	2	3-3	8.17～10.00	4	74	0.78～36.71	2～4
12	19.39～60.18	4	82-1	12.48	4	37-1	10.47～48.59	2～4
54	53.55～120.50	4	电3-1	19.77	4	11	31.79～75.85	4～6
24-1	24.80～51.44	2	40-1	19.83～25.00	4	32	1.00～50.50	2～4
22	23.00～52.89	4	1-3	0.53～5.48	4	101-2	35.60～118.57	4～8
57	21.07～85.20	4	14	32.76～100.06	4	7	0.68～108.80	2～8
13	96.80	4	19-1	21.00～45.60	4	77-1	0.78～22.32	2-4
68	100.51	4	89	43.65	4	17	2.33～60.65	2～4
20	12.46～50.62	4	2-3	0.43～11.56	2	55	145.81～231.05	4～6
86	17.91	4	47	247.84～292.72	8			
5-3	1.72～15	2	6-3	1.72～5.10	4			
87-1	17.91	4	65	218.03～300.10	8			
28-2	3.60～12.49	2						

2. NDVI 数据

本章采用目前较为通用的两种遥感数据产品作为表征植被生长状态的植被指数，即 NOAA/AVHRR NDVI 和 MODIS NDVI。这两种数据产品各具特色，可适用于不同的生态系统内。

1）NOAA/AVHRR NDVI 数据

本章采用的 GIMMS（global inventory monitoring and modeling studies）NDVI 数据是美国国家航天航空局（NASA）全球自然资源监测与模拟研究组提供的基于 NOAA 气象卫星的遥感数据集（通过 http://westdc.westgis.ac.cn 进行下载），时间分辨率为 15 天，空间分辨率为 8km×8km，时间跨度为 1982～2006 年。该数据集在制作加工过程中已经通过大气校正、辐射校正、几何校正和云检验等处理，数据质量较高。该数据每月有两个时相的值，需要通过最大值合成法（maximum value composites，MVC）将上、下半月每 15 天的 NDVI 取最大值，以消云、大气气溶胶和太阳高度角对数据的影响。具体方法如下：

$$\text{NDVI}_i = \max(\text{NDVI}_{i1}, \text{NDVI}_{i2}) \tag{11-2}$$

式中，NDVI_i 为第 i 月的 NDVI 值；NDVI_{i1} 和 NDVI_{i2} 分别为第 i 月上、下旬的值。为了

保证栅格数据的完整性,在利用 ArcGIS 提取研究区 NDVI 数据时,采用涵盖整个研究区在内的矩形掩膜提取方法,这样也有利于后期对数据的处理和分析。尽管通过上述多种方法对 NDVI 数据进行了提高精度的处理,但仍有些地区存在空值的情况,所以采用最邻近平均值法对数据中的空值点位进行插值补充。通过上述处理方法,最终获取到涵盖黑河流域的矩形经纬度区间(97.3°~102.2°E,32.7°~42.7°N)内 1982~2006 年的 NDVI 栅格月数据,并输出 ArcGIS 和文本软件都能识读的*.asc 格式文件。

GIMMS NDVI 数据具有较好的质量,并且时间序列较长,可免费获取,是最常用的 NDVI 数据集。本章将运用 NOAA/AVHRR NDVI 数据分析黑河流域的植被多年变化情况,同时作为荒漠和农田两大生态系统表征植被生长状态的植被指数数据类型。但由于 AVHRR 传感器的设计初衷并非应用于监测植被特征,因此 NDVI 数据生成过程中存在一些难以规避的问题(如较宽的光谱波段产生水汽吸收),导致 NDVI 数据在较小面积的区域应用精度不够。MODIS 传感器特别加装了针对植被监测的波段设置,数据质量明显高于 AVHRR,因此在研究较小空间尺度的植被变化时具有很好的应用效果。

2)MODIS NDVI 数据

MODIS 也是由美国国家航空航天局研制的搭载在 Terra 和 Aqua 卫星上的重要传感器。本章中采用的 MODIS 数据来源于美国 LPDAAC(Land Process Distributed Active Archive Center)的 MOD13 系列数据产品(可在 https://lpdaac.usgs.gov/进行下载),时间分辨率为 16 天和 1 个月,空间分辨率分别为 250m、500m 和 1km,时间跨度为 2001~2010 年。该数据已经通过辐射定标、大气校正、角度校正、网格化投影和云检验等处理,增强了对植被的敏感度。

MODIS NDVI 原始数据是 HDF(hierarchical data file)格式,这是一种能高效存储、传输和共享科学数据的新型数据格式。本章运用基于 JAVA 的 MRT(modis reprojection tool)工具对原始数据进行处理。MRT 可将 MODIS 影像重新加载到适用性更高的地图投影中,而且可以针对影像中的空间子集(spatial subsetting)和波段子集(spectral subsetting)进行投影转换。处理后的 NDVI 数据输出格式为 raw binary、Geo-TIFF(这两种数据格式为大多数软件所支持)和 HDF-EOS,而且可以在多种系统平台上进行运行,如 Sun Solaris workstations、SGI IRIX workstations、Linux 和 Microsoft Windows。MRT 可以通过命令提示符或在 MRT 图形用户操作界面(graphical user interface,GUI)上进行运行,核心功能便是对影像的重采样和镶嵌。

根据研究区内岸边带和过渡带两类生态系统的规模,本章选取 2001~2010 年的 MOD13A2 和 MOD13Q1 数据,其空间分辨率分别为 1km 和 250m,时间分辨率均为 16天。通过最大值合成法将每年 23 期的 NDVI 数据进行最大值合成提取,最终获得 NDVI 月数据。MODIS NDVI 数据时间跨度相对较短,但空间分辨率很高,能够相当精确地反映植被的生长状态,针对破碎度较高的黑河流域中游地区具有很好的适用性。

11.2　基于 NDVI 的植被时空演变规律分析

基于黑河流域 1982～2006 年的 NOAA/AVHRR NDVI 月数据，对研究区多年月平均 NDVI 进行分析得出植被物候特征的变化规律，并通过 Mann-Kendall 算法对研究区生长季、春季、夏季、秋季的 NDVI 分别进行长时间序列趋势分析，得出流域内植被生长状态的演变规律。

11.2.1　Mann-Kendall 算法

Mann-Kendall 法是一种非参数检验方法，变量可以不具有正态分布特征，因此适用于生态水文变量的趋势检验。假定 $X=\{x_1, x_2, \cdots, x_n\}$ 为时间序列变量，n 为时间序列的长度，Mann-Kendall 法定义统计量 S：

$$S = \sum_{j=1}^{n-1}\sum_{k=j+1}^{n} \mathrm{sgn}(x_k - x_j) \tag{11-3}$$

其中：

$$\mathrm{sgn}(x_k - x_j) = \begin{cases} 1, & x_k - x_j > 0 \\ 0, & x_k - x_j = 0 \\ -1, & x_k - x_j < 0 \end{cases} \tag{11-4}$$

式中，x_k、x_j 分别为 k、j 年的相应测量值，且 $k>j$。

假定 X 为相互独立分布的数据，S 的平均值和方差可表示为

$$E(S) = 0, \ \mathrm{VAR}(S) = n(n-1)(2n+5)/18 \tag{11-5}$$

考虑到数据中存在的相持秩（相等的观测量），S 的方差可修正为

$$\mathrm{VAR}(S) = (n(n-1)(2n+5) - \sum_{i=1}^{m} t_i(t_i - 1)(2t_i + 5))/18 \tag{11-6}$$

式中，m 为相持秩的数量；t_i 为第 i 组相持秩中包含的数据量。当样本大小超过 10 时，S 趋向于正态分布。标准正态分布的统计量 Z 可表示为

$$Z = \begin{cases} \dfrac{S-1}{\sqrt{\mathrm{VAR}(S)}}, & S > 0 \\ 0, & S = 0 \\ \dfrac{S+1}{\sqrt{\mathrm{VAR}(S)}}, & S < 0 \end{cases} \tag{11-7}$$

在给定的 α 置信水平上，如果 $|Z| \geqslant Z_{1-\alpha/2}$，则拒绝原假设，即在 α 置信水平上，时间序列数据存在明显的上升或下降趋势。在本章中，设定置信水平为 5%，相应地，当 $|Z| \geqslant 1.96$ 时，X 数据无趋势的假设被拒绝。

当计算出存在明显趋势的像元时，即该像元的 NDVI 数据对应的 $|Z| \geqslant 1.96$ 时，其变化趋势的大小用斜率估计量 θ 表示：

$$\theta = \text{Median}\left(\frac{x_k - x_j}{k - j}\right),\ j < k \tag{11-8}$$

式中，θ 为趋势量级的估计值，若 $\theta > 0$ 时，表示呈上升趋势；若 $\theta < 0$ 时，表示呈下降趋势。

11.2.2 植被物候特征变化规律分析

植被物候特征是指植物受非生物条件（如气候、水文、土壤等）和生物因子（如自身生物特性和外部生物因素）相互作用产生的周期性自然现象，包括植物的萌发、抽芽、展叶、开花、结实、落叶等现象。植物物候变化与生物圈的水、热、碳、氮循环的时空动态联系紧密，并且强烈影响着生态系统演化过程和陆气界面之间的物质能量流动与交换。黑河流域生态系统复杂多样，地表植被覆盖状况具有较大的空间差异性。通过分析流域内多年月平均 NDVI 的变化趋势，可以从宏观上监测大尺度陆面植被的物候特征。

利用 ArcGIS 将 1982～2006 年的 NDVI 数据逐月逐个栅格求平均值得出月平均 NDVI。黑河流域荒漠较多，荒漠内的植被覆盖极其稀少，在遥感数据上的表现即 NDVI 过小，因此在进行数据处理上将 NDVI 小于 0.1 的区域设定为荒漠或戈壁这一类植被极少的生态系统区域。黑河流域多年月平均 NDVI 变化如图 11-24、图 11-25 所示。由两图可知，黑河流域植被覆盖状况的年内差异很大，季节性变化显著，上游、中游、下游的差异也较为明显。其中 11 月至次年 3 月，全流域内的 NDVI 普遍较小，尤其中下游的大部分地区 NDVI 均小于 0.1，即遥感数据的"荒漠期"。这一时段内气温较低，降水稀少，除却上游的少量常绿乔木外，其他植被均枯萎凋败，即处于植物蛰伏期。

进入 4～5 月，随着气温的回暖和降水的增加，植物开始萌发生长，反映在 NDVI 上即大于等于 0.1 的区域面积在逐渐增加，尤其在中游沿河两侧农田灌溉区，开始摆脱"荒漠期"并显示出植被属性。但干旱地区植被的蛰伏期过长，加之非季风区内的气温和降水增长较缓慢，使得植被萌发和生长周期较长，因此 NDVI 值的增长并不显著，尤其 4 月的 NDVI 值较小。

6～8 月是流域内植被生长的"黄金期"。从 6 月开始，研究区内气温进一步升高，降水大幅度增加，植被生长迅速，月平均 NDVI 达到较高水平，而中游地区以人工植被景观即农田为主，受人类活动的影响，NDVI 与农作物生长规律较为一致，在 7 月达到最大值，为 0.29，上游地区主要是高山林地和草原等自然植被，受地形和气候条件影响较为显著，加上自然植被对气候变化的反映存在一定延迟，因此 NDVI 在 8 月达到最大值，为 0.34。下游地区植被覆盖状况较差，NDVI 相较其他月份稍有增加，但总体水平偏低，仅为 0.15。

9～10 月是黑河流域植被由盛转衰的时期。进入 9 月，随着气温的降低，全流域和上游、中游、下游的 NDVI 开始下降，但仍然保持相对较高的水平，而 10 月 NDVI 降幅明显，表明植物全面进入落叶凋谢的生理过程，而中游地区一年一季的农作物种植已经结束，地表植被覆盖较少，NDVI 相对较小。

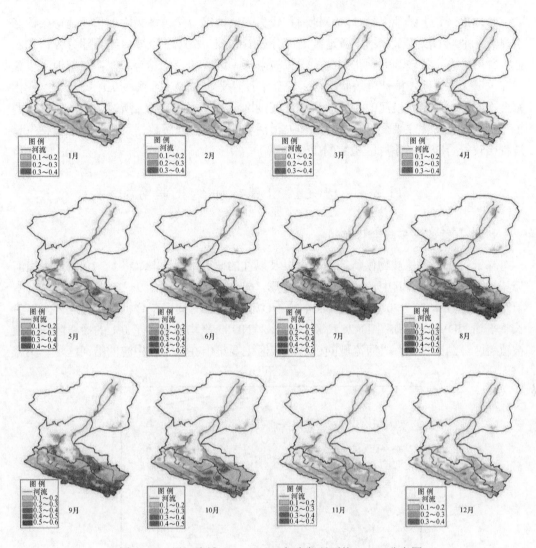

图 11-24　黑河流域 1982～2006 年多年月平均 NDVI 分布图

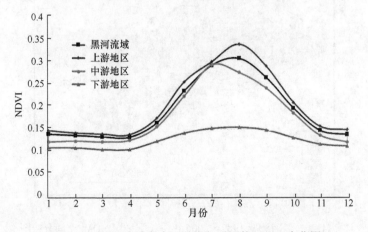

图 11-25　黑河流域上中下游多年月平均 NDVI 变化图

整体来看，上游地区林地和草地面积较大，植被以自然植被为主，且受地形条件影响显著，平均NDVI最高；中游地区沿河分布着绿洲，集中了流域内绝大部分人口和农业，农田生态系统较为发达，因此NDVI与东部季风区的变化趋势相似；下游地区以荒漠和戈壁为主，地表植被覆盖状况极差，全年各月平均NDVI维系在0.1~0.15，且变化幅度不明显，主要受沿河的少数绿洲和尾闾湖区植被的控制。综上所述，黑河流域内的植被物候特征变化主要受气候、地形和人类活动的影响，遥感数据反映的全年植物生长过程比较符合暖温带季风区植物的生长特点。

11.2.3 研究区植被多年变化趋势

1. 生长季植被多年变化趋势

基于对研究区植被物候特征的分析以及以往的研究成果，本章将4~10月作为黑河流域植被的生长季，其中，4~5月作为春季，6~8月作为夏季，9~10月作为秋季。本节对黑河流域1982~2006年的生长季的NDVI进行长时间序列分析，研究区内多年生长季平均NDVI分布如图11-26所示。生长季NDVI平均值不小于0.1的栅格区域为植被覆盖区。由图可知，黑河流域的植被覆盖区主要集中在上游和中游的沿河区域。结合

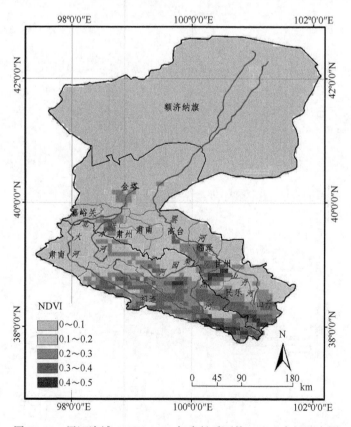

图11-26 黑河流域1982~2006年生长季平均NDVI空间分布图

黑河流域的多年土地利用数据可得，上游地区主要植被类型为林地和高中密度覆盖草地，沿河谷底分布着高山垂直生态系统，反映在遥感数据上为 NDVI 值较大；中游地区沿河两岸主要为绿洲农田和岸边带林地，河西走廊腹地的平原地带为主要农耕区，NDVI 值较大；中游北部及下游地区植被覆盖稀疏，除了沿河局部绿洲和尾闾湖地区，其他地区 NDVI 均小于 0.1。

图 11-27 表示黑河流域上游、中游、下游 25 年来生长季 NDVI 的变化趋势。黑河流域内的子流域平均 NDVI 值的大小为：上游>中游>下游。其中，中游、上游地区的 NDVI 有微弱的增长趋势，而上游地区的波动幅度较大，下游呈现极微弱的减少趋势，且多年浮动较小。这表明黑河流域中上游的整体植被状况可能有轻微幅度的变好。

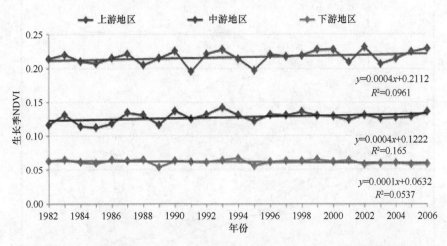

图 11-27　黑河流域上、中、下游 1982～2006 年生长季 NDVI 变化趋势图

通过运用 Mann-Kendall 算法对黑河流域每个栅格的生长季 NDVI 进行趋势分析，结果如图 11-28 所示。在整个流域内，生长季 NDVI 在 0.05 的置信水平上呈现增长趋势和降低趋势的区域分别占到 10.1%和 1.6%，其中最大增幅和最大降幅分别为 0.066/10a 和 0.026/10a。黑河干流和北大河位于祁连县境内的河流发源地区域的生长季 NDVI 呈现中低幅度的增长趋势，而在流域中游东部和西部绿洲片区内则呈现较高幅度的增长趋势。生长季 NDVI 呈现降低趋势的区域主要集中在祁连山区和河西走廊的过渡地段，包括西部河系肃南县的西北部、梨园河和靠近莺落峡的地区。

2. 不同季节植被多年变化趋势

为了研究不同季节对生长季植被变化的贡献，本节分别对黑河流域 1982～2006 年春季、夏季和秋季的 NDVI 平均值进行趋势分析计算，结果如图 11-29～图 11-31。

在春季，祁连县境内的河源及沿河地区的 NDVI 呈现增长趋势，而在中游的绿洲地区，高台县南部和靠近河道的狭小片区呈现增长趋势；NDVI 呈现下降趋势的区域主要位于民乐县和山丹县的南部、肃南县的北部、金塔县的绿洲地区和尾闾湖的植被覆盖区。

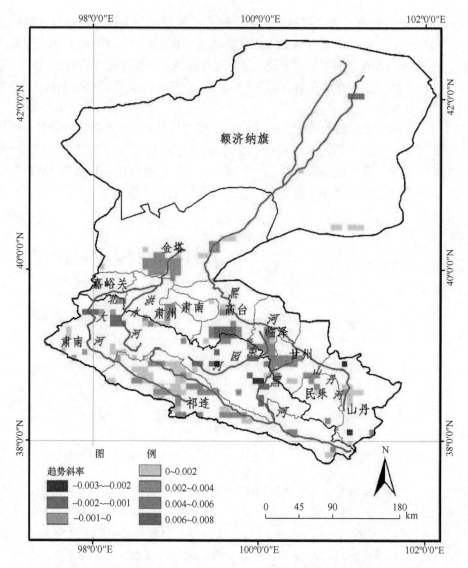

图 11-28　黑河流域生长季 NDVI 基于 0.05 置信水平的变化趋势斜率分布图

在夏季，NDVI 呈现增长趋势的区域与生长季分布基本相近，但增长幅度普遍高于生长季，而在梨园河和靠近莺落峡的黑河上游地区，NDVI 呈现降低趋势的区域在空间分布上略大于生长季，而降低幅度显著高于生长季。

在秋季，整个流域内 NDVI 呈现增长趋势的区域远远多于下降的区域，中游沿河两侧绿洲地区的 NDVI 普遍呈现增长趋势，而呈现下降趋势的区域主要位于梨园河的发源地和肃南县的西北地区，分布范围较小，但降幅明显。

3. 植被演化的原因分析

黑河流域生长季 NDVI 呈现增长趋势的地区主要位于上游的祁连山区和河西走廊地区，而祁连山区和河西走廊之间的过渡地带则呈现下降趋势。该过渡地带以自然植被为

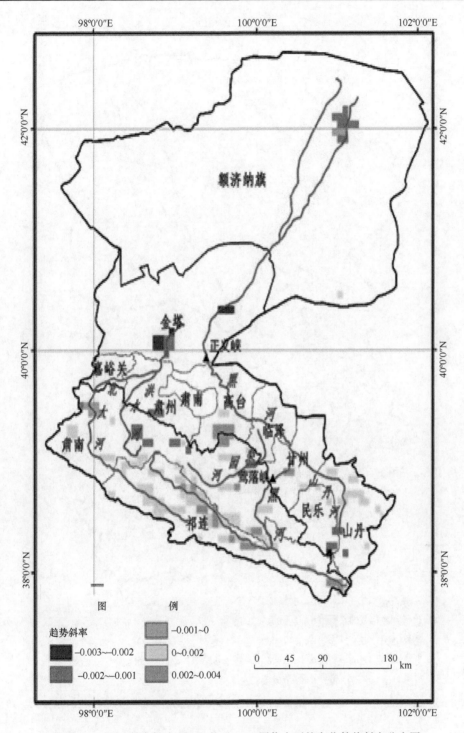

图 11-29　黑河流域春季 NDVI 基于 0.05 置信水平的变化趋势斜率分布图

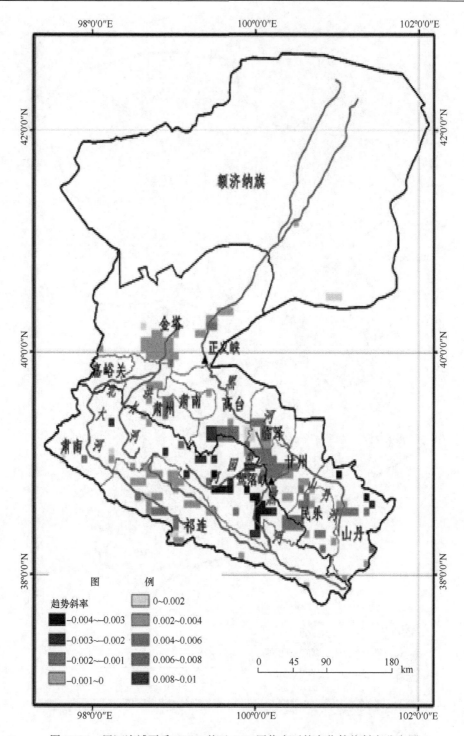

图 11-30 黑河流域夏季 NDVI 基于 0.05 置信水平的变化趋势斜率分布图

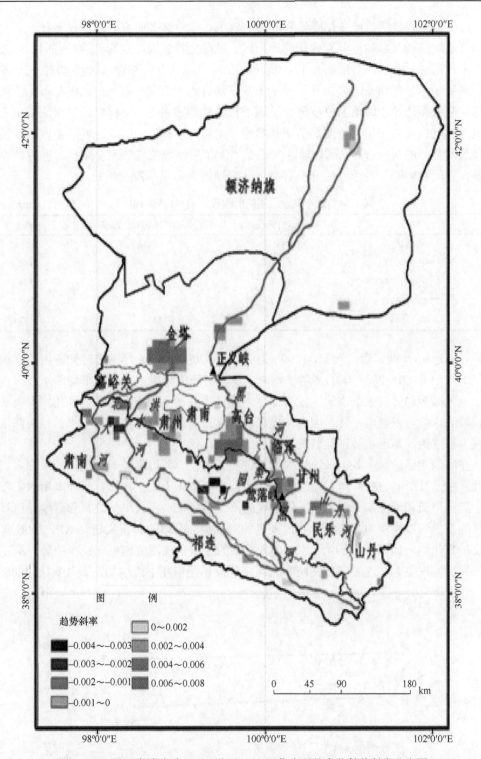

图 11-31　黑河流域秋季 NDVI 基于 0.05 置信水平的变化趋势斜率分布图

主,而干旱区的自然植被变化受降水的影响较大。本章选择研究区内的札马什克、瓦房城和莺落峡三个气象站点分别代表祁连山区、过渡地带和河西走廊,并对它们多年观测的降水数据进行分析,结果如表 11-4 所示。由表 11-4 可知,祁连山区在 1980~2006 年的降水量基本呈现增长趋势,并且每十年的年均降水量都高于 1960~2006 年的平均降水量。这可能是导致该地区植被覆盖呈现增长趋势的因素之一。同时,黑河流域中上游地区的温度在近几十年呈现明显的增长趋势,尤其是在祁连山区。这可能是该地区植被覆盖状况变好的又一原因,而该地区生长季 NDVI 呈现增长趋势主要来自于春夏两季的增长,有研究表明,春季温度升高有利于北半球植物提早萌发和增长。

表 11-4　三个气象站不同时间段内的平均降水量　　　　　（单位: mm）

项目	祁连山区	祁连山-河西走廊过渡地带	河西走廊
气象站	札马什克	瓦房城	莺落峡
1960~2006 年	453.3	443.2	182.7
1980~1989 年	465.1	470.3	174.1
1990~1999 年	464.7	412.9	202.5
2000~2006 年	472.1	435.2	177.6

在祁连山-河西走廊过渡带,1990~1999 年和 2000~2006 年两个时间段内的平均降水量均低于 1960~2006 年的多年平均降水量。有研究分析出该地区平均降水量在年尺度上呈现减少趋势。由于该地区较为偏远,且自然条件不利于人类开发利用,人类活动对植被的影响可以忽略不计。因而,降水就成为该地区植物的主要水分来源,而降水量的减少也成为该地区植被覆盖状况变差的主要原因。

在河西走廊地区,多年平均年水量没有显著变化。黑河流域中游地区的绿洲多集中于此,绿洲农田中的农作物和周边的自然植被主要依赖于人工灌溉,而灌溉用水主要来源于黑河干流和地下水开采。基于该地区的产流量较低,那么正义峡和莺落峡径流量观测值的差值可以被视为是该地区农田灌溉的取水量。莺落峡和正义峡 1981~2006 年的径流量变化趋势如图 11-32 所示。两个水文站的径流量观测值均呈现减少趋势,而正义峡的减少幅度更大。这表明正义峡和莺落峡径流量差值在不断增加,即 1981~2006 年

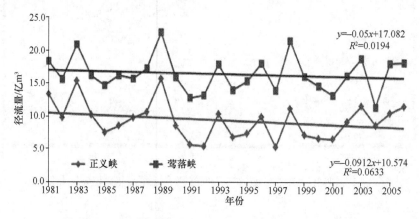

图 11-32　正义峡和莺落峡 1981~2006 年径流量变化趋势

河西走廊灌溉取水量在不断增长。同时,在该地区,夏季和秋季的 NDVI 呈现增长趋势,这与灌区农作物的生长时间相吻合,表明这两个季节是生长季 NDVI 增长的主要来源。以上结果表明,灌溉取水量的增加在促进灌溉农业发展的同时,也使得该地区 NDVI 呈现增长趋势。

11.3 水文过程的参数反演和验证

模型时间步长 $\Delta t = 1$ 个月,取等时间步长。对于单元剖分,按照模拟区平面范围及需设置结点的井孔点,共剖分为 1973 个结点,3755 个单元,垂向上共分 8 个模拟层,总结点数为 15784,总单元数为 30040,模拟区域总面积约为 8717km^2。地面高程依据已有的 1:25 万比例尺的 MapGIS 等高线图提取均匀而且合理分布的 284 个点。由于仅收集到 1995~2007 年地下水监测资料,因此模型参数率定期为 1996 年 1 月至 2007 年 12 月,模型验证期取为 2008 年 1 月至 2014 年 12 月。

11.3.1 地表水模型中参数反演和验证

将模型识别所需要的数据输入到地表水和地下水集成模型中,则可通过模型计算正义峡水文站黑河的水位和流量的变化,监测和模拟的高崖站、正义峡站流量对比结果如图 11-33 所示,模型趋势基本一致。高崖和正义峡水文站模拟和监测流量的纳西系数比分别为 0.72 和 0.92,说明模拟能较好地模拟河流量的变化。图 11-34 可显示正义峡站黑河的水位和流量基本在监测值范围内,趋势一致,但没有监测值变化幅度大。

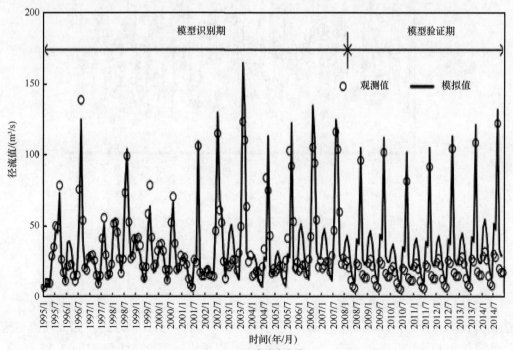

(a) 高崖水文站

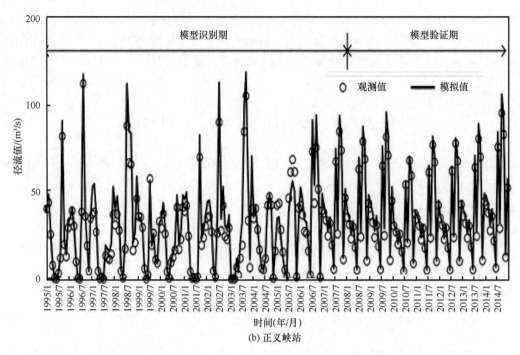

(b) 正义峡站

图 11-33 模拟和实测高崖、正义峡水文站流量变化对比曲线

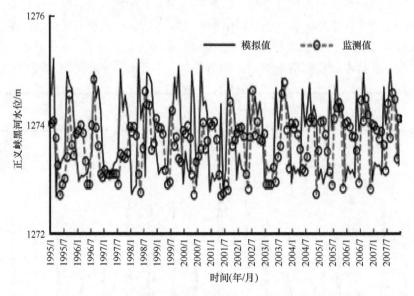

图 11-34 模拟和实测正义峡水文站河水位变化对比曲线

11.3.2 地下水和黑河水力关系的动态转化

黑河与地下水的水力关系复杂，主要取决于地下水位和黑河水位的动态变化。一般而言，河水和地下水的动态关系存在三种类型（图 11-35）：渗水式渗漏（河流与地下水直接不相连，存在包气带，图 11-35（a））、地下水向河流排泄型（图 11-35（b））、

河水向地下水注水式渗漏（河流与地下水直接相连，不存在包气带，图 11-35（c））三种类型。

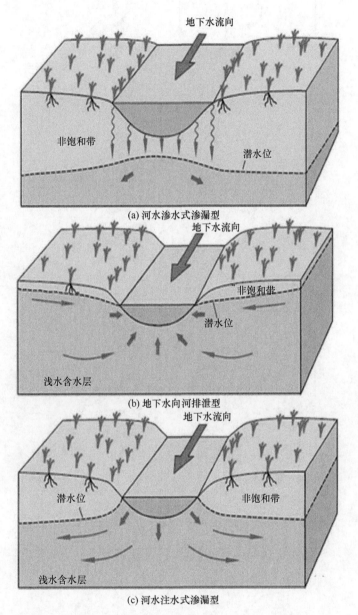

(a) 河水渗水式渗漏型

(b) 地下水向河排泄型

(c) 河水注水式渗漏型

图 11-35　河水和地下水转化的三种基本形式（Winter et al.，1998）

　　根据数值模拟结果，1995 年 1 月和 7 月、2000 年 1 月和 7 月、2007 年 1 月和 7 月、2014 年 1 月和 7 月，黑河与地下水转化关系如图 11-36 所示，模拟中发现：就 1995~2014 年而言，沿黑河整个河段黑河与地下水转化关系已不是渗漏转化为排泄的单一关系，而是某些河段随季节变化存在渗漏与排泄的交替关系，而且黑河大桥是地下水补给与排泄的一个分界点，模拟时段这个关系始终保持不变。黑河大桥以下以排泄地下水为主，但

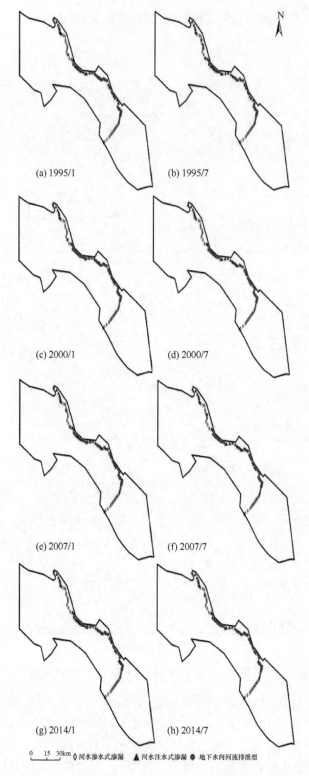

(a) 1995/1　　　　　　　　　　　(b) 1995/7

(c) 2000/1　　　　　　　　　　　(d) 2000/7

(e) 2007/1　　　　　　　　　　　(f) 2007/7

(g) 2014/1　　　　　　　　　　　(h) 2014/7

0　15　30km　◇ 河水渗水式渗漏　▲ 河水注水式渗漏　● 地下水向河流排泄型

图 11-36　模拟的黑河和地下水关系的动态变化图

也在多个河段上出现"注水式"渗漏，如在高崖附近的黑河段在地下水强开采的 4～9 月存在"注水式"补给；在板桥附近的黑河段在地下水开采的 7～9 月存在"注水式"补给；黄一段附近黑河为"注水式"补给；在平川至五三的黑河河段在 7～9 月为"注水式"补给；在罗城桥至正义峡河段 7～9 月为"注水式"补给。

　　为进一步分析黑河沿线地下水向河-泉排泄的强度分布特征，以模拟结果绘制出 1995～2014 年平均的黑河沿线地下水向黑河-泉群单位长度（千米）排泄量的变化曲线（图 11-37）。图 11-37 中虚线表示 2002 年 12 月张掖市水文水资源勘测局监测的结果，两者曲线有一定的规律性。其中，负值表示地下水向黑河补给；正值表示黑河向地下水排泄。由图 11-37 可知：张掖黑河大桥可认为是黑河和地下水关系从地下水补给河水型转变为河水补给地下水型，而且在大桥向北两者转化关系比较复杂。

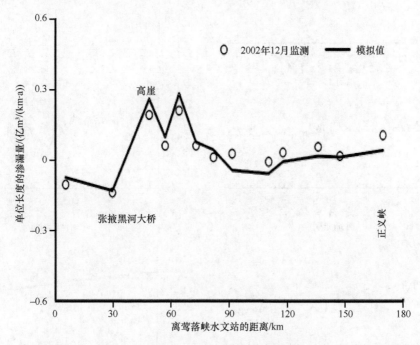

图 11-37　模拟的 1995～2014 年平均地下水向黑河单长排泄量与 2002 年 12 月监测对比曲线
负值表示黑河补给地下水，正值表示地下水排泄给黑河

11.3.3　水文地质参数率定

　　模拟识别后，34 个地下水观测孔模拟和实测的地下水头对比曲线如图 11-38 所示。总体来说，模拟与实测的地下水头变化趋势接近，基本能反映地下水动态变化趋势，但孔 12、13、86、82-1、40-1、1-3、14、89、2-3、55、11 和 74 在 2005～2007 年模拟值有一定的偏低，可能是在对应的灌区（主要在张掖市附近）估计的地下水开采量偏高；28-2 孔在 2001～2007 年模拟水头值偏高，可能是该孔附近地下水开采量比估计值偏小。2 个典型泉模拟和实测的流量动态如图 11-39 所示，总体的下降趋势基本相同，而模拟值的波动性没有实测的大，这可能是因为大区域的模拟技术本身很难将局部量的变化

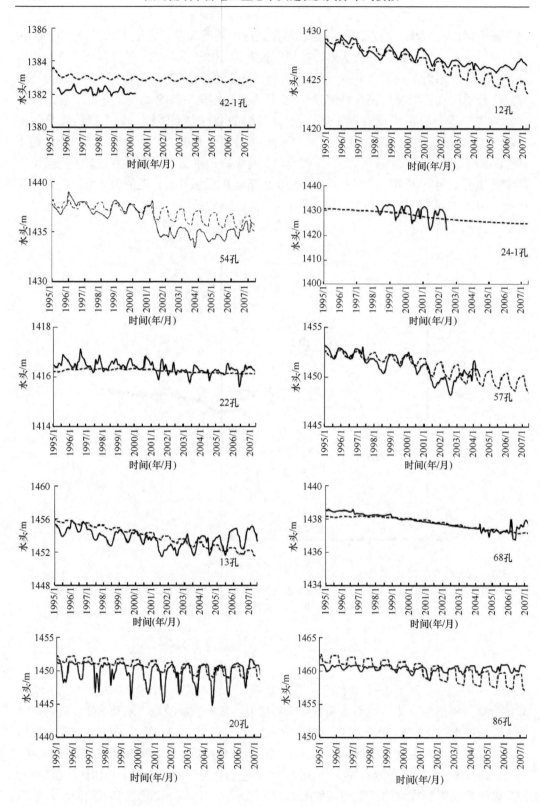

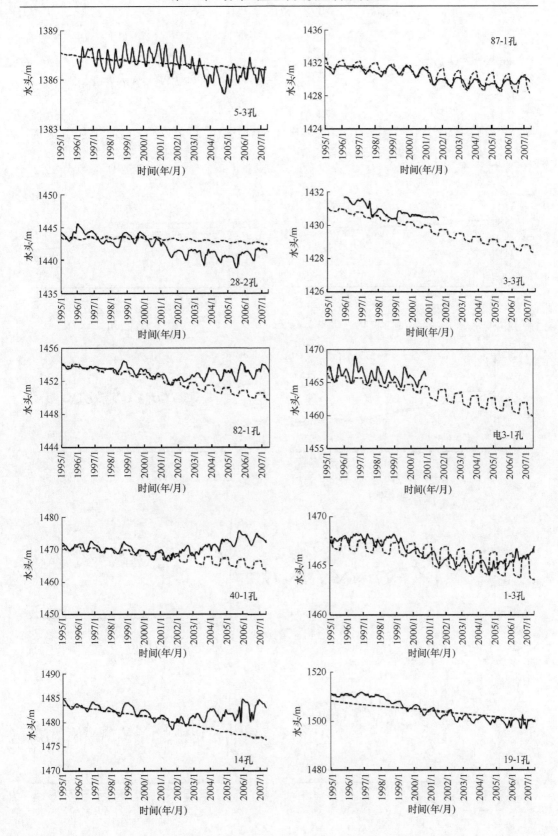

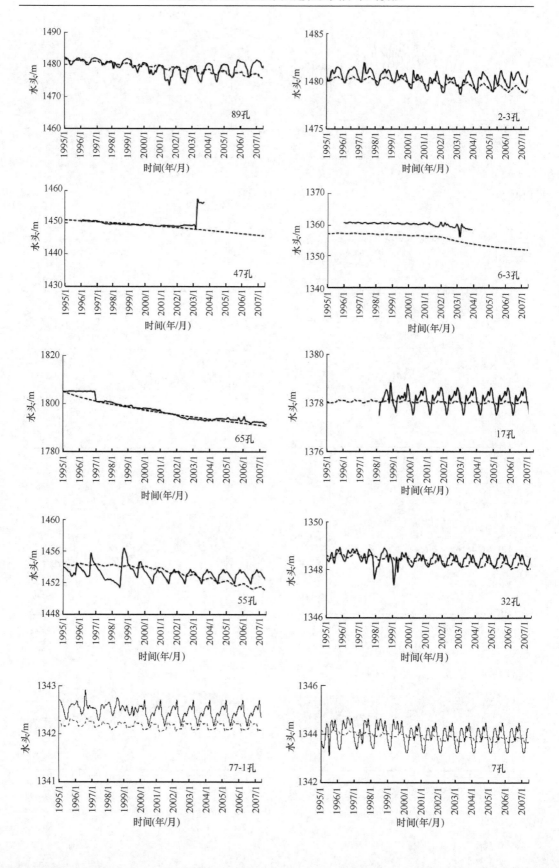

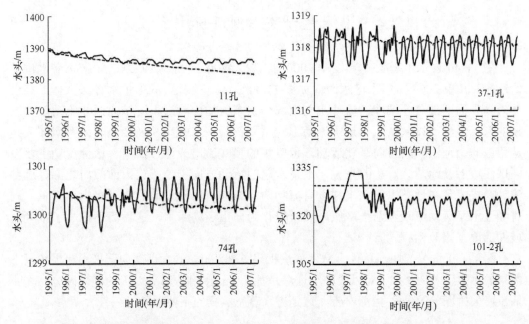

图 11-38　模拟和实测的观测孔水头对比曲线（虚线表示模拟值，实线表示实测值）

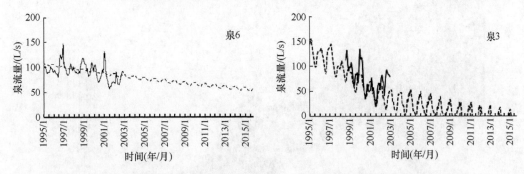

图 11-39　模拟和实测的典型泉流量对比曲线（虚线表示模拟值，实线表示实测值）

（如受侧向地表水的入渗、人工等影响）刻画细致。值得说明的是，对于泉 3，由于该区 2005～2007 年估计地下水开采量偏高，因此该期间泉流量偏低。

表 11-5 是拟合观测孔水头的绝对误差统计。表中可见，在模型识别时段，拟合观测孔水头的误差绝对值小于 1.0m 的占总对比数目的 66.70%，小于 1.2m 的占 70.70%。选择的模拟时段较长，观测孔拟合效果还是较好的。因为在地下水模型中，关于地下水开采量、渠系入渗及田间灌溉入渗水量的资料只有各个灌区多年平均的量，因而采取了取平均分配的办法，这样使大多数主要受灌溉和地下水开采影响的观测孔水头模拟值的动态变化比较均匀，且波幅偏小。

表 11-5　观测孔模拟水头与实测水头绝对误差统计表

拟合误差绝对值 ΔH/m		$\Delta H \leqslant 0.2$	$0.2 < \Delta H \leqslant 0.5$	$0.5 < \Delta H \leqslant 1.0$	$1.0 < \Delta H \leqslant 1.2$	> 1.2	总计
模型识别	出现频数/次	1065	1370	1148	215	1574	5372
	占百分数/%	19.83	25.50	21.37	4.00	29.30	100

11.3.4　潜水位动态和地下水均衡分析

图 11-40 表示了 1995 年年末、2000 年年末、2003 年年末和 2007 年年末潜水位等值线图。其中 2007 年年末潜水流向如图 11-41 所示。研究区的地下水径流大体以高台县为界分为两部分区域性的流动：东南部分从东南的山前洪积扇带向西北流动，并以泉的形式溢出或排入黑河，这一流动方式主要在张掖、临泽和高台地区；西南部分则从西南的山前洪积扇带向东北运动，也以泉的形式溢出或排入黑河，这种流动主要在区域西边的盐池地区。总的来说，地下水总的流动方向仍是祁连山南部向北部，这种流动模式表现在地下水的水平和垂直流动两个方向，南部山前的地下水由上而下，同时经过水平运动流动至细土平原，然后转化为向上运动为主，这种流动构成了本区区域性的地下水流动模式。

图 11-40（e）表明，总体上从南部洪积扇首部 300m 的大埋深向张掖黑河大桥以下的泉群-黑河一带平均 1.0m 以浅的小埋深。埋深 5m，特别是 3m 以内的浅埋区分布在张掖黑河大桥以下的泉群-黑河一带，这是潜水蒸发蒸腾的主要地段。

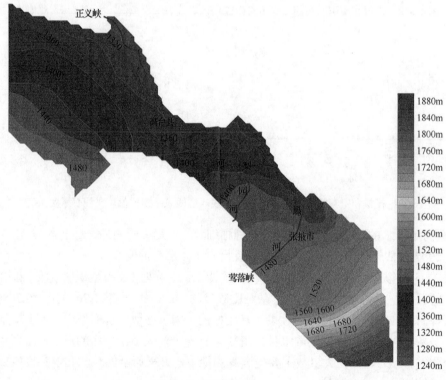

(a)1995 年年末潜水位等值线

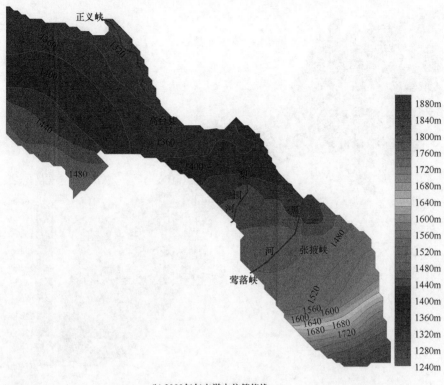

(b) 2000年年末潜水位等值线

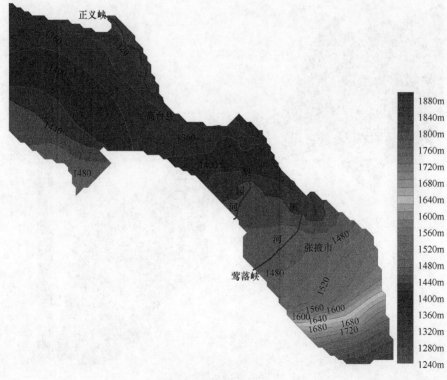

(c) 2003年年末潜水位等值线

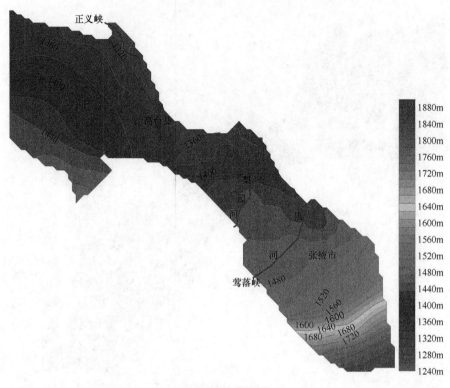

(d) 2007年年末潜水位等值线

(e) 2007年年末地下水埋深等值线

图 11-40 潜水位等值线、埋深等值线变化图

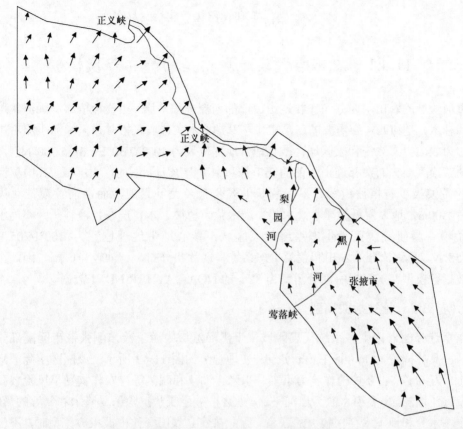

图 11-41 2007 年年末潜水流向图

图 11-42 表示了 1995～2014 年平均地下水-地表水转化量的变化。对于地下水来说，其主要补给项来自于灌溉水和地表水的补给；主要排泄项为地下水开采量、向河流排泄量和潜水蒸发。

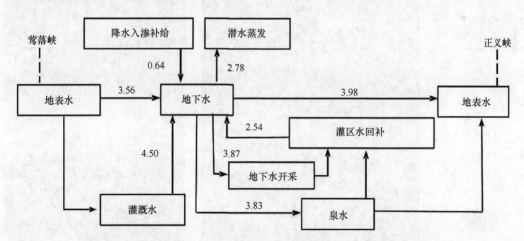

图 11-42 1995～2014 年平均地下水-地表水转化分析（单位：亿 m³/a）

11.4　生态模型的建立与校核

11.4.1　农田与荒漠地区模型的建立与校核

黑河流域的农田主要分布在祁连山山前的河流冲积平原，主要种植灌溉绿洲栽培农作物和林木，是河西走廊重要的商品粮生产基地。本章选取张掖甘州区黑河干流右岸的灌区作为农田生态系统代表区域，核心地带地理位置为100°27′30″E，38°51′00″N。黑河流域的荒漠主要分布在祁连山山前的低山带和中下游绿洲周围的广大区域，其中黑河中下游的荒漠极少有植被覆盖，呈现片状的温带荒漠戈壁景观，而山前荒漠带海拔在1900～2300m，地表覆盖耐旱小灌木和半灌木荒漠植被。本章选取张掖甘州区祁连山山前的荒漠带为研究区荒漠生态系统代表区域，核心地带地理位置为 100°16′05″E，38°43′58″N。黑河流域的农田和荒漠生态系统呈现片状分布，延伸较为广阔，因此在建立植被指数模型时均采用空间分辨率为 8km 的 NOAA/AVHRR NDVI 数据。

1. 农田统计植被指数模型

本章选择的农田生态系统代表区域位于黑河流域中游干流东侧张掖市区南部的大满灌区，具体位置、Google Earth 实景和实地观测如图 11-43 所示。该灌区实际灌溉面积约 1.5 万 hm^2，主要种植作物为小麦、玉米、油菜和蔬菜等，农作物受旱风险较高，用水量逐年增加，主要引水源为黑河干流。地表植被生长状况除了受降水和气温的影响，还与土壤水分和地下水存在较大的联系。因此在建立农田统计植被指数模型时，不仅考虑降水和气温等气象要素，还需要将土壤含水量和地下水水位纳入模型输入部分。

图 11-43　研究区农田选取点位地理位置、Google Earth 实景和实地观测图

研究区农田 1982～2006 年月平均 NDVI、1982～2010 年月平均降水和气温变化如图 11-44 所示。由图可知，农田区的 NDVI、降水和气温三种变量均呈现相近的变化趋势，在夏季达到全年最大值，而在冬季下降到最小值。其中，夏季（6～8 月）的平均 NDVI 达到 0.61，表明植被生长茂盛，而冬季（11 月至次年 3 月）的平均 NDVI 仅为 0.14，说明冬季农田植被枯萎，处于休耕状态。分别以 4 月和 10 月作为春季的起始月份和秋季的结束月份，以 6 月和 8 月作为夏季的边界月份，分别对春季至夏季和夏季至秋季的 NDVI、气温和降水变化趋势进行线性回归计算。结果显示，在相同的时间跨度内，春季至夏季的 NDVI 上升幅度高于夏季至秋季的下降幅度，分别为 0.23/月和 0.09/月，而气温和降水则与之相反，春季至夏季的增长幅度低于夏季至秋季的下降幅度，详见表 11-6。这表明，植被对气温和降水的响应具有滞后性，从春季至夏季，随着气温的上升和降水的增加，NDVI 有较为明显的增加，从夏季至秋季，气温和降水下降幅度更大，而 NDVI 的降低幅度却相对较小，可见夏季的雨热条件对秋季植被存在一定的影响。

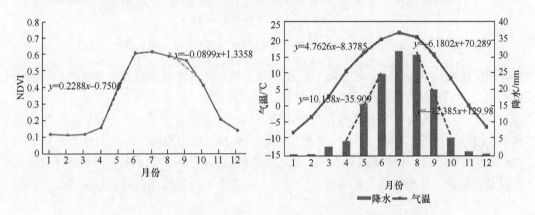

图 11-44　研究区农田多年月平均 NDVI、降水和气温变化图

表 11-6　研究区农田不同季节 NDVI、气温和降水每月变化幅度

季节	NDVI	气温/℃	降水/mm
春季至夏季（4～6 月）	0.23	4.76	10.16
夏季至秋季（8～10 月）	−0.09	−6.18	−12.39

研究区农田 1995～2006 年月土壤含水率和地下水水位埋深变化如图 11-45 所示。土壤水和地下水数据是通过地表-地下水耦合模型计算得出，由图可知，农田的土壤含水率自 1998 年始呈现逐渐增长的趋势，而地下水水位则与之相反，逐年降低，二者均呈现微弱的波动变化趋势。

根据上述分析可得，NDVI、降水和气温均存在明显的季节变化，而土壤水和地下水主要呈现出年际变化。因此将 1995～2006 年的气温、降水、土壤含水率、地下水水位埋深月变化数据作为农田统计植被指数模型的输入部分，而将相同时段内的 NDVI 月数据作为模型输出部分，考虑到植被生长对气象水文要素变化响应的滞后性，输入部分为当月及前两个月的数据。同时把该时段内的奇数年模拟作为模型训练期，偶数年作为

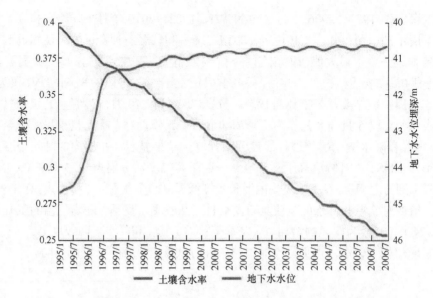

图 11-45　研究区农田 1995～2006 年月土壤含水率和地下水水位埋深变化图

验证期，按照春季、夏季、秋季和非生长季分别建立统计植被指数模型，并把相关系数 R^2 和平均绝对误差作为检验模型训练和验证结果的依据。

通过建立农田统计植被指数模型对研究区的 NDVI 进行模拟，并与观测值进行对比和拟合，结果如图 11-46、图 11-47 所示。农田统计植被指数模拟的结果分析如表 11-7 所示。由图表可知，模型模拟的 NDVI 变化趋势和波动范围都较为合理，而 NDVI 观测值与模拟值的散点分布也具有较高的一致性。在各个季节，模型的训练期模拟效果普遍好

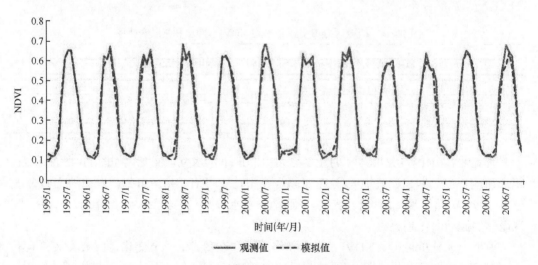

图 11-46　研究区农田 1995～2006 年 NDVI 观测值与模拟值对比图

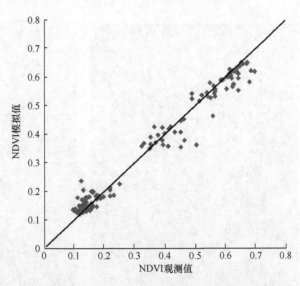

图 11-47　研究区农田 NDVI 观测值与模拟值拟合图

表 11-7　农田统计植被指数模型模拟结果分析

季节	训练期		验证期	
	R^2	MAE	R^2	MAE
春季	0.9542	0.0259	0.9004	0.0382
夏季	0.9622	0.005	0.4732	0.0321
秋季	0.919	0.0249	0.6864	0.0478
非生长季	0.7007	0.0145	0.6209	0.0135
全年	0.9879	0.0166	0.9703	0.0294

于验证期模拟效果，除了夏季验证期的 R^2 低于 0.5，其他季节和全年的 R^2 均达到较高的水平。综合上述分析，农田植被指数模型的模拟结果较好，其波动差异均在合理区间内，因此该模型可应用于下一步的预测模拟。

2. 荒漠统计植被指数模型

本章选择的荒漠生态系统代表区域位于黑河流域上游和中游交界的祁连山山前地带，地表覆盖植被主要为珍珠猪毛菜，这是一种生长在干旱区山坡或砾质滩地的半灌木。本章选取的荒漠代表区地理位置、Google Earth 实景和实地观测如图 11-48 所示。该地区地下水埋深较深，土壤含水量较低，且变动幅度较小，因此荒漠植被生长主要受气候条件的影响。

研究区荒漠 1982～2006 年月平均 NDVI、1982～2010 年月平均降水和气温变化如图 11-49 所示。由图可知，荒漠区的 NDVI、降水和气温三种变量均呈现相近的变化趋势，在夏季达到全年最大值，为 0.45，而在冬季下降到最小值，仅为 0.13。分别以 4 月和 10 月作为春季的起始月份和秋季的结束月份，以 6 月和 8 月作为夏季的边界月份，对多年月平均 NDVI、气温和降水数据进行线性趋势分析可得，春季至夏季的气温和降水增长幅度均小于夏季至秋季的下降幅度，而 NDVI 的变化趋势与之相反，详见表 11-8。

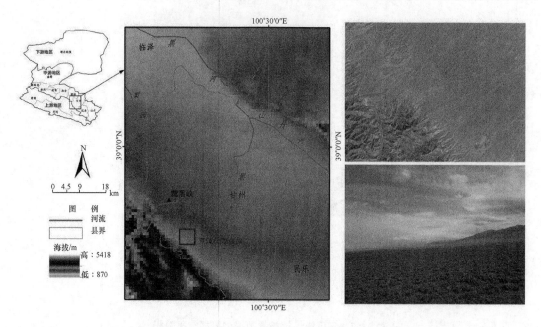

图 11-48　研究区荒漠选取点位地理位置、Google Earth 实景和实地观测图

这表明，在荒漠地区，气温和降水的变化对植被生长的影响存在滞后作用。随着春季气温的回暖和降水量的增加，NDVI 会有较大幅的增长，进入夏季，NDVI 保持较高水平，进入秋季后，气温和降水会有显著的降低或减少，而夏季植被的后续影响使得秋季 NDVI 的降幅相对较小。

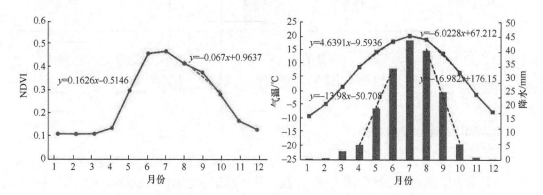

图 11-49　研究区荒漠多年月平均 NDVI、降水和气温变化图

表 11-8　研究区荒漠不同季节 NDVI、气温和降水每月变化幅度

季节	NDVI	气温/℃	降水/mm
春季至夏季（4～6 月）	0.16	4.64	13.98
夏季至秋季（8～10 月）	−0.07	−6.02	−16.98

　　本章将 1982～2006 年的气温和降水数据作为农田统计植被指数模型的输入部分，考虑到气候对植被的延后影响，故把当月和之前两个月的数据均作为当月的输入部分，而当月的 NDVI 值将作为模型的输出部分。模型的模拟分为训练和验证两个阶段，其中

奇数年模拟作为模型训练部分，偶数年模拟作为验证部分。按照春季、夏季、秋季和非生长季分别建立统计植被指数模型，并把相关系数 R^2 和平均绝对误差作为检验模型训练和验证结果的依据。

通过建立统计植被指数模型对研究区荒漠的 NDVI 进行模拟，并与观测值进行对比和拟合，结果如图 11-50、图 11-51 所示。农田统计植被指数模拟的结果分析如表 11-9 所示。由图表可知，模型模拟的 NDVI 变化趋势和波动范围都较为合理，而 NDVI 观测值与模拟值的散点分布也具有较高的一致性。在各个季节，模型的训练期模拟效果普遍好于验证期模拟效果，其中夏季训练期和验证期的 R^2 较低，这可能是因为夏季荒漠植被敏感性较强，其年际差异较大，而其他季节和全年的 R^2 均达到较好的水平。综合上述分析，农田植被指数模型的模拟结果较好，其波动差异均在可接受的区间内，因此该模型可应用于下一步的预测模拟。

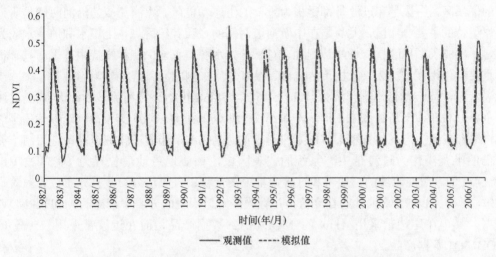

图 11-50　研究区荒漠 1982~2006 年 NDVI 观测值与模拟值对比图

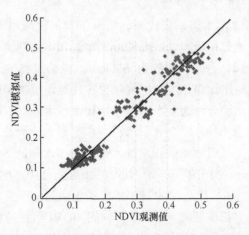

图 11-51　研究区荒漠 NDVI 观测值与模拟值拟合图

表 11-9　荒漠统计植被指数模型模拟结果分析

季节	训练期		验证期	
	R^2	MAE	R^2	MAE
春季	0.8044	0.0315	0.7896	0.0345
夏季	0.42	0.0294	0.2749	0.0275
秋季	0.5787	0.0353	0.4622	0.0399
非生长季	0.6868	0.0112	0.5125	0.0175
全年	0.9487	0.0236	0.9428	0.0264

11.4.2　河岸岸边带和过渡带模型的建立与校核

河岸岸边带和绿洲-荒漠过渡带都是一种特殊的生态缓冲区域。在生态环境较为脆弱的干旱区，岸边带和过渡带都是极为重要的生态功能区。黑河流域的沿河两侧是研究区岸边带的主要分布区，尤其是在中游河道两侧的径流补给区域，土壤水和地下水较为充足，形成了干旱区特有的岸边湿地，对于涵养水源、水土保持和维持生态平衡具有极其重要的作用。本章选取张掖市区北部、黑河干流东侧的河滩湿地作为岸边带生态系统代表区域，核心地带地理位置为 100°25′15″E，38°58′40″N。黑河流域的绿洲-荒漠过渡带主要分布在中下游绿洲农田灌区与荒漠戈壁之间的过渡区域，其距离河道较远，呈现出由绿洲向荒漠方向植被覆盖状况越来越差的趋势。本章选取了张掖市高台县黑河干流南侧的半荒漠作为过渡带生态系统的代表区域，核心地带地理位置为 99°33′22″E，39°39′54″N。黑河流域的岸边带和过渡带呈现条带状、斑块状分布，且分布较为散落不集中，延伸面积较小，因此在建立植被指数模型时采用空间分辨率较高的 MODIS NDVI 数据，其中在岸边带采用 1km 的 MOD13A2 数据产品，而在过渡带采用 250m 的 MOD13Q1 数据产品。

1. 河岸岸边带统计植被指数模型

本章选择的河岸岸边带生态系统代表区域位于黑河流域中游干流东侧张掖市区西北部的河滩湿地，具体地理位置、Google Earth 实景和实地观测如图 11-52 所示。该区域属于张掖国家湿地公园，占地面积约为 650hm^2，原为黑河中游祁连山洪积扇前缘古河道和泛滥平原的潜水溢出地带，主要植被包含各种湿地植物和陆生乔灌林木。岸边带除了黑河河道径流补充水源外，地下水渗出也是其重要水源。本章选取的岸边带代表区域主要植被为柽柳，这是一种广泛生长于河流冲积平原、滩涂和沙荒地的灌木或乔木。该地区的植被生长除了受气候要素的影响外，也与土壤水和地下水有较大的联系。

研究区岸边带 2001～2010 年月平均 NDVI、1982～2010 年月平均降水和气温变化如图 11-53 所示。由图可知，岸边带的 NDVI 在夏季达到全年最大值为 0.45，而在冬季下降到最小值为 0.17，生长季期间（4～10 月）的 NDVI 值保持较为平缓的变化趋势，而 NDVI、降水和气温三种变量均呈现相近的年内变化趋势。分别对春季至夏季和夏季至秋季的 NDVI、气温和降水变化趋势进行线性回归计算。结果显示，在相同的时间跨度内，春季至夏季的 NDVI 上升幅度稍高于夏季至秋季的下降幅度，分别为 0.08/月和

图 11-52　研究区岸边带选取点位地理位置、Google Earth 实景和实地观测图

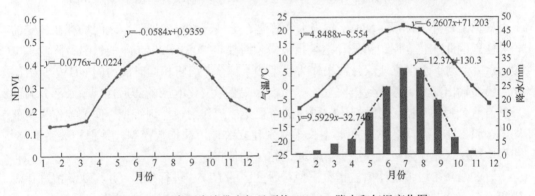

图 11-53　研究区岸边带多年月平均 NDVI、降水和气温变化图

0.06/月。而气温和降水则与之相反，春季至夏季的增长幅度低于夏季至秋季的下降幅度，详见表 11-10。这表明，岸边带植被对气温和降水的响应也具有一定的滞后性，从春季至夏季，随着气温的上升和降水的增加，NDVI 也随之增大，而从夏季至秋季，气温和降水下降幅度更大，而 NDVI 的降低幅度却没有气温和降水那样剧烈，甚至趋于缓和。NDVI 的变化趋势除了受制于气温和降水，也与该地区的土壤含水率和地下水水位存在显著的关联。

表 11-10　研究区农田不同季节 NDVI、气温和降水每月变化幅度

季节	NDVI	气温/℃	降水/mm
春季至夏季（4~6月）	0.08	4.85	9.59
夏季至秋季（8~10月）	−0.06	−6.26	−12.37

　　研究区岸边带 2001~2010 年月土壤含水率和地下水水位埋深变化如图 11-54 所示。由图可知，岸边带的土壤含水率呈现单峰波动变化趋势，而地下水水位则逐年降低。其中，岸边带的多年月平均土壤含水率与气温、降水和 NDVI 有 2 个月的偏移，即全年的 4 月为最小值，9 月达到最大值，这表明土壤水分对气温和降水的响应存在明显的延迟，尤其是夏季的降水和秋季的气温的双重作用使得土壤含水率的峰值延后至 9 月才出现，并能在之后几个月保持较高值。

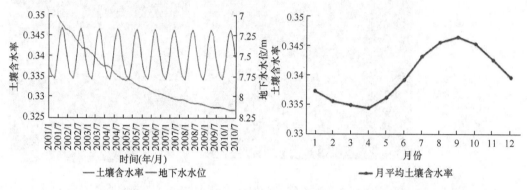

图 11-54　研究区岸边带 2001~2010 年月土壤含水率和地下水水位埋深变化图

　　根据上述分析可得，NDVI 与降水、气温、土壤含水率和地下水之间均存在一定的相关性。因此在建立岸边带统计植被指数模型时要将 2001~2010 年的气温、降水、土壤含水率、地下水水位埋深月数据作为模型输入部分，而将相同时段内的 NDVI 月数据作为模型输出部分，考虑到植被生长对气象水文要素变化响应的滞后性，输入部分为当月及前两个月的数据。同时把该时段内的奇数年模拟作为模型训练期，偶数年作为验证期，按照春季、夏季、秋季和非生长季分别建立统计植被指数模型，并把相关系数 R^2 和平均绝对误差作为检验模型训练和验证结果的依据。

　　通过建立岸边带统计植被指数模型对研究区的 NDVI 进行模拟，并与观测值进行对比和拟合，结果如图 11-55、图 11-56 所示。农田统计植被指数模拟的结果分析如表 11-11

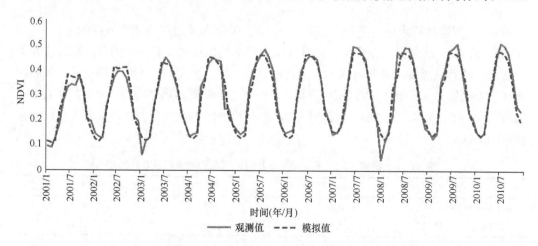

图 11-55　研究区岸边带 1995~2006 年 NDVI 观测值与模拟值对比图

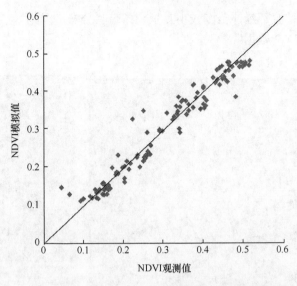

图 11-56　研究区岸边带 NDVI 观测值与模拟值拟合图

表 11-11　岸边带统计植被指数模型模拟结果分析

季节	训练期		验证期	
	R^2	MAE	R^2	MAE
春季	0.8953	0.0232	0.52	0.0342
夏季	0.9107	0.0182	0.7308	0.0193
秋季	0.8122	0.0152	0.689	0.0295
非生长季	0.8479	0.0143	0.7215	0.0185
全年	0.9684	0.0187	0.9334	0.0238

所示。由图表可知，模型模拟的 NDVI 变化趋势和波动范围都较为合理，而 NDVI 观测值与模拟值的散点分布也具有较高的一致性。岸边带的 NDVI 观测值在模拟期内也呈现出微弱的年际增长，而模型模拟值也能较好地反映这一趋势变化。在各个季节，模型的训练期模拟效果普遍好于验证期模拟效果，而所有模拟区间内的 R^2 均达到 0.5 以上，除了春季验证期 MAE 超过 0.3，其他时段内的 MAE 均控制 0.3 以内。综合上述分析，岸边带植被指数模型的模拟结果好，其波动差异均控制在合理范围内，因此该模型能用于下一步的预测模拟。

2. 过渡带统计植被指数模型

本章选择的绿洲-荒漠过渡带生态系统代表区域位于黑河流域中游干流南侧高台县境内的大湖湾灌区南缘，具体地理位置、Google Earth 实景和实地观测如图 11-57 所示。从灌区农田至荒漠之间有宽度不过 300m 的狭长半荒漠区，距离绿洲越近的区域植被覆盖度越高，距离绿洲越远植被生长状况越差并逐步过渡到仅有极少数植被覆盖的高原荒漠区。该地区地表植被主要为稀疏的柽柳和低矮的草本植物，其生长状况受气温和降水的影响较大。由于过渡带延伸范围较小且呈细条带状分布，因此本章采用空间分辨率为 250m 的 MODIS NDVI 数据。

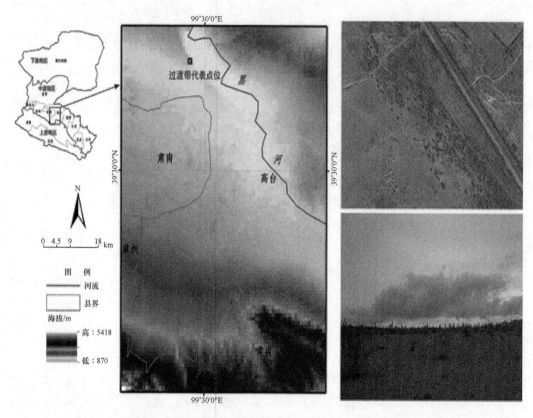

图 11-57　研究区岸边带选取点位地理位置、Google Earth 实景和实地观测图

研究区过渡带 2001～2010 年月平均 NDVI、1982～2010 年月平均降水和气温变化如图 11-58 所示。由图可知，过渡带的 NDVI 在夏季达到全年最大，平均值约为 0.30，而在冬季下降到最小值，平均值约为 0.10。全年 NDVI 的峰值出现在 8 月，为 0.35，而气温和降水的峰值出现在 7 月，NDVI 与气象要素之间存在 1 个月的错峰时差。而且，过渡带的 NDVI 变化更加剧烈，由 4～8 月的月平均增加幅度超过 0.5，而从 8～10 月的降

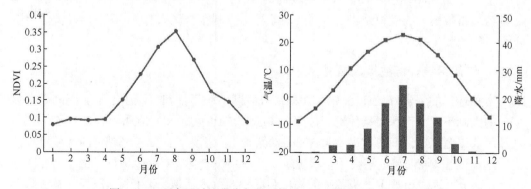

图 11-58　研究区过渡带多年月平均 NDVI、降水和气温变化图

幅也在 0.5 以上。相比 NDVI，气温和降水的变动幅度较为缓和。这表明过渡带生态系统内的植被年内生长周期较短并且生长状况波动较大。随着 4 月气温的逐渐回暖和降水的增加，植被快速生长并达到较好的状态，而 8 月以后，气温降低，降水减少，使得植被迅速枯萎凋落，NDVI 也急剧降低。但由于植被对气候的响应存在滞后性，处于生长季末段的 10 月和 11 月的 NDVI 要略微高于春季萌发期的 4 月。

本章将 2001～2010 年的气温和降水数据作为过渡带统计植被指数模型的输入部分，考虑到气候对植被的延后影响，故当月和之前两个月的数据均作为当月的输入部分，而当月的 NDVI 值将作为模型的输出部分。模型的模拟分为训练和验证两个阶段，其中奇数年模拟作为模型训练部分，偶数年模拟作为验证部分。按照春季、夏季、秋季和非生长季分别建立统计植被指数模型，并把相关系数 R^2 和平均绝对误差作为检验模型训练和验证结果的依据。

通过建立统计植被指数模型对研究区荒漠的 NDVI 进行模拟，并与观测值进行对比和拟合，结果如图 11-59、图 11-60 所示。农田统计植被指数模拟的结果分析如表 11-12 所示。由图表可知，模型模拟的 NDVI 变化趋势和波动范围都比较合理，而 NDVI 观测值与模拟值的散点分布也具有比较好的一致性。在各个季节，模型的训练期模拟效果普遍好于验证期模拟效果，除了春季验证期的 R^2 低于 0.5 以外，其他季节和全年的 R^2 均达到较好的水平。综合上述分析，过渡带植被指数模型的模拟结果较好，其波动差异均在可接受的区间内，因此该模型可应用于下一步的预测模拟。

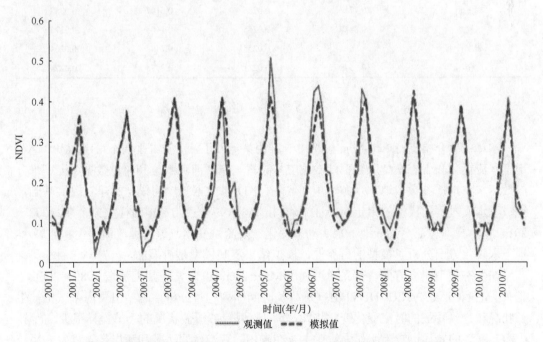

图 11-59　研究区过渡带 2001～2010 年 NDVI 观测值与模拟值对比图

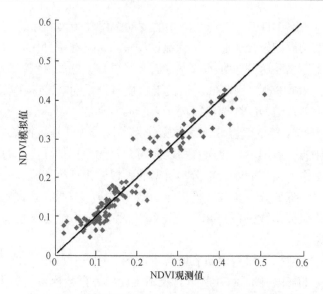

图 11-60　研究区过渡带 NDVI 观测值与模拟值拟合图

表 11-12　农田统计植被指数模型模拟结果分析

季节	训练期		验证期	
	R^2	MAE	R^2	MAE
春季	0.6443	0.017	0.3844	0.0189
夏季	0.7747	0.0285	0.6107	0.0362
秋季	0.8857	0.0255	0.7464	0.0375
非生长季	0.62	0.0255	0.7464	0.0264
全年	0.9348	0.0221	0.8938	0.0274

11.5　小　结

　　本章主要介绍支持 Eco-Mist 模型中一维明渠河网汇流、一维垂向土壤水运动、饱和地下水流运动和生态模型所需要的数据支持条件,包括河流水位和流量数据、土壤水分参数、水文地质参数、地下水源汇项和气象、NDVI 数据等,为模型的建立提供基础。完成了水文过程的模型的率定和验证工作。模型以 1995~2007 年为模型拟合期,2008~2014 年为模型验证期,从地下水头动态变化、泉流量变化、黑河径流量变化和地表水-地下水转化方面分析了模型的可靠性,模拟结果反映模型是可靠的。

　　在生态模型建立方面,首先通过利用 Mann-Kendall 算法对黑河流域 1982~2006 年生长季的 NOAA/AVHRR NDVI 数据进行长时间序列趋势分析,总结出黑河流域植被生长状况和物候特征的时空变化变化规律,黑河流域植被覆盖状况的季节差异很大,上游、中游、下游的差异也较为明显。然后主要在农田、荒漠、岸边带和河岸带 4 种生态系统内分别建立了基于 NDVI 的统计植被指数模型,并对模型模拟和率定的结果进行评价和分析,流域内存在较大面积的农田和荒漠,因此模型输出部分采用了空间分辨率为 8km、时间跨度较长的 NDAA/AVHRR NDVI 数据。农田统计植被指数模型模拟结果好,研究区内的岸边带和过渡带分布较为狭窄破碎，故模型输出采用空间分辨率较高的 MODIS NDVI 数据，模拟效果好。

参 考 文 献

程国栋, 肖洪浪, 徐中民, 等. 2009. 黑河流域水-生态-经济系统综合管理研究. 北京: 科学出版社.

丁国栋. 2004. 区域荒漠化评价中植被的指示性及盖度分级标准研究——以毛乌素沙区为例. 水土保持学报, 18(1): 158-160, 188.

范锡鹏, 敖淑仙, 金良玉, 等. 1983. 甘肃省河西走廊地下水分布规律与合理开发利用研究. 兰州: 甘肃省地质矿产局地质科学研究所.

龚家栋, 李小雁. 2001. 黑河流域不同下垫面区域的气候变化特征. 冰川冻土, 23(4): 423-431.

郭铌, 杨兰芳, 王涓力. 2002. 黑河流域生态环境气象卫星遥感监测研究. 高原气象, 21(3): 267-273.

胡立堂. 2014. 黑河干流中游地区地表水和地下水集成模拟与应用. 北京师范大学学报(自然科学版), 50(5): 563-569.

胡立堂. 2008. 干旱内陆河区地表水和地下水集成模型及应用. 水利学报, 39(4): 410-418.

胡立堂, 王忠静, 田伟. 2013. 干旱内陆河区地表水和地下水集成模型与应用研究. 北京: 中国水利水电出版社.

胡立堂, 王忠静, 赵建世, 等. 2007. 地表水和地下水相互作用及集成模型研究进展. 水利学报, 38(1): 54-59.

李新荣, 张志山, 黄磊, 等. 2013. 我国沙区人工植被系统生态-水文过程和互馈机理研究评述. 科学通报, (Z1): 397-410.

李新, 刘绍民, 马明国, 等. 2012. 黑河流域生态-水文过程综合遥感观测联合试验总体设计. 地球科学进展, 27(5): 481-498.

李云玲, 严登华, 裴源生, 等. 2005. 黑河流域景观动态变化研究. 河海大学学报(自然科学版), 33(1): 6-10.

刘惠峰. 2013. 基于时序 NDVI 的疏勒河流域植被覆盖分类研究. 兰州: 兰州大学硕士学位论文.

龙翔. 2014. 黑河中游河岸林生态水文过程研究. 武汉: 中国地质大学(武汉)博士学位论文.

卢玲, 程国栋, 李新. 2001. 黑河流域中游地区景观变化研究. 应用生态学报, 12(1): 68-74.

王根绪, 程国栋, 沈永平. 2002. 干旱区受水资源胁迫的下游绿洲动态变化趋势分析——以黑河流域额济纳绿洲为例. 应用生态学报, 13(5): 564-568.

王超. 2013. 黑河上游天老池流域植被变化对降雨径流过程影响研究. 兰州: 兰州大学博士学位论文.

许莎莎, 孙国钧, 刘慧明, 等. 2011. 黑河河岸植被与环境因子间的相互作用. 生态学报, 31(9): 2421-2429.

严登华. 2005. 黑河流域生态水文过程及其综合调控. 北京: 中国水利水电科学研究院.

杨向辉, 王健, 姚党生. 2003. 黑河流域水资源现状及其开发利用. 水利水电科技进展, 23(3): 25-27.

张佩, 袁国富, 庄伟, 等. 2011. 黑河中游荒漠绿洲过渡带多枝柽柳对地下水位变化的生理生态响应与适应. 生态学报, 31(22): 6677-6687.

张谦. 2011. 对黑河流域中游综合治理的思考. 中国水利, (4): 45-46.

张宗祜. 2004. 全国地下水资源评价图集. 北京: 地质出版社.

周兴智, 赵剑东, 王志广. 1990. 甘肃省黑河干流中游地区地下水资源及其合理开发利用勘察研究. 张掖: 甘肃省地勘局第二水文地质工程地质队.

Adegoke J O, Carleton A M. 2002. Relations between soil moisture and satellite vegetation indices in the U.S. Corn Belt. Journal of Hydrometeorology, 3(4): 395-405.

Anyamba A, Tucker C J. 2005. Analysis of Sahelian vegetation dynamics using NOAA-AVHRR NDVI data from 1981–2003. Journal of Arid Environments, 63(3): 596-614.

Baird A J, Wilby R L. 1999. Ecohydrology: Plants and Water in Terrestrial and Aquatic Environments. London and New York: Routledge.

Chen Y, Long B, Pan X, et al. 2011. Differences between MODIS NDVI and AVHRR NDVI in monitoring grasslands change. Journal of Remote Sensing, 15(4): 831-845.

Chimner R A, Cooper D J. 2004. Using stable oxygen isotopes to quantify the water source used for transpiration by native shrubs in the San Luis Valley, Colorado U.S.A. Plant and Soil, 260(1-2): 225-236.

Dai Y J, Shang G W, Duan Q Y, et al. 2015. Development of a China dataset of soil hydraulic parameters using pedotransfer functions for land surface modeling. Journal of Hydrometeorology, 14: 869-887.

Feng Q, Cheng G. 1998. Current situation, problems and rational utilization of water resources in arid north-western China. Journal of Arid Environments, 40: 373-382.

Hu L T, Xu Z X, Huang W D. 2016. Development of a river-groundwater interaction model and its application to a catchment in Northwestern China. Journal of Hydrology, 543: 483-500.

Lin G H, Phillips S L, Ehleringer J R. 1996. Monosoonal precipitation responses of shrubs in a cold desert community on the Colorado Plateau. Oecologia, 106(1): 8-17.

Mann H B. 1945. Nonparametric test against trend. Econometrica, 13(3): 245-259.

Ohte N, Koba K, Yoshikawa K, et al. 2003. Water utilization of natural and planted trees in the semiarid desert of Inner Mongolia, China. Ecological Applications, 13(2): 337-351.

Piao S, Friedlingstein P, Ciais P, et al. 2007. Growing season extension and its impact on terrestrial carbon cycle in the Northern Hemisphere over the past 2 decades. Global Biogeochemical Cycles, 21(3): 1148-1154.

Rouse J W, Hass R H, Schell J A, et al. 1974. Monitoring Vegetation Systems in the Great Plains with Erts. Washington D.C.: Third Earth Resources Technology Satellite-1 Symposium Volume I: Technical Presentations. NASA SP-351.

Schlesinger W H, Raikes J A, Hartley A E, et al. 1996. On the spatial pattern of soil nutrients in desert ecosystems. Ecology, 77(2): 364-374.

Swain E D, Wexler E J. 1996. A coupled surface-water and ground-water flow model (MODBRANCH) for simulation of stream-aquifer interaction. Techniques of Water- Resources Investigations of the U.S. Geological Survey, Book 6, Chap. A6.

Tucker C J, Townshend J R, Goff T E. 1985. African land-cover classification using satellite data. Science, 227(227): 369-375.

Winter T C, Harvey J W, Franke O L, et al. 1998. Ground water and surface water: a single resource. USGS Circ, 1139: 79.

Wang J, Price K P, Rich P M. 2001. Spatial patterns of NDVI in response to precipitation and temperature in the central Great Plains. International Journal of Remote Sensing, 22(18): 3827-3844.

Wang J, Rich P M, Price K P. 2003. Temporal responses of NDVI to precipitation and temperature in the central Great Plains, USA. International Journal of Remote Sensing, 24(11): 2345-2364.

Yang W, Yang L, Merchant J W. 1997. An assessment of AVHRR/NDVI-ecoclimatological relations in Nebraska, U.S.A. International Journal of Remote Sensing, 18(10): 2161-2180.

Zalewski M, Janauer G A, Jolánkai G. 1997. Ecohydrology: A new paradigm for the sustainable use of aquatic resources. In: Conceptual Background, Working Hypothesis, Rational and Scientific Guidelinesfor the Implementation of IHP-V Projects 2.3/2.4, Technical Document in Hydrology. Paris: UNESCO, 55-80.

Zhang Y, Gao J, Liu L, et al. 2013. NDVI-based vegetation changes and their responses to climate change from 1982 to 2011: A case study in the Koshi River Basin in the middle Himalayas. Global & Planetary Change, 108(3): 139-148.

Zhou L, Tucker C J, Kaufmann R K, et al. 2001. Variations in northern vegetation activity inferred from satellite data of vegetation index during 1981 to 1999. Journal of Geophysical Research Atmospheres, 106(D17): 20069-20083.

第 12 章 分布式生态水文模型综合集成与预测

12.1 流域水文和生态耦合系统

黑河流域的生态水文过程主要受气候变化和人类活动的影响,因此对未来生态演化的模拟和预测应考虑到这两个重要因素。其中,气候变化主要通过降尺度的 GCM 进行表征分析。本章通过集成 16 个 GCMs 模式,运用经验统计方法计算出 50km 分辨率的气温和降水变化数据。基于现状年气象数据和未来变化,可以计算出未来研究区的气温和降水输数据,而人类活动的影响主要是绿洲灌溉农业生产,因此可以通过灌溉取水量进行表征。根据多年灌溉取水量的变化趋势可以预测出未来该地区的灌溉取水量,同时根据未来的气温和降水数据可以模拟计算出未来莺落峡的来水量,将灌溉取水量和上游河流来水量作为地表地下水耦合模型的输入部分可以模拟计算出未来的土壤含水量和地下水水位。根据以上计算得出气温、降水、土壤含水量和地下水水位等数据,作为已经建立好的 SVIS 模型的输入部分,可以模拟预测出未来的 NDVI 值,因而表征出植被生长状态和物候特征(图 12-1)。

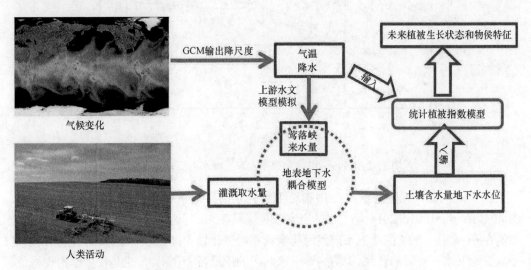

图 12-1 未来气候变化与人类活动情景构建

12.2　现状条件下地表水与地下水动态转化规律

12.2.1　地表水和地下水转化现状分析

中游地区黑河与地下水转化量的变化受人类活动的影响。模型中 1995~2014 年地下水开采量、潜水蒸发量、地下水向泉排泄量、地下水向河排泄量、莺落峡径流量和正义峡径流量变化如图 12-2 所示。潜水蒸发量、地下水向泉和河排泄量呈逐年减少的趋势。正义峡和莺落峡径流量变化趋势比较类似。地下水和地表水系统的变化主要受黑河分水方案和人类活动影响。自 2000 年以后，地下水开采量迅速增大，然而，正义峡站的黑河径流量没有受地下水开采的影响，主要由于在 1995~2014 年地表水和地下水的转换关系没有发生根本性的改变。然而从之前分析可知，随着地下水开采量的增大，地表水-地下水转换关系已从地下水向河流排泄型转变为河流注水式甚至渗水式补给型。

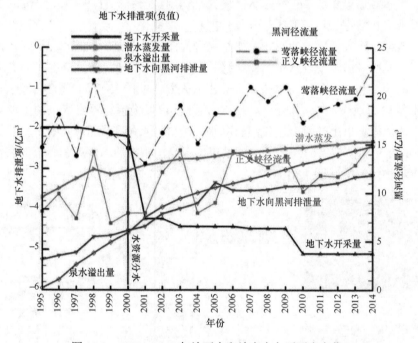

图 12-2　1995~2014 年地下水和地表水主要要素变化

从年内来说，黑河径流量变化和地下水向泉河排泄量也呈现不同规律的变化，如图 12-3 所示。1995~2014 年平均的正义峡径流量在 10 月达到峰值，然后莺落峡径流量峰值在 6~8 月。平均的地下水向黑河排泄量年内变化较大，在冬季达到最大值，说明这个量受地下水开采影响较大。平均的地下水向泉的排泄量变化不大，也是在冬季出现峰值。

12.2.2　地表水和地下水转化预测分析

以 2012 年年底地下水流场为初始水头，2012 年地下水开采量和入渗补给项为基础，

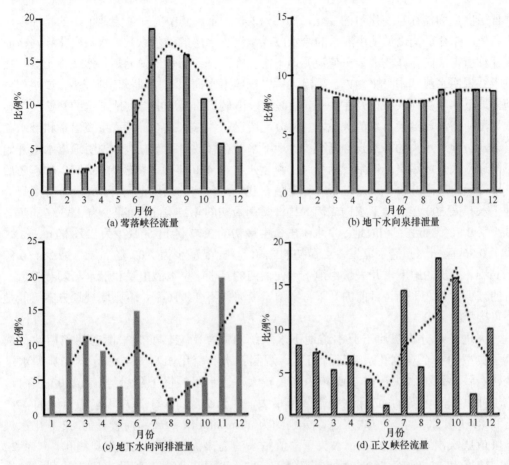

图 12-3　1995～2014 年平均地下水和地表水主要要素年内变化

计算 500 年期间地下水均衡、地下水动态和潜水蒸发量、地下水向黑河排泄量（统计张
掖大桥以下地下水向黑河的排泄流量）、泉群溢出量的动态变化。在模型计算中，某些
含水层会出现疏干，但考虑到多数面井是混合井，将地下水开采量仍保持不变，其水量
分配至下层的含水层。统计了 2012 年现状年、100 年后、200 年后和 500 年后的地下水
均衡项，重要的补给项（河流入渗量、渠系入渗量、田间灌溉回归水入渗量、边界及沟
谷流入量）保持不变；排泄项中，地下水开采量每年保持不变，潜水蒸发量、向黑河排
泄量（统计的是张掖大桥以下地下水向黑河总的排泄量）和泉群排泄量随着时间增长其
量逐渐减小。在 100 年后，相比 2012 年，总排泄量减少了约 2.03 亿 m³，其中潜水蒸发
量减少约 0.44 亿 m³，约占总排泄量的 21.67%；而泉群溢出量减少约 0.78 亿 m³，约占
总排泄量的 38.42%；另外，地下水向黑河排泄量减少约 0.81 亿 m³，约占总排泄量的
39.90%。在 200 年后、500 年后潜水蒸发量、向黑河排泄量和泉群排泄量继续减小。至
500 年后，地下水总的补给量约为 12.68 亿 m³，地下水总排泄量约为 12.69 亿 m³，总补
给排泄量差 –0.01 亿 m³，而由模型计算的储存量释放量为 0.05 亿 m³，说明模型基本达
到平衡状态。

　　模拟了地下水向黑河排泄量（黑河大桥以下的地下水-黑河转换量）、潜水蒸发量、

泉群溢出量和储存量变化量的变化,如图 12-4 所示。其中前三项为地下水的排泄项,为负值;储存量变化量是由潜水的给水度或承压含水层的储水系数、水头变化和网格面积计算所得。储存释放量为正值说明地下水头在下降;为负值说明地下水头在上升;接近于 0 说明水流基本呈平衡态。黑河大桥以下地下水向黑河排泄量逐渐减少,说明部分河段地下水和黑河关系已发生变化,某些河段由最初的黑河由得到地下水的补给关系转化为黑河渗漏补给地下水的关系,且部分河段已呈"渗水式"补给。泉溢出量和潜水蒸发量随着地下水头的降低也逐渐减少。地下水储存释放量逐渐减少,说明地下水刚开始下降速率大,之后下降速率逐渐变缓。典型水量在 400 年内下降较大(图 12-4),之后其下降趋势逐渐减少,最终趋于一稳定值。我们最关注的是现方案开采地下水条件下,地下水开采 500 年后地下水向黑河的排泄量由最初的 4.21 亿 m^3/a 减少为 3.33 亿 m^3/a,减少了 0.88 亿 m^3/a;相应地,泉水溢出量由最初的 3.77 亿 m^3/a 减少为 2.91 亿 m^3/a,减少了 0.86 亿 m^3/a;潜水蒸发量由最初的 2.60 亿 m^3/a 减少为 2.03 亿 m^3/a,减少了 0.57 亿 m^3/a。增加的地下水开采量由地下水向黑河的排泄、泉水溢出量和潜水蒸发蒸腾量三者的减少量与之平衡。目前的开采方案下,黑河并不会被疏干,否则此规划方案可能是不可接受的(表 12-1)。

  为进一步分析黑河干流中游地下水系统由非平衡态转变为平衡态的长期性,选择了典型的 7 个观测孔水头进行研究,观测孔水头变化如图 12-5 所示。与典型水量变化一致,地下水头在前 200 年内降幅较大,之后呈缓慢下降趋势。在 500 年内,位于冲洪积扇中游的 47 孔水头下降值最大,约为 20m;位于冲洪积扇中前缘的 42-1 孔和 89-1 孔水头下降值居次之,分别约为 11m 和 14m;离黑河较远的 82-1 孔水头下降值居次次之,约为 5m;水头下降值最小的为离黑河的地下水头观测孔,包括 22 孔、32 孔和 37-1 孔,500 年内水头降幅在 0.5m 以内,而各观测孔水头值达到稳定值则需要较长的时间。

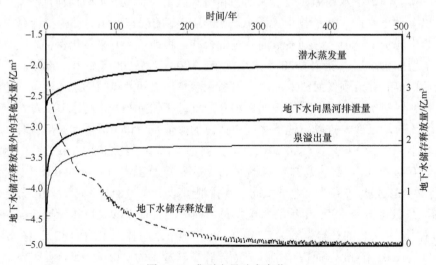

图 12-4 典型水量动态变化

表 12-1 不同时间断面地下水均衡项变化统计表 （单位：亿 m³/a）

		2012 年	100 年后	200 年后	500 年后
补给项					
降水入渗量			0.45		
河流入渗量	黑河		2.56		
	梨园河		0.90		
渠系入渗量			4.50		
田间灌溉回归水入渗量			2.54		
边界及沟谷流入量			1.73		
合计			12.68		
排泄项					
潜水蒸发量		2.60	2.16	2.07	2.03
地下水开采总量			4.42		
向黑河排泄量		4.21	3.40	3.35	3.33
泉群溢出量		3.77	2.99	2.93	2.91
合计		15.00	12.97	12.77	12.69
储存释放量		3.28	0.79	0.27	0.05
总补给排泄量之差		−2.32	−0.29	−0.09	−0.01

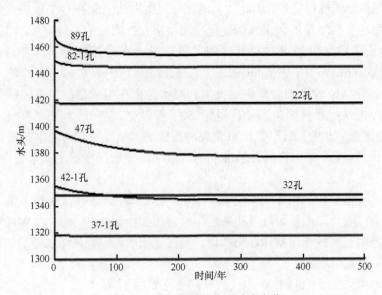

图 12-5 典型观测孔水头动态变化

地下水系统稳定指总补给量与总排泄量达到平衡时地下水头保持不变。对于黑河干流中游地区来说，增加的地下水开采量最终等于排泄量的减少量，即地下水开采增量实际上是夺取了潜水蒸发量、泉水溢出量和地下水向黑河的排泄量。地下水开采量的变化可以在短时间控制，而诸如泉与地下水向河的排泄量等的变化是缓慢变化的，因此黑河干流中游地下水系统由初始的不平衡态转变为平衡态需要较长的时间，常规地下水模型预测时段选取为 50 年时地下水系统尚未达到平衡状态。值得注意的是，现状开采方案下，500 年后地下水向黑河的排泄并未干涸。

12.3 气候变化和人类活动影响下生态水文过程演化分析

本章通过集合 16 个大气环流模式（general circulation models，GCMs）的降尺度输出数据预测未来 21 世纪 50 年代的研究区气候变化，结合人类活动影响下的未来灌区用水量预测数据，利用地表地下水模型推算出未来研究区的土壤水和地下水状况，并运用第 11 章建立的统计植被指数模型，模拟出未来研究区不同生态系统的 NDVI 值，根据 NDVI 的变化趋势分析流域内的植被生态过程演化规律。

12.3.1 基于 GCMs 未来气候变化情景

当前温室气体的排放导致了全球气候呈现变暖的趋势，并且通过带动大气环流的变化，使得各地的降水、蒸散发、径流，以及地表植被等受到一定的影响。在全球气候变暖的大背景下，GCMs 应运而生，并被作为能够定量预测未来全球气候变化情景的有效工具，广泛应用于模拟气候变化作用下的水资源变化和生态环境演变等研究中。

本章借助 GCMs 对研究区未来的气候变化进行预测，考虑到气候模式的分辨率较低，缺少对应尺度的气候情景，因此需要通过降尺度方法来弥补 GCMs 输出气候情景的精度不足，而基于 GCMs 的未来气候变化预测结果存在明显的不确定性，需要结合多种气候变化模式来建立更加可靠和准确的气候情景。在此基础上，本章选用 Climate Wizard 数据集（http://www.climatewizard.org/index.html）中的 CO_2 中等排放 SRES A1B 情景下 16 个 GCMs 输出的总体平均气温和降水数据作为未来气候变化结果。通过经验统计降尺度方法把研究区未来 21 世纪 50 年代的气温和降水处理为空间分辨率为50km 的栅格数据。其中，气温数据以未来与现状的差值输出，而降水数据则是未来与现状的变化比例输出，并最终结合基准期的气温和降水数据推算出未来 50 年代的气温和降水量。

图 12-6～图 12-9 分别表示黑河流域农田、荒漠、岸边带和过渡带未来 21 世纪 50 年代的月平均气温与降水量，以及和基准年的对比。由图 12-6～图 12-9 可知，研究区不同生态系统未来气候变化整体趋势相似，气温呈现增长趋势，降水除了 7 月稍微减少以外，其他月份均有增加。

研究区农田未来 21 世纪 50 年代的气候变化如图 12-6 所示。未来全年各月的气温相比基准年均有 2℃以上的增加，而 8 月和 9 月的气温增加值超过 3℃，夏季各月的平均气温均超过 20℃；相比基准年，农田未来的降水量除了 7 月外均有增长。非生长季的增加幅度较高，1 月达到 60%以上，但降水量较低，实际增加并不显著；而春季和秋季的降水量均有显著增加，增长幅度在 10%左右。

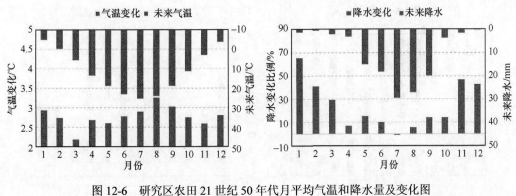

图 12-6　研究区农田 21 世纪 50 年代月平均气温和降水量及变化图

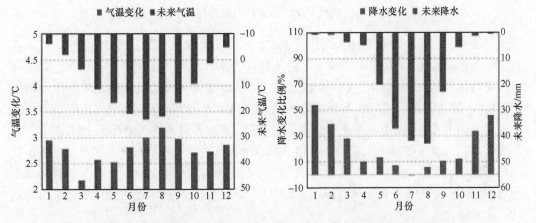

图 12-7　研究区荒漠 21 世纪 50 年代月平均气温和降水量及变化图

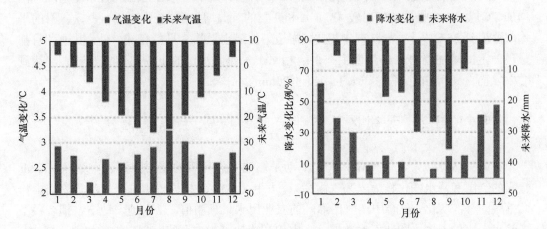

图 12-8　研究区岸边带 21 世纪 50 年代月平均气温和降水量及变化图

　　研究区荒漠未来 21 世纪 50 年代的气候变化如图 12-7 所示。全年各月的气温变化趋势与农田较为接近，整体增加值比农田稍低，各月气温相比基准年增加值均在 2℃ 以上，其中 8 月增加值超过 3℃，全年仅有 1 月、2 月、12 月三个月份的平均气温低于 0℃。与基准年相比，荒漠降水量除了 7 月稍微下降外，其他月份均有不同程度的增长，其中

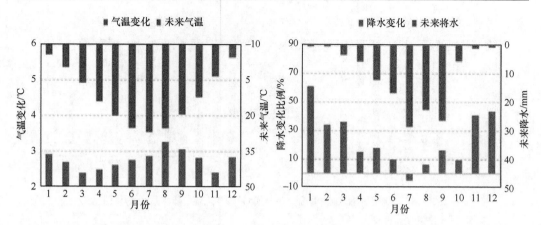

图 12-9　研究区过渡带 21 世纪 50 年代月平均气温和降水量及变化图

春季和秋季各月的降水量增加比例超过 10%，非生长季各月增加比例超过 25%，夏季各月平均降水量均超过 30mm，未来 8 月降水量超过 7 月，两个月份降水量均超过 40mm。

　　研究区岸边带的未来气候变化如图 12-8 所示。未来各月的气温相比基准年均增加 2℃以上，除 3 月外，其他各月增加值均超过 2.5℃，8 月和 9 月的增加值超过 3℃，全年仅有 1 月和 12 月两个月的平均气温低于 0℃，夏季各月平均气温均在 25℃左右。与基准年相比，岸边带的降水量除 7 月稍有减少外，其他各月都呈现一定的增加趋势。受岸边带湿地小气候的影响，非生长季的降水量相比周边农田要高一些，春季各月降水量超过 10mm，夏季的 7 月和 8 月降水量超过 25mm，而 9 月降水量达到全年最大值，达到 35mm 以上。

　　研究区过渡带的未来气候变化如图 12-9 所示。其中全年各月的气温相比基准年均增加 2℃以上，增幅波动相对较大，8 月和 9 月的气温增加值均超过 3℃，夏季各月的平均气温达到 25℃以上。与基准年相比，岸边带的降水量除 7 月稍有减少外，其他各月都呈现一定的增加趋势。与其他生态系统相比，7 月降水量的下降比例相对较大，达到 4.7%，而 7~9 月的月平均降水量均超过 20mm。

12.3.2　研究区不同生态系统未来生态演化分析

　　在干旱区流域，气候变化和人类活动是影响生态环境的重要因素。本章以 GCMs 输出的气温和降水变化作为未来气候情景，并利用 SWAT 模型模拟未来黑河干流出山口莺落峡的径流变化，结合中游农田灌区的农业用水量预测值，带入地表地下水耦合模型中输出未来的土壤水和地下水数据。在农田和岸边带生态系统，把未来的气温、降水、土壤含水率和地下水水位作为统计植被指数模型的输入部分，而在荒漠和过渡带生态系统，把未来的气温和降水作为模型输入，模拟出各生态系统未来的 NDVI，最终通过分析各季节 NDVI 的变化趋势预测未来研究区内不同生态系统的生态环境演变趋势。

　　图 12-10 和图 12-11 分别表示研究区农田生态系统未来气象水文要素（气温、降水、土壤含水率和地下水水位）和 NDVI 的变化情况。由图 12-11 可知，与现状相比，农田

春季和秋季的 NDVI 呈现明显的增加趋势，增加幅度分别为 26.0%和 13.4%，而夏季的
NDVI 下降了 1.9%。农田未来夏季的气温增加值高于春季和秋季，而降水增幅却明显小
于春秋两季。农田未来夏季的土壤含水率有微弱增加，而春季和秋季均有所降低，但各
季节变化幅度均在 2%以内；未来地下水水位从春季至秋季均有下降，且下降的数值逐
渐增大，但下降幅度均在 1%以内。研究区农田未来的地表植被变化状况为春秋两季呈
现变好的趋势，而夏季基本不变。

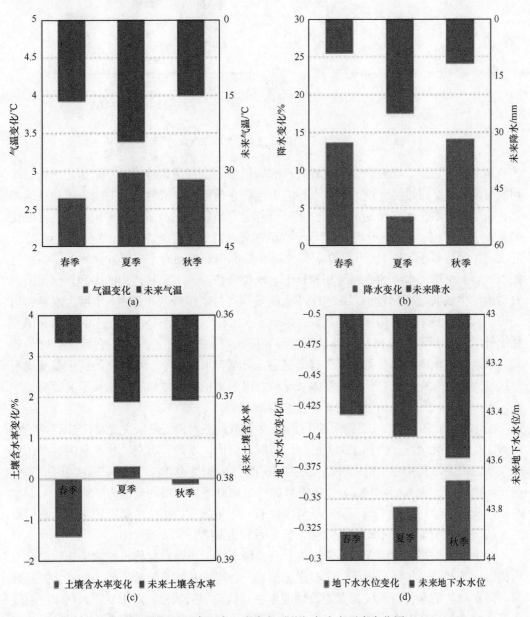

图 12-10　研究区农田未来各季节气象水文要素变化图

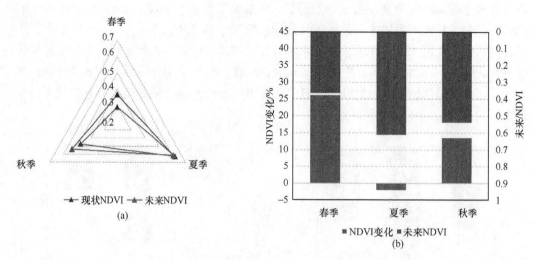

图 12-11 研究区农田现状和未来各季节 NDVI 对比图

综上分析可得，农田未来的气温升高和降水增加会促进植被生长，尤其是初春农作物的萌发、温度回暖幅度较大和降水补给增强都会使得地表植物的初期生长更加迅速和旺盛。尽管土壤含水率和地下水水位下降可能会对植物生长产生不利作用，但二者变化幅度较小，对植被的影响强度远远低于气温和降水。到了夏季，平均温度增加近 3℃，降水增加幅度低于 5%，尤其是 7 月降水减少，高温和多雨对干旱区农作物的影响相互抵消，加上土壤含水率的微弱增加和地下水水位降低对地表植被作用的中和，使得未来农田植被生长状况变化较小，在 NDVI 上的反映只是略微降低。其中，土壤含水率的增加可能来源于夏季农灌用水量的提高，而地下水水位下降可能是深井取水的增加和地面径流补给减少所致。农田秋季植被受气温和降水增加的双重有利作用会呈现变好的趋势，即地表植物凋零枯萎的过程会有所延后，土壤含水率和地下水水位的变化幅度均不超过 1%，对植被的影响不大。整体来看，农田未来植被在生长季的生长状况会更加均衡，春、夏、秋三季的植被覆盖差异性会有所减弱。

图 12-12 和图 12-13 分别表示研究区荒漠生态系统未来气象水文要素（气温和降水）和 NDVI 的变化情况。由图 12-13 可知，与现状相比，农田春、夏、秋三季的 NDVI 均呈现增加趋势，其中春季增幅较高，达到 46.7%，增加值为 0.1，而夏季和秋季的 NDVI 的增加幅度分别为 6.6% 和 5.8%；各季节的气温均有增加，增加范围为 2.5～3℃，春秋两季的降水增幅均超过 10%，而夏季降水也有一定的增加。研究区荒漠未来的地表植被生长状况为生长季各季节均有所增强，且春季较为显著。

综上分析可得，荒漠未来春季温度升高，降水增加，地表自然植被的生长周期会有所提前，尤其是干旱区高原一年生半灌木植物，对温度和水分的感应较为敏感，气温升高和降水增加的联合效应使得荒漠植物前期生长状况显著增强。对于夏季和秋季，温度和降水量增加也会对荒漠植被生长产生积极影响，但自然植被中后期生长对气候的响应没有前期强烈，加上其极少受到人类活动干预，土壤、空气和地形条件变化较小，因此夏秋两季植被的生长状况相对变化较小，会有小幅度的增强。整体而言，荒漠区的自然

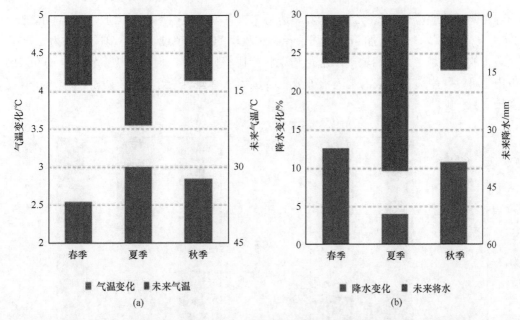

图 12-12　研究区荒漠未来各季节气象水文要素变化图

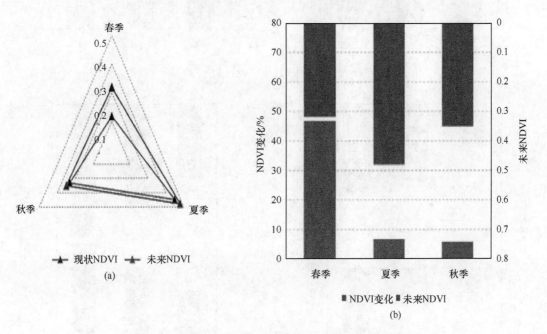

图 12-13　研究区荒漠现状和未来各季节 NDVI 对比图

植被在生长季前期即春季受气候影响较大，地表生态环境会有一定改善，夏秋两季的变化相对不大。

图 12-14 和图 12-15 分别表示研究区岸边带生态系统未来气象水文要素（气温、降水、土壤含水率和地下水水位）和 NDVI 的变化情况。由图 12-15 可知，与现状相比，岸边带春、夏、秋三季的 NDVI 呈现增加趋势，其中秋季增加显著，增幅达到 16.0%，

而春夏两季增幅分比为 5.6%和 2.5%。岸边带未来各季节气温均有所增加,增加值在 2.5～3℃;各季节降水呈现增加趋势,其中春季和秋季的增幅超过 10%,夏季增幅为 3.7%。岸边带的土壤水含水率和地下水水位与现状相比整体下降,但变动幅度较小,均在 2%以内。研究区岸边带未来的地表植被变化状况为秋季显著变好,春夏两季稍有变好但程度较弱。

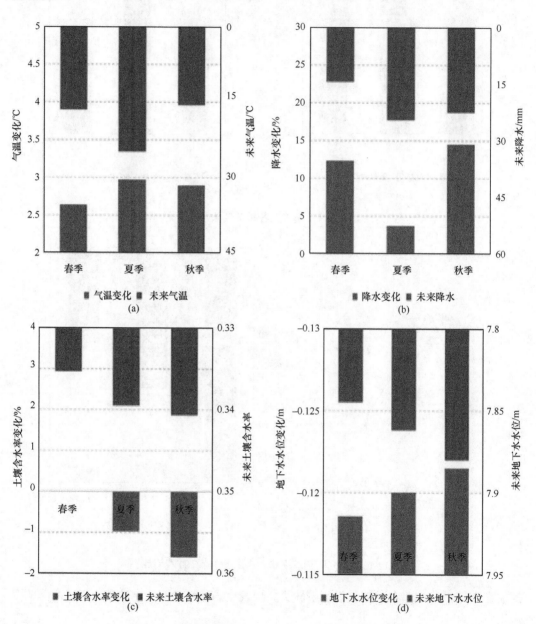

图 12-14　研究区岸边带未来各季节气象水文要素变化图

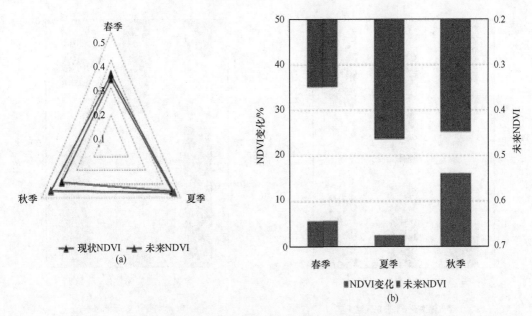

图 12-15　研究区岸边带现状和未来各季节 NDVI 对比图

综上分析可得，未来春季和夏季温度升高，降水增加，岸边带植被生长会有所增强，但增强程度较弱，这是因为岸边带生态系统内的代表性植物柽柳是多年生落叶小乔木，其生长初期抽芽生叶受气温和水分影响较小，且在遥感影像数据 NDVI 上的变化反映较小，而到了生长后期即秋季，岸边带的气温相比现状升高并保持在 15℃以上，乔木落叶的时间会有所推迟，加上降水增加使得其生长周期延长，地表植被生长状况相对增强程度较高。整体来看，岸边带的生态环境会有所改善，尤其是秋季，植被生长会延续夏季的良好状态，生长季周期内的植被动态波动程度会有所减弱，夏秋两季的植被物候性差异明显减弱。

图 12-16 和图 12-17 分别表示研究区过渡带生态系统未来气象水文要素（气温和降水）和 NDVI 的变化情况。由图 12-17 可知，过渡带未来春季和秋季的 NDVI 与现状相比呈现增加趋势，其中秋季增幅较大，达到 43.1%，春季为 8.1%，夏季 NDVI 有较小幅度的降低，降幅为 3.3%。过渡带未来各季节气温均有所增加，增加值在 2.5~3℃；各季节降水呈现增加趋势，其中春季和秋季的增幅较大，分别为 17.1%和 15.0%，夏季降水增幅为 2.1%。研究区过渡带未来秋季的地表植被覆盖状况会有所增强，而春季和夏季的变化相对不明显。

综上分析可得，过渡带未来春季气温升高，降水增加，但现状和未来降水量都较低，地表植被可感应的水分条件变化不大，加上过渡带代表性植物为耐旱小乔木柽柳，生长初期对气温和降水的响应不显著，因此气温和降水的增加对植被的积极作用有限，反映在 NDVI 上仅有较小幅度的增加。而到夏季，气温增幅接近 3℃，而降水量的增加值不到 1mm，高温使得干旱植被蒸腾作用增强，降水量的增加不能充分满足植物需水量的增加，使得过渡带夏季植被生长状况相对现状年稍微变差。到了秋季，过渡带平均气温

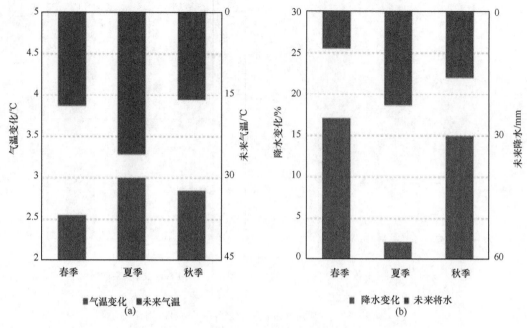

图 12-16 研究区过渡带未来各季节气象水文要素变化图

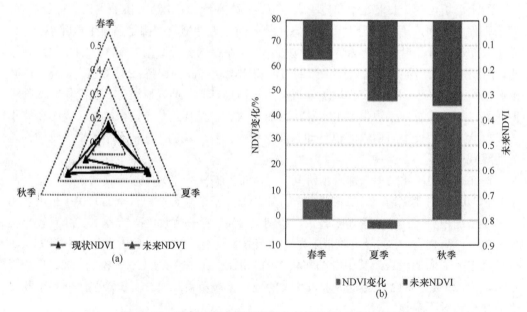

图 12-17 研究区岸边带现状和未来各季节 NDVI 对比图

相对现状上升并维持在 15℃以上，而降水明显增加，这一阶段较为适宜干旱区小乔木的生长，其生物量的累计作用没有减弱，反映在 NDVI 上相比夏季甚至有所增加。整体来看，研究区选取过渡带的地表代表性植物与岸边带一致，其未来受气候变化的影响也较为接近，均在秋季呈现一定的增强，但过渡带植被密度相对较小，因此整体生态环境较差，但在未来有改善的趋势。

12.4　小　　结

本章是生态水文模型的应用。一方面，从地表水和地下水年际年内动态转化方面分析其特征：正义峡和莺落峡站河流径流变化趋势相同，数量存在差别，但 1995～2014 年地下水开采量逐渐增大，正义峡站河流径流没有因为地下水开采量增大发生明显变化，但长期来说会有一定的影响。另一方面，人类活动和气候变化情景下 NDVI 与气象条件和地下水有一定的对应关系。研究中，基于 16 个 GCMs 降尺度输出数据建立未来气候变化情景，并运用统计植被指数模型模拟和预测各生态系统未来的植被演化趋势。

参 考 文 献

陈云浩, 李晓兵, 史培军. 2001. 1983～1992 年中国陆地 NDVI 变化的气候因子驱动分析. 植物生态学报, 25(6): 716-720.

方精云, 朴世龙, 贺金生, 等. 2003. 近 20 年来中国植被活动在增强. 中国科学(C 辑), 33(6): 554-565.

胡立堂, 高童, 陈崇希. 2013. 黑河干流中游地区地下水流系统的稳定性刍议. 工程勘察, 41(8): 35-38.

胡立堂, 王忠静, 田伟. 2013. 干旱内陆河区地表水和地下水集成模型与应用研究. 北京: 中国水利水电出版社.

李霞, 李晓兵, 王宏, 等. 2006. 气候变化对中国北方温带草原植被的影响. 北京师范大学学报(自然科学版), 42(6): 618-623.

刘少华, 严登华, 史晓亮, 等. 2014. 中国植被 NDVI 与气候因子的年际变化及相关性研究. 干旱区地理, (3): 480-489.

史晓亮, 李颖, 赵凯, 等. 2013. 诺敏河流域植被覆盖时空演变及其与径流的关系研究. 干旱区资源与环境, 27(6): 54-60.

徐宗学. 2010. 水文模型: 回顾与展望. 北京师范大学(自然科学版), 46(3): 278-289.

张建云, 王国庆. 2006. 气候变化对水文水资源影响研究. 北京: 科学出版社.

Bolle H J, Andre J C, Arrue J L, et al. 1993. EFEDA - European field experiment in a desertification-threatened area. Annales Geophysicae, 11(2-3): 173-189.

Hutjes R, Kabat P, Running S W, et al. 1998. Biospheric aspects of the hydrological cycle. Journal of Hydrology, 212-213(98): 1-21.

Hu L T, Xu Z X, Huang W D. 2016. Development of a river-groundwater interaction model and its application to a catchment in Northwestern China. Journal of Hydrology, 543: 483-500.

Jochum M A O, de Bruin H A R, Holtslag A A M, et al. 2006. Area-averaged surface fluxes in a semiarid region with partly irrigated land: lessons learned from EFEDA. Journal of Applied Meteorology & Climatology, 45(6): 856-874.

Maarel E V D. 1988. Vegetation dynamics: patterns in time and space. Plant Ecology, 77(1): 7-19.

Reynolds J F, Smith D M, Lambin E F, et al. 2007. Global desertification: building a science for dryland development. Science, 316(5826): 847-851.

Slaymaker O, Spencer T. 1998. Physical Geography and Global Environmental Change. New Jersey: Adison Wesley.

Schlesinger W H, Reynolds J F, Cunningham G L, et al. 1990. Biological feedbacks in global desertification. Science, 247(4946): 1043-1048.

Zalewski M. 2000. Ecohydrology-the scientific background to use ecosystem properties as management tools toward sustainability of water resources. Ecological Engineering, 16(1): 1-8.

第 13 章   结论与建议

13.1   结   论

通过以上章节的研究，本书可以得到以下 13 点基本结论。

（1）黑河中上游莺落峡流域、冰沟流域及正义峡流域的降水量均呈现增长趋势，鸳鸯池流域则呈现减少趋势；上游莺落峡流域的径流序列呈现显著的增长趋势，冰沟流域及中游各子流域则出现统一的减少趋势。4 个子流域的降水量均在 1978 年发生突变；莺落峡流域、冰沟流域、正义峡流域及鸳鸯池流域的径流序列则分别在 1979 年、1997 年、1989 年和 1985 年发生突变。最早的突变点 1979 年被选为分界点将水文序列分为基准期（即 1964～1979 年）和变化期（即 1980～2006 年）。黑河中上游流域径流序列的多年滑动平均曲线表明，基准期径流变化小，而变化期径流波动剧烈，可说明基准期和变化期划分相对可靠。

（2）黑河中上游莺落峡流域变化期的径流相对基准期增加 20.2mm，冰沟流域、正义峡流域及鸳鸯池流域的径流则分别减少 3.8mm、6.3mm 和 10.0mm；降水的空间变化显示上游和下游分别呈现出增加和减少趋势，并由西南至东北降水变化由增加逐渐变为减少；潜在蒸散发的空间变化分布则表明上游略微增加，而中游尤其是正义峡流域出口区域显著减少。黑河中上游流域的各水文要素变化率较小，上游流域和中游流域的径流变化较为显著，分别为 8.3%和–14.7%；各子流域水文要素变化中径流变化最为显著，其次为实际蒸散发，降水量和潜在蒸散发变化均较小。

（3）黑河中上游流域、上游流域、中游流域及四个子流域的径流变异驱动力分析评估显示，人类活动对黑河中上游流域的径流减少有略微的主导作用，其贡献率为 53%～55%；上游流域中气候变化对径流增加具有较大的贡献，贡献率为 61%～71%；中游流域中人类活动则对其径流减少起了显著的作用，贡献率为 65%～89%。各子流域的水文过程驱动力评估中，上游莺落峡流域和冰沟流域的水文变异中气候变率有一定的主导作用，两个子流域的气候变率影响分别为 52%～54%和 55%～61%，则其人类活动影响分别贡献 46%～48%和 39%～45%，评估相对误差分别为 2%和 6%。中游两个子流域中，人类活动对正义峡流域和鸳鸯池流域的径流减少均有绝对的主导作用，人类活动贡献率高达 86%～88%和 87%～96%，气候变化影响只有 12%～14%和 4%～13%，两个流域的评估误差为 2%和 9%，亦在合理范围内。

（4）应用基于下垫面指数的弹性系数法评估流域下垫面变化对流域水文过程的影响，结果显示在黑河中上游流域下垫面变化的贡献率为 52%，上游流域的下垫面变化影响为 9%，中游流域的下垫面变化贡献率为 22%。根据三种驱动因素分别设置了 10 种变化情景，应用构建好的月 ET 模型分析降水、水面蒸发和植被三种驱动因素变化对各流域的蒸散发过程的影响。分析结果表明，在中上游东部流域，水面蒸发对于降水变化与蒸散发变化的关系影响大于植被的影响，降水对于水面蒸发变化和蒸散发变化的作用大于植被的作用，降水和水面蒸发对植被变化与蒸散发变化的影响几近相同；该研究区域内，水面蒸发对流域蒸散发过程的影响最大，其次为降水，植被变化的影响最小。在上游莺落峡流域，水面蒸发的变化对蒸散发和降水变化的作用显著大于植被变化的影响，降水变化对蒸散发和水面蒸发变化的作用亦显著大于植被变化的影响，降水变化对蒸散发和植被变化的作用略大于水面蒸发变化的作用；在莺落峡流域，水面蒸发和降水对流域蒸散发过程的影响均非常显著，其中前者作用最为明显，且两者作用都远大于植被变化的影响。在中游正义峡流域，水面蒸发对降水变化和蒸散发变化的关系略微大于植被影响，降水对水面蒸发和蒸散发的关系作用小于植被影响，水面蒸发变化对蒸散发变化与植被变化的作用显著大于降水的影响；该流域内水面蒸发对蒸散发过程的影响最为显著，其次为流域植被变化的影响，最后为降水变化的影响。降水对蒸散发过程的影响在上游莺落峡最为显著，其次为中上游东部流域，前两个研究区域远大于正义峡流域；三个流域的水面蒸发对相应流域的蒸散发过程影响均非常显著，但是上游莺落峡最为显著，其次为中上游东部流域，最小为正义峡流域；植被对蒸散发过程的影响在正义峡流域最为明显，远远大于其他两个流域，但是中上游东部流域又大于莺落峡流域。

（5）VIC 模型可以较好地模拟黑河上游流域的降水径流过程，NASH 效率系数在率定期和验证期分别达到了 0.62 和 0.64，VIC 模型对黑河中游流域的降水径流过程模拟结果一般，NASH 效率系数在率定期和验证期分别达到了 0.40 和 0.31。运用 VIC 模型及累积量斜率变化度比较法进行计算可知：黑河上游气候变化对径流的影响更大，而黑河中游人类活动对径流的作用更强。

（6）1986～2010 年土地利用变化分析表明，近 25 年黑河中游耕地、草地、水体、建设用地面积呈现增加趋势，林地和荒漠用地呈现持续减少趋势，前 15 年土地利用变化微弱而近 10 年土地利用变化强烈。黑河中游地区土地利用类型转移的主要特点为荒漠、林地的转出和耕地、草地的转入。景观格局分析表明区域林地和荒漠面积显著减少，斑块密度增大，形状指数、连通度和聚集度减小，趋向进一步破碎化；草地和耕地的景观格局变化特征与林地和荒漠的变化相反，表现为面积增加，斑块密度减小，形状指数、连通度和聚集度增大，趋向聚集、空间均一，这主要由于草地、荒漠、耕地和林地之间的转化大多发生在斑块边缘，势必造成转入的景观类型空间聚集均一化。

（7）通过开展黑河流域中游地区典型生态系统主要包括农田、河岸带、荒漠和绿洲-荒漠过渡带等植被土壤样带/样地生态调查，得到了以下初步认识：

① 研究区域河岸带生态系统以芦苇、赖草为草本植物主要优势种，以柽柳为灌木植物主要优势种，优势种的分布与植被生理特性和水源距离关系密切；沿河流方向在梨园河下游冲积扇尾部地下水埋藏较深的区域出现了土壤水低值区；河岸带土壤含水量的垂向变化与地表植被群落类型有很大关系，草本群落和乔木群落生长区域土壤平均含水量和垂向变异特征有明显差异。单纯草本群落区域土壤平均含水量最大，且垂向变异最小，而单纯乔木群落生长区域土壤平均含水量最小，但土壤含水量纵向变差最大。

② 黑河中游荒漠和绿洲-荒漠过渡带样带的平均土壤含水量在 1.49%～5.57%范围

内，黑河中游南部祁连山北麓的山前荒漠样带的土壤含水量、全盐含量和无机离子及有机质含量普遍高于北部北山山前荒漠样带。相关分析和偏相关分析共同表明，荒漠植被与土壤属性之间高度相关，主要表现在植被覆盖度与土壤水分、土壤细粒径颗粒含量和有机质的正相关关系，以及植被覆盖度、高度和冠幅随盐分先增加后降低的二次抛物线关系，表明当盐分超过一定范围后（大约 10g/kg）对植被的生长存在一定的抑制作用。

③ 由于成土原因、成土时间和人类活动等因素的影响，黑河流域中游地区新老农田土壤属性特征差异显著，表现为：土壤质地不同，新农田土壤颗粒组成在垂向上的变异较老农田显著，且粗粒含量较老农田多；新农田土壤持水性较老农田差、土壤含水量和有机质含量更低；新农田具有盐分表聚特征，而老农田具有盐分底聚特征。

（8）对研究区的蒸散发划分及其驱动力进行了分析，①基于能量平衡双源模型，通过潜热通量进行了蒸散发定量分割，分割结果显示，黑河中游 5 个典型下垫面整体植被散发占比排序为：绿洲>湿地>荒漠>戈壁>沙漠，湿地和绿洲由于潜在蒸散发能力较强。②通过改进水分利用效率表达式，用更微观、更直接测量的二氧化碳同化量和潜热通量代替了原有的总初级生产力和蒸散发总量，使得该水分利用效率能够应用于半小时尺度的通量数据，蒸散发划分能够在更为精细的尺度上进行。基于改进的公式，计算了潜在和实际水分利用效率，并证明了其比值与植被散发占比存在显著的相关性。结果显示，黑河流域中游地区全年总体散发占比约为 23%。③通过对比黑河中游 5 种典型下垫面在生长季（5~9 月）和非生长季（10 月至次年 4 月）的蒸散发划分变化趋势，认为植被对蒸散发划分存在控制作用。一方面，植被覆盖度高的绿洲下垫面存在蒸散发划分年内变化周期，与植被生长周期一致。另一方面，戈壁、湿地、荒漠和沙漠下垫面由于植被较少，植被对于蒸散发划分未起到主导性作用，所以呈现出其他因素对于蒸散发划分的随机扰动作用。植被散发占比和土壤蒸发占比与植被指数 EVI 存在显著的相关关系，其相关系数 $R>0.8$。

（9）建立了一维河网汇流、一维垂向土壤水运动、三维饱和地下水流、生态系统响应的耦合模型 Eco-MIST，该模型能够描述盆地尺度的地表水和地下水动态转化和植被的响应。其中，一维河网汇流和地下水流模型的代码经过了案例验证，以证明模型的可利用性。该模型与传统的饱和地下水流模型相比而言，可动态模拟河网中水位和径流量的变化。对于植被随气象要素和地下水位的变化，采用统计模型来描述，即 NDVI 与降水、气温、土壤水含量、地下水位等相关关系来描述植被的变化。

（10）建立了黑河中游地区地表水-地下水-生态耦合模型，模型以 1995~2007 年数据资料为模型识别期，2008~2014 年为模型验证期，模型的拟合项包括：正义峡河水位、高崖和正义峡水文站河流径流量、泉流量和 34 个不同含水层位置的地下水头。从模拟和监测的数据对比来说，模型能较好地反映地表水和地下水系统的变化。

（11）黑河中游地区河流和地下水转换关系是非常复杂的。总体上说，可分为三类：河流注水式入渗地下水型、河流渗水式入渗地下水型和地下水排泄给河流型。从模拟结果和实证上说，张掖黑河大桥基本是黑河由接受地下水补给转换为向地下水排泄的转折点，从张掖黑河大桥至正义峡黑河与地下水呈复杂的多次转化关系，而且这种转化关系季节性发生变化，主要依赖于气象和水资源开发利用状况。总体来说，从莺落峡至张掖黑河大桥的黑河向地下水年均渗漏量约 2.50 亿 m³，约占莺落峡来流量的 17%；从张掖黑河大桥至正义峡地下水向黑河年均排泄量约 7.80 亿 m³，约占莺落峡来流量的 49%。另外，正义峡站与莺落峡站黑河径流量变化趋势基本一致，但两者有截然不同的年内变化趋势，正义峡站径流量峰值在 10 月左右，而莺落峡站径流量在 6～8 月再现峰值，两者之间有一定的滞后时间。

（12）黑河和北大河位于祁连县境内河源地区的生长季，NDVI 呈现中低幅度的增长趋势，而在流域中游东部和西部绿洲片区内则呈现较高幅度的增长趋势。生长季 NDVI 呈现降低趋势的区域主要集中在祁连山区和河西走廊的过渡地段，包括河系西段肃南县的西北部、梨园河和黑河靠近莺落峡的地区。在春季，祁连县境内的河源地区的 NDVI 也呈现增长趋势，而在中游的绿洲地区，仅有高台县南部和靠近河道的狭小片区呈现增长趋势；NDVI 呈现下降趋势的区域主要位于民乐县和山丹县的南部、肃南县的北部、金塔县的绿洲地区和尾闾湖的植被覆盖区。在夏季，NDVI 呈现增长趋势的区域与生长季基本相近，但增长幅度普遍高于生长季，而在梨园河和靠近莺落峡的黑河上游地区，NDVI 呈现降低趋势的区域无论是在空间分布上还是在降幅上都明显高于整个生长季。在秋季，中游的绿洲地区呈现与生长季一致的上升趋势，而呈现下降趋势的区域主要位于梨园河和肃南县的西北地区。

（13）基于未来 GCMs 气候变化情景模拟发现：黑河流域各生态系统内的植被生态过程受气温升高和降水增加的影响，生长季植被生长状况更加均衡，夏季变动幅度较春秋两季小，各季节生态环境差异性减弱；农田春秋两季的地表植被生长状况变好，NDVI 增加幅度分别达到 26.0% 和 13.4%，夏季高温对植被的反作用超过降水增多的影响，NDVI 降低 1.9%；未来荒漠生长季各季节的植被生长状况均变好，尤其春季 NDVI 增幅较大，达到 46.7%，夏秋两季 NDVI 增加幅度分别为 6.6% 和 5.8%；未来岸边带生长季各季节的植被生长状况均变好，秋季 NDVI 增加较大，增幅为 16.0%，春夏两季增幅分别为 5.6% 和 2.5%；未来过渡带秋季的植被生长状况有较大幅度的提高，NDVI 增幅达到 43.1%，春季植被呈现变好趋势，NDVI 增幅为 8.1%，而夏季植被稍有变差，NDVI 下降 3.3%。

13.2　建　议

（1）由于受研究经费、时间等的限制，本书中开展的典型生态系统生态调查结果是基于一次的野外调查，主要侧重于空间变化特征分析，无法开展年内变化和年际变化分析，建议以后的研究开展不同季节、不同年份的调查以便更加全面地理解研究区域典型生态系统的生态水文特征。

（2）由于研究中土地利用的资料来源主要依靠遥感影像数据，收集的年限为近 25 年，不能完全反映长时间序列的土地利用变化和景观格局，建议后续研究增加其它资料来源，以更加全面解析流域生态系统长期演变特征。

（3）从地表水和地下水动态模拟分析来说，自 2000 年黑河分水以后，中游地下水开采量迅速增大，潜水蒸发量和向河泉排泄水量逐年减少。然而，1995～2014 年正义峡站黑河径流量没有随开采量增大发生明显改变，但从模拟的地表水和地下水转化关系来说，部分河段地表水和地下水转化关系从地下水向黑河排泄型转变为黑河注水式渗漏型，表示了黑河和地下水关系逐渐向不良方向发展，建议政府部门应控制中游地下水的开采量。